矿山地质选集

第六卷 3DMine在矿山地质领域的研究和应用

主编　汪贻水
　　　彭　觥
　　　肖垂斌

中南大学出版社
www.csupress.com.cn

内容简介

《矿山地质选集》是值中国地质学会矿山地质专业委员会成立 35 周年之际,根据"国务院关于加强矿山地质工作的决定",将我国各矿山地质工作者及中国地质学会矿山地质专业委员会 35 年来在做好矿山地质工作方面所取得的成绩、进展和突破,以其阶段性总结、著作、论文形式集结出版,以达到承前启后,促进提升的作用。选集共分十卷,内容包括矿山地质实用手册,实用矿山地质学理论与工作,六十四种有色金属及中国铂业,矿山地质与地球物理新进展,工艺矿物学研究与矿山深部找矿,3DMine 在矿山地质领域的研究和应用,尾矿库设计、施工、管理及尾矿资源开发利用技术手册,铅锌矿山找矿新成就,铜金矿山找矿新突破,矿山地质理论与实践创新。

本卷为《矿山地质选集第六卷:3DMine 在矿山地质领域的研究和应用》,由《矿山地质选集》丛书主编汪贻水、彭觥、肖垂斌选编自《3DMine 应用论文集》(未出版)、《矿山地质创新》(王峰、韩润生、汪贻水主编,冶金工业出版社 2013 年出版)、《二十一世纪矿山地质学新进展》(主编:李广武,副主编:汪贻水、肖垂斌,顾问:彭觥,冶金工业出版社 2012 年出版)。书中从各不同矿种和矿山应用我国自主研发的 3DMine 矿业软件进行三维矿山可视化建模,展示了其建模技术、主要流程、模型特点及软件的强大功能,它已广泛应用于矿山地质、测量、采矿和生产管理中,是实现矿山数字化的高新技术之一,值得大力推广。

本书主要供矿山地质工程师使用,对从事矿山地质领域的科研、设计、教学、矿山管理人员也是一部极为重要的参考书。

《矿山地质选集》编委会

前　言

今年是中国地质学会矿山地质专业委员会成立35周年。35年来，全国矿山地质找矿、勘探和开发取得了巨大成就，矿山地质学的理论研究和矿山地质找矿的新技术、新方法也有了长足的进展，发表的地质论著数以千计。此次就中国地质学会矿山地质专业委员会成立35周年之际，我们选择了部分论文著作编辑出版这套《矿山地质选集》，共分为十卷。第一卷为矿山地质实用手册，第二卷为实用矿山地质学理论与工作，第三卷为六十四种有色金属及中国铂业，第四卷为矿山地质与地球物理新进展，第五卷为工艺矿物学研究与矿山深部找矿，第六卷为3DMine在矿山地质领域的研究和应用，第七卷为尾矿库设计、施工、管理及尾矿资源开发利用技术手册，第八卷为铅锌矿山找矿新成就，第九卷为铜金矿山找矿新突破，第十卷为矿山地质理论与实践创新。

自中华人民共和国成立特别是改革开放30多年以来，广大地质工作者在全国范围内开展了大规模的矿产勘查工作，作出了巨大贡献，有力地为我国工农业生产及国民经济增长提供了矿产资源保障。矿业的发展，也给矿山地质工作带来了极为繁重的任务，但意义也极为重大。2006年1月20日国发[2006]4号文《国务院关于加强地质工作的决定》指出："矿山地质工作对合理开发利用资源、延长现有矿山服务年限意义重大。按照理论指导、技术优先、探边摸底、外围拓展的方针，搞好矿山地质工作。加强矿山生产过程的补充勘探，指导科学开采。加快危机矿山、现有油气田和资源枯竭城市接替资源勘查，大力推进深部和外围找矿工作。开展共伴生矿产和尾矿的综合评价、勘查和利用。做好矿山关闭和复垦的地质工作。"

为贯彻上述宗旨，中国地质学会矿山地质专业委员会及其有关矿山35年来，竭尽全力，将扩大矿山接替资源、延长矿山服务年限作为首要任务，为发展矿山地质工作作出了重要贡献，为许多大、中型矿山提供了大量的补充资源，例如中国铂业——金川大型铜镍（铂）硫化物矿床；中国古铜都——铜陵及周边地区找矿理论及实践；紫金矿业及山东玲珑金矿的找矿进展；戈壁明珠——锡铁山铅锌矿和西南麒麟——会泽铅锌矿以及广东凡口铅锌矿的深边部找矿突破，均使这些大矿山获得了新的生命，全国矿山地质工作也取得了宝贵的经验。

为适应建设资源节约型、环境友好型社会的总体要求，必须以科技进步为手段，以管理创新为基础，以矿产资源节约与综合利用为重要着力点，全面提高矿产资源开发利用效率和水平。多年实践证明，工艺矿物学研究在矿产资源评价和矿产综合利用过程中起到了极其重要的作用，尤其在低品位、共伴生、复杂难选等矿产资源及尾矿资源的开发利用过程中取得了明显的效果。许多矿山在这一方面取得了重要进展和可观的效益。

加强矿山管理和环境地质工作，合理规划地质资源的开采，防止乱挖滥采，提高采、选回收率，减少贫化损失和浪费，也是矿山地质的一项重要工作，要大力开发利用排弃物质，变废为宝，增加矿山收益。

矿产资源是矿业发展的基础，人才资源是矿业发展的保障。中国地质学会矿山地质专业委员会成立35年来，一直得到我国老一辈地质学家的关心和支持。一方面是他们对学会和对矿山地质发展的关心和支持，另一方面，在他们的培养和帮助下，大批年轻的矿山地质工作者不断成长、崛起。在大家共同努力下，开创出今天的矿山地质事业的大好局面。《矿山地质选集》所收录的部分论文著作，反映了我国老一辈和新一代地质工作者在矿山地质理论研究、矿山地质地球物理找矿新方法新技术、计算机技术和3DMine软件在矿山地质中的应用、矿山深边部找矿等方面的新进展、新突破。只是鉴于选集篇幅所限，无法将35年来矿山地质工作者的论文全部选入，敬请谅解！

展望未来，虽形势大好，但任务仍然艰巨。唯有以此为新的起点，努力攀登新的高峰！

让我们共同努力吧！

《矿山地质选集》编委会

2015年3月

目　录

基于 3DMine 软件的三维建模技术

胡建明

（北京三地曼矿业软件科技有限公司，北京，100043）

摘要：矿山三维立体模型是"数字矿山"的基础，本文主要论述采用 3DMine 矿业软件进行三维矿山建模的主要流程。三维模型主要有：工程模型、地表模型、地层模型、断层模型和块体模型。

关键词：3DMine 软件；三维建模

1 引言

矿山数字化是在计算机信息技术飞速发展的前提下，伴随着数字地球而出现的新概念，这一概念的提出为三维建模和可视化的发展打下了坚实的基础。所谓三维矿山建模（3D Geosciences Modeling），是指采用适当的数据结构在计算机中建立能反映地质构造的形态和各要素之间关系以及地质体物理、化学属性空间分布等地质特征的数学模型。建立三维地质模型，普遍采用的是不规则三角网（TIN）来逼近实体的表面形态。属性模型则采用块体模型，即用有限元的方式来存储和处理数据。随着计算机软硬件技术的飞速发展及计算机在矿业中的广泛应用，三维建模技术备受关注，并得到广泛的研究和应用。本文以 3DMine 软件为平台介绍三维建模的基本过程。

2 3DMine 软件介绍

3DMine 矿业工程软件是由北京三地曼矿业软件科技有限公司研究并开发的拥有自主知识产权、采用国际上先进的三维引擎技术、全中文操作的国产化矿业软件系统，是在多年来应用推广、总结分析国外主流软件结构的基础上，开发的符合中国矿业行业规范和技术要求的全新三维矿业软件系统。3DMine 矿业工程软件广泛应用于地质、测量、采矿和生产管理等方面，主要为固体矿产的地质勘探数据管理构建矿床地质模型、构建构造模型，进行传统和现代地质储量计算、露天及地下矿山采矿设计，编制露天短期进度计划以及生产设施数据、规划目标数据并建立实用三维可视化基础平台，为矿山资源管理、资源开采效率管理和生产数据管理提供技术支持服务。

3DMine 的基本特点：二维和三维界面技术的完美整合；结合 AutoCAD 通用技术，方便实用的右键功能；支持选择集的概念，快速编辑和提取相关信息；集成国外同类软件的功能特点，步骤更为简单；剪贴板技术应用，使 Excel、Word 以及 Text 数据与图形直接转换；交互直观的斜坡道设计；快速采掘带实体生成算法以及采掘量动态调整；爆破结存量的计算和实方虚方的精确计算；多种全站仪的数据导入和南方Cass 的兼容；工程图的打印绘制准确简便；兼容通用的矿业软件文件格式。

3 三维地质建模

三维地质建模和可视化概念最早是由加拿大 Simon W. Houlding（1993 年）提出的。顾名思义，三维地质建模就是将我们通常熟悉的地表、岩层、矿体、岩体等地质信息以真实的三维真实坐标的形式展现出来，更直观地观察它们的形态、空间位置及相互间的关系。根据已有的地质图件、钻孔、探槽等数据，通过整理、校正、转换，应用 3DMine 矿业工程软件进行三维地质建模。

在地质工作中，通常理解的模型包括：（1）工程模型；（2）地表模型；（3）地层模型；（4）断层模型；（5）块体模型等。具体建模步骤如图 1 所示。

3.1 工程模型

探矿工程主要包括：钻探工程（钻孔）和坑探工程（从地表或地下掘进的各类小断面的坑、井、槽、巷工程）。这些工程的主要目的是：采集样品供观察研究、物质成分化验和物性测定，以获得齐全的定性定量数据，为矿体的圈定提供依据；为后续的矿山设计、采矿、选矿和安全防护措施提供依据。不同的单位在收集这些数据过程中采用不同的格式，有简单的，也有复杂的。形式也有不同，或是电子表格，或是图纸记录表。但是这些数据的基本内容是相同的，不外乎是数据所属工程的名称、工程及样品的空间位置、相关工程的空间信息以及所取得样品的分析和岩性描述。3DMine 提供了储存这些信息的数据库

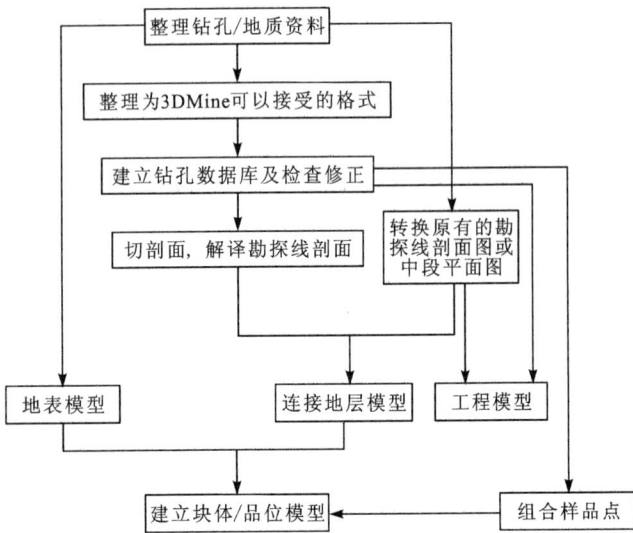

图 1　建模步骤

（见表 1），并将这些数据用三维图形（见图 2）的形态进行管理、分析和利用。处理数据的基本表格是 Excel 电子表。

表 1　3DMine 数据库表类型

表名	字　段			
定位表	工程号	开孔坐标 E	开孔坐标 N	开孔坐标 Z	最大孔深
测斜表	工程号	深度	方位角	倾角
岩性表	工程号	从	至	岩性
品位表	工程号	从	至	样号

其中定位表和测斜表是强制性表，其他为非强制性表，各表中的字段名除上述字段外还可以增加其他字段。

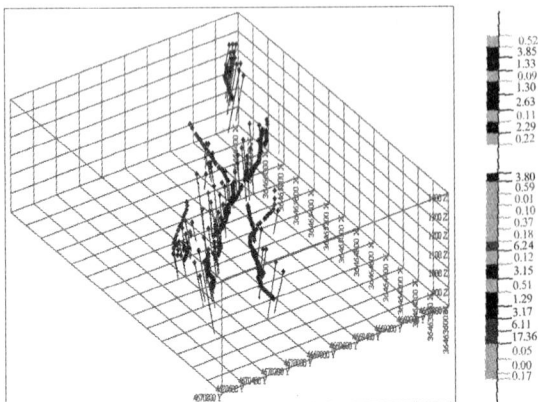

图 2　探矿工程三维分布图及某钻孔中的品位信息

该数据库可以实现三维显示，设置不同的显示风格以区别不同元素不同品位值；可以作出各种图件，如钻孔柱状图、与体表模型和底层模型相结合任意切割平/剖面并形成图件的主要线条等；在剖面上，通过鼠标切换，轻松辅助用户进行数据查询、地质解译和剖面品位计算。

此外还有为矿山开采而设计的一些巷道工程模型，数据主要来源于测量。将测量数据导入 3DMine 中，通过生成巷道功能生成巷道实体（见图 3）。

3.2　地表模型

地表模型（数字地表模型）是地形表面形态等多种信息的一个数字表示，此面不封闭（Open），没有内部面的概念。地表对露采矿山十分重要，但对地下开采矿山也很重要，三维矿山模型缺少了地表是不完整的。通常我们用于生成地表的原始文件有：已经数字化的等高线文件、高程散点文件、露天开采现状线文件等。3DMine 软件兼容 AutoCAD、MapGIS 等通用的矿业软件文件格式及多种全站仪的数据和南方 Cass 数据。在 3DMine 软件中通过坐标转换、线赋高程等功能将所需的原始数据进行预处理后运用生成 DTM 表面功能直接生成地表模型（图 4）。

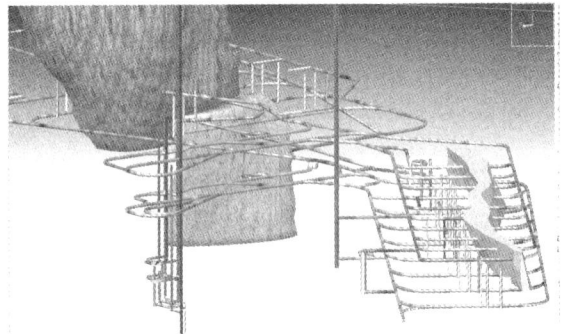

图 3　中段巷道

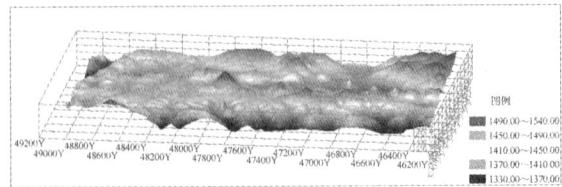

图 4　等高线生成地表模型

对于露天矿来说，地表即为开采现状，可以用于不同开采时期的挖填方计算、开挖计算；对于层状地层来说地表又是最新地层的顶板；由地表模型可以生成地表等高线以便于打印出图；表面模型还可以用于模拟表面总图(见图5)。

3.3 地层模型

地层模型不同于地表模型(DTM),它是封闭的实体(线框模型)。地层模型是由一系列在线上的点连成内外不透气的三角网,三角网由一系列相邻的三角面构成,由这些三角面包裹成内外不透气的实体。这些三角网在平面视图上肯定有交叠,但在三维空间中,任何两个三角面之间不能有交叉重叠,任何一个三角面的边必须有相邻的三角面,任何三角面的三个顶点必须依附在有效的点上,否则实体就是开放的或无效的。用于显示地层、矿体、岩体、采空区等的三维空间位置、形态及其相互关系。建立地层模型时,采用的数据大部分来自勘探线剖面图、中段平面图及地形地质图。如果是勘探线剖面图,首先将剖面图坐标校正、2D 转为3D,其次从转好的剖面图中提取建模所需的闭合线条(例如:地层界线、矿体界线、岩体界线等),最后利用提出的线条连成封闭的实体(见图6);若为中段平面图,首先将平面图的坐标进行校正,其次将平面图放到正确的标高上,并从中提出建模所需的闭合线,最后通过三角网法将闭合线连成封闭的实体(见图7)。除了通过以上图件获得相应的界线外还可以通过数据库切剖面解译出来。对于采空区,可以通过空区测量的方法直接形成。

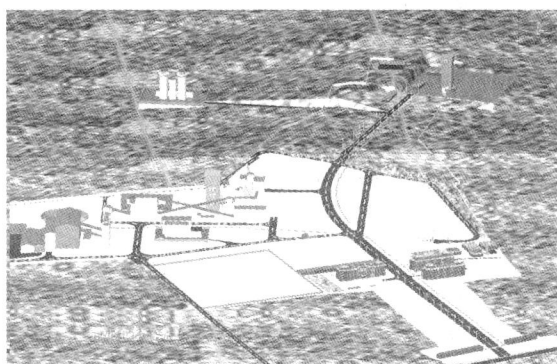

图5　模拟表面总图

对于层状矿体,如沉积型的层状矿体磷矿、锰矿和铝土矿,以及最常见的煤矿等,是可以通过层状矿体的顶板、底板点的提取,然后形成顶板、底板面并形成矿体的模型。我们所要建立的地质体一般位于地表以下,受各种因素的影响,往往是比较复杂的,因此这就需要借助一些方法和经验帮助连接,3DMine软件提供以下方法:线上加密点使相邻剖面中闭合线上的点分布均匀,不至于太少,否则连出的矿体不圆滑;当相邻剖面连出的实体比较扭曲时,需要添加一

些控制线,使三角网按地质工程师的要求连接,值得注意的是控制线不能相交,必须捕捉到相应点上,且两个相邻点之间没有其他的点;由于地质条件的改变,矿体出现分支复合时需要添加分区线;相邻剖面的闭合线形态相差太大时,可以通过内插过渡线的方法进行调整;当两个需要连接三角网的闭合线条形态相似,但空间错位太悬殊时最好使用坐标转换后再进行连接,这样做的好处在于,软件将自动将其上下左右对齐连接,然后将对齐连接后的模型按照两个闭合段的原空间位置进行"牵拉"。

地层模型建好后,使我们能更直观、更形象地观察地层、矿体、岩体等地质体的空间位置、形态、规模和相互关系;矿体模型的建立使得矿体体积及表面积计算更加方便快捷;此外实体模型还可以用于空间约束(如内外约束)。

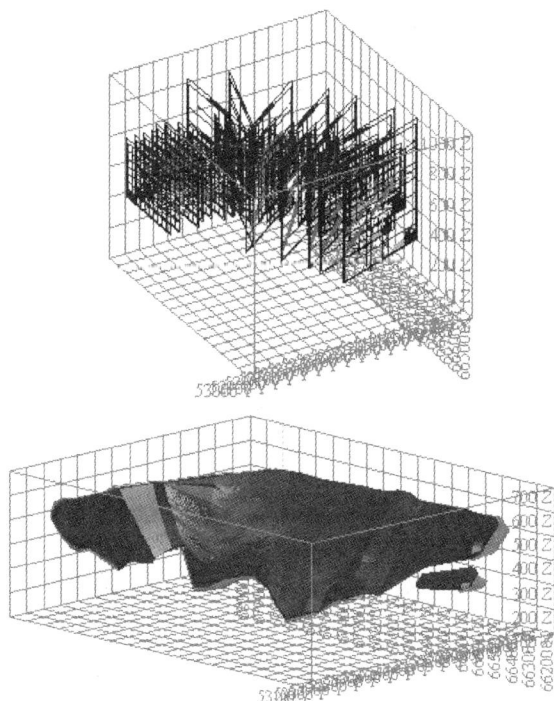

图6　由勘探线剖面图到矿体模型

3.4 断层模型

断层对矿床形成提供导矿、容矿的作用,是矿床形成的有利条件。矿床形成后,断层使得矿床的连续性遭到破坏,使矿体发生错动,对矿床的保存、开采具有很大的影响作用。故断层模型的建立是十分有意义的。

断层模型(见图8)是一种比较特殊的模型,它既可以是DTM 表面模型也可以是封闭的实体模型。形成断层模型的线条一般从勘探线剖面或中段平面中提

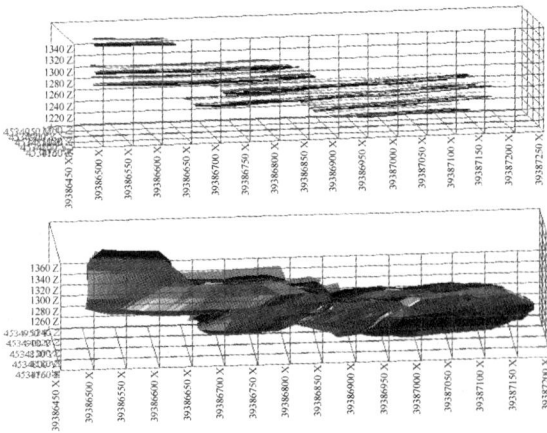

图7　由中段平面图到矿体模型

取，可以是多段线也可以是闭合多变形。根据断层线通过闭合线到闭合线连接三角网/ 开放线到开放线功能连接成断层模型。此外还可以利用断层模拟功能直接生成断层面。

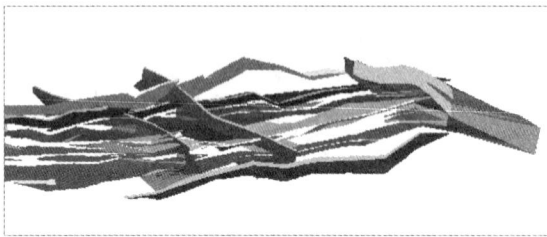

图8　断层模型

3.5　块体模型

地层模型实际上是一种包络体，反映的是实体模型的空间关系或外部特征。但是，想要反映空间任意位置的属性，就必须引进块体模型。块体模型概念是在空间上，在一定的范围内确定一定尺寸的空间块体，相对应的块体都有一个质心点，这样，在质心点上可以存储所有属性，也就是说块体模型是另一种格式的数据库。同时，引进次级模块的概念，可以保证矿体边缘的块体尽可能地与矿体界线（曲面）相一致，从而得到准确的报告值。

建立的块体模型要包含所有矿体以及采掘的岩石范围，这样便于进行境界优化及计算采出的矿岩量。在 3DMine 中建立块体模型时，系统根据矿体空间分布情况自动给出坐标范围。块体尺寸的大小取决于矿体的类型、规模和采掘方式，例如，脉状金矿或铜矿与层状铁矿的块体尺寸是不同的，并且露天开采与地下开采的方式不同，定义的块体尺寸也是不同的。一般来说，单元块越大，估值的圆滑程度就越强，整个

区域内所有单元块的估值结果越平均，从而反映不出矿体内部品位的变化特征。

一般我们建立的块体模型范围是根据矿体范围而来的，故建立块体模型时要先把矿体三维模型加载到程序中来，此外为以后开采设计需要还应该把地表模型加载进来，通过主菜单"品位模型 > > 模型 > > 建立块体模型"的功能，可直接生成块体模型。而块体模型中的属性则是通过直接赋值、简单计算或者运用地质统计学方法进行插值来求得，这些属性（如品位、密度、岩矿属性等）存储到各个块的质心点中，并通过块体模型实现属性的计算和分析（见图9）。

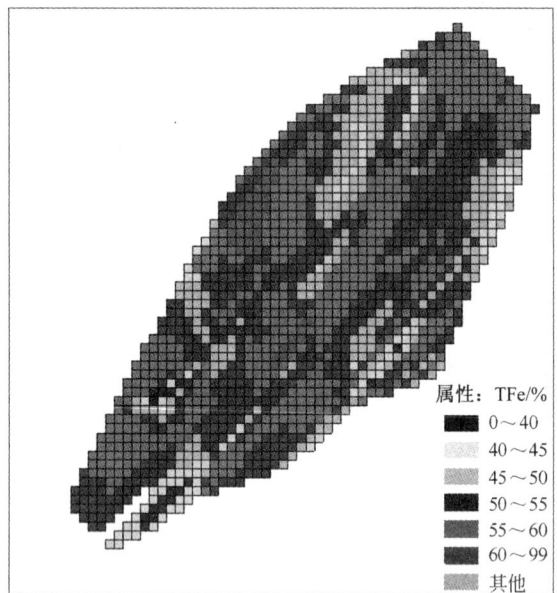

图9　某矿体的块体模型

4　结束语

基于这些数据的空间关系，结合地质理论、矿床成因关系，利用 3DMine 软件通过矿体和岩性建模、矿体品位分布以及相关的构造建模，系统全面地对矿床进行分析和模拟，将有助于对矿体空间分布的认识、矿山生产过程的品位控制、矿产储量的动态管理和计算、以及快速提取地质数据、任意切割平/剖面并形成图件的主要线条等。三维模型中矿体在空间上的展布趋势，对指导探矿工程设计是十分有效的；在三维模型上做采矿设计，非常直接、便捷和高效，在真实的三维空间内更容易确定采矿工程的开口位置和方向，更容易看清各种复杂工程之间的相互关系。三维可视化模型不仅可以涉及矿山的地、测、采的每一个领域，同时对成矿预测、矿山的总体规划以及资源的合理开发利用都会起到不可估量的作用。

参考文献

[1] 刘永和, 王燕平, 齐永安. 一种快速生成平面 Delaunay 三角网的横向扩张法 [J]. 地球信息科学, 2008, 10 (1). 20 – 26

[2] 北京东澳达科技有限公司. 3DMine 软件教程, 2009.

[3] 南格利. 矿体线框模型及其建立方法 [J]. 有色矿山, 2001, 30(5): 1 – 4.

[4] 北京三地曼矿业软件科技有限公司. 3DMine 矿业工程软件地质工程师教程, 2009.

基于3DMine的南山坪铜(钼)矿三维地质建模

林明钟　　张锦章

（紫金矿业东南矿产地质勘查分公司，福建上杭，364200）

摘　要：根据紫金山外围南山坪矿段现阶段的地勘成果，利用3DMine矿业软件，通过提取相关图形文件和建立地质数据库，进而建立起地形DTM面模型以及矿体、脉岩、基底等实体模型，并结合矿体模型建立块体模型；通过地质统计分析，求取相关参数，最终实现良好的三维可视化效果和资源量估算结果。

关键词：三维建模；3DMine；矿体模型；品位估值

随着计算机科学技术在软件和硬件方面突飞猛进的发展，计算机在矿业领域的应用也得到了很好的拓展。传统的以平面图和剖面图为主的地质信息的模拟与表达难以满足现代矿山信息化、数字化建设需求[1]。三维矿业软件的出现，突破了这种瓶颈，实现了数据与图形之间的完美转换。目前国内外常用的三维矿业软件有Datamine、Micromine、Surpac、3DMine、Dmine等，这些软件在许多著名矿山都有着非常成功的应用案例，也为矿业企业创造了良好的经济效益。

国产软件3DMine采用Office、AutoCAD操作风格，易学易用，充分体现了该公司提出的"三维矿业Office"理念；该软件与行业里主流的多款三维软件有着良好的数据接口，具有很强的兼容性，便于在不同的软件环境下开展工作。3DMine在地质、测量和采矿方面都有丰富的应用模块，本文主要探讨3DMine在紫金山外围南山坪铜(钼)矿三维地质建模和矿体品位估值方面的技术应用。

1　南山坪矿段地质概况

南山坪铜(钼)矿床位于福建省上杭县紫金山金铜矿外围的东北部，属斑岩型矿床，矿体主要赋存于燕山晚期的中寮岩体(似斑状花岗闪长岩)外接触带的花岗闪长斑岩和花岗闪长岩中，局部分布在中细粒花岗岩中。矿体总体呈NE—SW走向，空间形态上呈马鞍状向外侧展布，中部矿体平缓，向北西和南东边矿体产状变陡，控制长约2070 m，宽约900 m，展布面积约1.18 km²。

矿段内已控制的铜钼矿体有2个，分别是南西部Ⅰ号蓝辉铜矿体和中部的Ⅱ号铜(钼)矿体，其中Ⅱ号矿体为主矿体，主要矿石矿物是黄铜矿和辉钼矿。矿段内对矿体影响较大的脉岩是石英正长斑岩，控制矿体底板的是似斑状花岗闪长岩。本文的建模对象包括

南山坪矿段地形DTM面模型，矿体、脉岩、控矿基底等实体模型，以及矿体的块体模型。

2　三维地质建模

2.1　建立地质数据库

南山坪矿段的矿体绝大部分为隐伏矿体，已施工的探矿工程以钻探为主，故本文只建立钻孔数据库。根据原始地质资料，利用3DMine创建钻孔数据库，根据需要创建4个数据表：定位表、测斜表、品位表和岩性表，也可根据矿山数据储存的需要，创建更为丰富、完整的表，例如钻孔回次表、水文数据表，等等。其中，定位表存放钻孔孔口定测坐标、最大孔深、开孔终孔日期等信息，用于确定钻孔在三维空间中的位置；测斜表存放各个钻孔测斜深度、方位角、倾角等信息，用于控制钻孔轨迹；品位表存放样品基本分析结果；岩性表存放钻孔各个分层岩性描述等信息。在导入数据之前，对原始数据进行检查校验，对样品分析结果中小于检出限的(原始数据中表示为$\omega(Cu)<0.01\%$，$\omega(Mo)<0.001\%$)，用0值代替。

3DMine建立的数据库文件为Microsoft Access单文件，无需另外建立索引文件，甚至可以单独打开Access文件进行编辑，不受存放路径限制，且提供了剪贴板导入、文本导入和Excel导入等多种导入方式，与原始数据的字段也无顺序上的对应要求，只要字段名称相同，即可自动进行关联，这些功能相比其他同类软件，更为简便、实用，各数据表结构如表1所示，各钻孔的空间分布如图1所示。

2.2　建立地形DTM面模型

通过3DMine的生成DTM面功能，可对高程点或者含有高程值的等高线建立地形DTM模型。首先提取AutoCAD文件南山坪矿段地形地质图中的等高线、坐标网、勘探线及文字标注，复制到新建的AutoCAD

文件中,根据原图比例尺和坐标网标注的大地坐标,进行缩放和平移,将整图缩放为 1∶1000 并调整到实际坐标位置。然后用 3DMine 打开调整好的 AutoCAD 等高线文件,检查等高线的高程值是否与标注值相符,如果不相符,应先用等值线赋高程的功能修改其高程值。最后关闭除等高线以外的其他图层,利用生成 DTM 面功能,以等高线为数据源,快速建立地形 DTM。通过 Gouraud 渲染、三角网颜色渲染、调整光照等操作后,即可形成层次鲜明的地形 DTM,如图 2 所示。

表1   南山坪矿段钻孔数据库结构表

表名	字 段				
定位表	工程号	开孔坐标 E	开孔坐标 N	开孔坐标 Z	最大孔深
测斜表	工程号	深度	方位角	倾角	
岩性表	工程号	从	至	岩性	
品位表	工程号	从	至	样号	Cu Mo

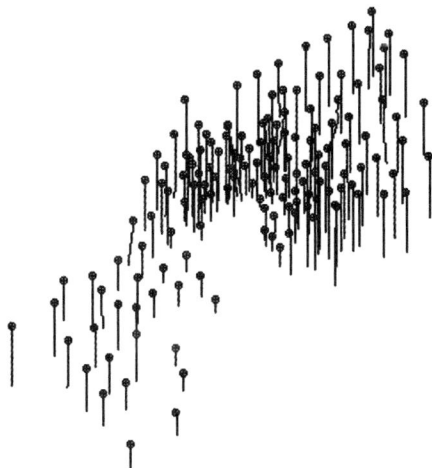

图例

- 850.00~999.00m
- 700.00~850.00m
- 550.00~700.00m
- 410.37~550.00m

图2   南山坪矿段地形 DTM 模型

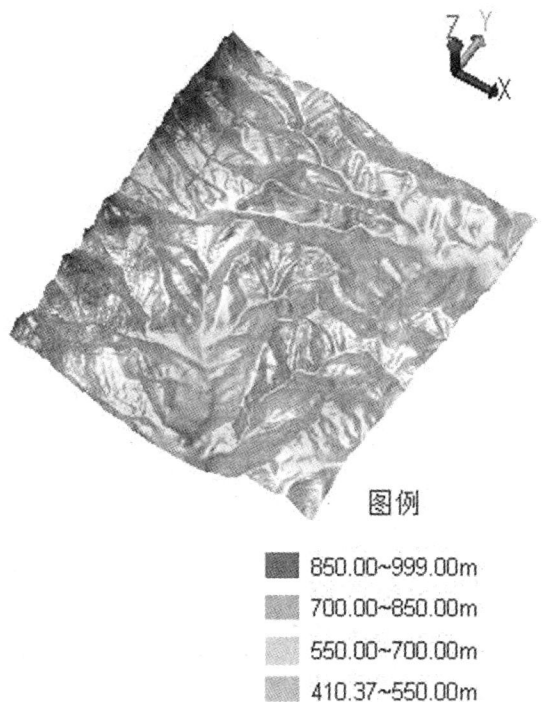

图1   南山坪矿段钻孔空间分布示意图

2.3 建立地质体实体模型

2.3.1 矿体模型

矿体实体模型的主要作用是反映矿体的三维形态。实体模型是由一系列在线上的点连成内外不透气的三角网,三角网由一系列相邻的三角面构成,由这些三角面包裹成内外不透气的实体[3]。创建矿体实体模型之前要进行矿体解译,即"圈矿",以形成一系列闭合的矿体解译线。首先在 3DMine 中打开数据库并显示钻孔,导入前期准备好的勘探线文件,利用切

割剖面功能,沿着勘探线切割一条剖面;然后根据圈矿规则和矿床工业指标等对剖面上的钻孔进行矿体解译(见图 3);南山坪矿段资源量估算采用折算铜综合工业指标评价矿床,即折算铜品位:

$$\omega(ZCu) = \omega(Cu) + \omega(Mo) \times 4^{[2]}。$$

完成所有勘探线剖面的矿体解译后,将形成一系列总体沿着勘探线方向的解译线(见图 4)。

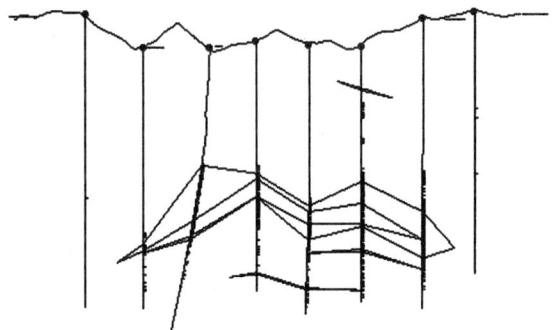

图3   南山坪矿段 288 线剖面矿体解译结果

接下来,利用 3DMine 对各条闭合解译线按矿体号分别连接三角网。3DMine 提供了最小面积、等角度、距离等分法三种三角网连接方法,本次采用默认的等角度连接法。为了使矿体的显示效果更加细腻,也可以先对闭合线按一定的步距加密点再连接三角

图 4　南山坪矿段北西向勘探线剖面矿体解译结果

网。连接完实体后，在实体两端根据矿体外推原则封闭实体，对实体进行优化、验证后，最终建立完整的矿体实体模型（见图 5）。

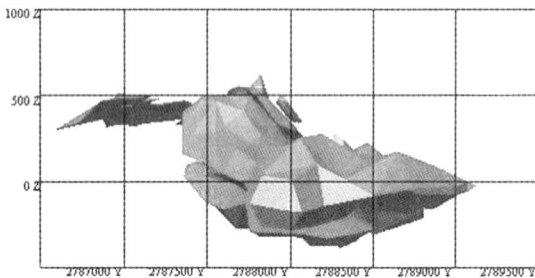

图 5　南山坪铜（钼）矿体模型 YZ 平面视图

对于夹石，也采用类似矿体建模的方法进行圈连和建立实体模型，为后续进行块体模型品位估值提供必要的实体约束条件。

2.3.2　脉岩模型

石英正长斑岩是南山坪矿段已揭露的规模最大的脉岩，主要分布于南山坪矿段北侧与浸铜湖矿段交界处 264 线以北到 288 线之间，为成矿后侵入的，源于中寮岩体[2]。该脉岩对矿体产生了一定的破坏作用，应作为建模对象，采用提取勘探线剖面图中脉岩界线的方式建模。

首先用 3DMine 打开 AutoCAD 文件的剖面图，进行平面两点坐标转换、YZ 坐标调换，根据勘探线端点坐标，对原本绘制于 XY 平面的剖面图进行缩放、平移和旋转，将剖面图转换到三维空间实际坐标位置，然后提取一系列平行剖面图中的脉岩界线，最后根据脉岩界线连接三角网形成闭合的脉岩实体模型。

南山坪矿段石英正长斑岩脉与矿体的穿插关系如图 6 所示。

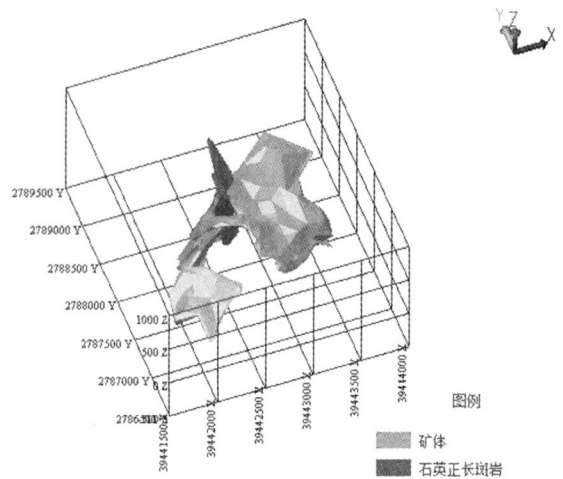

图 6　南山坪矿段石英正长斑岩脉与矿体的穿插关系图

2.3.3　基底模型

似斑状花岗闪长岩（中寮岩体）侵位于南山坪矿段萝卜岭岩体底部，在矿段中部侵位最高并出露地表，在矿段内呈中间突起的半环状，紧紧贴合矿体底板，作为基底建立实体模型。由于中寮岩体为无矿岩体且埋深厚大，并不是钻孔施工要揭穿的对象，故钻探工程未控制到该岩体的底板，其岩体界线在剖面图中显示为沿趋势外推的开放线，所以用提取剖面图中的岩体界限的方式建模。首先利用 3DMine 提取出前期转换好的各个剖面图中的中寮岩体界线，然后进行网格插值，根据相关地质特征进行合理加密和外推，建立该岩体顶板 DTM 面，再利用建立三维面模型功能将该 DTM 面转换为三维实体模型。南山坪矿段似斑状花岗闪长岩、石英正长斑岩与矿体的空间关系如图 7 所示。

2.4　建立块体模型

本文主要论述对南山坪主矿体 Ⅱ 号矿体建立块体模型和进行块体估值的过程。由于 Ⅱ 号矿体倾向上的两翼分别往 NW、SE 方向倾斜，呈"马鞍状"形态，产状变化大，故需沿矿体的走向，利用切分实体功能，将矿体模型切分为 NW 域和 SE 域，分别进行样品组合、建立块体模型和块体估值。

2.4.1　样品组合

由于块体估值时对钻孔数据的应用必须是线文件而不是直接调用 Access 数据库，故需要通过提取功能，将样品信息提取到线文件中，即"样品组合"。3DMine 提供了根据圈矿指标、根据地质带和实体内提取化验

图7 南山坪矿段似斑状花岗闪长岩、石英正长斑岩与矿体的空间关系图

样3种组合方式,可根据矿山实际情况选择。由于有2种分析元素,本文选择根据地质带组合的方式。根据南山坪矿段地质情况,组合信息如表2所示。

表2 南山坪矿段样品组合信息表

组合条件	组合内容	组合方式
组合长度 2 m	$\omega(Cu)\%$	矿体实体约束
最小有效长度 1 m	$\omega(Mo)\%$	缺失样用平均值代替

组合结果为散点,样品的坐标、品位值分别储存在点的各个属性中,分别保存Ⅱ号矿体2个域范围内的组合样品点为2个线文件,用于后续的地质统计分析和块体模型估值。

2.4.2 建立块体模型

建立块体模型的目的是在许多规则的小长方体的

质心点存储品位、比重、岩性等属性,使得计算机能够对规则几何体进行体积等方面的数学计算,以便在资源量估算中,利用块体模型准确地进行资源量和品级报告。首先利用 3DMine 打开矿体模型,新建块体模型,在对话框中,软件已自动捕获了能够包裹住整个矿体模型的最大、最小坐标值。对于块体最大尺寸一般定为勘查网度的四分之一或五分之一,次级模块的尺寸与矿体的形态和厚度有关[3]。根据南山坪矿段的勘查网度、矿体形态和厚度,对Ⅱ号矿体2个域分别建立块体模型:设定块体尺寸大小为10 m×10 m×2 m,次级块尺寸为5 m×5 m×1 m;对块体模型新建岩矿性质、比重、Cu 品位、Mo 品位、ZCu(折算铜品位)5 个属性,完成块体模型的建立。

2.4.3 块体估值

采用普通克里格法对Ⅱ号矿体2个域的块体分别进行估值,分以下4步完成:

(1)地质统计分析:打开 3DMine 地质统计窗口,导入前期准备好的组合样品文件,对 Cu 品位属性进行基本统计分析,确定为正态分布后,根据样品点的空间分布形态,进行变异函数统计,通过切换椭球体各轴在不同方位时,变异函数图表窗口中基台值的变化情况及数据对的分布状态,逐步确定椭球体的主轴、次轴及短轴的方位;然后根据变异函数图表窗口中数据对的分布状态,创建高斯模型变异函数曲线,将曲线起点置于基台值位置,通过调整动态步距,分别将曲线拟合到各个轴的样品点位置,以确定椭球体的长轴与次轴及短轴的比值(见图8)。在验证模拟合适后,保存各向异性椭球体参数为块体估值所用。对 Mo 品位属性采用相同方法求取椭球体参数。

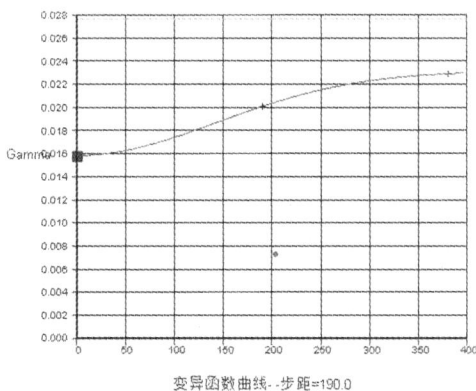

图8 Ⅱ号矿体 SE 域拟合变异函数曲线与创建椭球体

（2）单一赋值：对块体的比重和岩矿性质这两个属性，根据地质资料，以"矿体实体模型内部"和"夹石实体模型外部"为约束条件，分别赋值。

（3）普通克里格估值：选择组合样品点文件，导入椭球体参数文件，根据矿段地质情况，为确保样品数量和分布的可靠性，设定对每个块估值的最少样品数为3个，最多样品数为15个，每孔最多样品数为5个，为了更精确估值，选择对每个块再沿X、Y、Z轴各分为3块，即每个大块次分为27个小块分别估值，添加"矿体实体内部"和"夹石实体外部"为约束条件，对矿体分别进行Cu、Mo品位估值。

（4）折算铜品位：利用块体属性数学计算功能，根据折算铜品位公式，以"矿体实体内部"和"夹石实体外部"为约束条件，将块体的ZCu属性赋值为ZCu = Cu品位 + Mo品位 ×4。

3　三维模型的应用

（1）资源量报告。利用3DMine的块体模型报告功能，对已估值的块体，可以便捷地报告出矿体平均品位、资源量，还可以根据需要做出不同标高、不同品位区间的平均品位、金属量等信息的分类报告，如表3所示。

表3　南山坪Ⅱ号矿体局部统计报告

Cu 品位区间/%	体积/m³	矿石量/t	Cu 平均品位/%	Cu 金属量/t
0 ~ 0.1	9 726 438	25 969 589	0.08	19 912.87
0.1 ~ 0.2	52 880 125	141 189 939	0.15	218 640.75
0.2 ~ 0.4	96 003 625	256 329 688	0.28	727 988.15
0.4 ~ 999	15 431 063	41 200 938	0.48	195 784.37
合计	174 041 250	464 690 154	0.25	1 162 326.13

（2）创建动态剖面。利用3DMine对矿体、岩体、构造、蚀变等实体模型切割动态剖面，通过旋转和伸缩三个方向的控制轴，可用于观察任意角度的地质体剖面形态，用于研究矿体与岩体、构造、蚀变等之间的空间关系和成因关系等。

（3）动画演示。通过3DMine可对三维模型沿着设定好的线路进行动画演示，如沿地表公路、地下巷道等行进方向的动画行走，可用于工作汇报的现场模拟演示，检查各类工程设计线路的合理性等。

4　结语

（1）3DMine作为国内一款优秀的三维矿业软件，在工作界面、操作方法、基础功能等方面继承了同类软件的优点，又能不断突破创新，在数据和图形导入导出方面独具特色，且与其他众多图形软件有着良好的兼容性，适合国内矿山企业的日常使用。

（2）通过3DMine建立南山坪矿段地表模型、矿体模型、岩体模型和品位块体模型，实现了地质信息三维可视化；通过更新数据库进而对模型进行动态更新，为项目动态管理、水文地质工程地质研究、综合地质研究、指导找矿勘查等提供直观的三维可视化模型。

（3）三维矿业软件在勘查单位乃至矿业企业的普及应用，是矿业发展的趋势所在，是推进矿业企业进入数字化、信息化的关键技术，能够为矿业企业创造一定的经济效益。

参考文献

[1] 柳波，陈广平. 基于3DMine的贾家堡铁矿三维地质建模技术研究[J]. 金属矿山，2010,（增刊）：729－732.

[2] 张锦章，王庆庭，胡惟和，等. 福建省上杭县紫金山矿区南山坪矿段铜（钼）矿详查报告[R]. 龙岩：紫金矿业集团股份有限公司，2012.

[3] 北京三地曼矿业软件科技有限公司. 3DMine矿业工程软件地质工程师教程[R]. 北京：北京三地曼矿业软件科技有限公司，2009：42－56.

利用 3DMine 软件构建三维矿体模型的探讨

姜　峰

（中钢集团设计研究院，北京，100080）

摘　要：通常矿体连接是对闭合曲线进行修改，然后连接实体。实际矿体是复杂多变的，只对闭合曲线修改，并不能很好地构建出矿体。本文利用 3DMine 软件提供的模块，先构建三角网，然后用三角网组合成实体。在传统做法无法构建复杂实体的情况下，此方法可以将复杂矿体模型构建成功。

关键词：3DMine；复杂矿体建模；三维矿体模型

地质体三维可视化模型构建是地质资料集成和二次开发的最佳方法。它具有形象、直观、准确、动态、信息丰富等特点。但国内很多金属矿山矿床成矿构造复杂，通常是将勘探线剖面矿体轮廓线切分为多个区域，逐个连接或者添加控制线。上述方法虽然能够解决部分复杂矿体连接的问题，但对于解决形状和顶点数目差异较大的相邻轮廓线构建问题，这些方法均有一定的局限性，不能很好的构建出实体模型。面对复杂矿体时，分区越多，加控制线越多，可能引起的自相交三角片越多。本文利用 3DMine 软件提供的 DTM 模块和实体模块功能，先构建单独三角网，然后将三角网合并为实体，将复杂矿体很好地进行构建。

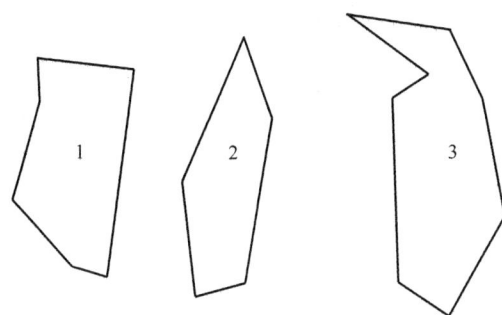

图1　20 m 标高水平投影图

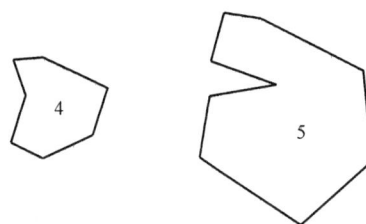

图2　矿体 0 m 标高水平投影

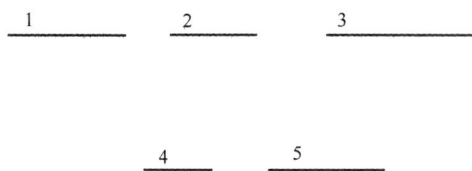

图3　五个矿体轮廓线侧视投影

1　相关概念和基本流程

基本方法就是，将原本的闭合轮廓线分割为两相连接的多段线，然后利用实体模块里面的从开放线到开放线功能，将人工能够定义下来的三角网先确定下来，然后逐步闭合实体，将自相交部分逐步集中，从而完成轮廓线间的三维形体表面构建。

2　具体步骤

2.1　示例矿体资料

图1所示为示例矿体 20 m 标高水平投影轮廓线 1、2、3，图2所示为 20 m 标高水平投影 4、5，图3所示为五个矿体侧视投影图。

2.2　操作步骤

（1）如图4、5所示分别做 1—4，2—4 实体，再利用实体之间交线功能，做出交线。

（2）如图6、7所示找出实体交线与4号轮廓线的交点，找出这两交点对应的2号轮廓线对应顶点，连接直线。然后用从开放线到开放线连接功能，连接三角网，分别构建成两 DTM 面。

（3）如图8，重新连接三角网后，对应两实体之间的相交部分的切口就已经做好了，因为是根据两实体之间的交线做出的三角网，所以，当重复上述步骤做1号矿体圈和4号矿体圈之间的三角网的时候是无缝连接，不会出现开放边、自相交等冗余部分，不需要做其余的修改操作。

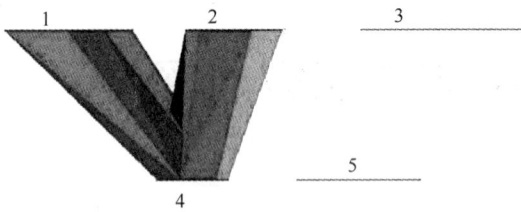

图 4　做闭合线之间连接三角网

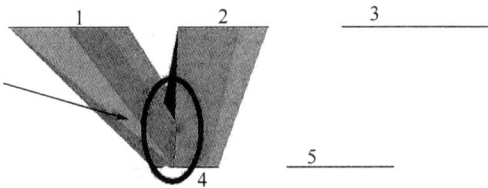

图 5　做出两模型之间实体交线

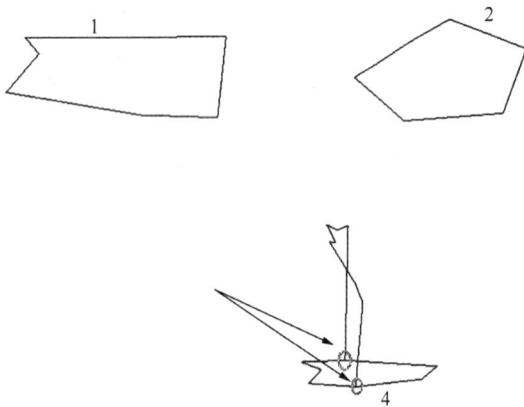

图 6　找出相交线与矿体圈之间的交点

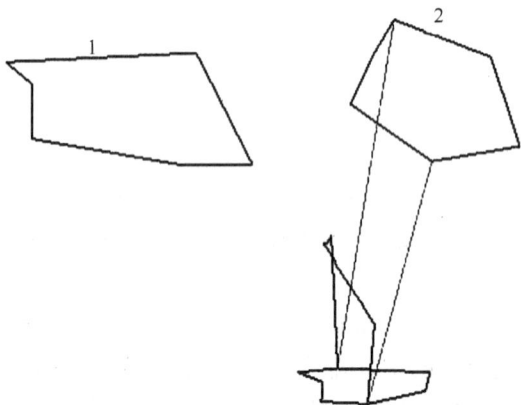

图 7　重新连接三角网

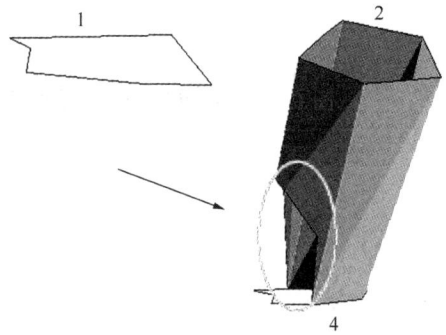

图 8　利用交线做好的 DTM 面已经有缺口了

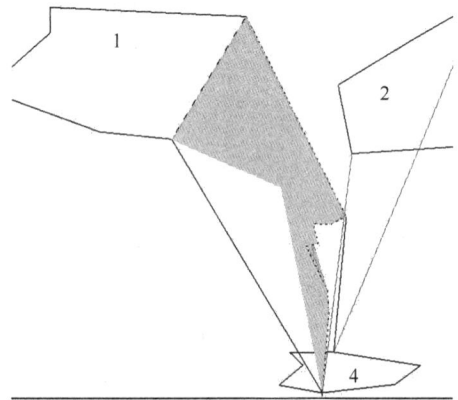

图 9　1 号矿体与 4 号矿体间三角网构建错误

同理做 1 号矿体圈与 4 号矿体圈之间的新的三角网。

（4）如图 9 所示。因为取得的相交线是三维折线，所以在做开放线到开放线之间连接三角网的时候构建出现了表达错误的三角网，这时候将先前的两侧的控制线和需要连接的两条开放线合成一个闭合曲线，然后在闭合曲线内连接三角网（如图 10 所示），这样就可以构建出表达正确的三角网（如图 11 所示）。什么时候用开放线到开放线，什么时候用闭合曲线内连接三角网，需要视情况而定，没有特别的标准。

同理，因为之前找到的相交线为两实体之间的相交线，所以做出的两个三角网，之间是没有冗余部分的，不需要其余操作来修整三角网。

（5）如图 12、13 所示。在连接 1—4 轮廓线的控制线应该是直线，但是根据之前实体之间交叉情况，舍弃了直线，而选取了折线，这是因为如果选择直线做控制线，则左边三角网将和右边三角网之间有自相交三角片出现，将加大三角片数目。（此处是根据两 DTM 面实际相交情况作出的选择）在图 14 中可以看

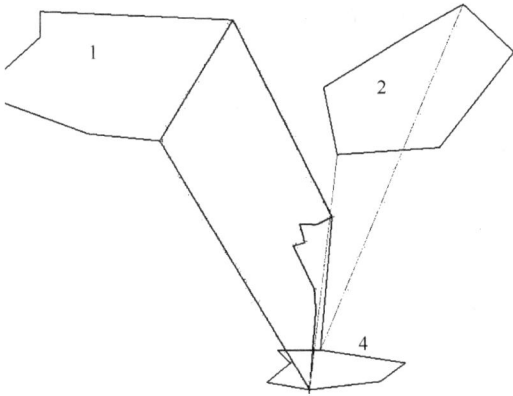

图 10　做闭合曲线内连接三角网

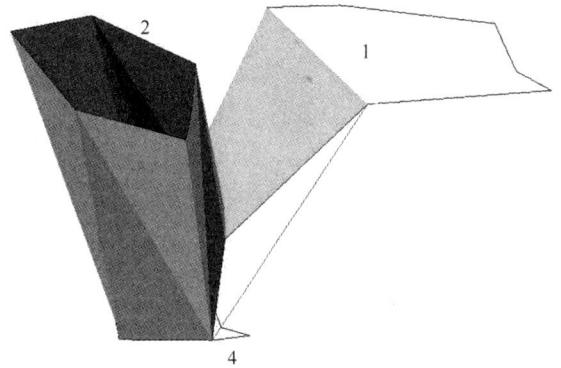

图 13　单独构建一个三角片，减少自相交情况

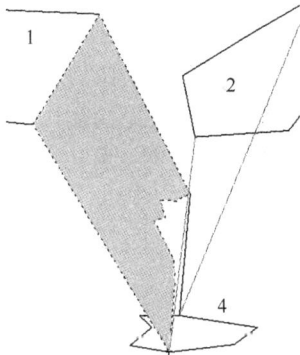

图 11　构建正确三角网

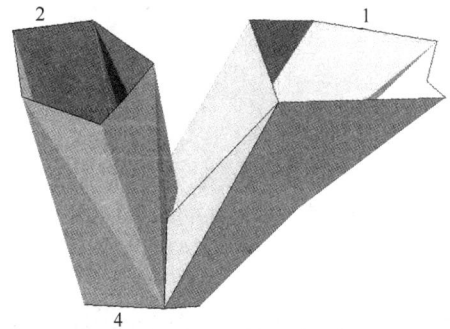

图 14　构建完的三角网，先不要合并

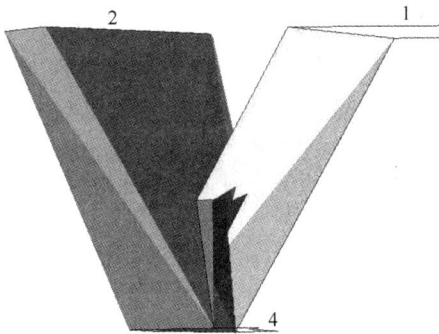

图 12　正确的三角网

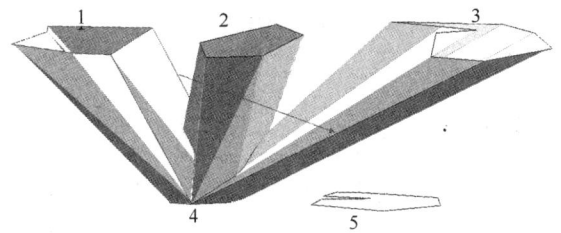

图 15　做出 3—4 的控制线

见单独建立的三角片。

（6）如图 15、16、17。建立 3—4 实体，重复上述步骤做出 3 轮廓线和其他轮廓线之间的三角网。

如图 18 所示，至此完成一对多矿体构建，对顶面和底面矿体轮廓圈做闭合线内连接三角网，并运行合并三角网功能后如图 19 所示。因为所有的边界线都是相交线，所以完全不会出现自相交、无效边、开放

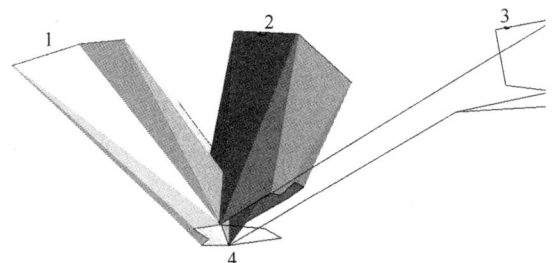

图 16　裁剪三角网做出缺口

边，实体验证通过。

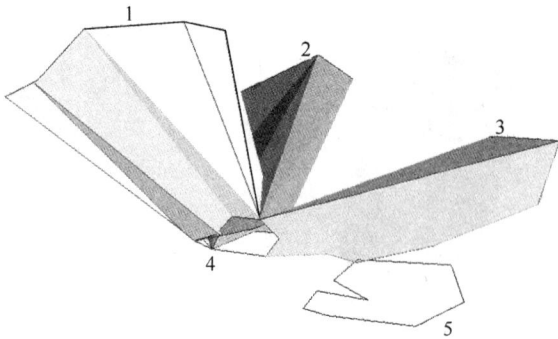

图17　做好剩余 3—4 之间的三角网

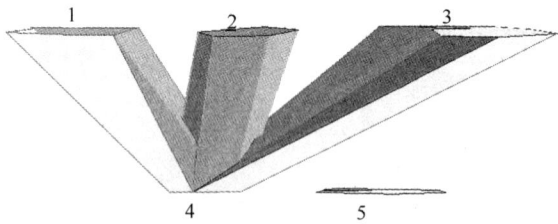

图18　完成后未合并的三角网图

图19　矿体构建完成图

3　实例

在构建独山城旺儿沟铁矿三维模型时，因矿体交叉变形大，分枝复合多，用传统连接方法无法构建出矿体模型，实体验证开放边、自相交、无效边较多。利用布尔运算处理后的模型在赋值和体积计算上都有

较大的误差，无法为工程设计提供较好的数值模型。利用本文提供的方法，能很好地构建矿体，并且完全通过实体验证，为后续的赋值和体积计算等操作提供了很好的支持，得到了地质部门的肯定。

4　结论

在连接复杂矿体的时候轮廓线错位、变形、质心移动、分支复合等这些情况，导致在构建实体的时会出现很多无法用传统方法直接构建出实体的情况。

本文中提出的构建方法，将矿体轮廓线分割开，原本的闭合曲线连接实体，转换成线与线之间三角网的连接，再逐步缩小自相交范围，最后经过合理修整，从而完成对复杂矿体的实体构建，该方法有如下特点：

（1）通常情况下都是先构造实体，在不能直接构建的情况下，添加控制线、分区线等对三角网进行修改，即使对构建实体很熟练，在面对复杂矿体的时候也需要重复很多次修改，方能构建出三维实体。本文提出的方法是先构造三角网，后构造实体，三角网构建的成立条件较实体少很多限制，而且可以很直观地进行修改，将复杂实体构建拆分成多个三角网的构建，大大降低了构建实体的难度，也增加了可操作性。构建的三维模型很容易通过实体验证，可以继续后面对实体赋值计算等需要通过实体验证的操作。

（2）因为是数个三角网的拼接裁剪构成，在整体上更加贴近地质工程人员对矿体的描述，大大增加了对矿体描述的准确性，使得矿体模型更加具有数值模拟参考价值。

（3）本文只是举例一对多的情况，在一对一情况下轮廓线变型强烈，将轮廓线切割成几段分别构建三角网，然后逐步缩小未闭合三角网面积，最后将问题集中处理，从而完成复杂矿体实体构建。

参考文献（略）

利用 3DMine 软件建立复杂煤层的矿山地质模型

杨振凯

（大地工程开发集团有限公司，北京，100102）

摘 要：本文以某复杂煤层矿山为例，探讨了利用 3DMine 软件建立复杂煤层地质模型和煤质模型的过程，以及建立矿山模型对设计及生产的实际意义，利用地质模型与煤质模型相结合，将采矿设计与选煤设计形成一个统一体，优化开采顺序及产品方案，实现矿山经济效益的最大化，是未来矿山模型的发展方向。

关键词：3DMine；复杂煤层；地质模型；煤质模型

0　引言

矿业软件是实现矿山数字化管理的重要基础，是对矿山生产进行可视化操作的重要平台。目前，矿业软件正朝着三维可视化的方向发展，以地质、测量、采矿、煤质分析等为核心模块的综合性矿业软件为整个矿山的开发设计提供了一体化的服务，极大提高了矿山设计与技术管理工作的效率，可以预见应用矿业软件进行矿山生产动态管理、矿产资源经济计算评价、矿产综合开发利用、资源储量分析和矿山生产规划将成为整个矿业行业的发展趋势。

随着数字矿山技术的应用，利用矿山三维模型来辅助完成矿山开采设计显得尤为重要。3DMine 矿业软件提供了较为全面的露天矿解决方案，可以实现露天生产的可视化管理，能够有效地帮助设计人员完成生产进度计划编制、煤质的分析预测，以及工程图纸的绘制，极大地提高了设计人员的工作效率。

本文以某复杂煤层矿山为例，讲述如何利用 3DMine 软件建立复杂煤层的地质模型，以及如何将煤质信息录入数据库，建立矿山煤质模型，为煤质预测分析提供详细的数据。利用煤质模型可划分各煤层煤类的分布范围，便于指导矿山的生产计划管理。

1　地质概况

某矿区探矿权面积 195.72 km²，二叠系地层为矿区的主要含煤地层，煤系地层主要由三个煤组组成，分别为 KH 煤组、VM 煤组和 CM 煤组，三个主要煤组之间还夹杂多层发育不稳定的薄煤层，区内共有煤层50层。

矿区内地层产状平缓，但有一定数量的小断层，并有岩浆岩侵入，构造复杂程度为中等。

矿区煤的分类大致为：KH 煤组为不粘煤及长焰煤，以不粘煤为主；VM 煤组为气煤及长焰煤，长焰煤为主；CM 煤组以气煤为主。

2　地质模型

地质模型包括钻孔数据库、地表模型、松散层底板、煤层顶底板、侵入岩顶底板及用于计算剥离量和煤量的块体模型。

2.1　钻孔数据库

钻孔数据库是建立矿山地质模型的基础，也是矿山地质模型正确与否的关键所在。一般情况下可通过处理地质报告中的钻孔成果表得到我们想要的钻孔数据库。但本矿的基础数据只有一个从 Minex 软件导出的数据库文件，该数据库文件包含钻孔定位表、煤层结构表（未区分煤矸结构）、地质煤煤质表、浮煤煤质表。

根据对 Minex 软件导出的数据库分析，针对 3DMine 软件所需数据格式，提出以下解决方案：①利用钻孔定位表、煤层结构表建立煤层顶底板；②利用地质煤煤质表区分煤矸结构，计算煤层的复杂含矸率。

2.2　煤层顶底板

煤层顶底板建立的方式有两种：①全煤层建模，利用软件的全煤层建模功能，一次性将所有煤层的顶底板 DTM 面建立；②分层建模，提取煤层钻孔底板点结合底板等高线等信息建立煤层底板 DTM 面，提取煤层厚度建立煤层厚度 DTM 面，然后通过 DTM 面的运算得到煤层顶板 DTM 面。由于本矿钻孔终孔深度差别较大，有些钻孔深度未至下部煤层，因此本矿采用第 2 种方式建立煤层的 DTM 面。将所有煤层顶底板 DTM 面建立完成后，需要对上下煤层底板、顶板相交叉的部分进行人工处理以得到最终的 DTM 面。

根据规范规定的资源量计算原则，利用 3DMine

的散点等值线功能，根据煤层最小可采厚度、40% 灰分边界线及钻孔控制边界圈定煤层储量边界，然后裁剪对应煤层的顶底板 DTM 面，形成最终采用的煤层模型，见图 1。

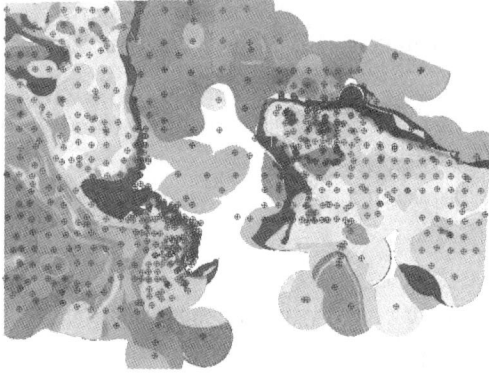

图 1　所有煤层赋存范围俯视图

2.3　地表模型

根据地质报告提供的 Minex 地表模型，将其转化为 3DMine 可用的地表模型，见图 2。

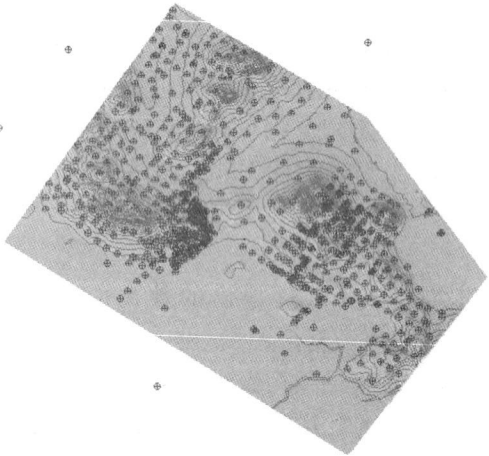

图 2　地表模型

2.4　松散层底板及侵入岩顶底板

根据钻孔中揭露的松散层底板及侵入岩深度，利用 3DMine 网格估值功能，形成本矿的松散层底板及侵入岩顶底板 DTM 面。

将所有 DTM 建立完成后，可利用 3DMine 的切割剖面功能，生成地质剖面图，见图 3。

2.5　地质块体模型

根据确定的煤层选采原则，将钻孔数据库中的地质煤煤质表进行处理得到煤层复杂含矸率信息的样品点数据，然后建立块体模型，利用块体模型估值功能

图 3（A）　煤层剖面图

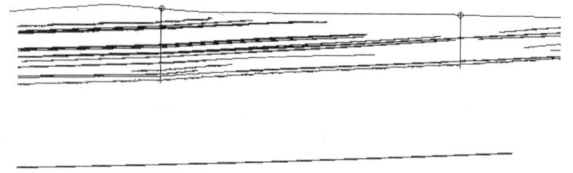

图 3（B）　煤层剖面图

对块体估值，根据圈定的露天开采境界，境界内块体模型见图 4。

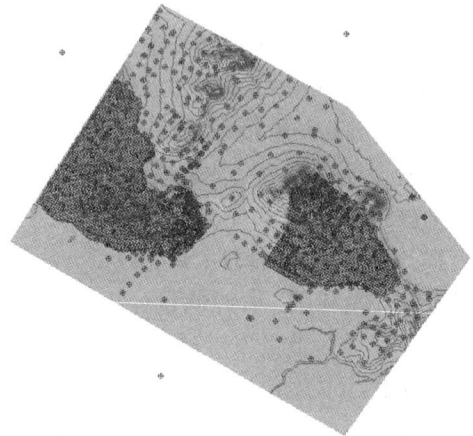

图 4　开采境界内块体模型

3　煤质模型

煤质模型包括煤质数据库和已经创建的地质块体模型。

3.1　煤质数据库

煤质数据库包含地质煤煤质数据及浮煤煤质数据。根据设计确定的选采原则通过计算将地质煤煤质数据和浮煤煤质数据转换为开采的原煤（毛煤）煤质数据，将数据导入 3DMine 软件后，利用其煤质参数模块功能，将煤质样品点进行组合。

3.2　煤质块体模型

由于本矿的特殊性，需要将各煤层根据煤质情况，分析其为动力煤还是炼焦煤，以确定本矿开采煤炭的经济价值。设计过程中将原煤的灰分（Ash）、硫分（St. d）、挥发分（Vdaf），根据浮选密度确定的浮煤煤质指标灰分（Ash_F1.4、Ash_F1.6、Ash_F1.8、Ash_F2.0）、产率（Yd_F1.4、Yd_F1.6、Yd_F1.8、

Yd _F2.0)、自由膨胀序数(CSN_F1.4、CSN _F1.6、CSN_F1.8、CSN _F2.0)全部输入煤质数据库。利用 3DMine 煤质参数模块功能,对煤质样品点进行组合,然后通过块体模型估值功能,对已经建立的地质块体模型对应属性估值。这样就形成了一个统一的块体模型,既含有煤层地质信息又含有煤质信息。对矿山的生产计划安排意义重大。

4 开采进度计划

编制露天矿开采进度计划的目标是确定一个技术上可行且能够使矿山总体经济效益最大化的矿岩采剥顺序,即从动态经济观出发,在满足技术约束条件的前提下使矿山的开采实现经济效益最大化。通过建立矿山模型,对采掘参数进行优化设计,动态调整获得当前最优的矿岩采剥顺序。

开采顺序优化主要指对整个矿山的开采进行分期境界优化,以减少矿建工程量,降低初期生产剥采比,提高总的经济效益。

首先调入圈定的露天开采境界,利用 3DMine 的刀量切割功能,设定开采顺序,以及相应的工作帮坡角、切刀间距等参数,即可得到切刀数据原始煤岩关系表。

表 1　开采进度计划原始煤岩量关系表

位置	分刀煤量/万 t	分刀剥离量/万 m³	分刀剥采比/(m²·t⁻¹)	累计煤量/万 t	累计剥离量/万 m³	累计剥采比/(m³·t⁻¹)
1	4.62	527.56	114.2	4.62	527.56	114.2
2	39.38	562.08	14.27	44	1089.65	24.77
3	103.17	888.17	8.61	147.17	1977.82	13.44
4	139.26	1196.9	8.59	286.43	3174.72	11.08
5	227.12	1421.46	6.26	513.55	4596.19	8.95
6	274.53	1473.65	5.37	788.07	6069.84	7.7
7	318.18	1480.61	4.65	1106.25	7550.45	6.83
8	334.88	1520.8	4.54	1441.14	9071.25	6.29
9	361.62	1595.58	4.41	1802.75	10666.83	5.92
10	420.62	1642.3	3.9	2223.37	12309.14	5.54

本次设计以露天矿首采区为基础,按照 8°工作帮坡角进行刀量切割,其原始煤岩量关系表见表 1。

按照本矿的设计生产能力 15.00Mt/a 进行设计,根据原始煤岩量数据结合 AutoCAD 软件即可完成生产剥采比均衡及开采进度计划的编制。

5 煤质分析预测

利用建立的煤质模型,结合刀量切割功能,可统计出各切刀位置的煤质数据,利用这些煤质数据与露天矿开采进度计划有机地结合起来,可预测露天矿生产各年度的煤质情况,指导露天矿的生产及原煤的洗选加工。例如某一切刀位置的煤质信息见表 2。

表 2　某一切刀位置的煤质信息表

煤层	煤类	地质煤/万 t	原煤/万 t	毛煤灰分/%	毛煤挥发分/%	毛煤硫分	Ash_F1.4/%	CSN_F1.4	Yd_F1.4/%
KHR	动力煤	8.00	7.88	18.65	38.3	0.43	7.61	0.46	37.21
KHU	动力煤	19.01	18.65	18.52	33.53	0.29	8.76	0.66	38.1
KHL	动力煤	0.58	0.58	29.69	39.45	1.11	7.73	1.47	40.74
KHL	炼焦煤	20.79	20.69	22.32	39	1	7.86	1.62	59.75
VM	炼焦煤	60.21	59.85	27.82	41.51	0.44	9.12	3.02	53.61

续表 2　某一切刀位置的煤质信息表

煤层	煤类	Ash_F1.6/%	CSN_F1.6	Yd_F1.6/%	Ash_F1.8/%	CSN_F1.8	Yd_F1.8/%
KHR	动力煤	12.96	0.37	63.97	16.4	0.33	76.6
KHU	动力煤	12.58	0.36	85.45	14.19	0.3	93.75
KHL	动力煤	6.19	1.2	51.46	6.42	1.18	52.28
KHL	炼焦煤	8.92	1.39	76.67	9.27	1.36	78.09
VM	炼焦煤	13.46	2.34	74.89	15.34	2.18	80.39

利用 3DMine 的 DTM 面渲染功能,还可以将煤质信息按区域渲染成不同的色带,这样就可以很直观的看出各煤层煤类的分布情况。VM 煤的 CSN_F1.4 值渲染图见图 5。

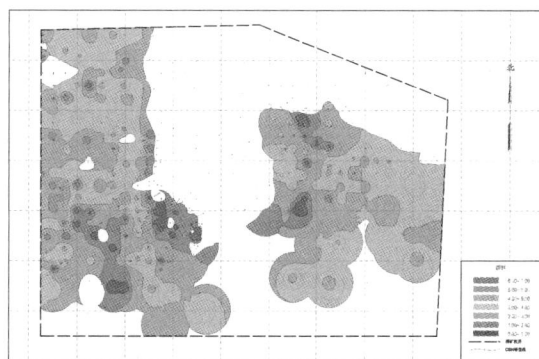

图 5　VM 煤 CSN_F1.4 值渲染图

6　结论

　　本文以某复杂煤层矿山为例，探讨了利用 3DMine 软件建立复杂煤层地质模型和煤质模型的过程，以及建立矿山模型对设计及生产的实际意义。实践证明，3DMine 矿业软件可提供全面的露天矿设计及生产管理解决方案，实现露天矿设计及生产的可视化管理，能够有效地帮助设计人员编制露天矿生产计划，分析预测生产原煤煤质，极大地提高了设计人员的工作效率。利用地质模型与煤质模型相结合，将采矿设计与选煤设计形成一个统一体，优化开采顺序及产品方案，实现矿山经济效益的最大化，是未来矿山模型的发展方向。

　　参考文献（略）

3DMine 矿业软件在某铁矿初步设计中的应用

李栓柱　刘志中　赵婷钰　杨景华

（北京首矿工程技术有限公司, 河北迁安, 064404）

摘　要：对于新建矿山来说, 初步设计的质量对矿山的后续生产有很大的影响, 因此, 为了提高某铁矿的初步设计质量, 引进了三维矿业软件：3DMine。本文主要介绍了 3DMine 矿业软件在该铁矿初步设计中的地质应用和采矿应用。

关键词：3DMine 矿业软件；初步设计；地质应用；采矿应用

1　3DMine 矿业软件简介[1]

3DMine 矿业软件是由北京三地曼矿业软件科技有限公司研究并开发的拥有自主知识产权、采用国际上先进的三维引擎技术、全中文操作的国产化矿业软件系统, 是在多年来应用推广、总结分析国外主流软件结构的基础上, 开发符合中国矿业行业规范和技术要求的全新三维矿业软件系统。

3DMine 广泛应用于地质、测量、采矿和生产管理等方面, 主要为固体矿产的地质勘探数据处理、矿床地质模型、构造模型、传统和现代地质储量计算、露天及地下矿山采矿设计、露天短期进度计划以及生产设施数据、规划目标数据建立实用三维可视化基础平台, 为矿山资源管理、资源开采效率管理和生产数据管理提供技术支持服务。

2　某铁矿概况

该铁矿为超贫磁铁矿, 赋存于辉石角闪石岩中, 属于岩浆型钒钛磁铁矿矿床。该铁矿一共有两个采区, 分别是西沟采区和铁马采区。

西沟采区分布的铁矿体有 Fe6_1、Fe6_2、Fe6_3、Fe6_4 矿体, 铁马采区分布的铁矿体有 Fe2、Fe3、Fe4_1、Fe4_2、Fe4_3矿体。矿体主要以带状、不规则透镜状为主, 走向 70°～90°, 倾向 16°～180°, 倾角 58°～82°。其中 Fe6_1 和 Fe4_1 矿体为该铁矿的主要矿体, 出露在地表, 适合露天开采。

该铁矿总的资源储量（332 + 333 类）为 177444 万 t。其中, 西沟采区（332 + 333 类）的资源储量为 43281 万 t, 平均品位 TFe 16.06%, mFe 8.62%, V_2O_5 0.38%, TiO_2 1.49%, P_2O_5 2.59%；铁马采区（332 + 333 类）的资源储量为 134163 万 t, 平均品位 TFe 16.46%, mFe 7.07%, V_2O_5 0.11%, TiO_2 2.3296%, P_2O_5 1.55%。

该铁矿的设计规模为年产矿石 2500 万 t。无论从资源储量上, 还是从年产矿石量上看, 该铁矿均属于特大型矿山。所以, 初步设计的质量对矿山的后续生产影响很大。

为了做好初步设计, 除了应用 CAD 之外, 还应用了矿业三维软件：3DMine。

由于西沟采区和铁马采区是两个相互独立的采区, 所以下面将以西沟采区为例, 介绍一下 3DMine 在该矿初步设计当中的应用——地质应用和采矿应用。

3　地质应用

3DMine 矿业软件在该矿初步设计当中的地质应用主要包括三个方面：矿体模型的建立、钻孔数据库的建立和块体模型的建立。

3.1　矿体模型的建立

矿体模型的建立需要一些放在实际位置的剖面图, 而西沟采区所有的勘探线剖面图都是二维平面图, 所以, 在建立西沟采区的矿体模型之前, 需要对所有的剖面图进行坐标转换, 使其处在正确的实际位置上, 这样圈出的矿体模型才能满足设计的要求。

坐标转换是构建三维矿体模型的关键步骤之一, 所以, 必须确保坐标转换的准确性, 《3DMine 矿业工程软件基础教程》（以下简称教程）一书中介绍了坐标转换的方法, 该法很好地保证了坐标转换的准确性。由于 3DMine 是完全兼容 DWG 格式文件的, 所以下面介绍的这种方法是完全在 CAD（2004）当中完成的。

为了更好地叙述这种坐标转换方法, 将对实际的剖面图作一简化处理, 下面将以西沟采区 38 号勘探线剖面图的坐标转换为例。

第一步, 在剖面图上标出矿体范围、地表线, 同时选择一条参照线（L1）, 如图 1（a）中黑实线所示, 从参考线 L1 上, 可以看出矿体的标高信息和 X 坐标信息(X1 = 4558600)。

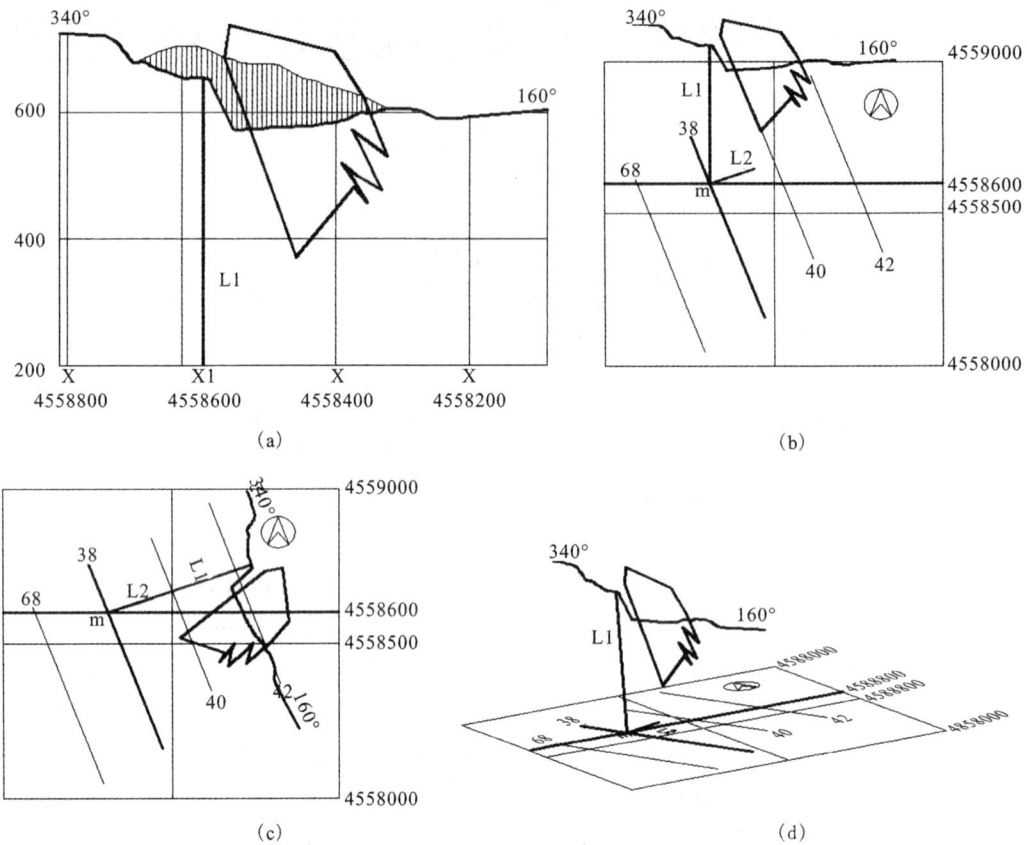

图1　38 号勘探线剖面图坐标转换图

第二步, 把图 1(a)中 3 条黑实线以 X1 点为基点复制到图 1(b), 其中 m 点为 38 号勘探线与坐标网格线(X = 4558600)的交点, 直线 L2 为过 m 点的 38 号勘探线的垂线。

第三步, 平面旋转。在图 1(b)中, 旋转矿体线、地表线和直线 L1, 使直线 L1 和 L2 重合, 便得到图 1(c)。

第四步, 三维旋转。在图 1(c)中, 选择 CAD(2004)命令"修改"→"三维; 操作"→"三维旋转", 选择矿体线、地表线和直线 L1 作为旋转对象, 以 38 号勘探线为旋转轴旋转 90°, 便得到图 1(d), 到此便完成了 38 号勘探线剖面图的坐标转换。通过上面所述的坐标转换方法, 把西沟采区的 16 个勘探线剖面图进行坐标转换后, 便得到西沟采区勘探线剖面图的三维组合图, 如图 2 所示。在进行坐标转换时, 一定要采用统一的标高, 看准方位角。

有了西沟采区的勘探线剖面图的三维组合图, 按照教程中实体模型的建立方法, 通过 3DMine 矿业软件, 我们就可以建立西沟采区的矿体模型了, 如图 3 所示。

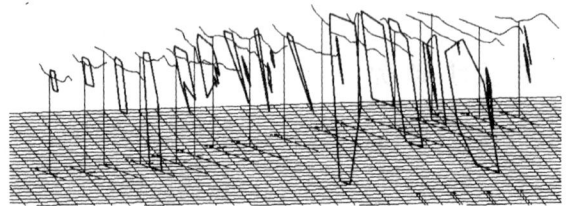

图2　西沟采区勘探线剖面三维组合图

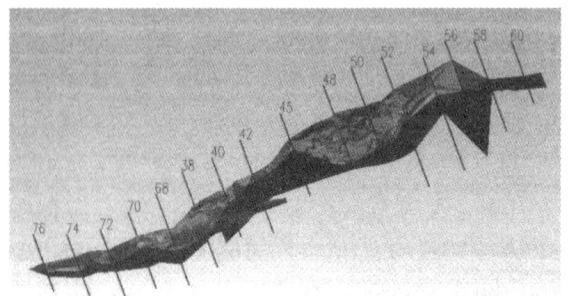

图3　西沟采区矿体模型

3.2 钻孔数据库的建立

矿山地质数据一般是通过探矿工程的编录，包括样品分析成果等。探矿工程主要包括：钻探、坑探和槽探等，钻孔数据库则是将这些编录的信息按照指定的格式存入数据库中。在 3DMine 软件中使用的数据库是 Microsoft Access 数据库，用户可以将地质数据以文本或 Excel 表的形式导入数据库中，通过 3DMine 软件将数字形式的勘探资料用三维图形来管理和应用。

在建立西沟采区钻孔数据库前，首先要根据西沟采区的地质资料，用 Excel 表格建立 4 个数据表，分别是：定位表、测斜表、岩性表和化验表。其中定位表和测斜表表现了钻孔的空间形态变化，岩性表记录了钻孔样品各段岩性的变化，化验表记录了钻孔样品中可利用矿物品位的变化，各数据表结构见表 1。

表 1　钻孔数据库数据表结构

表名	字段			
定位表	工程号	开孔坐标 E　开孔坐标 N　开孔坐标 R		最大深度
测斜表	工程号	深度	方位角	倾角
岩性表	工程号	从	至	样品编号　岩性
验表	工程号	从	至	样品编号　岩性

有了上面四个数据表，借助于 3DMine 软件，我们就可以建立钻孔数据库，并且可以显示钻孔形态，如图 4 所示，有了钻孔数据库，通过 3DMine 可以进一步进行组合样品处理。组合样品的过程是将品位信息通过长度加权的方法提取到若干点上，这些点存储的品位信息用来为以后的块体模型估值。本次西沟采区的钻孔数据库采用的组合样品方法为：按圈矿指标组合。

图 4　西沟采区钻孔位置图

3.3 块体模型的建立

矿体模型反映了矿体的空间形态，但是无法表现出矿体局部品位和岩性及其分布情况，也无法估算出储量。而块体模型是指用一系列小的长方体单元来填充地质体或矿体形成的模型，这些长方体单元含有矿岩类型、比重、品位等多种属性，从而能够比较准确地表达地质体或矿体的内部性质。所以必须建立矿体的块体模型。

块体模型实际上是一个内容全面的数据库，利用块体模型可以准确地进行资源量和品级估算。通过前面建好的矿体模型，可以确定块体模型的尺寸；通过前面建好的钻孔数据库，可以对块体模型进行赋值。西沟采区块体模型的块体尺寸为 30 m×30 m×15 m，次级模块大小为 15 m×15 m×7.5 m，如图 5 所示。

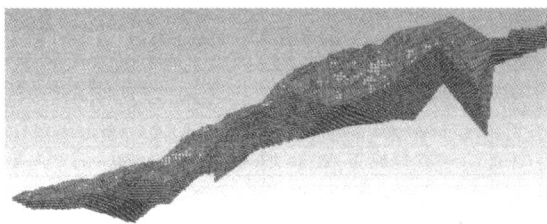

图 5 西沟采区块体模型

4　采矿应用

由于西沟采区的矿体出露于地表，适合露天开采，为了取得最大的经济效益，就必须对露天开采进行境界优化。3DMine 矿业软件在该矿初步设计当中的采矿应用主要包括三个方面：露天开采境界优化、露天采场设计和排土场设计。

4.1 露天开采境界优化

从充分利用矿物的角度来看，最终开采境界应包括尽可能多的地质储量。但是，由于几何约束的存在，开采某部分的矿石，必须剥离该部分矿石上面一定的岩石。剥离岩石本身不会带来经济收入，只能带来资金消耗。因此，从经济学角度来看，存在一个使矿山企业的总经济效益最佳的最终开采境界。本次西沟采区的开采境界是借助于 3DMine 来进行优化的。

在进行境界优化之前，除了需要地质阶段所建立的模型外，还需要一个价值模型，而价值模型的建立，需要一些技术经济参数。技术经济参数的选取需要结合实际生产数据，经过研究后方能确定，本次西沟采区境界优化选取的技术经济参数如表 2 所示。

表2　西沟采区技术经济参数表

序号	项目	指标	单位	
1	边坡角	41		
2	精矿售价	880	元/t	含税
3	磷精矿售价	655	元/t	含税
4	mFe 边界品位	4	%	
5	P_2O_5 边界品位	1	%	
6	矿石比重	3.28	t/m³	
7	岩石比重	2.7	t/m³	
8	矿石回采率	95		
9	贫化率	8	%	
10	地质品位	16.20	%	
11	采出品位	14.85		
12	精矿品位	65	%	
13	原矿加工成本	59.40	元/t. 原矿	全成本
14	选比	10	t/t	
15	岩石成本	14.66	元/t	全成本
16	矿石成本	16.06	元/m³	全成本

有了西沟采区的技术经济参数，就可以确定露天境界优化的参数，进而就可以利用 3DMine 来进行境界优化了。西沟采区优化结果见表3，优化效果图见图6。

表3　西沟采区境界优化结果表

名称	底部台阶	体积	矿石量	岩石量
优化境界	290 m	10341 万 m³	18029 万 t	13084 万 t

名称	矿岩总量	剥采比	总价值
优化境界	31113 万 t	0.73	29.1 亿

图6　西沟采区境界优化效果图

4.2　露天采场设计

露天采场的设计主要包括最终开采境界的圈定和开拓系统的布置。本设计以 3DMine 优化的一次境界为基础，按采场技术参数，结合分水平矿体图，加入开拓运输道路，完成西沟区露天采场设计。西沟采区露天采场设计参数如下。

最小底宽：20m；

台阶高度：15m；

平台宽度：安全平台不小于 5m，每隔 4 个台阶设一清扫平台，清扫平台度不小于 10m，运输平台宽度为 30m；

台阶坡面角：开采终了时台阶坡面角为 65°，生产时台阶坡面角为 70°。

根据以上设计参数，借助于 3DMine 软件完成了西沟采区的露天采场设计西沟采区露天采场设计结果见表4，效果图见图7。

表4　西沟采区露天采场设计结果表

序号	项目名称		单位	主要指标	备注
1	采场尺寸	上口：长×宽	m	2902×752	
		下口：长×宽	m	513×90	
2	封闭圈标高		m	560	
3	露天底标高		m	350	
4	境界内可利用矿石量		万 t	16470.85	
5	采场内矿石量		万 t	16525.13	
6	采场内矿、岩总量		万 t	27981.77	
7	平均剥采比		t/t	0.69	
8	实际采出矿石量		万 t	17007.94	
9	实际剥离岩石量		万 t	10793.86	
10	实际平均剥采比		t/t	0.63	

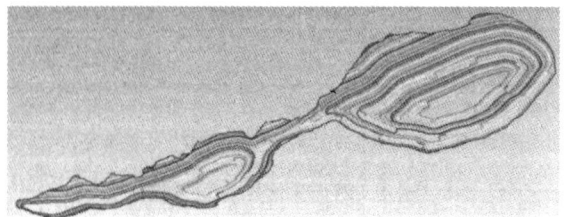

图7　西沟采区露天采场设计效果图

4.3　排土场设计

露天开采的一个重要特征是必须首先剥离矿体上覆的表土与岩石，暴露出矿体，再实施矿石的开采。通常废石的剥离量要比矿石的采掘量大几倍，而剥离下的废石需运到指定场地进行堆放，也就是说需要建一个排土场。

从西沟采区露天开采境界设计的结果看，西沟采区的实际剥离岩石量达到了 10793.86 万 t，折合 5996.59 万 m³，这就需要设计一个很大的排土场来堆放剥离的岩石。本次西沟采区的排土场设计依然采用 3DMine 软件。

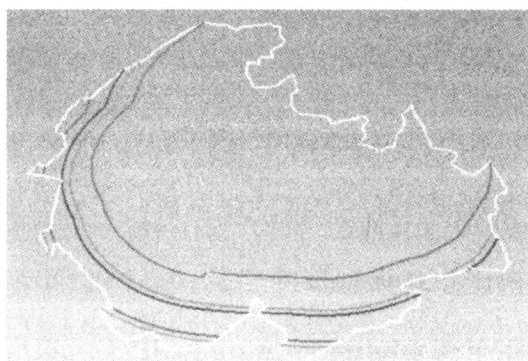

图 8　西沟采区排土场效果图

本次排土场设计选取的参数为：阶段高度为 50 m，阶段坡面角为 38°，阶段间留不小于 25 m 的安全平台，最终边坡角不大于 31°。利用 3DMine 设计完排土场后，能直接计算出所设计排土场的容量，看能否满足排岩要求。

本次利用 3DMine 软件设计的西沟采区排土场的效果图见图 8，该排土场的容量为 13173.48 万 t，完全满足排岩要求。

5　结语

3DMine 矿业软件是一款完全本地化的创新设计，为国内用户量身打造的三维矿业软件平台。在使用过程中，不仅感受到了该软件功能的强大，而且体会到了该软件的操作简单实用。3DMine 在本次初步设计中的应用极大地提高了设计人员的工作效率。

3DMine 矿业软件的特点有如二维和三维界面技术的完美整合、对多种软件的兼容等，再加上该软件不断地联系实际进行的创新，相信该软件会越来越实用，越来越强大。

参考文献

[1] 胡建明.3DMine 矿业工程软件基础教程[R]. 北京：北京三地曼矿业科技有限公司，2012.

3DMine 矿业软件在玉龙铜矿三维可视化建模中的应用

赵文奎

（西部矿业集团西藏玉龙铜业股份有限公司，西藏昌都，854000）

摘　要：随着数字矿山的兴起，矿山三维可视化技术进入了新的发展阶段。利用 3DMine 矿业软件对玉龙铜矿进行三维可视化建模，借助三维可视化模型，可更加形象地理解矿山地表地形、矿体空间形态及其空间位置关系，有利于采矿、开拓方法优化选择，以及矿山优化布置，对矿山安全生产、矿山资源的合理利用与矿山长远发展具有重要意义。

关键词：三维可视化；3DMine 矿业软件；矿体空间形态

1　前言

随着计算机技术的飞速发展，三维可视化矿业软件日益成熟，三维可视化技术在地质和矿业中的应用也愈加广泛，矿床三维建模在国内矿山也开始广泛运用。大型三维矿山设计软件 3DMine 具有强大的三维地质建模能力。3DMine 中提供了强大的地质统计功能，运用 3DMine 能够进行复杂地质体的三维可视化建模，三维实体模型不仅准确、直观的反映了地质体空间形态，并且为采矿工作者进行辅助工程设计提供了可靠的依据。鉴于三维建模及可视化技术的以上优势和矿山建设的需要，本文用由北京三地曼矿业软件科技有限公司开发的 3DMine 三维矿山建模软件建立了玉龙铜矿床Ⅰ、Ⅱ、Ⅴ探矿工程数据库及地质体三维模型，并利用地质统计学方法进行了品位估算和资源量估算，取得了较好的应用效果，为下一步地质勘探和矿产开发利用提供了科学依据，为矿山的现代化管理提供了基础资料。

2　矿山地质概况

玉龙铜矿位于西藏自治区昌都地区江达县境内，地理坐标为东经 97°43′00″～97°44′30″、北纬 31°23′45″～31°25′15″。玉龙斑岩铜（钼）矿带不仅是中国重要的铜矿成矿远景区带，而且也是世界上三大主要斑岩铜矿带之一的特提斯—喜马拉雅成矿带的一个组成部分。特提斯—喜马拉雅构造域中的羌塘—昌都微陆块（中间地块），特别是该陆块东部澜沧江与金沙江大断裂之间各地质构造单元的形成及演化，为玉龙矿带的形成与发展提供了区域地质背景。

矿区出露的地层为三叠系上统和第四系，三叠系上统是含矿斑岩体的直接围岩，赋矿地层主要为甲丕拉组（T3j）和波里拉组（T3b）。其中甲丕拉组为矿源层，提供了部分成矿物质，它又可进一步细分为甲丕拉组上段、中段和下段；波里拉组环绕玉龙斑岩体大面积展布；第四系则覆盖于上述地层之上，出露面积占整个矿区面积的 60% 以上。

玉龙铜矿床由Ⅰ、Ⅱ、Ⅴ号 3 个矿体组成，可划分出 5 种主要的矿床类型：斑岩型（Ⅰ号矿体）、矽卡岩型（Ⅱ、Ⅴ号似层状矿体和Ⅴ号矿体上层矿体）、矽卡岩次生富集型（Ⅱ、Ⅴ号似层状氧化矿体）、角岩型（接触带角岩中的硫化矿体）和隐爆角砾岩型。玉龙铜矿是目前中国少见的储量大、品位较高的斑岩、矽卡岩复合型铜矿，由Ⅰ、Ⅱ、Ⅴ三个矿体组成。Ⅰ号矿体为主矿体，呈筒状，平面长轴约 1.6 km，短轴约 0.9 km，面积约 0.85 km^2，勘探深度 3900 m 标高以上；Ⅱ矿体 10 线以南延长约 0.9 km，沿勘探线方向平均延伸为 212 m，平均厚度为 31.49 m；Ⅱ矿体 10 线以北延长约 0.9 km，沿勘探线方向平均延伸为 212 m，平均厚度为 31.49 m；Ⅴ矿体延长约 2 km，勘探线平均延伸为 302 m，平均厚度为 38.78 m。初步探明铜金属储量 650×104 t 以上，平均品位 $\omega(Cu)$ = 0.62%，远景储量达 1000×104 t。玉龙铜矿的开发建设极大地缓解了中国铜资源的紧张状况，将成为中国又一个重要的铜矿基地，同时对于实现西藏的国民经济发展目标也是一项重要的战略举措。

3.　矿山地质实体模型构建

3.1　地质数据库及统计分析

地质数据库就是将不同的地质体数据信息按照一定的关系有机地组合在一起，共同表示钻孔完整信息的数据集合。对样品进行统一分析一方面是为了掌握矿床铜以及其他金属元素的分布情况，另一方面是指导后面品位推估时采用何种方法进行变异函数计算和分析。地质数据库由定位文件、测斜文件、化验文件、岩性文件构成，地质数据库数据及表的结构见表1。本次建模收集到 276 个钻孔数据，样品数量为25194 个。

表 1　地质数据库数据表结构

表名称	数据主要字段
定位表	孔号，X 坐标，Y 坐标，Z 坐标，终孔深，勘探线号
测斜表	孔号，测斜孔深、方位角、倾角
化验表	孔号，样品取样起始位置、终止位置，样品长度，Cu 品位
岩性表	孔号，样品取样起始位置、终止位置，岩性描述

根据地质统计学原理，为确保得到参数的无偏估计量，所有的样品数据应该落在相同的承载上，即同一类参数的地质样品段的承载应该一致。因此，在建立品位模型之前，需对样品按钻孔长度进行组合。为了降低样品组合过程中可能导致的品位平均化程度，取组合样长度为平均原始样品长度 2 m，最小组合样长为原始样品的 75%，即 1.5 m。另外，为了在储量计算时能够比较准确地反映有用组分的实际储量，缩小特高品位对平均品位计算的影响，需要对特高品位进行处理。

特高品位的识别与处理，是用计算单元的平均品位与风暴品位倍数限之积，作为风暴品位下限值，对单样风暴品位用下限值替代。其中，风暴品位倍数限 σ 的计算公式为：

$$\sigma = \delta_1 + \delta_2 T$$

式中：σ 为高出计算单元平均品位的倍数；T 为矿体地质变量的复杂度；δ_1 为截距常数；δ_2 为斜率常数。

根据西藏自治区江达县玉龙矿区铜矿勘探报告提出的特高品位处理方法得下表 2。

表 2　玉龙铜矿 Cu 元素风暴品位处理表

矿体类型	风暴品位高于平均品位倍数	风暴品位下限/%	计算单元平均品位/%
I 号铜钼矿体氧化矿	7.217	4.598	0.637
I 号铜钼矿体硫化矿	8.821	4.475	0.507

续表 2

矿体类型	风暴品位高于平均品位倍数	风暴品位下限/%	计算单元平均品位/%
II 号铜矿体 10 线以南氧化铜矿	9.418	14.553	1.545
V 号铜矿体氧化铜矿	8.975	21.713	2.419
V 号铜矿体铜硫矿	7.985	12.026	1.506
平均值	8.4832	11.473	1.3228

特高品位用平均品位代替的方式进行处理，经过特高品位处理后样品组合的统计结果如图 1 所示，样品品位统计分析结果见表 3。

表 3　样品品位统计分析结果

元素	样品数量/个	无效数据/个	平均值/%	标准差/%	变异系数
Cu	23897	1297	0.6184	0.9564	2.5850

最大值/%	上四分位数/%	中值/%	下四分位数/%	最小值/%
11.450	0.740	0.370	0.160	0.010

从图 1 中看出 Cu 元素服从对数正态分布的规律，Cu 均值 0.6184%、标准差为 0.9564。

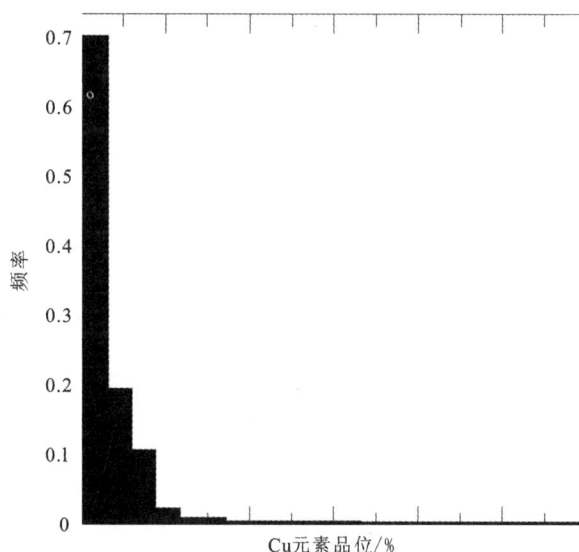

图 1　Cu 元素品位分布直方图

3.2　变异函数的计算和拟合

为了使用样品数据对块段模型进行估值，除了各样品参数的基本统计分析外还需要进行变异函数分析，以确定各参数在空间上的相关性、结构性。在进行各个方向的变异函数计算分析时，一般是分布于某个方向一定范围内的样品点参与进行该方向的变异函数计算。需要指定的参数包括：圆锥体的容差角、容差限、滞后距，计算的最大距离。变异函数作为地质统计学的主要工具，无论是用来对区域化变量进行结构分析或是进行地质统计学品位（或储量）估算，都必须将前面得到的实验变异函数关系进行拟合，确定出合理的理论变异函数模型，得到变异函数的参数变程、基台、块金常数等。

由于矿体分布具有一定的方向性，区域变量在不同方向可能会具有不同的结构性和变异性，即具有空间各向异性特征。因此，在进行变异函数的计算和分析时将针对不同的方向分别进行。根据经验，对于金属矿床，要按走向、倾向和厚度 3 个方向进行变异函数的分析，因此，对于 Cu 元素品位进行这 3 个方向的实验变异函数计算，具体参数见表 4。

表 4　Cu 元素品位变异函数分析参数及结果

方向的变参数	方位/(°)	倾角/°	容差角/(°)	变程/m	基台值	块金值
走向方向	170	0	20	61.2855	0.914779	0.123286
勘探线方向	80	10	20	61.92822	2.977736	0.01711
厚度方向	260	80	20	61.92822	2.977736	0.01711

本次研究采用球状模型，其拟合 Cu 元素曲线如图 2、图 3、图 4 所示。

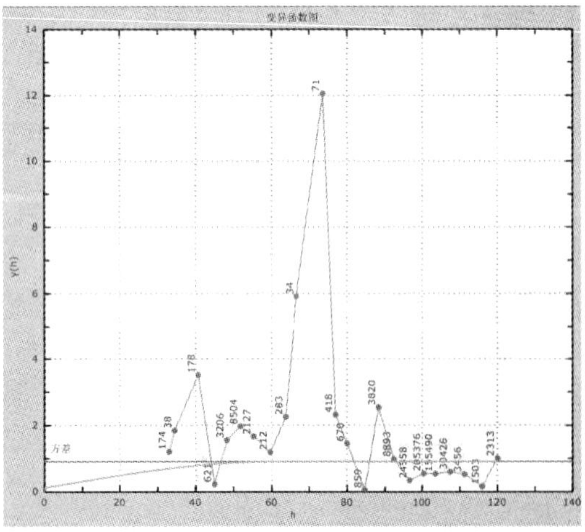

图 2　Cu 元素主轴方向实验及理论变异函数图

3.3　交叉验证

理论变异函数参数将用于后续的块段模型估值中，因此，理论变异函数参数取值的正误对品位估值

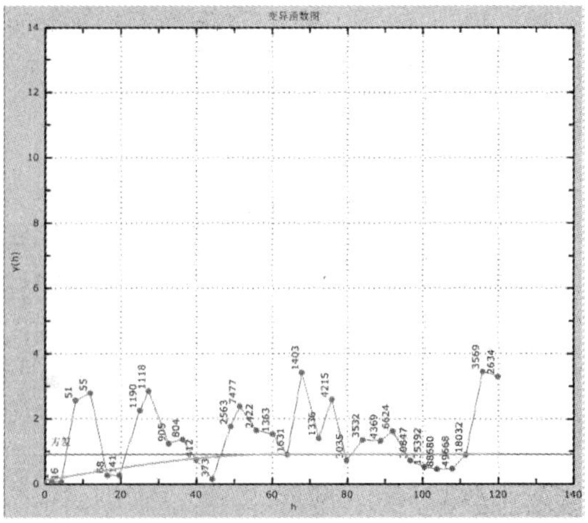

图 3　Cu 元素次轴方向实验及理论变异函数

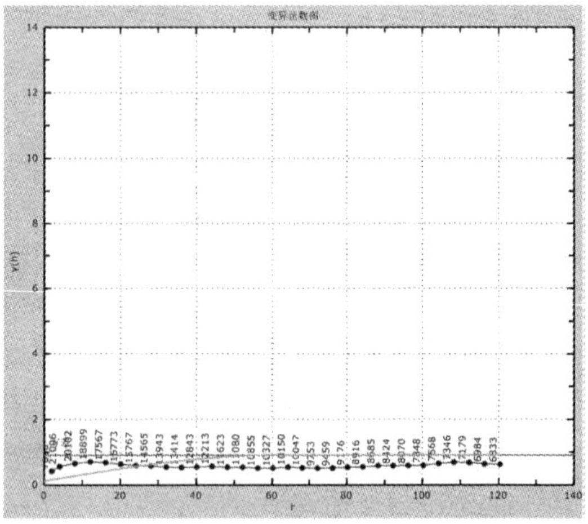

图 4　Cu 元素短轴方向实验及理论变异函数

结果的准确性具有非常大的影响。进行交叉验证的目的就是对理论变异函数参数的取值进行检验，判断应用这些参数进行品位估值时的估值效果。交叉验证的基本思想是：假定某已知样品点处的品位是不知道的，根据其周围的已知样品点，应用计算得到的理论变异函数参数对该点处的品位进行推估，然后计算该点处的实际品位与估计品位之间的误差。

利用上述得到的 3 个方向的变异函数参数进行交叉验证，结果见图 5 。根据交叉验证的结果，上述变异函数分析在误差范围之内。

3.4　地表模型的建立

数字地形模型，即 DTM 数字地表模型，用来描述虚拟地形和表面。一般由若干特征线和点组成，考虑每个点的 X 和 Y 值，将所有的点连成若干相邻的三角面，形成上下不透气的面。表面模型只能描述面，不能有折叠，在平面视图中，不能有重叠，即在 Z 值

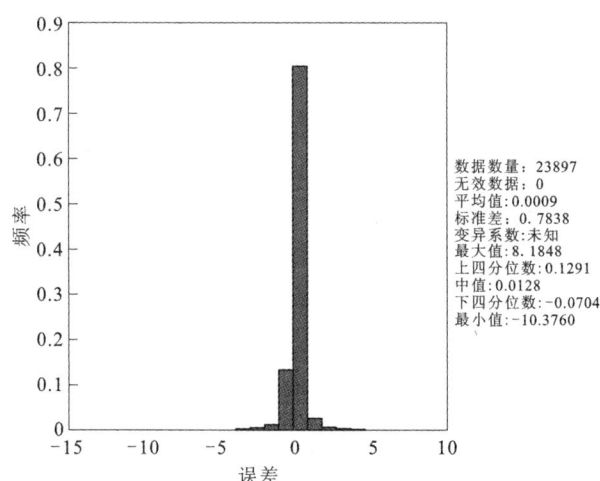

图 5   交叉验证误差分布直方图

方向，永远有唯一的 X，Y。用线生成 DTM 数字地表模型时，不会考虑 Z 值的影响。

对收集到的 1∶2000 的玉龙地形数据先在 Auto-CAD 软件中进行编辑，提取出已经赋予高程值的等高线，对 2 m 间距的各等高线进行检查校正，去掉与地形无关的线（如陡坎线等），转换成 DXF 文件格式，然后导入 3DMine 软件中，建立相应的 DTM 地形地表模型（见图 6）。

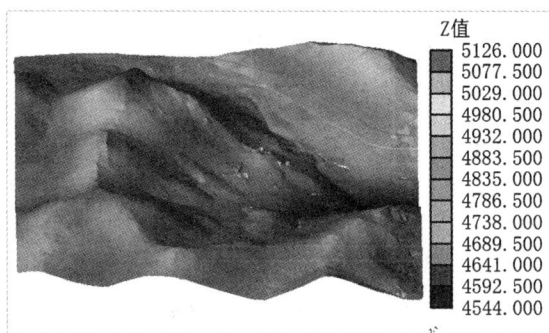

图 6   矿区地形地表模型

3.5   矿体模型

矿体模型即为三维实体模型，由一系列相邻三角面包裹成内外不透气的 3D 实体。实体是一系列在线上的点，连成内外不透气的线框，这些线框的平面视图中，肯定有交迭，但在三维空间内，任何两个三角面之间不能有交叉、重叠，任何一个三角面的边必须有相邻的三角面，任何三角面的 3 个顶点，必须依附在有效的点上，否则实体是开放的或无效的。

根据已收集到的玉龙矿区 21 条勘探线剖面，首先进行了几何坐标的校正和三维空间的恢复，然后生

成 Auto CAD 的 DXF 格式的文件，导入 3DMine 软件中，提取出各地质体的轮廓线，最后对各勘探线剖面进行连接、平滑，最终形成三维模型（见图 7）。

图 7   矿体三维模型

3.6   矿体三维块段模型

实体模型给出了矿体的三维空间形态，但是却无法显示矿体内部的品位分布情况。因此，块段建模是矿床品位推估及储量计算的基础，块段模型的基本思想是将矿床在三维空间内按照一定的尺寸划分为众多的单元块，然后对填满整个矿床范围内的单元块的品位根据已知的样品进行推估，并在此基础上进行储量的计算。块段模型实际上是一个数据库，它的目的是用来存储相关地质信息（包括岩石类型、品位分布、比重等）。而这些属性是通过块体反映出来，创建块模型后，就应为实体或 DTM 范围内的单元块赋予岩性或层位信息。主要通用的方法有：距离幂次反比法、普通克里格法，也可以为所有块体的某一属性赋一个统一的值。

在建立玉龙铜矿矿体块段属性模型过程中考虑到矿体的实际分布和形态，统一单元块的规格行×列×层为 10 m×10 m×10 m，次分块的规格为 5 m×5 m×5 m。

3.7   储量统计

建立好矿体块段属性模型后，根据不同的矿石品级对 Cu 元素进行地质储量统计，储量统计结果见表 5。

表 5   玉龙铜矿地质矿床模型 Cu 储量计算结果

矿石品级/%	矿石量/万 t	品位/%	金属量/t
0.10 ~ 0.30	2279.1	0.22	50140.2
0.30 ~ 0.50	4345.2	0.4	173808.0
0.50 ~ 0.70	4119.4	0.59	243044.6

续表5

矿石品级/%	矿石量/万 t	品位/%	金属量/t
0.70~0.90	3635	0.8	290800.0
0.90~1.10	2959.6	0.99	293000.4
1.10~1.30	2282.7	1.21	276206.7
1.30~1.50	2568.2	1.4	359548.0
1.50~999.00	11435.6	4.25	4860130.0
合计	33624.8	1.23	6546678.0

3.8　三维可视化露天境界设计

根据矿体赋存条件及岩石力学条件，矿山采用大规模露天开采，应用 3DMine 三维建模软件对露天坑进行设计，设计参数见表6。

露天坑最终境界三维模型见图8。

表6　露天坑设计参数

最终边坡角/(°)	台阶高度/m	台阶坡面角/(°)	安全清扫平台宽度/m	运输道路宽度/m
240	15	65	10~25	30
最低标高/m	封闭圈标高/m	长口长/m	长口宽/m	最高标高/m
4200	4560	2290	2240	5100

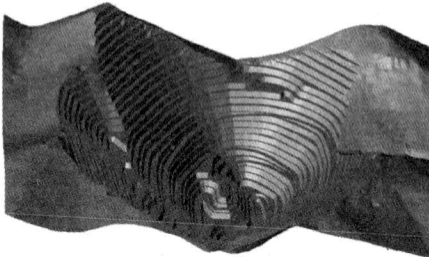

图8　露天坑三维模型

4　结语

通过建立玉龙铜矿的三维数字矿区模型，使原始资料数据库和矿床三维模型有机地结合在一起，不但便于一目了然地看到矿区内不同空间位置上的地层分布、矿体形态、岩体特征，以及相互之间的空间位置关系等诸多信息，而且可以基于三维模型进行品位和资源量的估算，从而进一步分析矿区的经济价值。

因此，3DMine 矿业软件在三维数字化矿山建模中具有明显的优势，一方面可以大大地促进地质资料的二次利用，对勘探、采矿工程的布置给出定位与定量的科学依据，另一方面可以确保矿山工程设计的科学性，大大提高固体矿产开发的效率，具有进一步在玉龙铜矿矿山生产中推广与应用的价值。

参考文献

[1] 徐文海，洪金益，张普斌，等.西藏玉龙铜矿床三维可视化研究[J].有色矿冶，2009，25(6)：6-8.
[2] 王丽梅，陈建平，唐菊兴.基于数字矿床模型的西藏玉龙斑岩型铜矿三维定位定量预测[J].地质通报，2010，29(4)：565-570.
[3] 张文宽，王毅，章奇志，等.西藏自治区江达县玉龙矿区铜矿勘探报告[R].西藏自治区：西藏玉龙铜业股份有限公司，2009.
[4] 冯兴隆，李德，吴东旭，等.淌塘铜矿三维可视化建模及应用[J].中国矿山工程，2011，40(6)：1-4.
[5] 罗周全，朱青凌，刘晓明，等.钨矿床三维建模和储量可视化计算[J].科技导报，2009，27(19)：65-68.
[6] 张长锁.矿业软件在矿山三维可视化建模中的应用[J].有色金属，2011，63(6)：72-76.
[7] 陈竞文，吴仲雄，陈德炎，等.3DMine 矿业工程软件在构建五矿三维可视化模型中的应用[J].现代矿业，2012，1(1)：4-7.

基于 3DMine 的矿山断层建模技术研究

张延凯[1,2]　徐振[1,2]　赵春波[3]　高占义[3]　韩荣荣[3]

(1. 北京科技大学金属矿山高效开采与安全教育部重点实验室, 北京, 100083;

2. 北京科技大学土木与环境工程学院数字矿山实验室, 北京, 100083;

3. 中国黄金集团内蒙古矿业有限公司, 内蒙古新巴尔虎右旗, 021400)

摘　要: 以 3DMine 矿业工程软件为基础, 以内蒙古乌山铜钼矿为研究对象, 探讨了矿山断层建模的一般技术路线, 对其他矿山类似工作具有借鉴意义。

关键词: 断层; 三维建模; 3DMine

0　前言

矿床地质构造, 特别是断层, 对矿产资源评估、矿山设计、矿床开采等有重大影响, 准确掌握断层的几何形态、空间展布及相互关系等是矿山地质人员的一项重要任务。传统的断层描述手段是各种类型的平面图、剖面图、岩性编录表格、钻孔柱状图等。这些资料一般局限于二维(甚至是一维)的表达和显示方式, 难以给人以直观、完整、准确的感受, 往往造成不同人对同一断层有不同理解, 不能满足实际工作的需求。为此, 需要建立矿山断层的三维空间模型, 与三维可视化手段相结合, 将复杂断层的空间展布及其与矿体之间的关系真实地展现出来。

自 20 世纪 80 年代以来, 国内外专家学者开展了大量的理论与实践研究, 开发出了一大批优秀的三维地质建模软件[1-5]。国外具有代表性的软件包括: 澳大利亚的 Surpac Vision、Vulcan、Micromine; 美国的 Earth Vision、GeoTools、TerraCube; 加拿大的 Gemcom、MicroLynx+ 等。近年来国内也成功开发了一些类似的软件, 如 3DMine、DIMINE 等。3DMine 软件是为国内用户量身打造的三维矿业软件, 广泛应用于包括金属、煤炭、建材等固体矿产的地质勘探数据管理、矿产地质模型、构造模型、传统和现代地质储量计算、露天及地下矿山采矿设计、生产进度计划、露天境界优化及生产设施数据的三维可视化管理。3DMine 软件与 AutoCAD、Surpac、MapGIS 等软件有超强的兼容性, 能够实现与 Excel 等表格数据的无缝链接, 对图形的编辑操作参照 CAD 软件的使用习惯。

因此, 选择 3DMine 软件进行矿山断层建模有一定优势。

1　矿山断层建模基本流程

矿山数据具有异质、多源的特点, 不同数据源又有不同的数据储存格式。矿山纸质图件一般要经过数字化手段转换为 *.DWG 格式文件才能导入矿业软件中。纸质图件的矢量化已经有很多文章详细介绍过[6-8], 可供参考, 故本文不讨论其具体过程。矿山常用矢量图件为 MapGIS、AutoCAD 格式, 其中 MapGIS 格式图件要以明码格式导入 3DMine 软件中, 这样可以保证点、线、区文件的完整性; AutoCAD 格式图件在 3DMine 软件中可以直接打开。利用软件的剖面转换功能可以自动实现剖面的拉伸、旋转、平移等一系列变化, 从而使剖面信息位于真实坐标系下。此外, 通过钻孔编录、原有数据库、钻孔柱状图等信息可以很容易地建立包含多源异质信息的钻孔数据库。

至此, 已将多源数据在 3DMine 软件平台下融合, 实现了对真实地质情况的抽象、模拟、还原, 充分利用了各类数据中所包含的有效信息。往往一个矿区有数条乃至数十条断层, 为了便于断层实体模型的建立, 需要对各个断层剖面文件中的断层线分别进行提取、存储。提取出的各剖面断层线需进行多源数据间的准确性验证, 特别是要和地质数据库中的岩性信息进行比对, 选取可信度高的信息对断层线进行修正。最后利用 3DMine 软件丰富的实体建模功能生成断层实体。断层建模的基本流程如图 1 所示。

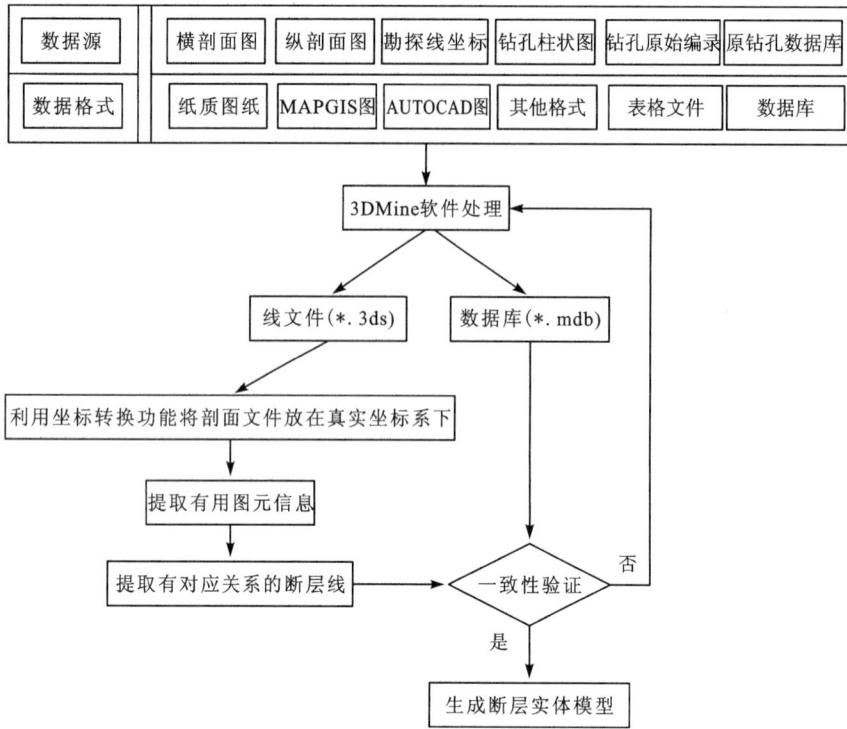

图1　基于3DMine软件的矿山断层建模基本流程

2　实例研究

2.1　内蒙古乌山铜钼矿矿区地质构造

内蒙古乌山铜钼矿矿区位于北东向的额尔古纳—呼伦深断裂的西侧，是两个不同构造单元——外贝加尔褶皱系与大兴安岭褶皱系的衔接处，外侧中生代火山岩带相对隆起区，额尔古纳—呼伦深断裂的发育控制了本区火山岩带沿北东向分布，并且为矿产的形成提供了场所。区域构造受额尔古纳—呼伦深断裂的影响，主要构造线为北东向。断裂构造以两组方向最为发育：一组为北东向、一组为北西向或北西西向。区内山脉自然景观及沟谷多沿北东和北西向分布。区内北西向断裂也很发育，由于北西向为张性断裂，火山通道充填物往往沿此方向逐步发展，形成火山机构具北西向拉长的特征。

2.2　断层建模过程

矿山提供的基础图件数据格式主要是 MapGIS 格式和 AutoCAD 格式，其中北部矿体数据为 MapGIS 格式，新补勘的南部矿体数据为 AutoCAD 格式。

（1）将北部矿体的 MapGIS 图件转换为明码格式，然后在 3DMine 软件中打开，另存为 *.3ds 格式，如图2、图3所示。

（2）将南部矿体的 AutoCAD 图件用 3DMine 软件打开，另存为 *.3ds 格式，如图4所示。

（3）提取剖面图中的有效信息，主要是坐标网格线和断层线。其中，坐标网格线的作用是在剖面转换时提供参考基准点，断层线则是后期生成断层实体的数据基础，如图5所示。

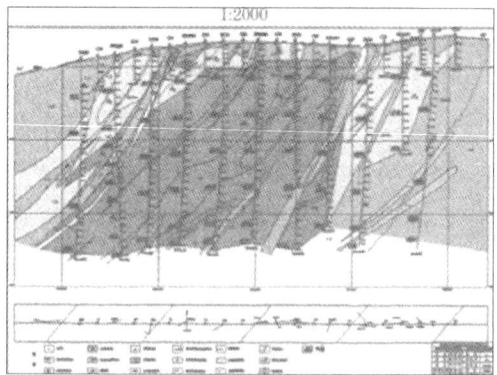

图2　某剖面 MapGIS 图（明码格式）

（4）由于矿山矢量数据的来源各异，其制图所选取的原点坐标也不尽相同，而 3DMine 软件使用的是真实三维空间数据，其线文件中的坐标与工作区的位置是完全一致的，而且，对于前述工作所保存的剖面线文件皆为二维平面视图，因此需要对转换好的 *.3ds 线文件进行三维空间的坐标转换，利用软件的坐标转换功能将所有的剖面线文件转换至真实坐标系

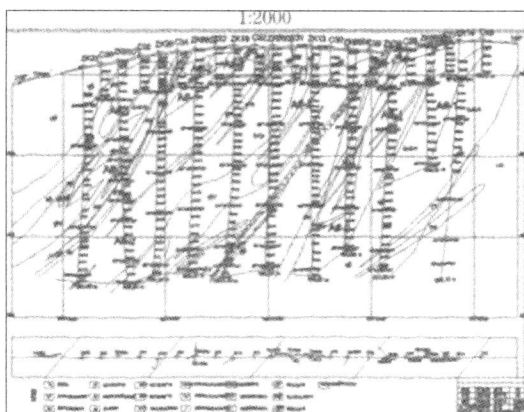

图3　格式转换后的图件（＊.3ds 格式）

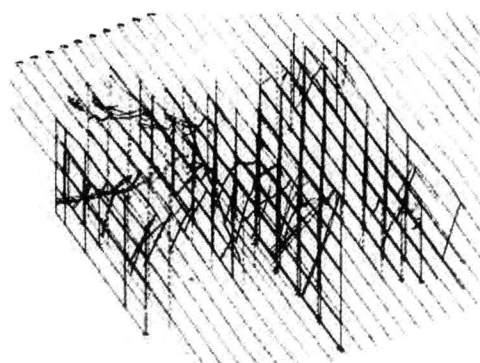

图4　某剖面 AutoCAD 图（DWG 格式）

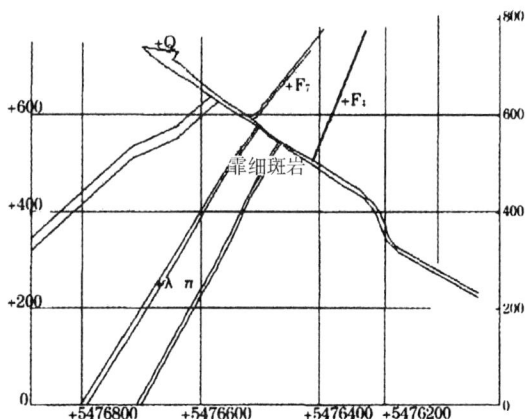

图5　断层建模有效信息提取

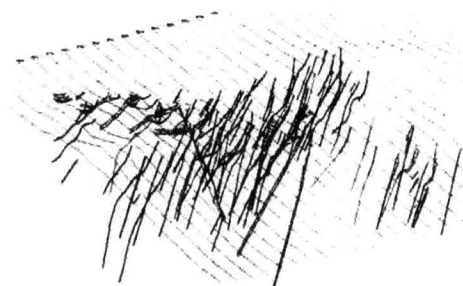

图6　所有剖面转换后的三维视图

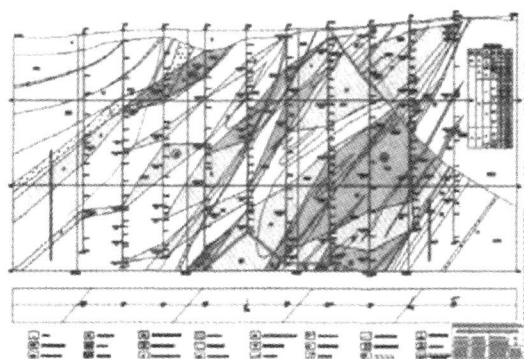

图7　所有剖面转换后的断层信息提取三维视图

（6）某些断层由于走向与勘探线方向近乎平行，不能以剖面展示，而用水平剖面图表示。这类断层的建模过程与纵剖面表示的断层基本一致，只是在剖面坐标转换时略有不同。图8为水平剖面断层建模俯视图。

图8　平面转换后的断层信息提取（俯视图）

（7）对提取出来的各剖面断层线信息进行准确性验证。通过对剖面图、平面图、钻孔数据库中的岩性信息进行比对，选择可信度较高的数据对断层线进行修正，最后利用 3DMine 软件丰富的实体建模功能生成断层实体。图9为用于某断层建模的剖面线文件，图10为矿区所有断层综合图。

下，图6为转换后的剖面线文件三维视图。

（5）将经过剖面转换处理后的图件中的有用图元信息（主要是断层信息）提取出来，将坐标网格线删除，图7为提取的断层信息三维视图。

图 9 用于某断层建模的剖面线文件

图 10　矿区所有断层三维视图

3　结论

　　矿床地质构造，特别是断层，对矿产资源的评估、设计、开采都有重大影响。通过建立断层模型，可以清楚地掌握断层与矿体的空间关系及断层对矿体开采的影响。因此，断层建模是矿山数字化的重要一步，也是很复杂、很基础的一步。应用 3DMine 矿业软件平台，可以方便、快捷、准确地对多源异质数据进行融合，真实地再现矿山复杂断层的实际情况。本研究对其他矿山类似的工作具有借鉴意义。

参考文献

[1] 罗周全. 刘晓明，苏家红，等. 基于 Surpac 的矿床 i 维模型构建[J]. 金属矿山, 2006(4)：33 - 36.

[2] 张宏达. 论 MICROMINE 软件在黄金行业的应用[J]. 黄金, 2005(1)：30 - 33.

[3] 姜华，秦德先，陈爱兵，等. 国内外矿业软件的研究现状及发展趋势[J]. 矿产与地质, 2005, 19(4)：422 - 425.

[4] 张晓坤，章浩. 二维地质建模在矿产资源开发中的应用[J]. 金属矿山. 2010(3)：106 - 110.

[5] 胡建明. 3DMine 矿业软件在地勘工作中的应用[J]. 矿产勘查, 2010(1)：78 - 80.

[6] 赵会胜. 利用 AutoCAD 进行地质图件矢量化[J]. 数字技术与应用, 2010(4)：87 - 88.

[7] 简军锋，陈培成. 矿井图纸的数字化处理[J]. 煤炭科学技术. 2003, 31(3)：21 - 22.

[8] 王军锋，张新予. 矿山地质剖面图数据数字化三维可视化的研究[J]. 露天采矿技术, 2006(6)：4 - 6.

攀枝花铁矿基于 3DMine 模拟的块体模型储量估算研究

陈三明[1]　何玉州[1,2]　罗文敏[1]　旨艳超[1]

（1.桂林理工大学地球科学学院，广西隐伏矿床勘查重点实验室广西空间信息与测绘重点实验室，广西桂林，541004；

2.河南省有色金属地质矿产局第三地质大队，郑州，450016）

摘　要：攀枝花铁矿属于基性岩浆侵入晚期分异型矿床，其地质环境极其复杂，之前尖山矿区未进行过三维地质方面的研究，然而成功的三维地质建模对揭示矿区的成矿规律、深部预测找矿及储量估算等研究至关重要，并可以为矿产勘查提供新的思路。本文运用国产 3DMine 矿业工程软件对攀枝花尖山矿区地质勘探资料进行全面整理、建库，针对矿区深部铁矿体具有韵律性、顺岩层、单斜产出等特点，从新的角度改变了传统矿体圈定方法，探索并建立了尖山矿区的地表模型、构造模型、矿体模型、矿带模型、地质工程模型等，实现了矿区三维可视化。同时确立了基于矿体的块体模型，依据采样点的品位信息和空间分布形态采用改进的克里格估算方法，其结果对矿区更为合理。

关键词：攀枝花铁矿；3DMine；块体模型；克里格法；变异函数

1　引言

Simon W. Houlding 于 1993 年首次提出"三维地质建模"概念，三维地质建模是将二维数据转换成三维模型，它不但增强了研究对象的直观性，且同时能展现大量的多源信息，它在储量估算、地质矿产立体预测、安全生产等方面应用潜力巨人。三维地质建模用于储量估算的方法主要有两种：克里格法和距离幂次反比法。朱清凌、吴健飞等人分别以某钨矿和钒矿为研究对象，经对比分析认为克里格估值法所得的结果更为准确[1-2]；金毅等人（2011）则首先对样品进行特征变异性分析，从地质统计学角度验证了资源储量估算所用参数的合理性[3]。而影响储量估算精度的还有块体模型的尺寸和用于搜索空间已知样品点的椭球形态，赵战锋（2012）依托于某金矿床分析了制约矿块尺寸的主要因素[4]；刘亚静（2008）则从对三维空间数据插值方法的研究出发，结合复杂地质环境的结构特点，提出了真三维空间的椭球扇区搜索方法[5]；王斌（2011）则综合研究了实验变异函数的求取、变异函数球状模型的拟合、样品点分布形态结构分析和搜索椭球体的确定，并将其应用于国内某大型钼矿床储量的估算中[6]。矿山生产方面，赵玉国（2012）将块体模型运用到矿山生产中，极大地提高了露天矿采剥工程量计算的速度与精度[7]。在地质成矿分析方面，张思科等（2009）运用 GIS 领域的三维可视化和相关空间分析对东昆仑造山带的地质背景进行定性半定量研究[8]；在找矿预测方面，刘文玉则运用三维模拟技术对地质空间立体单元进行划分，建立岩体、断层等控矿因素的三维模型，并结合物探三维模型进行叠加对

比分析，在找矿方面取得了良好的效果[9]。国外方面，Jiardi F 等人（2003）将 GIS 三维模型的数值模拟技术引入岩石断层的三维表达中，并初步实现了断层的较高精度模拟[10]；Siyka Zlatanova 等人（2002）总结了基于三维 GIS 建模的插值和储量估值算方法[11]；Qiang W. 等人（2005）将钻孔、物探等多源信息用三维平台集中表现解译，在探矿方面取得了良好的效果[12]。前人在三维模拟应用上已经取得了丰硕的成果，说明成功的三维地质建模对揭示矿区的成矿规律、深部预测找矿及储量估算等方面有着广泛的应用。

本次研究的对象位于四川攀枝花的尖山矿区，矿体成似层状，单斜产于基性杂岩体中，岩体部矿层较薄，矿体整体呈条带韵律性变化。虽然厚度变化较大，但矿层连续且产出较稳定。

在本地区还未曾结合三维模拟技术进行储量计算和分析预测研究。但研究区地质环境复杂多变，断裂构造密集，在本区应用三维模拟技术有其巨大的现实经济意义。通过比较，国产 3DMine 能够很好地对连续矿体建立实体模型和对定向矿体建立块体模型并估值，达到最精确的三维模型效果和储量估算。

2　矿区地质概况

攀枝花地区铁矿床处于康滇地轴中段西缘的安宁河深断裂带（见图1），在川南滇北构造带上，含钒钛磁铁矿的层状基性-超基性杂岩体群，构成了一个南北向的钒钛磁铁矿成矿带。含矿岩体群的分布，仅限于康滇地轴隆起带上，严格受南北向断裂带控制。隆起带轴部的古裂谷带控制着铁矿带的分布[13]。

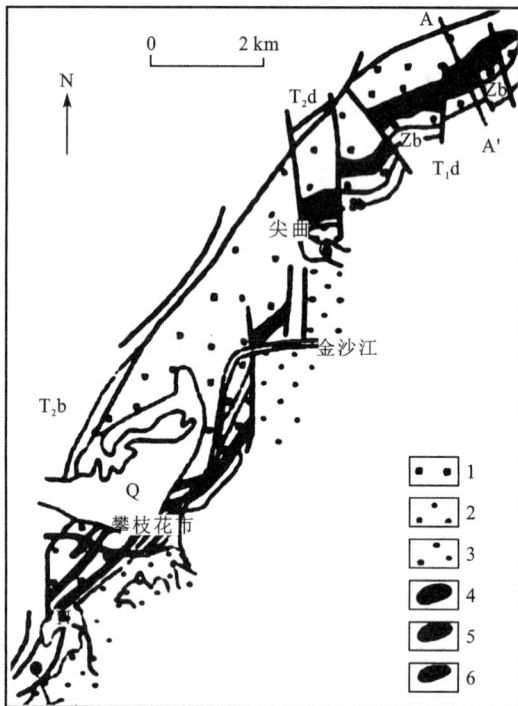

图 1　攀枝花钒钛磁铁矿床地质简图

1—辉长岩；2—闪长岩；3—花岗岩；4—致密状矿体；
5—稠密浸染状矿体；6—稀疏浸染状矿体；zb—震旦系灯影组；
T3b—三叠系丙南组；T3d—三叠系大荞地组；
N3—第三系上新统；Q—冲积层

3　矿区三维地质综合模型的建立

3.1　地质模型的构建流程

3DMine 矿业工程软件可建立地质数据库、地质体模型以及巷道模型等，并根据野外获取的样品信息对矿块模型进行估值计算储量。收集归类整理区内已有的野外地质调查资料，将中段地质平面图、勘探线剖面图等二维数据导入 3DMine 矿业工程软件中，经过空间坐标转换，将这些多源地质数据统一至相同的维度空间中，利用软件提供的不规则三角网（TIN）构建工具，连接不连续的、离散的数据，最终构建三维地质实体模型。其建模的工作流程如图 2。

所建模型能够辅助对靶区进行成矿预测分析，同时它也是基于旋转块体模型的克里格储量估值的数据基础。

3.2　地质模型的构建

3.2.1　地质数据库的建立

采样信息是地质工程中所获得的最直接、有效的地质信息，对圈定矿体、储量计算和成矿预测都有重要的作用。我们采样时的样长不完全相等，如果不经过处理，每段样品记录在参与估算时不能取得相等的

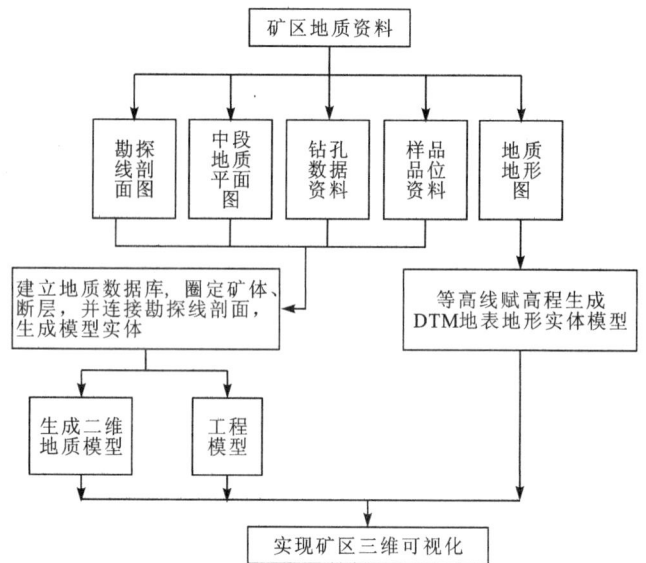

图 2　建模工作流程图

权重值，最终无法统一在克里格等抽象估值模型中加以应用。这时需要对不等长样品进行重新组合，归一至等样长的组合样品。

三维地质平台通过数据库将采样点可视化，并按照圈矿指标等约束条件归一不等长样品信息至等样长信息。然后，计算机才能将组合后的样品信息通过适当的估值方法赋给块体模型。

可见，数据库是最基础的数据源。同样，地质数据的可靠性和完善性也直接或间接关系到矿山的规划生产等方面。本次研究获取了 52 个钻孔及坑探的3202 个样品信息。笔者将整理后的存于 EXCEL 表格中的描述钻孔轨迹、岩石性质及元素含量的源数据导入 3DMine 系统数据库中，分别创建定位表、测斜表、化验表、岩性表等属性表格。数据表结构如表 1所示。

表 1　地质数据库表结构

表名	字段
定位表	编号、X 坐标、Y 坐标、Z 标高、钻孔最大深度
测斜表	编号、测斜深度、倾角、方位角
化验表	编号、样品编号、从（样品起始深度）、到（样品结束深度）、品位
岩性表	编号、从（样品起始深度）、到（样品结束深度）、岩性

笔者通过 3DMine 系统可视化钻孔的属性信息，形成钻孔三维模型，对从钻孔三维模型获得的样品点进行约束插值获取组合样品点，这些组合样品点是储

量估算的基础数据。

3.2.2 构造模型的建立

通过区内剖面图、中段图、构造简图等资料中对断裂的描绘提取构造线，从而连接形成构造实体，根据报告等文字资料的描述加以修改和完善，准确地还原出断裂构造的实际形态。在尖山矿区内主要发育有 f320、f317、f316、f312、f311、f310、f309、f309、f305、f304、f303、f213、f212 等 13 条主要的控矿断裂，图 3 所示为尖山矿区断裂构造实体模型。

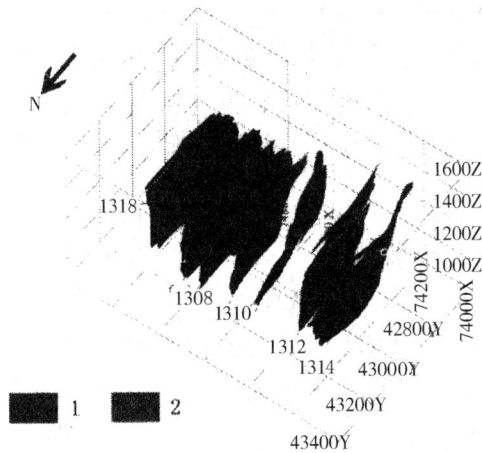

图 3 尖山矿区断裂构造实体模型
(1—南北走向断层；2—东西走向断层)

断层模型判断，f318 断层是本区发育最早的断层，其余断层多呈南北走向，这些南北走向断层将早期的 f318 断层由西向东切割成数段。两端的 f212 断层和 f320 断层是尖山矿区和周边矿区的天然分界。

3.2.3 矿体模型的建立

攀枝花辉长岩体为一盆状侵入体，大致整合地侵入震旦系灯影组白云质灰岩中。已知岩体自上而下主要由辉长岩带、底部含矿带和边缘相带组成，底部含矿层为主含矿带。矿体顺辉长岩体单斜产出，呈似层状。将断层和矿体叠加（如图4、图5所示），可以发现在辉长岩体中的似层状单斜含矿侵入体受 E—W 和 S—N 两组断裂改造。从断裂规模上看，S—N 走向断裂规模较大且集中，说明当时该区域构造活动强烈，对矿体改造程度深，E—W 走向断裂规模小，且只在局部产生。

从活动期次来看，E—N 走向断裂受 S—N 走向断裂控制，说明 E—W 走向断裂发生过之后，该区域又有一期强烈的构造活动，这与区域地质环境中岩体群分布严格受南北向断裂带控制是一致的，综合分析断层和矿体的空间产出关系，S—N 走向断裂和 E—W

走向断裂均为成矿后断裂，对矿体的富集并不产生直接的影响。

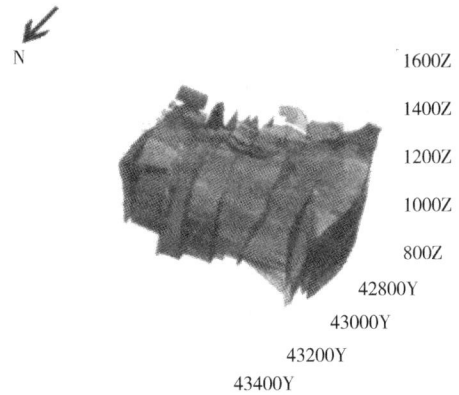

图 4 尖山矿区断层矿体实体模型

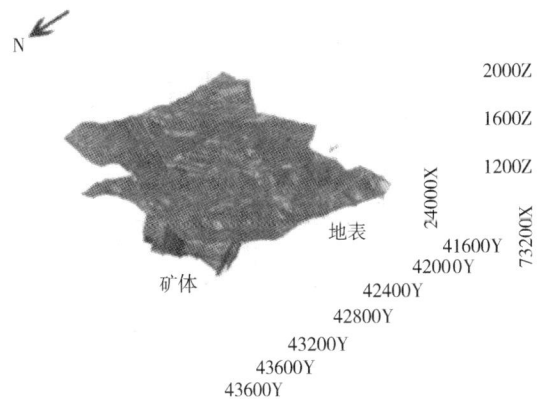

图 5 尖山矿区地表矿体实体模型

尖山矿区矿体按 TFe 品位由高到低分为 Fe1、Fe2、Fe3、Fe4 四个级别，可以发现整块铁矿体由内向外品位逐渐降低，单种品位矿体由下至上呈似层状单斜产出。不同品位矿体之间呈韵律叠层状产出（见图4）。笔者从 13 个水平中段提取矿体轮廓线并连接形成矿体的实体模型。将断层模型和矿体模型叠加，可以直观地判断矿体与断层之间的产出关系、矿体在空间中的生长和分异。还可以对实体模型任意切割剖面，有助于揭示成矿规律，给勘查设计提供参考。

3.2.4 矿带模型的建立

建立矿带模型有利于对矿体品位进行分块精细化定量研究，矿体在水平上呈定向韵律性分布，建立矿带模型对研究矿体产出形态及产出规律、地球物理化学环境的判断等提供重要的参考。攀枝花矿区的矿体顺层、单斜产出，产状比较陡，不同品级的矿体之间、边部矿体与围岩之间虽呈过渡关系，但界限较为明显，地质专家常用矿带作为矿体研究单元划分的依据（见图6）。

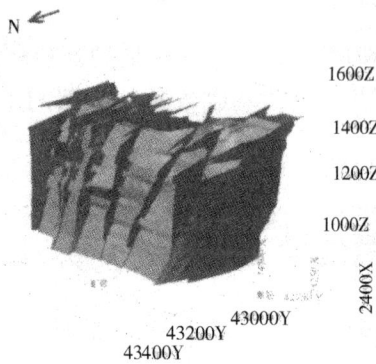

图6　尖山矿区矿带—断层实体模型图

3.2.5　坑道模型的建立

坑道是获取矿体附近采样数据，采掘深部矿层最重要的地质工程。本次研究获得的坑道数据包含采样数据和测量数据，其中测量数据是工程建模的原始数据[14]。构建井巷实体模型，需要测得坑道腰线或中心线，但这些线只确定了坑道的整体延伸形态，要确定坑道的整体形态，还需要坑道断面廓线。图7、图8展示的是利用从尖山矿区中段平面图提取的井巷腰线构建的地下工程实体模型。

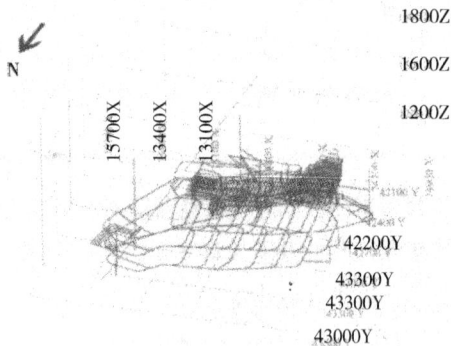

图7　尖山矿区井巷实体模型

4　铁矿储量的克里格估值模型及计算过程

结合矿区矿体分布形态、样品点的分布形态以及区域变量的结构信息，笔者拟采用克里格模型作为储量估值的方法。在本次研究中对每个样品值分别赋给一定的权重系数，最后采用加权平均法对估块体进行品级估算，从而得到线性、无偏和最小估计方差的估算。

图8　尖山矿区井巷—矿体—地表实体模型

设 $Z(u)$ 是二阶平稳的，任一待估算块体 V，其真值 Z_V 的估计值是估计临域内 n 个信息值的线性组合，其估计值一般表达式为

$$Z^*(u) = \sum_{\alpha=1}^{n} \lambda_\alpha Z(u_\alpha) \tag{1}$$

式中：$Z^*(u)$ 为某样品点估算值，$Z(u_\alpha)$ 为参与估算的实际样品点值，λ_α 为 α 样品值参与估值计算的权重值。求出各个加权系数 λ_α($\lambda = 1, 2, \cdots, n$)，使得 $Z^*(u)$ 是 Z_V 的无偏估计量且估计方差最小[9]。

样品信息具有空间属性，因此还要确定样品信息在空间中各个方向上的变化参数，包括变程值和基台值，它们分别描述了样品信息在空间各方向上的相关性范围和品位值在空间上的总变异程度。

确定基台值，首先需要对空间样品信息在一个贴合样品分布趋势的最佳主平面上进行半变异函数计算，它考虑了区域空间变量的随机性和结构性：

$$\gamma^*(h) = \frac{1}{2N(h)} \sum_{i=1}^{N(h)} [Z(x_i) - Z(x_i + h)]^2 \tag{2}$$

式(2)中 $\gamma^*(h)$ 为半变异函数；$Z(x_i)$ 为 x_i 处的样品值；$Z(x_i + h)$ 为 $x_i + h$ 处的样品值，$N(h)$ 是距离步距为 h 的样品数据对的数目。

然后需要用理论的变异函数模型拟合得到实际变异函数，克里格估值法提供了球状模型、指数模型以及高斯模型等，这里根据形态模拟选择球状模型。

$$\begin{cases} 0 & h = 0 \\ C_0 + C\left(\dfrac{3}{2}\dfrac{h}{a} - \dfrac{1}{2}\dfrac{h^3}{a^3}\right) & 0 < h \leq a \\ C_0 + C & h > a \end{cases} \tag{3}$$

式(3)中 C_0 为块金值，$C_0 + C$ 为总基台值，C 为拱高，a 为变程。

结合勘探网密度、矿体及采样点空间形态等因素，对比不同块尺寸的估值效果，在本次研究中笔者采用的最大块体尺寸为 10m×10m×10m,搜索椭球体的半径为 200m。最终利用 3DMine 平台给出的地质统计模块拟合得到的最佳变异函数的步距是 45m,基台值是 49.6m,变程是 54.61m,利用系统提供的估值模块得到矿体的品位估值(如图 9 所示)。然后基于块体模型获得储量报告,求得 TFe 的平均品位为 32.36% 矿石量为 1.06 亿吨。

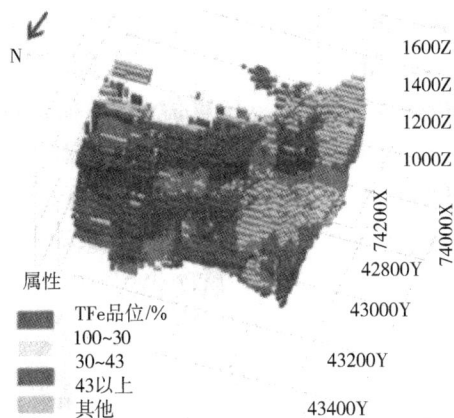

图 9 采用克里格估值法的块体品位分布模型

5 结论与讨论

本次研究对攀枝花尖山铁矿床的地形、地貌、矿体、构造进行实体三维模拟,并运用地质统计学的方法,构建了适合尖山矿区储量计算的克里格估算模型,取得以下认识:

首先运用三维地学模拟技术进行储量评价,不但可以真实模拟矿体空间形态和展布特征,具有直观、精确、高效的特点,同时也能描述矿化强弱的空间变化规律。通过三维模拟的方法,规律可以展现矿体与围岩、矿体与构造、矿体与物化探异常的关系以及伴生元素在矿体中的分布规律。

其次在储量估算中巧妙地设置变异函数,拟合特殊地质体在空间不同方向上、不同尺度的变异规律对结果的精度非常重要。块体模型是计算机用来极限拟合矿体的媒介,就如同计算机找到一个能够替代实际矿体又能被运算的工具;将变异函数和块体模型结合起来,能对矿区数量庞大且关系结构复杂的地质数据进行综合处理,快速获得储量估算的结果。

然而模型只是对地质体简单抽象体现,真实的模型具有分形特征,这需要地质统计学、三维计算机图形学等基础学科的理论对矿体的边界条件进行约束后,才能更为准确地体现其完整性。矿区的局部地质环境复杂,且成矿、富集以及贫化的过程是多作用后形成的结果,所以实际矿体要比建立的矿体模型更为复杂。因此针对特定矿区的三维地质精确建模研究有待于更深入地探索。

参考文献

[1] 朱青凌,等.块体模型储量估算原理的应用研究[J].矿冶工程.2012(6):9-13.

[2] 吴健飞,等.某多层复杂矿床开采优化的三维地质建模 [J].金属矿山,2012(9):124-128.

[3] 金毅,等.各向异性矿化特征的分析与模拟及其在储量估算中的应用[J].地质学报.2011(9):1519-1527.

[4] 赵战锋,周坤,王玲.三维地质建模中设定矿块尺寸探讨[J].有色金属(矿山部分).2012(4):83-86.

[5] 刘亚静,李梅,姚纪明.三维普通克立格插值建立非层状矿体块段模型的研究[J].金属矿山.2008(7):92-99.

[6] 王斌,李发本.一种基于块体模型和克里格法的矿体储量计算[J].现代矿业.2011(8):62-65.

[7] 赵玉国等.块体模型算量方法在宝日希勒露天矿中的应用[J].露天采矿技术.2012(6):11-12.

[8] 张思科等.三维地质建模技术方法研究——以东昆仑造山带为例[J].地质力学学报.2009(2):201-208.

[9] 刘文玉等.红透山矿区三维地质建模与可视化研究[J].科技导报.2011(11):48-51.

[10] Liardi F. Crosta G B. High Resolution Three dimensional Numerical Modelling of Rock falls[J]. International Journal of Rock Mechanics and Mining Sciences . 2003 (4): 455 -471.

[11] Siyka Zlatanova, Alias Abdui Rahman, Morakot Pilouk. Trends in 3D GIS development[J]. Journal of Geospatial Engineering. 2002: 71-80.

[12] Qiang W, Hua X, Xukai Z. An effective method for 3D geological modeling with multi-source data integration[J]. Computers&Geosciences. 2005: 35-43.

[13] 李文臣.攀枝花钒钛磁铁矿矿床地质及其成因[J].地质与勘探.1992:20-23.

[14] 阳正熙,高德政,严冰.矿产资源勘查学[M].北京:科学出版社.2006:151-152.

广东石人嶂钨矿床 3DMine 地质模拟及
块体模型在储量估算上的应用研究

陈三明[1a, 1b, 1c]　　高阳[2]　罗文敏[1]　曹艳超[1]

（1. 桂林理工大学 a. 地球科学学院，b. 广西隐伏矿床勘查重点实验室，

c. 广西空间信息与测绘重点实验室，广西桂林，541004

2. 河南省有色金属地质矿产局第二地质大队，郑州，450016）

摘　要：三维地质建模的成功是深部找矿预测与储量估算的关键，本文利用国产 3DMine 矿业工程软件对石人嶂矿区进行了大量地质勘探资料的收集和整理，针对矿区深部钨矿脉纤细、簇型分布等特点，改进传统的矿体圈定方法，探索并建立了钨矿区的地层模型、构造模型、矿体模型、地质工程模型等，实现了矿区三维可视化建模。同时确定了矿体的块体模型，依据采样点的品位信息，采用距离幂次反比的估算方法对矿区储量估算更为合理。石人嶂钨矿的三维地质综合模型对揭示矿区成矿规律，深刻了解地质体的空间位置关系至关重要，可以形象地选择更精确便捷的矿体储量估值方法，为矿产勘查等工作提供了依据和思路。

关键词：石人嶂钨矿；3DMine 矿业工程软件；三维地质模型；块体模型；储量估算

0　引　言

在信息化时代的地学领域，以传统的平面图和剖面图为主的地质信息的模拟与表达已难以满足现代矿山信息化发展的迫切需要[1]。这就需要技术人员开拓全新的研究思路，逐渐由传统的二维找矿向三维空间找矿转化，这也是未来地质矿产行业的发展趋势。近年来在三维地质建模方面有了一定的发展，董良基（2011）以安徽南陵姚家岭铜铅锌矿床为基础，利用 C - Tech 软件通过二维平面图建立三维地质模型可视化信息并进行成矿规律分析[2]。Lemon A M，Kaufmann O（2003，2008）通过钻孔剖面图和地质图进行三维地质建模，并将其应用于找矿工作中[3-4]。李伟（2012）以新疆后峡煤田黑山露天煤矿为例利用 Minex 软件建立地质数据库将钻孔三维可视化，并实现矿体三维地质模型的可视化[5]。陈建平（2012）在陕西省潼关县桐峪金矿区地表矿和浅部矿基本采空、资源出现短缺等现状下，通过三维空间对金矿深部信息可视化建模并对深部隐伏矿体进行预测[6]。三维模型的建立可以形象地表达出地质现象，有助于进一步了解研究区成矿规律并指导深部成矿预测。

对于三维矿体模型，许多研究人员也采用过不同的建模方法以及品位估值和储量计算的方法，余海军（2009）通过 Surpac 对普朗铜矿床建立三维地质模型，并建立矿床数学模型，利用距离幂次反比法和普通克立格法对矿体进行品位估值和储量计算[7]。睢瑜、张焱（2011）分别以云南个旧东矿区高松矿田和云浮高根矿区为例，基于 Micromine 软件根据矿床地质勘探资料建立三维地质模型，利用块体模型划分、地质统计学等方法进行矿体品位插值估算并计算矿床储量[8-9]。陈兴海（2012）基于 Dimine 软件对刚果（金）SICOMINES 铜钴矿进行三维地质建模，并探讨了根据模型进行储量计算以及成矿预测等应用[10]。刘云（2009）阐述了 3DMine 软件建立矿山三维地质模型和软件中的分析功能，可应用于测量、采矿和储量计算等地质工作中[11]。曾文波（2011）和孙潇（2012）分别以印尼某铁矿和云南羊拉铜矿为例，通过 Micromine 的建模理论和方法建立起了三维地质模型，展示地质体空间分布与位置关系，并采用普通克里格法对该矿区的矿产资源进行计算[12-14]。通过不同的方法得到矿体的品位和储量，为实际的地质工作提供了科学依据。

三维地质建模（3D Geological Modeling）的概念最早是由加拿大 Simon W. Houlding 于 1993 年提出的[15]。三维地质模型软件得到了广泛的研究与应用，国外的研究起步较早，如 C - Tech、Surpac、EarthVision 和 Micromine 等，目前已形成较为成熟的软件系统[17]，在国内也相继出现了 Dimine、3DMine 等矿业软件[18]。本文利用 3DMine 矿业工程软件，以石人嶂矿区原始资料为依据建立了石人嶂钨矿三维地质模型并计算储量。

1　矿区地质概况

石人嶂矿区位于湘粤赣三省交界处的广东省韶关市始兴县城南东方向，平距 17 公里，中心地理坐标是：东经 114°07′07″，北纬 24°48′24″（见图 1）。

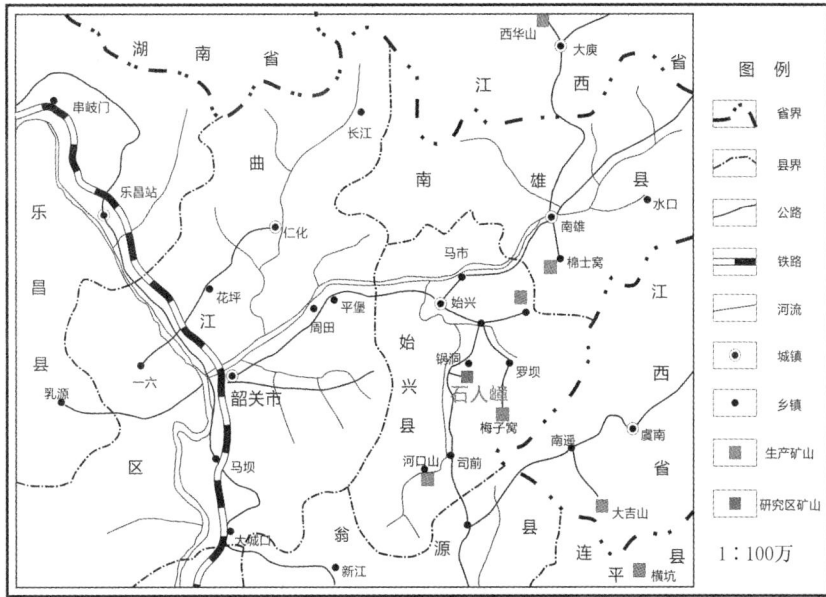

图1　石人嶂矿区交通位置图

矿区位于粤北山字型构造东弧内侧，东西向构造－岩浆带内九峰岩体之南，贵东岩体之北，瑶岭复背斜东部。本区构造属复式倒转倾伏背斜，属瑶岭复背斜的一部分，轴向近乎东西，大致位于烧炭山—莲花山—刀背山一带，褶皱轴走向为北北东至南北，形态主要是紧密直立甚至倒转的线状褶皱。构造活动强烈成矿裂隙发育，按产状可分为：东西向断层、北东向断层、北北东向断层和北西向断层带（见图2）。区内出露地层主要是寒武系、奥陶系的变质石英砂岩和板岩等。区内岩浆作用剧烈，变质岩地层变质程度自地表向下逐步加深，矿床深部存在隐伏花岗岩体，矿床的生成与燕山期入侵的花岗岩类小岩体有内因关系。

区内钨矿矿床是具有较为典型"五层楼模式"的石英脉型钨矿床[19]。在成矿主裂隙旁侧，由于羽状裂隙的高度发育及强烈矿化，往往构成工业位值甚大的细脉矿带或平行薄脉组，于矿床的垂直剖面上从上而下呈现出：上部细脉带，中部薄脉组，深部脉组汇合为单独大脉型矿床。矿石类型为石英黑钨脉型矿石，主要金属矿物为黑钨矿，局部富集白钨矿等；近矿围岩蚀变以云英岩化、硅化为主[20]。区内收集到的资料共有15条勘探线剖面图、10幅中段地质平面图、10个中段图的采样数据及化验结果，9个钻孔柱状图和矿区地质地形图以及一些勘探报告等。

2　建立矿区三维地质模型的流程与方法

依据整理的区内已有的前期野外地质调查工作的资料，将中段地质平面图、勘探线剖面图等二维数据导入3DMine矿业工程软件相应的三维空间中，利用二维数据之间的相关性，以本软件采用的不规则三角网（TIN）方法，将不连续的、离散的数据连接起来，从而形成三维地质实体。建模的主要工作流程如图3所示，3DMine矿业工程软件可建立地质数据库、地质体模型以及地质工程模型等，并根据现有的样品信息对矿体进行估值并计算储量。

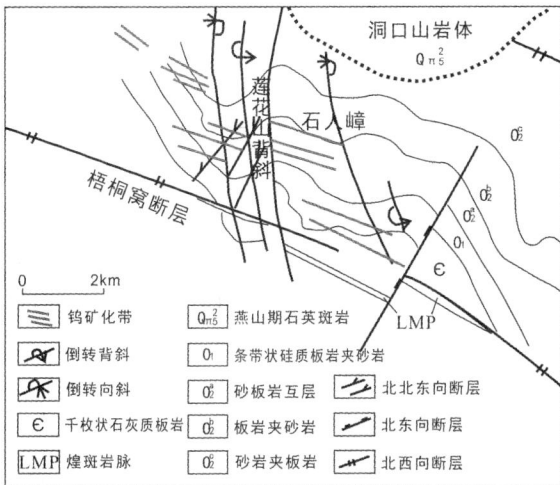

图2　石人嶂矿区地质简图

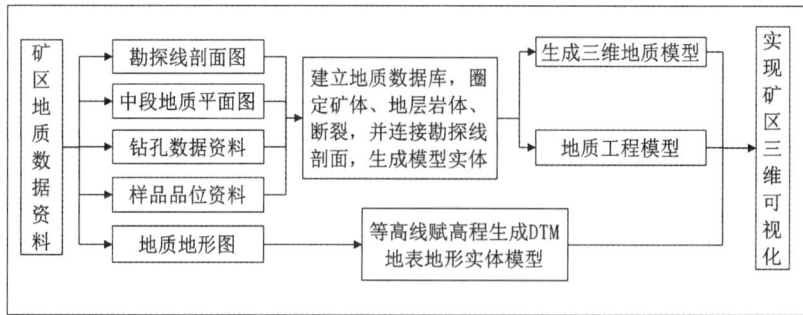

图 3　建模工作流程图

2.1　地质数据库的建立

地质数据一般通过钻探、坑探和槽探等方法获得，地质数据库是三维地质建模的基础，对获取矿区深部信息有着十分重要的作用，而对矿体模型圈定、块体赋值和储量计算等也都起着关键作用。本区利用 9 个钻孔样品和坑探的 16332 个样品信息导入 Access 数据库创建定位表、测斜表、化验表、岩性表，建立地质数据库。在 3DMine 矿业工程软件中连接数据源，从而生成三维钻孔和坑探资料，对品位进行约束，实现样品组合，为矿体赋值计算储量做准备。各数据表字段见表 1：

表 1　地质数据库表结构

表名	字段
定位表	编号、X 坐标、Y 坐标、Z 标高、钻孔最大深度
测斜表	编号、测斜深度、倾角、方位角
化验表	编号、样品编号、从（样品起始深度）、到（样品结束深度）、品位
岩性表	编号、从（样品起始深度）、到（样品结束深度）、岩性

2.2　构造模型的建立

断裂构造常常控制和影响区域成矿作用，直接决定某些矿床和矿体的产状，是控矿成矿的重要因素，断裂构造的裂隙是岩浆热液上移的通道。构造实体可以很客观地显示出区内各种断裂构造的趋势发展和特征等。通过区内剖面图、中段图、构造简图等资料对断裂的描绘进行连接，形成构造实体（见图 4），准确地还原出断裂构造的实际形态。在区内主要发育有梧桐窝断裂、山洞口断裂、F1、F2、F3、F8、F13、F15、F19、F23、F24、F31、F32、F33 断层以及韧性剪切带等。

2.3　地层岩体模型的建立

地层岩体可以从其本身地质演化历史中被赋予的

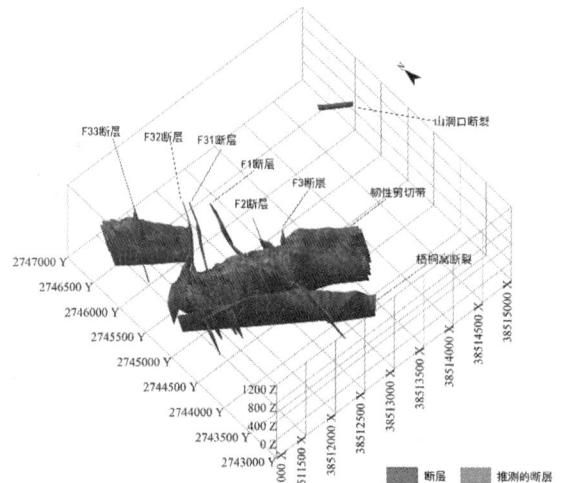

图 4　石人嶂矿区断裂构造实体模型

许多特征中显示出成矿作用期成矿热液和成矿物质活动的成矿地质背景。建立地层岩体实体模型可以有效地指示矿体的位置，提取有利条件也为找矿预测工作提供了技术基础。

实体模型的建立主要借助区内地质剖面图、成矿模式图等，将建模的地质剖面等导入软件的三维空间数据并校正，对于剖面资料不足之处，要根据地质勘查报告等资料来推断和完善地层岩体模型。区内主要的地层是寒武系中上统（$\mathrm{\epsilon}_{2-3}$）、奥陶系（O_1）、奥陶系中上统（O_{2-3}）和泥盆系中下统（D_{1-2}）地层。区内深部隐伏着花岗岩体，为燕山运动晚期形成的莲花山岩体，呈岩株产出；燕山运动中期形成的北区洞口山石英斑岩和侵入于南区梧桐窝断裂中的闪斜煌斑岩岩脉。图 5 所示为石人嶂矿区地层岩体实体模型，从模型中可以清楚地了解到莲花山下隐伏的花岗岩体。

2.4　矿体模型的建立

本区矿床为黑钨矿—石英脉矿床，与燕山期花岗岩有明显的时空和成因关系，其产于燕山期花岗岩体

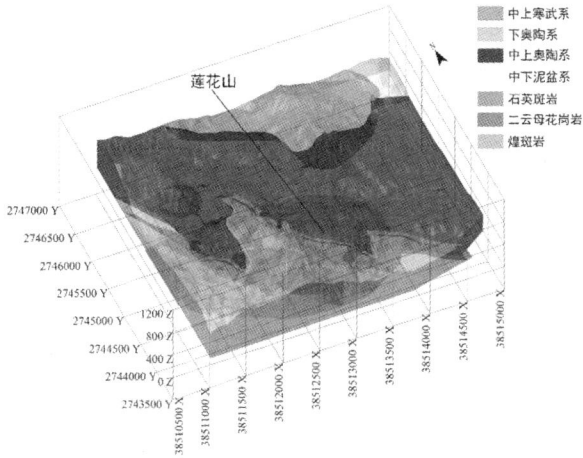

图5　石人嶂矿区地层岩体实体模型

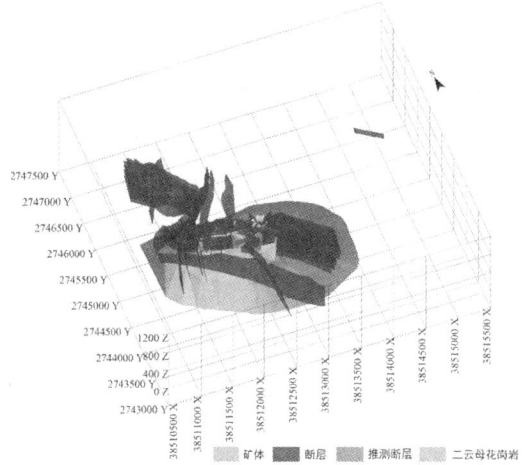

图7　岩体、矿体、断裂叠加实体模型

接触并侵入古生界浅变质碎屑岩系中，成矿的溶液主要来源于岩浆水，成脉组或脉群产出。由于收集的区内资料有限，仅采用基于勘探线剖面图的矿体模型构建，从 15 条勘探线剖面图中提取出多条脉状轮廓到三维空间中将其圈定生成脉状矿体模型。图 6 所示为石人嶂矿区已知矿体的实体模型。图 7 是将岩体、断裂构造和矿体叠加后的影像，可以清楚直观地了解到矿体的产状以及与岩体、断裂的空间关系，可以证明该矿是由岩浆侵入形成，已知矿体大多赋存在断裂构造或韧性剪切带处，可知成矿溶液沿裂隙上移形成。还可以对实体模型的任意部位任意方向切剖面，可进一步更好地分析和了解区内的成矿规律，对勘查设计和成矿预测工作提供参考。

线的提取，利用坑道腰线生成坑道实体模型。图 8 所示为石人嶂矿区坑道实体模型。

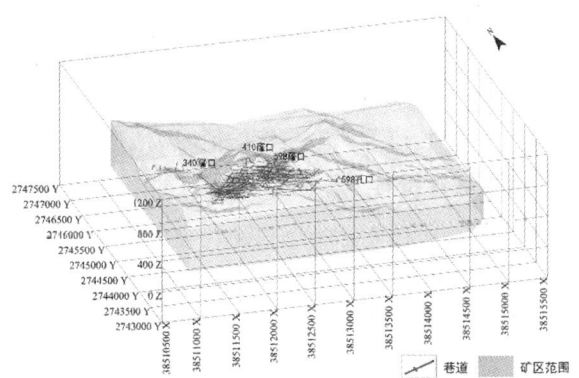

图8　石人嶂矿区坑道实体模型

3　钨矿矿体储量估算模型及计算过程

　　在矿业项目中，矿体的品位与储量是主要指标，便捷而可靠地计算品位与储量对生产管理和矿山规划工作具有实用价值。

3.1　储量估算模型

　　矿体的储量估算模型是利用矿体的块体模型来实现的，块体模型是将建立的不规则的矿体模型分解成按一定尺寸和比例划分的若干个规则的几何单元块堆砌起来，用来替换矿体的体积。块体模型也具有对数据进行存储、操作以及显示等功能，通过添加块体属性来存储相关地质信息。实验表明，在块体单元的尺寸小于 10 m 时，估值方差会不断增大，金属量的统计误差也会不断增大；尺寸大于 20 m 时，由于块体尺寸过大在填充至模型中时不能很好地拟合矿体边界，可能存在较大的误差。因此，应综合考虑矿体的空间分

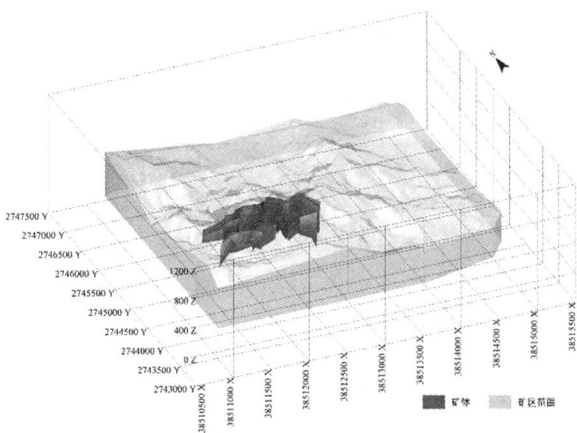

图6　石人嶂矿区已知矿体的实体模型

2.5　坑道模型的建立

　　坑道可以使地质工作人员进入工程内部，对所揭露的地质及矿化现象进行直接观测和采样，能够获得比较精确的地质资料。根据各中段地质平面图中坑道

布和形态特征以及矿体的规模大小等因素，将块体尺
寸设置在 10~20 m 之间比较合理。

　　由于样品数据有限，采用空间统计学中内插的方
法来对块体估值，其方法原理是建立在区域化变量理
论的基本原理基础之上的，即假设待插值的空间点属
性值在一定的研究范围内具有相关性[21]。根据矿体
脉状分布、形态单一的特点，本次采用距离幂次反比
法（IDW）进行品位估值计算。距离幂次反比法的基
本原理是：根据未采样点的待估值的块体与相邻的已
知样品点距离的幂次成反比关系来估值[22]，因此，该
方法多应用于样品数据较少的条件下。其估值方程
如下：

$$x = \frac{\sum \frac{1}{d_i} X_i}{\sum \frac{1}{d_i}}$$

式中：X 为待估的样品值，X_i 为第 i（$i = 1$、2、3、…、
n）个已知样品，d_i 为待估样品点与第 i 个已知样品点
的距离，p 为 d_i 的幂次，其影响着插值的结果及精度，
p 值越高插值结果就越平滑，通常都是选择二次幂。
在估值计算中的权重值就与待估值距离成反比。

3.2　储量计算过程

　　以石人嶂矿体实体模型作为约束条件建立矿体的
块体模型，依据区内矿体的特点，将块体大小设置为
10 m×10 m×10 m 的尺寸，并在单元块建立比重、矿
石类型、品位等基本属性。将组合样品离散的点存放
在该点最可能的位置，据其品位值与待估单元块进行
相关分析来估计插值。

　　3DMine 矿业工程软件中提供了最近距离法、距
离幂次反比法和普通克里格法 3 种方法，经反复计算
比较，确定距离幂次反比法比较适合本矿区矿体特
点。在三维空间中使用该方法对矿体品位进行估值，
搜索椭球体来定义影响范围的样品搜索参数，系统将
会自动采用距离幂次反比法自动进行估值并将数据赋
值到每个单元块中相应的属性中。图 9 所示为采用距
离幂次反比法对矿体估计的品位分布的块体模型，从
图中可以观察到矿体品位的分布规律与勘查资料中描
述的矿脉带由中部矿化强、两端变弱、北部带弱、南
部带强的规律基本相符。经过对所有单元块体的矿石
量和品位统计计算，矿区的金属资源量为 37408.46 t。

4　结论

　　（1）通过 3DMine 矿业工程软件，依据广东石人
嶂钨矿区野外勘查资料建立地质数据库，构建三维地
质实体模型。展示了区内各地质体的空间关系，更加

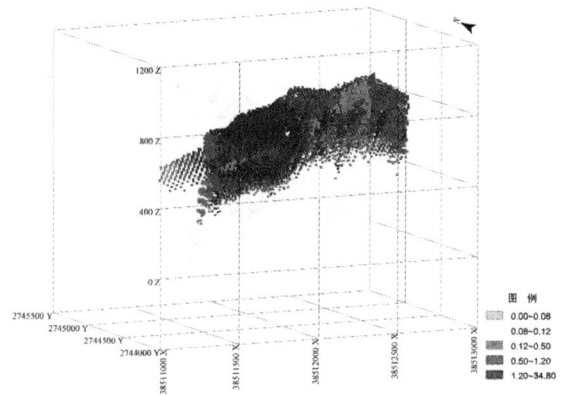

图 9　采用距离幂次反比法对矿体估计品位分布的块体模型

直观地表现出了矿区的各种地质现象，为进一步了解
成矿规律提供了技术支持，为矿区的产生和采矿设计
提供了参考和依据。

　　（2）通过地质数据库将钻孔和坑探的品位信息导
入软件三维空间中，根据钨矿品位的分布特征，对矿
体的块体模型采用插值方法，对已知矿体进行估值并
计算资源储量。三维可视化计算分析为矿体的平均品
位和储量的计算提供了一种新方法，与传统的块段法
相比，从三维的角度对矿体的特征进行分析估算，不
仅弥补了块段法的不足，而且快速精确直观形象。大
大提高了工程技术人员的工作效率，为矿山生产及合
理采矿提供了依据。

　　（3）在三维地质模型的辅助下，引入虚拟钻孔模
拟打钻，生成钻孔柱状图具有一定的参考价值，可以
更加合理地进行勘探设计。并可对区内断裂构造、地
层岩体等主要控矿因素提供进一步的分析资料，对矿
区深部隐伏岩体进行成矿规律的研究和预测，对深部
找矿工作提供科学依据。

参考文献

[1] 戎景会，陈建平，尚北川. 基于找矿模型的云南个旧某深
部隐伏矿体三维预测 [J]. 地质与勘探. 2012（1）：
191-198.

[2] 董良基. 姚家岭铜铅锌矿床三维地质建模 [J]. 企业技术
开发. 2011（12）：23-24.

[3] Kaufmann O, Martin T. 3D Geological modeling from bore-
holes, cross-sections and geological maps, application over
former natural gas storages in coal mines. Computers and Geo-
sciences. 2008（3）：278-290

[4] Lemon A M, Jones N L. Building solid models from boreholes
and user-defined cross-sections. Computers and Geosci-
ences. 2003（5）：547-555

[5] 李伟，孙鑫，蔡忠超. 基于 Minex 的露天矿三维地质模型

的建立及可视化研究[J]. 露天采矿技术.2012(4)：
　　63 - 66.

[6] 陈建平,史蕊,王丽梅,等. 基于数字矿床模型的陕西潼
　　关县 Q8 号金矿脉西段三维成矿预测[J]. 地质学刊.2012
　　(3)：237 - 242.

[7] 余海军,李文昌,尹光候,等. 三维地质模型的开发及应
　　用——以普朗铜矿为例[J]. 现代矿业.2009(6)：
　　67 - 71.

[8] 眭瑜,陈建国,赵江南. 个旧高松矿区三维地质建模及储
　　量估算[J]. 地质找矿论丛.2011(3)：277 - 282.

[9] 张焱,周永章,李文胜,等. 基于矿体三维地质建模的云
　　浮高根矿区储量计算[J]. 金属矿山.2011(1)：93 - 97.

[10] 陈兴海,贺云,王森,等. 刚果(金)SICOMINES 铜钴矿
　　三维地质模型的建立与应用[J]. 现代矿业.2012(8)：
　　41 - 43.

[11] 刘云,盖俊鹏,刘颖. 利用 3DMine 软件建立矿山地质三
　　维模型[J]. 矿业工程.2009(5)：58 - 60.

[12] 曾文波,朱元超,马春,等. 三维地质建模与储量估算在
　　印尼某铁矿的应用研究[J]. 地质学刊.2011(2)：160
　　- 163.

[13] 孙潇,陈建国,房晓龙,等. 云南羊拉铜矿三维地质建模
　　及储量计算[J]. 地质学刊.2012(3)：326 - 332.

[14] Lloyd C D, Atkinson P M. Assessing uncertainty in estimates
　　with ordinary and indicator Kriging. Computers & Geosci-
　　ences.2001(8)：929 - 937

[15] 张晓坤,章浩. 三维地质建模在矿产资源开发中的应用
　　[J]. 金属矿山.2010(3)：106 - 110.

[16] 潘结南,孟召平,甘莉. 矿山三维地质建模与可视化研
　　究[J]. 煤田地质与勘探.2005(2)：16 - 18.

[17] 丛威青,潘懋,吕才玉. 三维地质建模及可视化系统在
　　安庆铜矿勘查中的应用[J]. 北京大学学报(自然科学版)
　　.2009(7)：633 - 638.

[18] 赵战锋,周坤,王玲. 三维地质建模中设定矿块尺寸探
　　讨[J]. 有色金属(矿山部分).2012(7)：83 - 86.

[19] 胡孝奎,江舒芳,邹志友. 广东韶关石人嶂钨矿床地质
　　特征分析[J]. 现代商贸工业.2011(19)：76 - 77.

[20] 严成文,李文铅,李社宏. 石人嶂钨矿岩浆与成矿作用
　　对中国东部燕山期构造响应浅谈[J]. 中国钨业.2008
　　(4)：9 - 12.

[21] 李章林,张夏林. 距离平方反比法矿产资源储量计算模
　　块设计与实现[J]. 地质与勘探.2007(11)：92 - 97.

[22] 朱青凌,罗周全,刘晓明,等. 块体模型储量估算原理的
　　应用研究[J]. 矿冶工程.2012(12)：9 - 13.

应用3DMine对阎家沟石灰石矿采矿境界的优化

刘东生

（本溪钢铁集团矿业有限责任公司石灰石矿，辽宁本溪，117002）

摘　要： 应用3DMine矿山工程软件进行地质建模，优化设计采矿终了境界，解决设计运输总线缺陷，充分利用矿产资源，增加矿山服务年限。

关键词： 3DMine；境界优化

1　概况

阎家沟石灰石矿位于辽宁省本溪市本溪满族自治县境内，是生产冶金石灰石原料的基地。于2005年4月进行地质详查工作，共探明资源储量3507.73万t，其中主采场为2998.14万t，山上采场为509.59万t。2008年11月本钢设计院进行初步设计，境界内圈入Ⅰ级品（332＋333）1524.33万t，Ⅱ级品（332＋333）351.72万t，合计熔剂石灰石1876.05万t，岩石1707.22万t，平均剥采比为0.91t/t。年矿山开采量为150万t、矿山服务年限18年，其中150万t的稳产年限为13年，该矿山于2009年进行开采。

2　存在问题

过去我们一直停留在二维设计图纸上，当设计的矿山运输总图和采矿终了境界存在不合理问题时需要矿山技术人员进行严密的检校才能发现问题，工作量大而且繁琐。我们现在有了3DMine软件，将设计图纸三维化，发现采场运输总线在370水平处有安全隐患问题，矿山排土容积不够，底部终了境界宽度小于30米等问题。所以，我们应用3DMine软件的露天矿山境界优化功能解决来解决上述问题。

3　矿山数字建模

本矿区共布置钻孔19个，2170.53延米；八条勘探线，3483.82延米。圈矿工业指标如下：

表1　石灰石矿品级及成分

类别	化学成分/%			
	CaO	MgO	SiO$_2$	S
（炼钢）Ⅰ级品	≥53	≤2	≤1	≤0.015
（炼铁）Ⅱ级品	≥52	≤3	≤2.	≤0.6

最小可采厚度4m；

夹石最小剔除厚度2m；

矿床最终边坡角55°。

应用3DMine软件的"钻孔"→"组合样品"→"按圈矿指标组合"功能生成"样品点.3ds"文件，每个样品点包含"XYZ坐标"；"CaO成分"；"MgO成分"；"SiO$_2$成分"；"S成分"；"工程号""起始点距离""结束点距离"等属性。我们应用钻孔数据库和勘探线剖面图生成矿体实体文件.3dm。

应用3DMine软件的"块体"功能建立块体模型，本次采用"距离幂次反比法"进行块体赋值，生成块体属性库文件.blk。

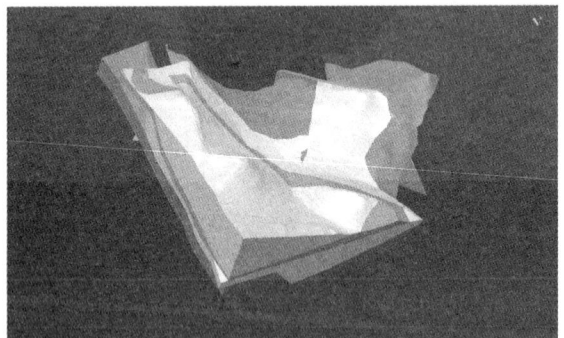

图1　实体模型

4　采矿终了境界圈定

应用3DMine软件的"露天"→"境界优化"，通过"经济模型"、"采矿成本"、"露天境界坡度"、"开采约束"、"优化块体尺寸"等五步计算出终了境界报告为（见表2）：

表 2　3DMine 境界优化报告

名称	底部台阶/m	体积/m³	矿石量/t	岩石量/t
优化境界	300	14997000.00	19657783.52	20086917.91

名称	总量/t	剥采比 φ	总价值/元
优化境界	39744701.43	1.02	745279236.20

图 2　采矿境界及水平阶段

最终生成采矿境界壳体文件，确定采矿境界最底部水平段高和宽度及闭合圈形状(见图 2)。

依据矿山开采露天底宽 30~100 m 的要求确定底部终了水平为 310 m，底部最小宽度为 32 米；最宽 42 米。应用"扩展台阶"和"扩展平台"功能生成最终采矿终了境界如图 3 所示。

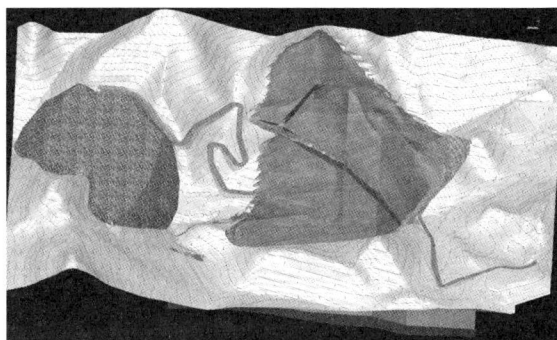

图 3　最终采矿终了境界

5　优化设计解决的主要问题

5.1　深部开采总运输线路设计

原设计 400 m 水平运矿公路设计在山体下，此设计错误，本次进行修改。370 m 水平总运输路转弯半径在 15 m，但是回头困难，并且在 20 m 崖头处，安全性不好。本次进行优化调整。

5.2　排土场容积和总运岩公路优化

设计院设计排土库容量为 970 m³，实际验算实体容积为 706.12 m³。占地面积为 13 万 m²。实际库容量为 1009.28 万 m³，占地面积为 17.3 万 m²。本次对运岩公路进行优化设计修改。对 390 出口处公路做了调整。使其运距和坡度最佳。

5.3　地质资源量估算检核

地质报告中矿石采用平均比重为 2.71 t/m³。对 Ca1 矿体资源量统计结果如表 3 所示：

表 3　Ca1 矿体资源量统计表

序号	矿体号	资源类别	品级	资源量/万 t	资源量合计/万 t
1	Ca1	(332)	I	1321.80	1321.80
2	Ca1	(332)	II	447.26	447.26
3	Ca1	(333)	I	965.44	965.44
4	Ca1	(333)	II	263.64	263.64
5	Ca1	(332)	I + II	1769.06	1769.06
6	Ca1	(333)	I + II	1229.08	1229.08
7	Ca1	(332)+(333)	I + II	2998.14	2998.14

本次对(333)级别以上矿体进行数字建模，I级+II级矿石共计 3564.52 万 t。比重均采用 2.71 t/m³。资源量增加 566.38 万 t。

5.4　采矿终了境界参数比较(见表 4)

名称	底部标高/m	最小宽度/m	最大宽度/m	顶板坡面角	底板坡面角	剥采比
原设计	320	20.4	94.6	51°8′	29°7′	0.93
优化后	320	30	94.6	53°6′	27°50′	0.94

5.5　可采矿量与生产服务年限比较(见表 5)

表 5　可采矿量与生产服务年限比较表

名称	可采矿量/万 t	可采岩量/万 t	服务年限/a
原设计	1842.5	1712.5	12.3
优化后	2021.42	1912.56	13.5

6　结论

应用北京三地曼公司开发的 3DMine 矿山工程软件，可以简单快捷地进行露天矿山采矿设计，使得矿山开采更科学，矿产资源得到充分利用。

用此软件进行三维总图设计、场地绿化设计等。其设计效果图如图 4 所示：

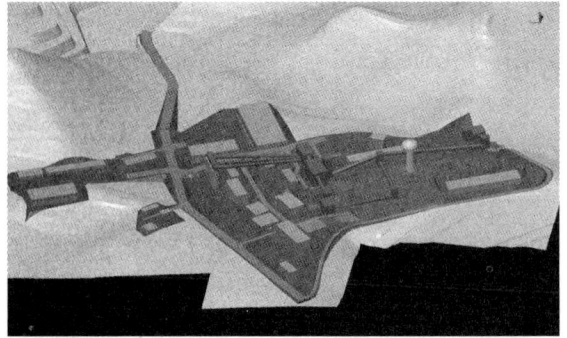

图 4　三维总图设计

表 6　境界优化计算结果表

项目名称	矿石量 /万 t	岩石量 /万 t	总量 /万 t	剥采比	服务 年限/a
优化计算结果	2021.42	1912.56	3933.98	0.94	13.5
设计报告结果	1876	1707	3583	0.91	12.5
核实设计结果	1842.5	1712.5	3555	0.93	12.3

本次优化设计增加可采矿石 178.92 万 t（见表 6），每吨矿石按 18 元利润计算，共计增加经济效益 3220.56 万元。另外，北京三地曼公司开发的 3DMine 矿山工程软件功能强大，外部接口比较丰富。可以应

总之，应用北京三地曼公司开发的 3DMine 矿山工程软件的境界优化功能，使得石灰石资源得到最大利用，采矿境界更合理，矿山生产更合理。

参考文献（略）

基于 3DMine 的矿山真三维可视化构建

董小勇　赵立军

(1. 义煤集团义海能源公司，青海德令哈，817000；2. 北京三地曼矿业软件科技有限公司，北京，100043)

摘 要： 露天矿真三维可视化是矿山数字化的重要组成部分。真三维可视技术以 3DMine 软件为平台，集地质、测量、采矿、管理为一体，综合运用数字化技术、图形技术、计算机技术等，用一定的方法建立矿床地质模型，对某一地区的地质地形进行准确而详细的描述，具有对地质地形信息存贮、查询、修改、计算地质储量、绘制地质地形图件，进行地质分析等功能。它通过将各种地质信息以数字的形式载入数据库来加以成图，能够直观地反映出矿山的三维可视化图像，很大程度上方便了矿山的总体设计、储量计算及矿山的管理。本文以义煤集团青海公司木里矿为例来介绍 3DMine 软件实现真三维可视化的基本原理、方法及应用情况。

关键词： 矿床模型；真三维可视化；数据库

1 前言

真三维可视化技术是在地理信息系统的基础上，综合运用数字化技术、图形技术、计算机计算技术等，采用数据库承载各种地理信息，进而达到数据的直观呈现，以信息化、自动化和智能化带动矿山地质和采矿业的改造和发展，开创高效、高产和可持续发展的矿业发展新模式，是数字化发展的高端技术[1]它实现了矿山生产经营管理的各个环节间的生产要素网络化、数字化、模型化、可视化，为矿山的动态管理、生产方案对比决策、系统优化决策提供了可靠的依据。

2 数据导入与整理

目前三地曼公司所采用的制图软件为 AutoCAD，其中的数据来源主要来自 RTK 的测量，这样的数据结果不能够直接加载，必须经过处理才能使用。所需处理的数据主要包括钻孔的数据、当前剥岩的实际情况、煤层的分布层位显示、地质地形图数据及其他一些数据。

2.1 钻孔数据的处理

钻孔作为证实煤层分布的一个重要参数，主要包括钻孔的坐标、高程，煤岩的厚度及各个岩层的上下分布位置，此类数据关系到三维建图的基础，因此要尽可能多的选取，因为钻孔数量的多少决定了图纸三维可视的真实可靠性程度。

2.2 当前剥岩的实际情况

前期的地质地形经过一段时间的施工开采，已经改变了原有的地貌，这种变化伴随着工程的进展不断变化，剥岩所涉及到的范围及深度是反映当前采场现状的一个直观的数据体现，特别是实时的数据就显得尤为重要，它为每天的工作生产及长期的发展规划提供了指导意义，可以为公司设计、生产和决策提供重要依据。

2.3 煤层分布层位显示

煤层分布层位的显示是在已知的钻孔资料及采掘变化的基础上伴随着采掘工程进度的直观显示，可以分为不变因素(煤岩层结构的整体的分布)和可变因素(采掘影响)，应以不变量为基础根据变量进行处理，通过测量的数据变化及时输入以获得及时的图形影像，获取煤岩层分布的变化情况。

2.4 地质地形图数据

考虑到当前所依托的平台是 AutoCAD，其数据不能直接使用，所以必须处理，主要通过提取所需要离散点的三维坐标，根据目前已掌握的 *.dwg 格式的数据，也就是 AutoCAD 的图元形式(主要包括的地形高程数据、地质地形图、坡顶、坡底、平盘、台阶的坡顶、坡底数据等)，将这些数据进行高程与坐标匹配的二次处理，然后导入 3DMine 中并删除冗余数据。

3 真三维可视化模型的建立

3.1 基于地质地形图的地表模型的构造

根据已知的地质地形图及地表等高线图，提取离散的三维坐标，还原未开采状态下的地表模型。使用的方法是将测量的数据引入到目前正在使用的 CASS 软件提取尽可能多的等高线数据及特征点坐标，采用三角网算法圈定采区范围，搭建地表网状结构图，还原地表地形（如图 1 所示）。

图 1   采场及周边地形三维模型

3.2   煤岩层界面的建立

煤岩层界面建立的精确程度主要是依托钻孔数据的数量多少，数量与可靠度成正比，因此要尽可能多的选取钻孔数量，同时还要考虑到由于数量不足引起的煤岩层分布描述的不准确问题，可采取适当的方法尽可能真实的反映出其分布的真实情况，例如距离幂次反比法、趋势面插值法、克里金插值法等。然后用 3DMine 软件作出岩层界面（或 F2 底板高程）图（见图 2）。

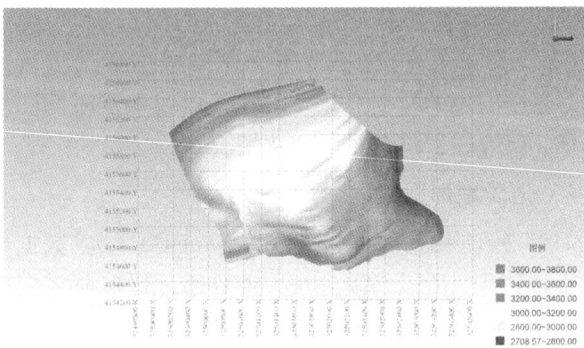

图 2   F2 底板高程渲染图

3.3   采场模型的建立

采场实际就是采区范围内煤岩层显现结构和数量变化的结果，是地表地形破坏后按照某种设计施工的结果，归根结底也是采区的变化，因此其形状的基础是地表地形。所以只需将采场范围内各种特征地貌（坡顶、坡底、平盘、台阶的坡顶坡底）的数据逐一的输入分类，去除原有的地表数据，便可搭建采场的构架。

3.4   真三维模型的构建

通过以上三步已经搭建了三维模型的网状结构图，但并不能直观地显示其效果。要达到三维可视的效果还需要将上面的网状图根据数据的组成类型进行分类处理[2]。例如不同的等高线采用不同的线色，等高线之间的变化用不同的颜色加以填充，煤岩层界面的分颜色渲染，采场内不同地貌的区别修饰，特别要注意到三维立体图像的成像效果。

4   真三维可视化的应用及意义

4.1   储量计算

传统意义上的 AutoCAD 成图方法只能够计算采区范围内的整体储量，不能根据台阶的变化及时地计算计划采掘范围内储量，无法满足精细的开采工作需求；目前根据此三维图像只需输入设计台阶的的坐标范围即可算出煤岩的数量（见图 3），具体方法是先计算坑底至某台阶顶盘的煤层总量和岩石总量，再计算坑底至该台阶底盘的煤层总量和岩石总量，两者之差即为所求的该台阶煤层和岩石的数量（见表 1），从而达到为生产计划提供可靠依据的目的。

图 3   利用煤岩模型进行采剥量计算

表 1   3DMine 煤岩模型报告

层位	体积/m³	重量/t
岩	17087256.25	42718140.63
F1 煤	1453137.5	1889078.68
F2 煤	546906.25	710978.1
合计	19087300	45318197.41

4.2   工程指导意义

通过三维可视化图形可以优化矿山管理，完成生产方案的对比决策和资源的合理调配等，使企业实现资源的合理开发利用，减少资源的浪费和环境污染，实现资源的有计划开采，降低生产成本和能耗，充分发挥生产设备的效能，提高开发的社会经济效益。

4.3 直观可视性

鉴于目前主要以纸质图纸、表格、文字形式提交成果的现状，不仅基本的材料费较高而且不能直观地反映出开采现状，三维可视化的提出才正合时宜，其出现不仅解决了总部决策者可一目了然地了解矿山生产状况，节约了远程现场考察的时间，还可根据生产的规划实时的修改数据，呈现规划的结果，为领导的决策提供了依据和可比性。

5 结论

三维可视化作为数字化矿山的一个高端领域，目前国内推广的速度正在加快，在未来的几年里这应该不是一个陌生的名词，公司应该更新观念紧跟科技进步的脚步，将其首先应用于木里的露天开采工程验证其实用性，进而推广到公司的其他领域，实现义海公司的高产高效，达到最小的投入创造最大的经济效益和社会效益的目的，为集团公司的又好又快地发展做出楷模。

参考文献

[1] 胡鹏等. 地理信息系统原理[M]. 武汉大学出版社, 2002

[2] 何宗宜. 地图数据处理模型原理与方法[M]. 武汉大学出版社, 2004

基于 3DMine 矿业软件的承德某超贫磁铁矿境界优化的研究

刘志中　李栓柱　赵婷钰　蒋晓侠

（北京首矿工程技术有限公司, 河北迁安, 064404）

摘　要：本文以 3DMine 矿业工程软件为工具, 通过对矿体赋存情况的分析, 利用软件建立地质模型, 在目前经济条件下, 选取适合的经济参数, 利用软件求出经济效益最大化的优化一次境界, 并以此为基础, 圈定出最终开采境界。

关键词：3DMine；矿业软件；境界优化

1　引言

　　境界优化在露天矿山采矿设计中, 是一项非常重要的环节, 目标是利润最大化, 露天开采境界的大小, 对整个露天矿山的生产有重大的影响, 它决定着露天矿山的开采规模及服务年限。传统的人工境界优化方法是通过逐渐增大境界尺寸来计算平均剥采比和境界剥采比, 当境界剥采比等于经济合理剥采比且平均剥采比小于经济合理剥采比时, 即认为该境界为最优境界。可以看出, 这种方法确定一个境界需要耗费大量的人力和时间, 而且很难找到真正意义上的最优境界[1]。

2　3DMine 三维矿业工程软件境界优化原理介绍

　　露天境界优化开始于从 20 世纪 60 年代, 其核心思想为：考虑一个矿床, 扣除采矿、剥岩的成本, 满足一定的边坡条件, 使采出的矿石总价值最大。它是一个有唯一解的数学问题, 其解决的算法：(1)动态规划法；(2)图论法；(3)整数线性规划法；(4)网络流法；(5)启发法；(6)手工法；(7)浮动圆锥法。

　　前四个方法, 可用数学方法证明其正确性, 后三种方法通常根据经验和直观判断, 非数学严谨方法。其中, 国内通常用的经济合理剥采比法属于后者。

　　Lerchs - Grossman 首先用动态规划法, 实现了二维剖面上的优化。后来, Lerchs - Grossman 采用了基于图论的方法, 实现了三维实际数据的解算, 现在大多数境界优化软件包, 是采用该方法或该方法的改进。

　　Lerchs - Grossman (图论法), 其核心是将矿体量化到一个个块, 不同块之间有开采顺序, 如图 1 (剖面

图)所示, 如果要开采 18 号矿块, 则必须开采 10、11、12 号矿块, 同样, 要开采 10 号矿块, 则必须开采 2、3、4 矿块, 10 号矿块对应 3、4、5 矿块, 则这样就组成了一个有向图, 并且每个矿块的价值(对于矿石为正值, 对于岩石为负值)为向图的权重, 境界优化的目的：在该图中找一个权重之和最大的闭包(Max Closure)。

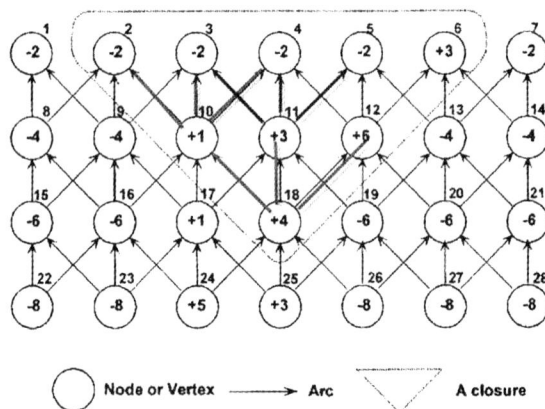

图 1　图论法剖面图

　　如何求最大闭包, Lerchs - Grossman 给出了一个比较复杂的计算方法。其核心方法是将该图变换成一个树, 根据一定的搜索策略, 不断变换该树, 来逼近求解。

　　后来, Meyer (1969) 发现, Lerchs - Grossman 求最大闭包的过程, 与线性规划求解的过程一致, 线性规划描述为：

　　目标：开采净利润最大；

　　条件：满足块之间的空间逻辑关系。

　　我们可以用运筹学的理论, 建立一个线性矩阵,

利用整数规划理论求解。

　　随着图论理论的发展，Picard 发现：求图的最大闭包，可用图的最大流最小割来实现。

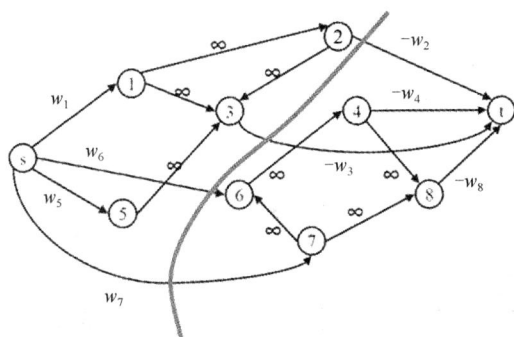

图 2　最大流最小割示意图

　　如果把图 2 看作一个输油管道网，s 表示发送点，t 表示接收点，其他点表示中转站，各边的权数表示该段管道的最大输送量。现在要问怎样安排输油线路才能使从 s 到 t 的总运输量为最大。这样的问题称为最大流问题。

　　最大流问题就是求总流量最大的可行流，它是一个特殊的线性规划问题。但是利用图的特点，解决这个问题较之线性规划的一般解法要方便、快捷、直观得多。

　　最小割：将图 2 一分为二，所有与分界线相交的正弧段实际流量之和最大的，为最小割。最大流等于最小割。

　　3DMine 采用最大流最小割原理，求图的最大闭包，进行境界优化。从数学角度，已经证明该方法是数学严谨的，严格的数学推导。其本质是与 Lerchs - Grossman 和线性规划法一样的。

3　矿床概况

　　该矿床位于承德地区，为超贫磁铁矿床，赋存于辉石角闪石岩中，属岩浆岩型钒钛磁铁矿矿床。

　　采区范围内由 Fe2、Fe3、Fe4 - 1、Fe4 - 2、Fe4 - 3 号矿体组成。矿体主要以带状、不规则透镜状为主，走向 70° ~ 90°，倾向 160° ~ 180°，倾角 58° ~ 82°。对各矿体特征分述如下。

　　(1)Fe2 号矿体，位于采区北部 16 线，为采区最小矿体。矿体总体形态为单斜层状，矿体走向 90°，倾向 180°，倾角 82°，矿体埋藏深度 0 ~ 46 m，赋矿标高 671.1 ~ 625.1 m，走向沿长 204.7 m，宽 15.09 m，倾斜延深 34 m，厚度 12 m。

　　(2)Fe3 号矿体，位于采区北部 Fe2 号矿体以南 8

~ 32 线，矿体呈不规则带状产出，具分支复合。矿体走向 90°，倾向 180°，倾角 76° ~ 81°。矿体埋藏深度 0 ~ 61 m，赋矿标高 559.3 ~ 574.59 m，走向沿长 1355.98 m，宽 12.4 ~ 133.09 m，倾斜延深 42 ~ 77 m，最小厚度 23.2 m，最大厚度 130 m，平均厚度 76.6 m。

　　(3)Fe4 - 1 号矿体，位于采区中部 4 ~ 36 线，是采区最大矿体，矿体形态不规则，以不规则透镜状为主，局部带状分布。矿体走向 90°，倾向 180°，倾角 68° ~ 82°，为厚层状矿体，在 20 ~ 28 线被花岗岩体侵位，破坏了矿体的完整性。矿体埋藏深度 0 ~ 625.4 m，赋矿标高 625.4 ~ 0 m，走向延长 1837.3 m，宽 177.7 ~ 527.4 m，倾斜延深 450 ~ 648 m，最小厚度 102 m，最大厚度 499.84 m，平均厚度 300.92 m。

　　(4)Fe4 - 2 号矿体，位于采区南部 28 ~ 40 线，呈不规则状透镜体产出。矿体走向 90°，倾向 180°，倾角 76° ~ 80°。矿体埋藏深度 0 ~ 100 m，赋矿标高 708.2 ~ 384 m，走向延长 815.4 m，宽 15 ~ 133 m，倾斜延深 97 ~ 101 m，最小厚度 108.8 m，最大厚度 282 m，平均厚度 195.4 m。

　　(5)Fe4 - 3 号矿体，位于采区东部偏北 28 ~ 48 线，呈不规则带状产出，具分支复合。矿体走向 90°，倾向 180°，倾角 76° ~ 81°。矿体埋藏深度 0 ~ 100 m，赋矿标高 884.8 ~ 600 m，走向沿长 1189.3 m，宽 6.3 ~ 127.8 m，倾斜延深 56 ~ 100 m，最小厚度 22 m，最大厚度 108.8 m，平均厚度 65.4 m。

　　矿体形态及埋藏条件适合于露天开采。

4　矿床开采条件

4.1　工程地质条件

　　矿床的工程地质勘探类型属块状岩类简单类型（二类一型）。地表风化带（深度 30 ~ 50 m）矿石抗压强度为 39 ~ 61 MPa 之间，属半坚硬岩石。深部原生矿石抗压强度为 100 ~ 200 MPa 之间，属较坚硬矿石。

　　矿体顶底板围岩主要为辉石角闪石岩和角闪斜长片麻岩，岩石为结晶块状岩石，工程地质岩组属整体块状岩类。整个矿体为整体结构，矿体完整性较好。矿石质量分级属中等，矿石稳固性属中等。

　　采场边坡出露岩石多为辉石角闪石岩，少量为超贫磁铁矿石。岩石因风化作用，地表和浅部岩石破碎，岩石稳定性差，稳定边坡角不应大于 45°。深部较完整坚硬，岩石稳定性好，稳定边坡角可适当加大，但也不应大于 60°。随采矿深度的增加，应加强采矿边坡的维护和管理。

4.2 水文地质条件

矿床开采位置由于沟谷发育，地形有利于自然排水。地表风化构造裂隙较发育，岩石破碎，具含水性，属裂隙含水层充水为主，由于地表水体远离矿床，无导水构造，所以大气降水为矿床的主要充水因素。矿床属于水文地质条件简单矿床，即矿床水文地质条件属二类一型。

4.3 环境地质条件

在承德地区无破坏性地震历史记载，属外围地震波及区。根据地震对本区的波及影响程度，属地震烈度Ⅵ度区。矿山企业主体建筑多为钢筋混凝土结构，生活区、民宅多属砖石水泥结构。矿山主体建筑抗震强度达Ⅶ度，生活区及民宅抗震强度达Ⅵ度。

矿区及外围地貌未见峭壁和危石，地震波及后不会产生崩塌现象。因此，矿区属安全、稳定地区。

目前矿区附近无污染源。矿山采选矿活动及生活污水的排放，对地表水、地下水及大气污染有限。矿山所形成的废石、尾矿不会分解成有害组分。局部地形地貌发生改变，植被破坏。环境地质属中等。

根据工程地质、水文地质、环境地质三方面评价，矿床开采技术条件属简单类型。

4.4 矿岩的物理力学性质

比重：

超贫钒钛磁铁矿石	$3.28t/m^3$;
围岩	$2.7t/m^3$;
第四系冲积物和虚方岩石	$2.0t/m^3$;
矿石硬度：	$f = 8 \sim 12$;
松散系数：	矿岩均为 1.6 。

4.5 资源储量

勘查报告提交的采区资源储量：

332 + 333 类矿石量 134163 万 t，平均品位 TFe 16.46% ，mFe 7.07% ，V_2O_5 0.11% ，T_iO_2 2.32% ，P_2O_5 1.55% 。见表 1。

表 1 采区资源储量表

资源储量类别	矿石量/万 t	平均品位/%				
		TFe	mFe	V_2O_5	TiO_2	P_2O_5
332	55131					
333	79032	16.46	7.07	0.11	2.32	1.55
合计	134163					

4.6 矿体建模及矿量计算

利用 3DMine 软件进行地质建模，形成矿体实体模型、块体模型。并根据勘探的钻孔数据形成数据库，对块体进行赋值。如图 3、4 所示。

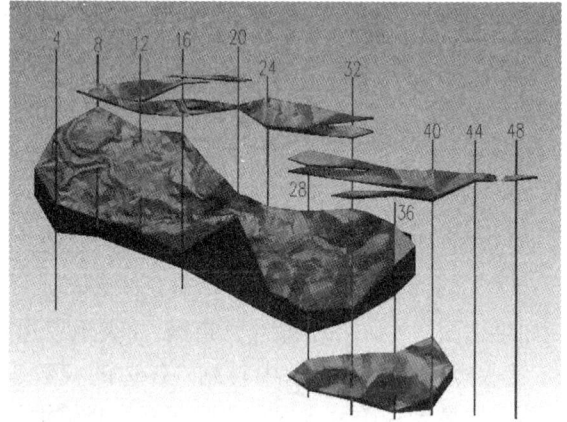

图 3 矿体模型

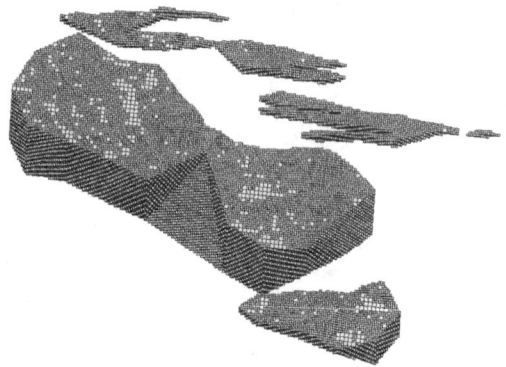

图 4 块体模型

矿体赋存标高为 0 ~ +910 m。用计算机按各开采阶段的台阶标高自动切割矿体模型，形成分层平面图，矿体模型包括 61 个分层。按照水平分层法，计算地质储量，计算结果见表 2。

资源量与勘查报告提交的资源量相比减少了 1803.59 万 t，相对误差为 1.34% ，资源量计算误差在允许范围内。

表2　采区资源量表　　　　　　　　　　　　　　　　　　　　　　　　单位：万 t

全矿床矿量	现有采矿区内矿量						合计
	Fe4 – 1		Fe4 – 2	Fe4 – 3	Fe2	Fe3	
	332	333	333	333	333	333	
143313.34	53843.07	66720.14	8291.85	1703.17	42.71	1758.49	132359.43

5　境界优化

本次境界圈定通过 3DMine 矿业工程软件，采用计算机优化方法中的 L – G 法进行境界优化。这种方法是在建立了矿床价值模型的基础上，在满足最大允许边坡角的条件下，利用计算机找出总开采价值达到最大的模块集合，确定最终开采境界。L – G 法则，是结合了图论法和动态规划法的一种最能真实反映露天矿价值的优化方法，是目前公认的能够实现露天矿境界优化的方法，在发达国家应用最为广泛。

5.1　模型的建立及经济参数

（1）模型准备

利用 3DMine 矿业工程软件对采场境界进行优化，首先利用钻孔资料建立矿体数据库模型；第二步利用地质剖面图建立矿体实体模型；第三步建立块体模型；第四步根据最新现状图建立地表模型。根据上述模型利用 3DMine 矿业工程软件进行境界优化，形成一次境界，作为采场设计的基础模型。

（2）技术经济参数

结合实际生产数据，经过研究选取技术、经济参数，参数选取如表3：

表3　技术经济参数表

序号	项目	指标	单位	
1	优化境界边坡角	41	（°）	
2	精矿售价	880	元/t	含税
3	磷精矿售价	655	元/t	含税
4	mFe 边界品位	4	%	
5	P_2O_5 边界品位	1	%	
6	矿石比重	3.28	t/m³	
7	岩石比重	2.7	t/m³	
8	矿石回采率	95	%	
9	贫化率	8	%	
10	地质品位	16.20	%	
11	采出品位	14.85	%	

续表3

序号	项目	指标	单位	
12	精矿品位	65	%	
13	原矿加工成本	59.40	元/t原矿	全成本
14	选比	10	t/t	
15	岩石成本	14.66	元/t	参照 2010 年 4 月成本
16	矿石成本	16.06	元/m³	参照 2010 年 4 月成本

（3）开采约束

本矿区社会关系非常复杂，北、西、南三个方向由别人矿权存在，只有东侧没有其他矿权，开采最终境界的北侧、西侧不能进入别人矿权内；经过业主协商，西南侧最终境界可以进入别人矿权内，开采过程中两家要均衡下降，各家开采各家的矿。根据以上条件建立约束线文件，如图5。

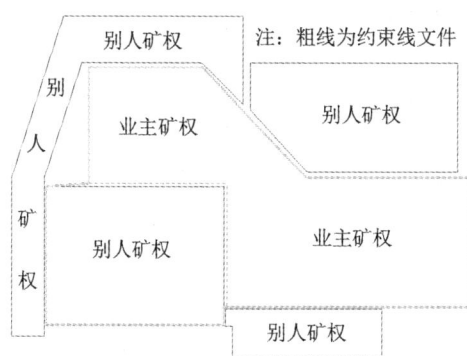

图5　开采约束

（4）优化结果

根据以上技术经济参数，计算出矿石中有用矿物每个品位的经济价值，填入境界优化参数表中，将开采成本数据填到采矿成本表中；依据地质报告提供的参照边坡角，并为开拓运输系统留出富余量，将选取的露天境界坡度（41°）填入表内；选择准备好的开采约束文件，运行境界优化器，开始境界优化。露天境界优化参数表如图6所示。

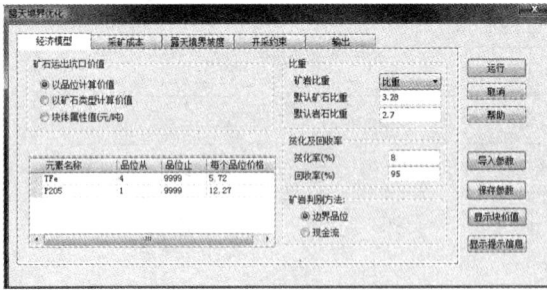

图 6　露天境界优化参数表

采区优化结果见表 4 及图 7：

表 4　采区境界优化结果表

名称	底部台阶/m	体积/万 m³	矿石量/万 t	岩石量/万 t
优化境界	190	23028	49540	21397

名称	矿岩总量/万 t	剥采比	总价值/亿元
优化境界	70937	0.43	83.9

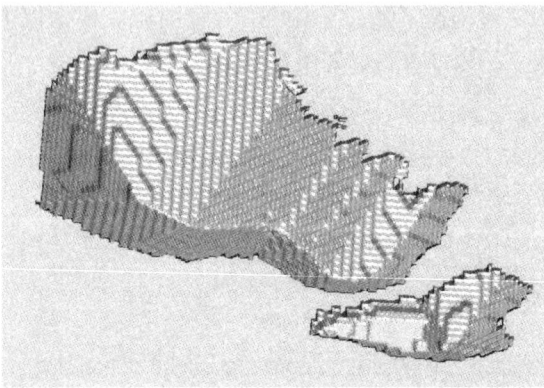

图 7　采区优化一次境界

5.2　最终境界参数的确定

最小底宽：为最大限度的利用矿石资源，露天底开采时利用小设备开采，露天底最小底宽不小于 20 m。

阶段高度：本矿山属于特大型露天矿，设备大型化，高效化，自动化，且配套完整，为采用大的阶段高度提供保证。从本矿山的矿体条件看：露天开采的主要矿体为急倾斜厚大矿体，地质条件上为采用较大的台阶高度提供了有利条件。因此，本次设计确定露天开采阶段高度为 15 m。

平台宽度：根据勘察报告，参照类似矿山，安全平台不小于 5 m；每隔 4 个台阶设一清扫平台，清扫平台宽度不小于 10 m，采用并段开采，加大安全平台宽度，部分安全平台兼作清扫平台；根据所选用的运输设备，运输平台宽度为 30 m。

台阶坡面角：开采终了时台阶坡面角为 65°，生产时台阶坡面角为 70°。

5.3　露天开采最终境界圈定

无论是人工圈定，还是利用 CAD 软件进行圈定，传统的圈定境界步骤为先确定露天境界的露天底，然后在露天底基础上，依次向上进行圈定。传统方法存在如下弊端：

（1）传统的从下向上圈定最终境界，运输公路出口很难准确的赶到预想的位置，需要进行重复的圈定工作，才能调整到预想位置，重复工作量大。

（2）传统的从下向上圈定最终境界，加上运输系统后，由于边坡角的变化，使最终境界超出优化的一次境界，如果周围有其他设施或别人矿权存在，超出是不允许的。

（3）传统的从下向上圈定最终境界，圈定的最终境界与地表相交处很难准确的进行绘制，除非地表是绝对水平。

本次设计以 3DMine 软件优化的一次境界为基础，利用 3DMine 软件中的扩展功能进行最终境界圈定，先依据优化一次境界，结合现场实际，确定采场最终出口位置及最终出口的标高，然后确定出最终出口标高处最终境界的边界线，以此为基础，向下进行圈定最终境界，最终境界确定结束后，形成最终境界模型，与地表模型相交形成交线，用形成的交线对最终境界进行裁剪，并与裁剪后的最终境界合并，形成设计的最终境界。

5.4　露天开采境界圈定结果

采区露天开采境界圈定结果见表 5。

表 5　采区露天开采境界圈定结果表

序号	项目名称		单位	主要指标
1	1#采场尺寸	上口：长×宽	m	1912×1181
		下口：长×宽	m	225×75
2	封闭圈标高		m	535
3	露天底标高		m	235
4	2#采场尺寸	上口：长×宽	m	959×466
		下口：长×宽	m	627×115

续表5

序号	项目名称	单位	主要指标
5	封闭圈标高	m	625
6	露天底标高	m	565
7	境界内可利用矿量	万 t	43641.71
8	采场内矿石量	万 t	45635.62
9	采场内矿、岩总量	万 t	67071.60
10	平均剥采比	t/t	0.47
11	实际采出矿石量	万 t	44776.39
12	实际剥离岩石量	万 t	11683.03
13	实际平均剥采比	t/t	0.26

露天采矿场开采终了平面图见图8，最终境界模型见图9。

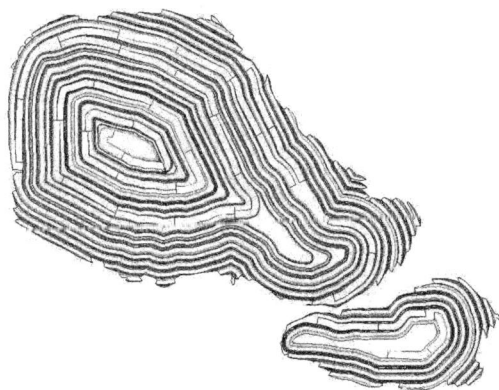

图8　设计最终境界

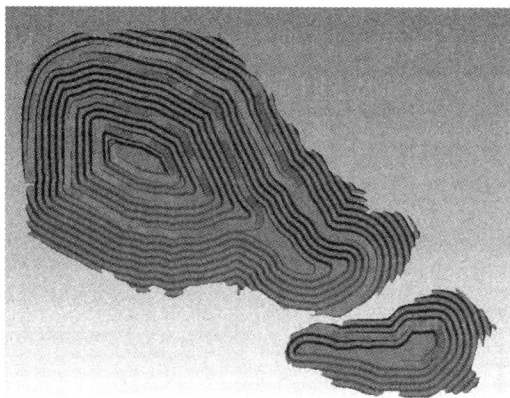

图9　最终境界模型

6 结语

通过利用 3DMine 矿业工程软件进行地质建模，能够准确的反映出矿体的形态，能够快速、精确的计算出地质矿量，省去了繁琐的量面积、算体积的步骤，节省了人力及时间。

与传统的境界优化方法相比，利用 3DMine 矿业工程软件进行境界优化，当经济参数确定后，能够快速优化出总价值最大的采场一次境界；经济参数不变的条件下，此一次境界也是唯一的。

利用 3DMine 矿业工程软件进行最终境界确定，能够快速、灵活的圈定出最终境界，与地表实际结合的更加紧密，节省人力及时间。

参考文献

[1] 蒋权,陈建宏,杨海洋. 基于 DIMINE 软件系统的露天矿境界优化研究[J].金属矿山,2010(4)：13.

[2] 北京三地曼矿业软件科技有限公司. 3DMine 矿业工程软件地质工程师教程,2009.

某多层复杂矿床开采优化的三维地质建模

吴健飞　叶义成　王其虎　张杰　李丹青

（武汉科技大学资源与环境工程学院，武汉，430081；
冶金矿产资源高效利用与造块湖北省重点实验室，武汉，430081）

摘　要：基于 3DMine 软件平台，以优化矿床开采设计和开采工艺为目的，针对上横山矾矿区多层复杂矿床的条件，建立了详细的矿区地质数据库，构建出矿区地质实体模型和块体模型，实现了矿床地质条件的三维可视化；运用距离幂次反比法对矿区 V_2O_5 的品位分布进行了精确的估值和分析，使资源储量得以实时动态评估。所建立的矿区三维地质模型形象、准确，可作为开采优化的研究基础。

关键词　三维地质建模；多层复杂矿床；3DMine；开采优化

三维地质建模（3D Geological Modeling）是采用适当的数据结构，在三维环境下，综合运用现代空间信息理论和计算机技术，将空间信息管理、地质解释、空间分析和预测、地学统计、实体内容分析及图形可视化等工具结合起来，来研究地质体几何结构及其内部物理、化学属性等地质信息，并用于地质分析与资源储量估算的技术[1-2]。在矿山设计、方案优化以及采矿专题研究中均需要三维地质模型作为支撑。本课题为研究多层复杂矿体的高效安全开采技术，探讨复杂矿床的采矿方法，以矿业软件 3DMine 为工具，在建立上横山矿区矾矿地质数据库基础上，研究构建矿区地表、矿体、地层、块体模型及品位估值等技术，为选择合理开采方法和工艺提供了基础。

1　矿区地质数据库的建立与应用

地质数据库的建立是矿山资源评估和采矿设计的基础，是矿山生产管理的重点。所谓建立地质数据库就是建立钻孔信息、坑道信息和槽探信息数据库，数据主要包括工程测量数据、样品分析化验数据、岩性分析数据等，并把这些信息组织整理后录入到相应的数据库中[3-4]。因此，地质数据库建立得准确与否，直接影响到地质解释、品位推估、储量计算管理及后续采矿设计。地质数据库的建立依据矿区的地质勘探资料。研究矿区位于江西省彭泽县上横山，为典型的沉积型含矾页岩矿床。矾矿体主要产于寒武系下统王音铺组底部，另在震旦系上统皮园村组顶部亦有矾矿体分布。矾矿体主要赋存于灰黑、黑色碳质页岩、硅质页岩、(含碳)页岩以及硅质岩中，多呈层状、似层状平行产出。区内矿体与地层产状近于一致，北部埋深较浅，部分裸露地表，往南则埋藏逐渐加深，且沿走向往两端尚有延伸。上横山矿区内圈定矾矿体 12 个，

其中 V_3、V_4、V_5、V_8 和 V_{11} 为主要矿体，为典型的多层排列缓倾斜薄 – 中厚石煤矾矿。本研究建模矿区矿体数目多且厚薄不均，矿岩空间上交错分布，层理结构复杂。在收集该矿的勘探线剖面图、钻孔柱状图等勘探工程资料的基础上，分别建立 4 个原始数据表：定位表、测斜表、化验表和岩性表。在 3DMine 软件中使用 Microsoft Access 数据库创建矿区地质数据库，将 4 个原始数据表导入，进行表名、字段的匹配及钻孔数据的检查、修正后生成地质数据库。对数据库中的数据进行样品组合是品位估值和储量计算的前提。根据矿区为层状薄 – 中厚层的赋存特点，按 0.5 m 长度进行组合。组合样最终得到的是一系列空间的散点，通过 3DMine 地质统计软件对组合样品值进行基本地质统计和线性回归分析，以认识地质体中元素的分布变化规律。钻孔空间分布位置如图 1 所示。

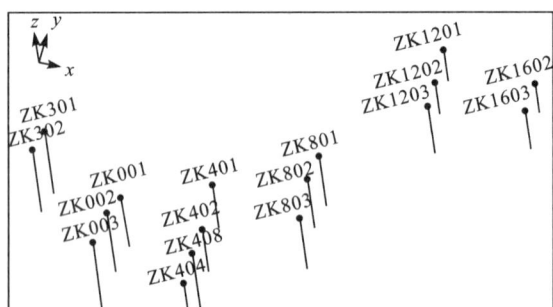

图 1　钻孔空间分布

建立好的地质数据库可以在 3DMine 中进行三维显示，包括浏览工程轨迹、查看矿床的具体岩性、取样位置、分析品位及岩层走向等信息。为便于研究采矿工程布置，对所选择的钻孔的岩性代码和分析品位等显示对象可进行相应的风格显示，以便研究设计人

员在三维环境下进行地质解释,从而得到更加真实、精确的钻孔数据。同时可以根据矿体的圈定原则,依据实时最小工业品位的要求来圈定矿体和采矿工程布置。

2 三维地质实体模型的构建与应用

2.1 地表 DTM 模型

数字地表模型(DTM,Digital Terrian Model)是针对地球表面几何形态——地球地貌的一种三维数字建模过程[5]。在 3DMine 中,表面模型一般由若干地形线和散点组成,将不规则分布的所有数据点生成一个由不规则三角网控制的随着地面起伏变化的表面模型 TIN[6]。

DTM 建立的数据源自于矿区的地质地形图,将矿区地质地形图上的等高线、坐标网、勘探线及带标注的高程点等数据矢量化后导入 3DMine 中,通过坐标转换将各数据调整到原始地形所在的大地坐标系位置,同时对图形比例进行缩放后符合大地坐标系。在此之后利用 3DMine 二次开发的工具进行等高线属性的转换,将曲线转换为多段线,在此基础上连接和闭合破短线,添加或删除线上多余的点,对相交线和钉子角进行处理,然后将等高线赋予原始地形的所在高程,形成三维等高线。将等高线作为约束条件,通过等高线上的点生成不规则的地表 DTM。为了更加直观逼真地了解属性,还可以对地表模型进行颜色渲染、光照、消隐作用。创建的地表三维面模型如图 2 所示。

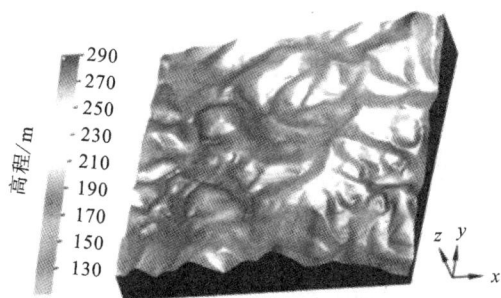

图 2　地表三维面模型

地表模型所建立的矿区地理位置和地形地貌宏观上形象逼真,是井口工业场地、选矿车间、尾矿库等地表工程总图设计布置时的基础平台。在地表模型作为约束条件时,它还将影响到地表移动塌陷范围的圈定、相关开拓工程量的计算等方面。通过数字地表模型可以得到矿区内任意位置的地形情况,获得等高线、坡度图等信息以用于高程计算、区域表面积计算。另外根据库容分析功能,结合地表模型可以对尾矿库、废石场的库容量进行计算。

2.2 实体模型

实体模型是一个三维的数据三角网,是 3DMine 三维模型的基础,可用来描述三维的矿体模型、地层模型等。实体模型实质是由一系列在线上的点连成内外不透气的三角网,三角网由一系列相邻的三角面构成,由这些三角面包裹成内外不透气的实体[7-8]。

2.2.1 矿体模型

矿体模型是整个矿山三维建模系统的基础和核心。其构建方式有 2 种:一种是通过将勘探线地质剖面图矢量化后导入 3DMine 中进行建模;另一种是通过钻孔数据库对矿体边界作地质解释,然后用剖面圈定矿体。研究矿区钒矿体数目多且在空间上赋存复杂,现有地质勘探工程较为详细地反映了矿体的赋存情况,因此选用基于勘探线剖面图的方法构建矿体模型。对勘探线剖面图矢量化,将形成的一系列闭合的矿体轮廓曲线导入 3DMine 中,通过坐标转换使各剖面转换到实际坐标的三维空间。然后根据相邻剖面线之间矿体走向趋势分布,由矿体轮廓线通过闭合线之间连接三角网、扩展外推线形成矿体实体。实体模型的创建过程中,通过分区连接、添加控制线等方法进行控制和优化,以建立更符合矿体实际赋存情况的三维实体模型。建成的矿体模型与地表模型相交出露地表,需要使用线框布尔运算来对出露地表的矿体模型进行裁剪。此外建立的实体模型还需进行有效性验证,对有自相交三角形、重复三角形、无效边三角形或存在开放边三角形等错误的实体进行修正。图 3 所示为基于勘探线地质剖面图所建立的矿体模型。

图 3　矿体模型

建立的矿体模型除了在外观上实现三维可视化之外,可以在矿体的任意位置任何方向截取剖面,用不同的角度全方位认知矿体的形态、产状、特征及与地质体间的相互关系,从而便于研究矿床的成矿规律和设计布置探矿工程。同时,矿体模型为研究开拓方式的对比选择、采场的设计布置、采矿工艺的优化以及生产计划的编制等方面提供良好的基础平台。除此以外,矿体模型是建立块体模型的基础,为品位估值和块体分析提供约束边界。

2.2.2 地层模型

地层模型的创建主要有地层模型法和边框外推法2种。研究矿区在现有地质勘探线剖面图显示地层界线信息的情况下，选取的方法是将不同地层边界做成一个封闭的框，按照边框外推法将不同勘探线上的相同地层连接起来，形成一个类似于矿体的实体模型[9]。

在建模范围内，主要地层为ϵ_{1w}和Z_{2p}。其建模方法与矿体模型建立方法类似。建成的地层模型与地表模型的交线实质上是地质平面图上所显示的地质界线，由此可根据地质平面图上的地质界线来校核地层模型与地表模型相交所生成的地质界线。地层模型（如图4所示）能较好地反应矿区的地层实际情况，灰黑色地层为含粉砂碳质泥岩、含粉砂含碳泥岩、碳质页岩，灰、深灰色地层为硅质岩。地层模型的建立可更好地选择合理的开拓方法，指导开拓巷道的布置以及确定巷道的支护方式和类型。同时，地层模型也可用于采矿方法的选择、回采顺序的优化、顶底板地压的控制与管理等方面。

图4 地层模型

3 三维块体模型的构建及估值

块体模型（也叫品位模型）是另一种数据库的格式，是将数学地质与品位空间分布结合的具体应用。块体模型的建立以块段模型为基础，在3DMine中采用的是可变的三维块段模型[6]。块段模型的实质是用一系列大小相同的长方体单元块来表示矿体。

3.1 块体模型的建立

块体模型是以组合样为基础的，在建立块体模型之前，需要有地表模型、矿体模型、矿体块段模型等。然后根据所选用的估值方法对所有的单元块进行品位岩性的估值。根据矿体实体模型分别在平面方向和标高方向确定块段的范围，并以此范围为基础建立一个包含该矿体实体模型的长方体状的块体模型。块体模型的单元块尺寸划分对品位估值起关键作用。在一般

情况下，单元块尺寸越大，单元块与单元块之间将会出现较大的空隙，降低矿体边界的精确性；另一方面，越大的单元块使得块段估值的结果越平均，而不能反映矿体内品位的变化特征。因此，在综合考虑研究矿区勘探网度、矿体特征、变异函数特征等因素后，为能有效地控制矿体边界及较好地对矿体品位进行估值，确定块体模型的单元块尺寸为$5\,m \times 5\,m \times 0.5\,m$，次级模块的单元块尺寸为$2.5\,m \times 2.5\,m \times 2.5\,m$。

3.2 单元块体属性赋值

块体模型可用来存储单元块的岩石类型、品位分布、密度信息等相关地质属性信息，为研究矿床开采经济奠定基础。创建块体模型后，首先要为矿体实体模型范围内的单元块赋予岩性、密度等地质信息。在单元块赋值完成后，落在某一个矿体实体模型范围内的单元块与该矿体实体模型具有相同的属性。

3.3 块体模型品位估值及储量统计

块体模型只能在品位赋值后才能进行品位计算和储量统计。通常对块体模型估值的方法有直接赋值法、距离幂次反比法、普通克立格法等。针对矿区在进行地质统计后所得矿体V_2O_5品位的特点，较适合采用距离幂次反比法进行估值。距离幂次反比法是最常用的空间内插方法之一，是一种与空间距离有关的插值方法，在计算插值点取值时按距离越近权重值越大的原则，用若干临近点的线性加权来拟合估计点的值[3-10]。计算公式如下：

$$\begin{cases} Z(B) = \sum_{i=1}^{N} \lambda_i \cdot G_i, \\ \lambda_i = \dfrac{1/d_i^p}{\sum\limits_{i=1}^{N} (1/d_i)^p} \end{cases} \quad (1)$$

式中：$Z(B)$为插入值点的品位值；G_i为第i个样本的实测品位值；p为距离倒数法幂次，一般$p = 2$；λ_i为第i个点的权系数；d_i为第i个样品点到块体中心的距离；N为指定搜索范围内的实测点个数。

品位估值是根据单元块周围一定范围（搜索半径）内的已知样品点的品位对该单元块进行品位估值。因此，数据搜索是按指定的搜索方式搜索出具有影响的样品点而对待估块段准备数据[6]。空间数据搜索的方法包括球体搜索法和椭球体搜索法。由于矿区矿体数据为各向异性数据，通常采用椭球体搜索法。这种方法是以估值块为中心，根据变异分析获得的变程来确定空间椭球体参数。除此之外，还要利用矿体实体模型对块体模型进行约束，确保只有包含在所圈定的矿体实体单元块的品位才会被估值。在品位

估值完成后，每一个单元块体矿石的品位都会被赋值。除此之外，还需采用直接赋值法将矿石的密度值、矿岩类型等属性赋值到块体模型上。在品位估值后，根据块体模型统计所得的块段矿石储量为2733.60 kt，V_2O_5 平均品位为 0.763%，V_2O_5 金属量为20857.37 t。块体模型储量计算结果与地质详查报告对比结果如表1所示。

由表1可以看出：

（1）统计所得的矿石储量较地质详查报告偏高，主要原因是在建立矿体实体模型时，对出露地表的部分矿体直接进行裁剪，而未按照矿体的尖灭趋势进行扩展外推。

表1 计算储量结果与地质详查报告对比

类别	矿石量/kt	平均品位/%	金属量/t
块体模型报告	2733.60	0.763	20857.37
地质详查报告	2667.08	0.789	21030.81
绝对偏差	+66.52	-0.026	-173.44

（2）块体模型统计所得的平均品位较地质报告偏低，是参与估值的样品数量不充分，同时部分低品位的钒矿参与估值造成的。

3.4 块体模型的应用

建成后的块体模型是以数据库形式存在的，每一个块体的质心点作为存储这些属性值的支点。通过查询可以得到块体的大小、块体质心点坐标、块体 V_2O_5 的品位、矿岩类型、密度等信息。同时，根据块体属性，按照品位区间的范围，用不同的显示风格和颜色对块体模型进行属性显示，可以在空间上清晰地反映块体品位的分布状态，并且也可以在任意方向上创建剖面来表示矿体内部的品位情况。如图5所示，浅色的为品位在 0.5% ~ 0.7% 的低品位钒矿体，深色的为品位在 0.7% 以上的较高品位钒矿体。这将为矿床开采的品位控制管理、平衡采掘矿石量以及调整生产计划起到重要作用。

块体模型的另一个重要作用就是矿石的储量计算。它可以根据矿体的空间分层或储量分级来计算储量，更好地服务于开采资源环境评估、边界品位优化等。依据建立的块体模型进行储量计算，还可对三级矿量进行管理与计算，实时动态掌握整个矿山或局部重点区域的矿石信息状况。根据矿区矿体开采设计的需要，按照中段标高对块段矿体资源储量做出统计，结果如表2所示。

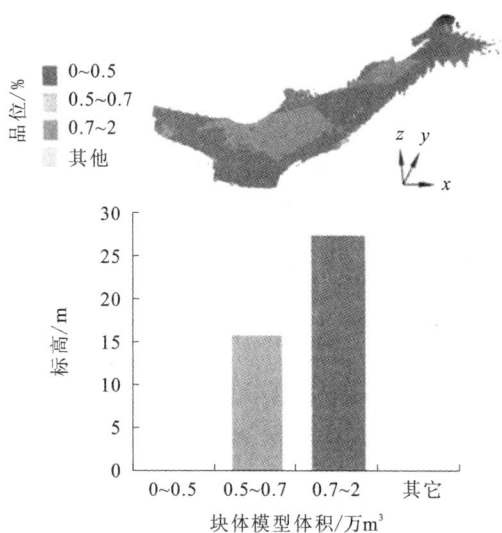

图5 块体模型

表2 按中段标高统计的矿石储量

标高范围/m	矿石体积/m^3	矿石储量/t
80 ~ 110	36375	87300
110 ~ 140	157375	377700
140 ~ 170	40313	982350
170 ~ 200	314063	753750
200 ~ 230	197313	473550
230 ~ 260	24563	58950

4 结论

（1）针对多层复杂矿体矿床赋存的复杂性和特殊性，利用不规则三角网技术建立了矿区的地表 DTM、矿体模型、地层模型，同时借助于可变的三维块段模型技术建立了矿区的块体模型。所建三维地质模型构成了优化矿床开采设计和开采的良好平台。

（2）根据建立的块体模型，运用距离幂次反比法进行估值，同时运用估值结果进行储量计算，并与矿山实际勘探获得的储量进行了对比，结果表明计算结果准确。这为矿区对储量和品位进行敏感性分析，实现实时动态评估管理奠定了基础。

（3）地质数据库、地表模型、矿体模型、地层模型以及块体模型是矿床开采设计、工程建设、生产管理以及后期相关研究等的良好平台。所建三维地质模型是在三维环境下进行开拓设计、采矿设计、爆破设计、采掘计划编制的重要研究资料。

参考文献

[1] 王其虎，叶义成，刘艳章，等.复杂地质条件挂帮矿开采三维可视化设计技术[J].矿业研究与开发，2011，31(5)：3-6.

[2] 朱良峰，潘信，吴信才.三维地质建模及可视化系统的设计与开发[J].岩土力学，2006，27(5)：8281-832.

[3] 李仲学，李翠平，李春民，等，地矿工程三维可视化技术[M].北京：科学出版社，2007：35-46.

[4] 龚元翔，王李管，冯兴隆，等.三维可视化建模技术在某铜矿中的应用[J].矿冶工程，2008，28(3)：1-4.

[5] 吴立新.数字矿山技术[M].长沙：中南大学出版社，2009：119-131.

[6] 叶海旺，王荣，韩亚民，等.基于 3DMine 的鄂西高磷赤铁矿凉水井矿区三维建模[J].金属矿山，2011(1)：89-92.

[7] 王李管，曾庆田，贾明涛，等.复杂地质体矿床三维可视化实体建模技术[J].金属矿山，2006(12)：46-49.

[8] 李梅，董平，毛善君，等.地质矿山三维建模技术研究[J].煤炭科学技术，2005，33(4)：46-49.

[9] 曾庆田.复杂多金属矿床可视化模拟及其三维采矿设计技术研究[D].长沙：中南大学，2007

[10] 候景儒，尹镇南，李维明，等.实用地质统计学[M].北京：地质出版社，1998.

基于 **3DMine** 矿业软件平台对玉龙矿区构造三维空间展示

赵文奎

（西部矿业集团西藏云龙铜业股份有限公司，西藏昌都，854000）

摘 要：运用 3DMine 矿业软件时玉龙斑岩铜矿床进行了三维可视化建模。

关键词：3DMine；玉龙铜矿；三维空间展示

1 地层

矿区主要出露地层为三叠系上统甲丕拉组（T_3j）、波里拉组（T_3b）、阿堵拉组（T_3a）及第四系（Q）。其中甲丕拉组（T_3j）地层仅在玉龙斑岩体东部和北部有少量分布，面积约 0.05 km^2；波里拉组（T_3b）地层则环绕玉龙斑岩体大面积展布；阿堵拉组（T_3a）地层仅在矿区东南角有少量出露；第四系则覆盖于上述两地层之上，面积约占整个矿区面积的 60% 以上。

2 断层

F_1、F_2 断层为贯穿于玉龙含矿斑岩体东侧 Ⅱ 矿体的几乎平行展布的两条张性正断层，其总体走向为 NNE，倾向为 SEE，倾角在 75°~85°，断层断距在 10~11 勘探线达到最大，向南、向北逐渐缩小，F_1 断层位于 F_2 断层外侧约 100 m。F_3 断层推断为 F_2 断层向北的延续，亦为张性正断层，沿玉龙含矿斑岩体北侧贯穿 Ⅴ 矿体，在北西侧穿越 Ⅴ 矿体，并沿 Ⅴ 矿体外侧延至 11~12 勘探线位置，断层北段总体倾向北，西段总体倾向西，倾角在 60°~70°，断层断距一般为 25~45 m。F_4 断层为 F_3 断层南段延续的正断层，地表出露在 16 线以南并延伸出矿区，沿 Ⅴ 矿体外侧向南展布，总体走向 NNW—SSE，倾向 SWW，倾角在 60°~70°，断层断距一般为 45~65 m。F_5 断层为玉龙含矿斑岩体南侧 19 线附近的逆冲断层，其总体走向为 SWW—NEE，走向上延伸 540 m 左右，倾向为 NNW，倾角在 75°左右，断层断距一般为 10~20 m。

3 矿体

玉龙铜矿床由 Ⅰ、Ⅱ、Ⅴ 号 3 个矿体组成，可划分出 5 种主要的矿体类型：斑岩型（Ⅰ号矿体）、矽卡岩型（Ⅱ、Ⅴ 号似层状矿体和 Ⅴ 号矿体上层矿体）、矽卡岩－次生富集型（Ⅱ、Ⅴ 号似层状氧化矿体）、角岩型（接触带角岩中的硫化矿体）和隐爆角砾岩型。

Ⅰ 号矿体为主矿体，呈筒状，平面长轴约 1.6 km，短轴约 0.9 km，面积约 0.85 km^2，勘探深度 3900 m 标高以上；Ⅱ 矿体 10 线以南延长约 0.9 km，沿勘探线方向平均延伸为 212 m，平均厚度为 31.49 m；Ⅱ 矿体 10 线以北延长约 0.9 km，沿勘探线方向平均延伸为 212 m，平均厚度为 31.49 m；Ⅴ 矿体延长约 2 km，勘探线平均延伸为 302 m，平均厚度为 38.78 m。

基于 3DMine 矿业软件平台构建的玉龙矿区构造三维模型如下（见图 1~图 13）。

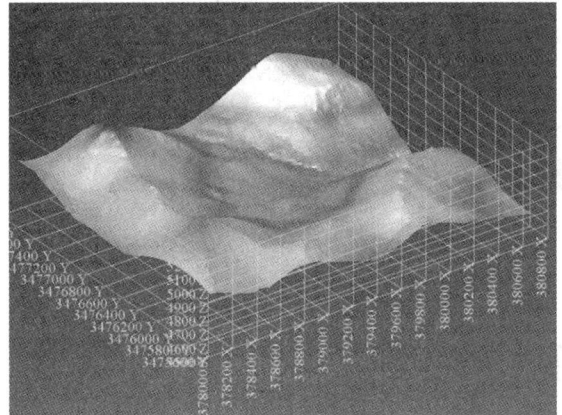

图1　玉龙矿区地表模型

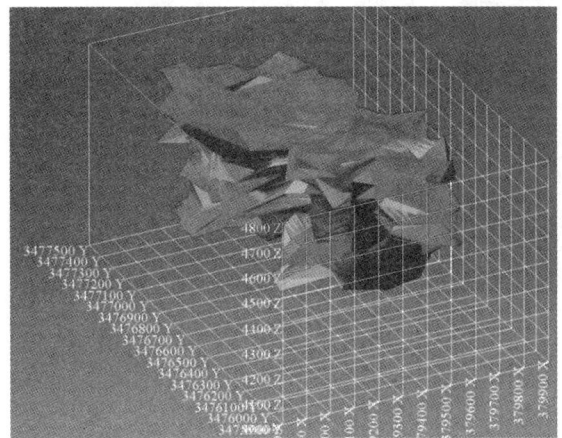

图2　Ⅰ号斑岩型矿体模型

图 3　　I 号角岩型矿体模型

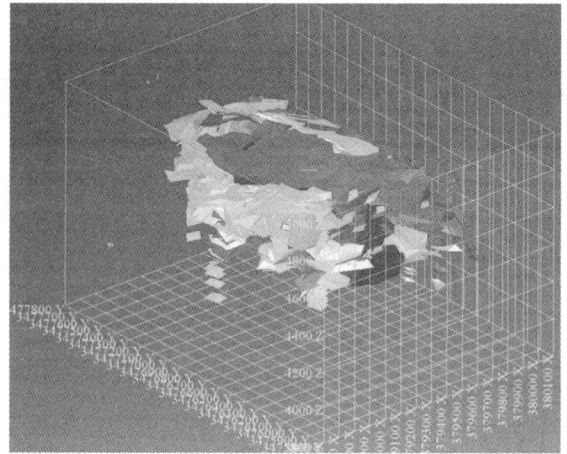

图 6　　各矿体合并后三维空间展示

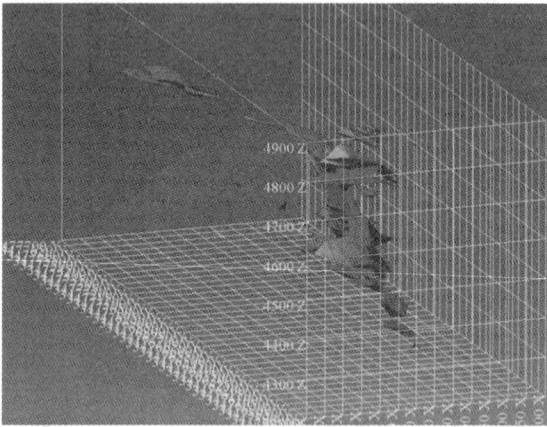

图 4　　II 号矿体模型

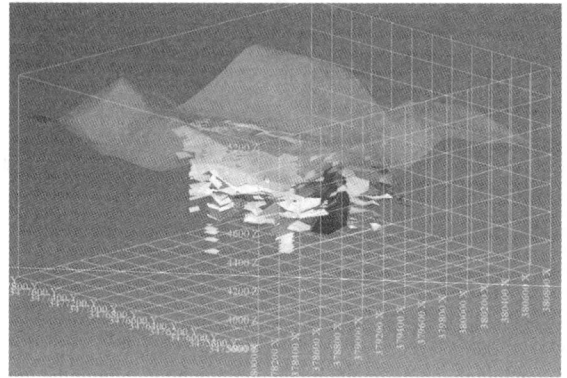

图 7　　矿体与地表合并后三维空间展示

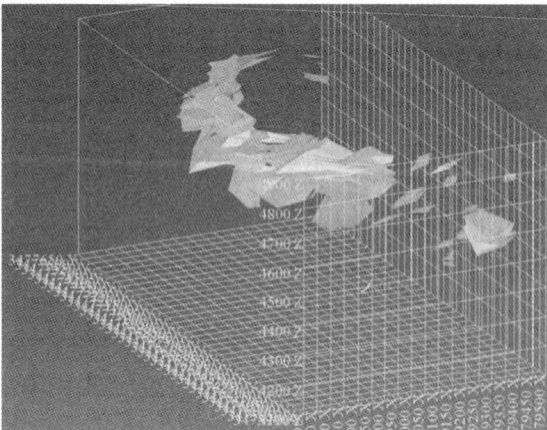

图 5　　V 号矿体模型

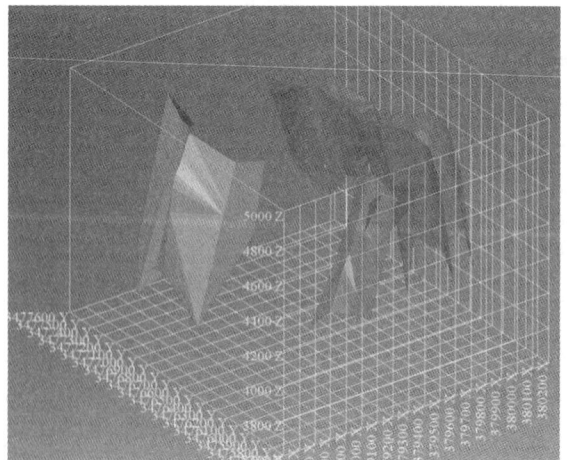

图 8　　F_1，F_2，F_3，F_4，F_5
五大断层三维空间展示

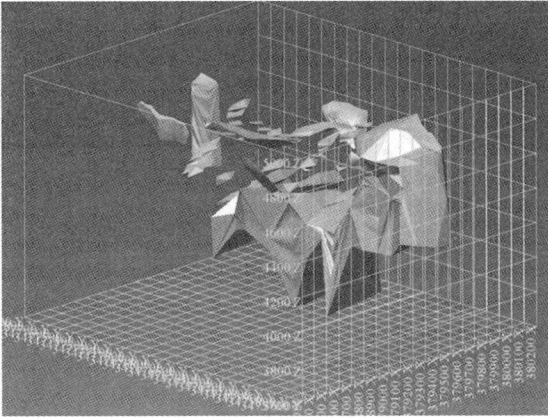

图 9　喜山早期第一次侵入体二长花
岗斑岩三维空间展示

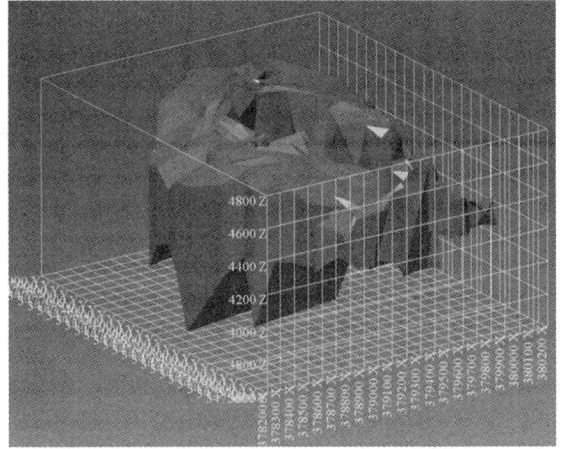

图 12　三叠系上统甲丕拉组角岩三维空间展示

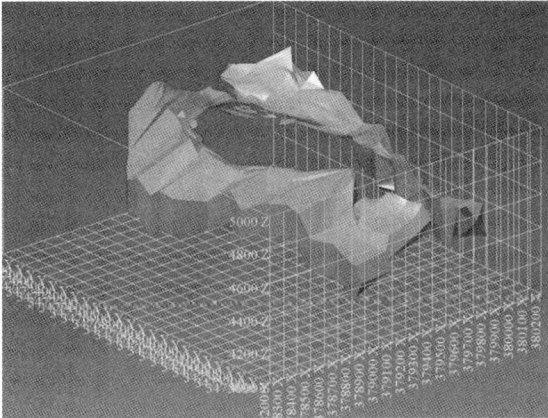

图 10　三叠系上统波里拉组下段
大理岩、白云大理岩三维空间展示

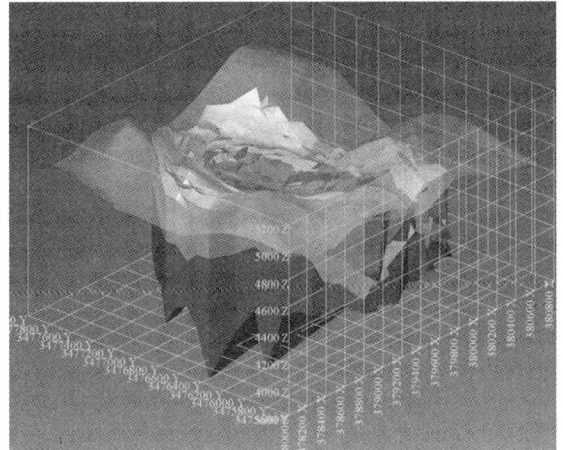

图 13　玉龙矿区整体构造三维空间展示

参考文献(略)

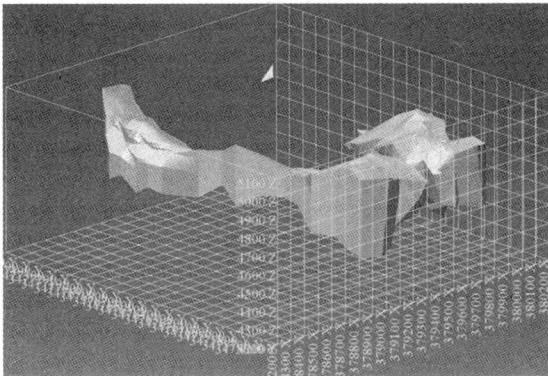

图 11　三叠系上统波里拉组中段
灰岩夹长石石英砂岩三维空间展示

基于 3DMine－MIDAS－FLAC^{3D} 耦合的残矿回采稳定性研究

周科平　杜相会

（中南大学资源与安全工程学院，长沙，410083）

摘　要： 残矿开采条件极为复杂，回采安全性差。为了保障残采安全，利用 3DMine、MIDAS/GTS 和 FLAC^{3D} 软件的耦合，对残采方案的稳定性进行数值模拟研究，根据残矿开挖后所形成空区的围岩位移应力及塑性区状态判定回采危险区。以某矿山浅部中段残采工程为例，研究结果表明：该矿山 －47 m 中段部分间柱采空区的帮壁和顶板因岩移过大产生拉应力过大导致拉伸塑性破坏或剪切塑性破坏，出现了 11 处危险区；顶柱采空区顶板因拉伸塑性破坏，出现了 6 处危险区。通过此 3 种软件的耦合可精细建立复杂的数值模型，提高数值模拟结果的合理性，危险区的判定有助于指导矿山残采过程中安全监测与支护措施的实施。

关键词： 残矿回采；精细建模；数值模拟；稳定性；危险区

0　引言

目前矿产资源日益紧缺，由于回采残矿可弥补矿石损失提高回收率，其对提高矿山经济效益实现矿山可持续发展有重要作用。然而，因受到先前采动影响，残矿的开采技术条件极为复杂，安全回收残矿资源是当今采矿技术的一大难题[1]，所以对残矿回采稳定性的研究受到广泛关注。郑学敏[2]利用相似材料模拟试验研究了矿柱回采时矿柱及采空区的稳定性；赵国彦[3]利用力学分析模型结合可靠性理论确定了塌陷区近区保安矿柱安全开采参数；彭欣[4]利用可靠性理论进行了充填体环境下采空区近区残矿安全开采可靠性研究；赵奎[5]利用模糊数学理论建立了矿柱稳定性推理系统，并运用于工程实例。近些年，特别是伴随着计算机技术飞速发展，数值模拟方法得到了很大的提高，已成为岩石力学研究的重要工具。研究者们成功将其应用到残矿回采工作中，并取得了很多成果。赵其祯[6]、赵奎[7]、王清来[8]分别利用数值模拟方法对残采过程中矿柱及采空区的稳定性进行了研究；叶珊[9]利用 RMR 岩体分类系统结合数值模拟方法分析了残采过程中岩体的整体稳定性；陈赞成[10]利用数值模拟方法分析了充填矿柱支护顶板置换原生矿柱理论技术上的可行性。在数值模拟方法中，模拟结果的合理性很大程度上取决于模型建立的准确性[11]，而通常建立的数值模型较为简单，难以真实地反映残矿回采时岩体的力学情况，使分析结果不够合理。尽管多数数值分析软件一般计算能力强大，但是建模功能不足，特别是在复杂模型的建立方面仍存在

很大困难。针对数值模拟这一问题，充分利用 3DMine、MIDAS/GTS 和 FLAC^{D3} 这 3 个软件在各自建模网格划分和计算方面的优势，以某矿山浅部中段残采工程为例，首先运用矿业软件 3DMine 建立该矿山浅部中段残矿周围地质体及地表的复杂三维数字几何模型，然后将模型导入 MIDAS/GTS 有限元分析软件中完成实体建模与网格划分，再将网格模型导入 FLAC^{3D} 软件中完成计算，最终实现了对该矿山 －47 m 中段残矿回采方案的模拟计算和稳定性分析。

1　模型建立流程

地下矿体赋存条件十分复杂，多数数值分析软件不能满足这种复杂模型的建立。FLAC^{3D} 软件在建立计算模型时仍然采用键入数据/命令行文件方式，操作起来更加费时耗力，直接造成三维模拟计算周期长难度大[12]。但通过 3DMine、MIDAS/GTS 和 FLAC^{3D} 软件的耦合可解决复杂数值模型建立难的问题，其中，3DMine 是专业的矿业软件，结合了多种建模方法，可简单快捷建立矿山三维数字几何模型，MIDAS/GTS 有限元分析软件提供了面向任务的尖端可视化用户界面，可以对复杂的实体模型进行可视化的直观建模，并且有自动划分网格、映射划分网格、高级划分网格、多样化的网格划分方式。建模具体流程如图 1 所示。

2　数值模型构建

以某矿山为例，其浅部中段的矿体为黄铜矿，围岩多为黑云母斜长片麻岩，残矿类型主要有顶柱、底

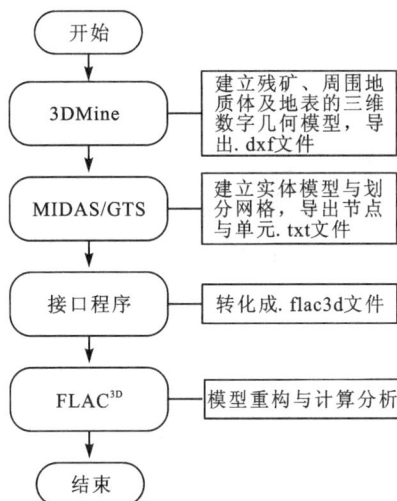

图 1 模型建立流程

柱、间柱，之前采矿活动形成的矿房已全部进行尾砂（部分废石）充填

2.1 三维数字几何模型

该矿山 −47 m 中段距离地表有 300 多 m、−47 m 中段顶底柱厚度分别为 10 m、2 m，总矿量分别为 13445.60 m³、51213.97 m³；间柱 13 个，高 50 m，总矿量为 60332.09 m³；间柱全部回采，顶柱回采 8 m，留其上部 2 m，底柱不回采 其残矿分布具体如图 2 所示。

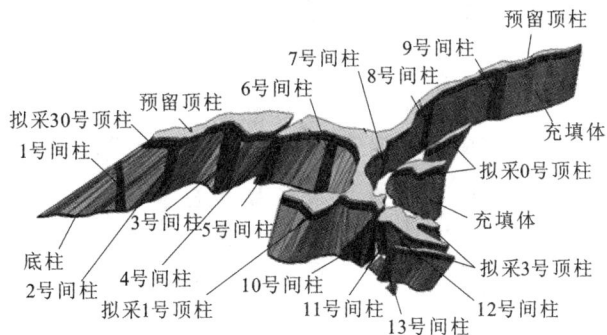

图 2 −47 m 中段残矿三维数字几何模型

2.2 数值计算网格模型

图 3 为 FLAC³ᴰ 中计算区域的三维地质网格模型，模型中央位置为图 2 所示的 −47 m 中段残矿。整个模型长 696.4 m，宽 382.7 m，海拔在 −200 m 到地表之间，共有 85572 个节点和 495147 个四面体单元。

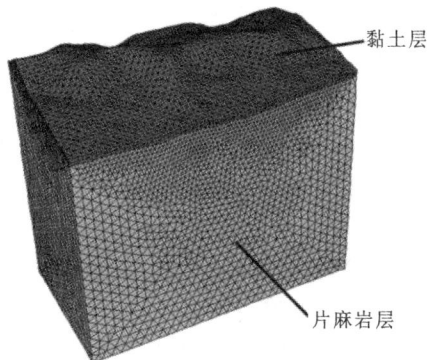

图 3 数值计算网格模型

2.3 约束条件及开挖步骤

模型底部边界为垂直方向约束，4 个侧面为水平方向约束，上部边界为自由边界；综合采用弹性求解法与快速应力边界法初始化模型地应力场；屈服准则采用莫尔 库仑准则。

根据该矿山 −47 m 中段残矿回采方案，首先依次在该中段开挖 1 号至 13 号部间柱，然后整体胶结充填间柱采空区；再然后依次开挖 30 号、1 号、0 号、3 号顶柱的下部 8 m，留其上部 2 m，然后整体胶结充填采空区。

2.4 矿岩物理力学参数

数值计算采用的力学参数是根据实验室的岩石力学实验的实测参数，并结合岩体分级指标 RMR 值，按照 Hoek – Brown[13] 提出的节理岩体经验破坏准则对岩体宏观力学参数进行估算得出。修正后的矿岩物理力学参数见表 1。

表 1 矿岩物理力学参数

岩体类别	弹性模量 /MPa	泊松比	黏聚力 /MPa	内摩擦角 /(°)	抗压强度 /MPa	抗拉强度 /MPa	密度 /(kg·m⁻³)
矿体	61400	0.26	15.2	48.7	61.1	4.9	2900
黑云母斜长片麻岩	79800	0.29	18.7	50.8	99.2	5.5	2812
尾砂充填体	85	0.3	0.5	24	0.65	0	1800
胶结充填体	1300	0.3	0.4	39	4.2	0.42	1905
黏土	11	0.28	0.03	14	0.015	0.003	1870

3　模拟结果与分析

残矿开挖将造成周围地质体打破以前应力平衡，进行复杂的动态调整，最终将会造成地质体向采空区内发生岩移和出现拉压应力集中。按该矿山 – 47 m 中段残采方案进行开挖后，围岩的应力和位移状态具体如下。

3.1　间柱开挖

该中段间柱高度大且存在不同程度的倾斜，开挖后形成的采空区帮壁出现了不同程度的岩移和应力集中，个别顶板出现了拉应力。

3.1.1　帮壁水平位移分析

采空区帮壁岩性有黑云母斜长片麻岩和尾砂充填体 2 种，前者水平位移很小，后者相对较大，具体如图 4（以间柱竖直方向中央的水平面为剖面）所示。

图 5 所示为水平位移较大的采空区帮壁统计图，其中，1 号采空区右壁、3 号采空区右壁、10 号采空区后壁、11 号采空区前壁、12 号采空区后壁向采空区内岩移较大，分别达到 11.0 cm，12.3 cm，10.7 cm，27.6 cm，11.5 cm，10.5 cm，这些位置为危险区。这些帮壁发生较大位移，首先是因为其帮壁岩性为弹性模量和抗拉抗压强度等很低的尾砂充填体，其次是其帮壁有一定的倾斜。

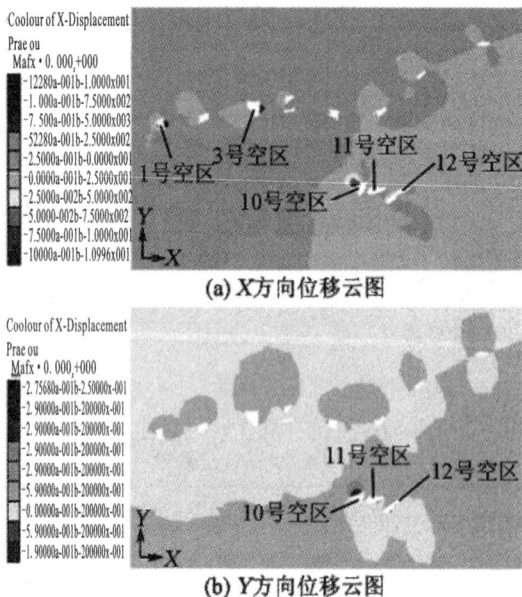

图 4　间柱采空区帮壁水平位移云图

3.1.2　应力分析

图 6a 给出了各采空区最小主应力分布情况，大部分采空区最小主应力为压应力，这有利于保持采空

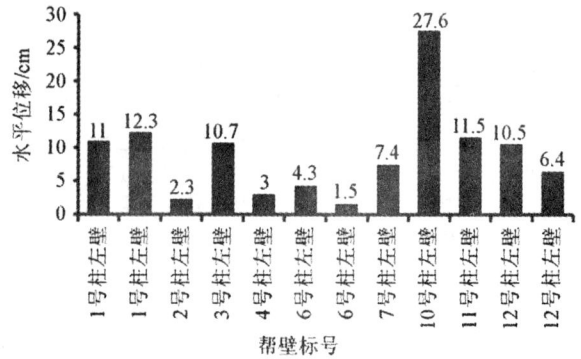

图 5　间柱采空区帮壁水平位移统计图

区顶板帮壁的稳定性；2 号间柱采空区顶板、10 号间柱采空区底板、11 号间柱采空区顶板、12 号间柱采空区右侧帮壁出现了较大拉应力，分别为 3.5 MPa，4 MPa，2 MPa，1.9 MPa。顶板和帮壁中出现较大拉应力的部位为危险区，易发生冒顶片帮等灾害。

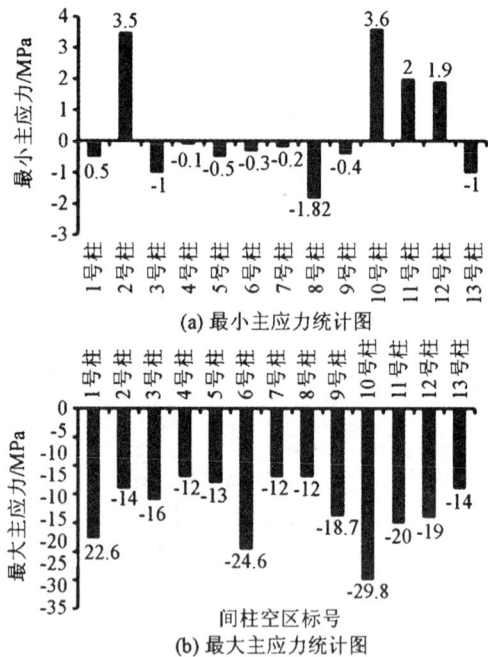

图 6　间柱采空区主应力统计图

从最大主应力分布情况来看，由于间柱开挖致使原岩应力场重新分布，各个间柱采空区的围岩下部和底板有不同程度的压应力集中。图 5 为各间柱采空区的最大主应力统计图，可以看出，所有采空区的压应力最大值都远小于铜矿石和黑云母斜长片麻岩的抗压强度，其中大部分采空区压应力最大值都在 20 MPa 以内，故底板和黑云母斜长片麻岩性的帮壁不会发生压应力破坏。

其中，10 号、11 号、12 号 3 个采空区的帮壁拉压应力集中都比较明显，为重点隐患采空区。这首先是其帮壁岩性与采空区形状的原因，其次，三者在空间分布上相距较近，回采过程相互扰动较大。

其他充填体帮壁的拉压应力破坏情况参考塑性区分析。

3.1.2　帮壁塑性区分析

当岩体出现拉伸或剪切塑性区时，岩体已发生相应拉伸或剪切塑性破坏。如图 7(a)显示(以间柱竖直方向中央的水平面为剖面)，10 号、11 号、12 号 3 个间柱采空区的帮壁出现了一定的拉伸和剪切塑性区，其他岩性为充填体，黑云母斜长片麻的帮壁没有发生破坏。图 7(b)显示，10 号采空区和 11 号采空区之间的岩体为黑云母片麻岩，没有出现塑性区；10 号间柱采空区左壁、12 号间柱采空区右壁出现了少量拉伸塑性区，11 号和 12 号之间的岩体出现了较多的拉伸和剪切塑性区，这些发生塑性破坏的位置的岩体岩性都为尾砂充填体，开采时片帮危险较大，这些塑性破坏区位置为危险区。

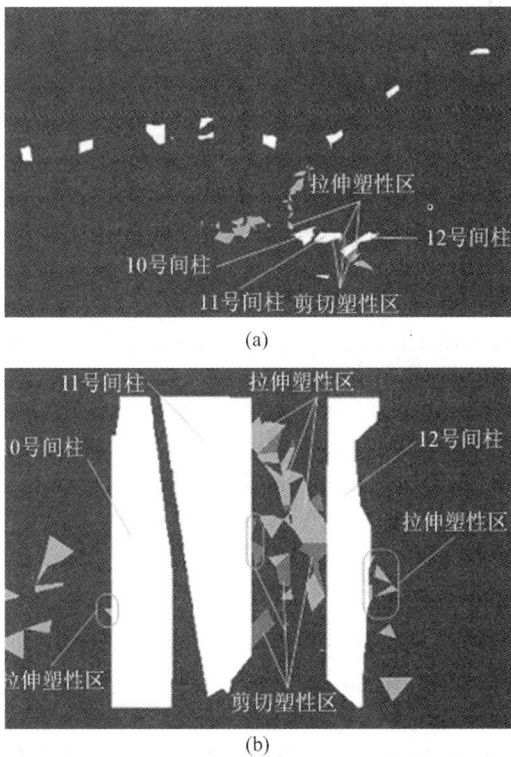

(a)

(b)

图 7　间柱采空区塑性区云图

3.2　顶柱开挖

顶柱开挖后，帮壁岩移和拉压应力集中不明显，而形成的采空区顶板暴露面积很大，沉降和拉应力集中相对较大，具体状态如下。

3.2.1　顶板沉降分析

顶柱开挖后形成的采空区顶板的岩性为矿体，共出现了 5 处位移较大的沉降圈，这些部位的暴露面积相对较大，最大沉降位移在这些部位的中心位置，具体如图 8(以顶柱采空区顶板所在水平面为剖面)所示。其中，30 号顶板出现一个，位移为 4.9 cm；1 号顶板有 3 个，位移依次为 6.3 cm，3.9 cm，2.4 cm；3 号顶板有一个，位移为 2.6 cm；0 号顶板沉降很小，为毫米级。

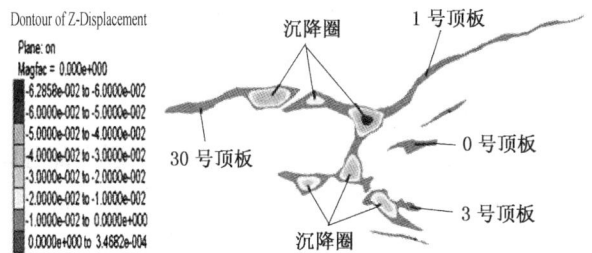

图 8　顶柱采空区顶板竖直位移云图

3.2.2　顶板拉应力分析

如图 9 所示，各采空区顶板部分位置出现了拉应力，图示位置拉应力较大，最大值为 1.4 MPa，这对维持顶板稳定性不利，顶板出现较大拉应力时易产生冒落，这些出现较大拉应力的部位为危险区。

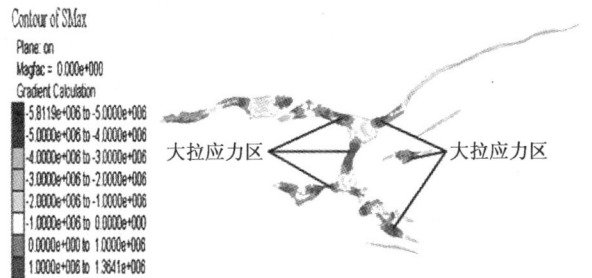

图 9　顶柱采空区顶板最小拉应力云图

3.2.3　顶板塑性区分析

塑性区以拉伸塑性为主，共出现了 6 处，具体分布位置如图 10 所示，这些塑性区与图 9 中出现较大拉应力的区域相对应。其中，30 号顶板没有塑性区，1 号顶板出现了 4 处拉伸塑性区，0 号顶板和 3 号顶板左下角各出现了 1 处拉伸塑性区，这些顶板的塑性区位置已发生拉伸塑性破坏，回采时有较大冒顶危险性，为危险区。

4　结论

(1) 利用 3DMine，MIDAS/GTS，FLAC³ᴰ 软件的

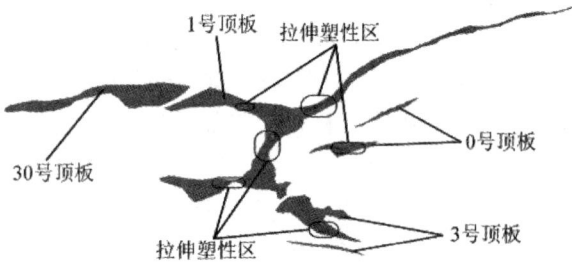

图 10　顶柱采空区顶板塑性区云图

耦合快速精细地建立了真实反映某矿山浅部中段残矿状态的复杂数值模型，精细的数值模型可有效提高数值模拟结果的合理性。

（2）模拟结果显示：某矿山 -47 m 中段大部分间柱回采时稳定性良好，其开挖后形成的采空区帮壁及顶板围岩稳定；空间相距较近的 10 号、11 号、12 号 3 个间柱回采时稳定性差，其采空区围岩位移和拉压应力集中明显，出现了一定范围的拉伸和剪切塑性破坏危险区；其他危险区有岩移超过 10 cm 的部位、出现较大拉应力的 2 号间柱采空区顶板，共 11 处，顶柱回采时稳定性整体良好，其开挖后形成的采空区顶板出现了 6 处小范围的拉伸塑性破坏危险区。

（3）研究结果对某矿山 -47 m 中段残采过程中片帮冒顶等安全隐患的辨识和安全监测及支护的实施有一定的指导意义，也为其残采方案的进一步优化提供了依据。

参考文献

［1］谷新建，胡磊，彭文庆，等. 老窿残矿开采技术及安全管理措施［J］. 中国安全科学学报，2008，18（1）：150 -153. GUXin – jian, HULei, PENGWen – qing, et al. Mingtechniquesandsafetymanagement measuresfor remnant orebodywithremaininggoldworkings［J］. ChinaSafetyScienceJourna, 2008, 18（1）: 150 – 153.

［2］郑学敏. 狮子山铜矿西山矿段特大采空区下矿柱回采的稳定性研究［D］. 长沙：中南大学，2002. ZHENGXue – min. TheStabilityStudyof OrePillar ExtractionUnder theHugeGoaf inXishanMiningAreaof ShizishanCopper Mine［D］. Changsha: Central SouthUniversity, 2002.

［3］赵国彦，刘志祥，李夕兵，等. 塌陷采空区近区安全开采可靠性研究［J］. 矿冶工程，2009，29（4）：1 -4. ZHAOGuo – yan, LIUZhi – xiang, LI Xi – bing, et al. Researchonreliabilityof miningnear subsidedcavity［J］. MiningandMetallurgical Engineering, 2009, 29（4）: 1 – 4.

［4］彭欣. 复杂采空区稳定性及近区开采安全性研究［D］. 长沙：中南大学，2008. PENGXin. StudyonStability of Complex

Cavity andSafety inNear – cavity Excavition［D］. Changsha: Central SouthUniversity, 2008.

［5］赵奎，万林海，饶运章，等. 基于声波测试的矿柱稳定性模糊推理系统及其应用［J］. 岩石力学与工程学报，2004，23（11）：1804 – 1809. ZHAOKui, WANLin – hai, RAOYun – zhang, et al. Fuzzyreasoningsystemof pillar stabilitybasedonsonicwavemeasurement anditsapplication［J］. ChineseJournal of RockMechanicsandEngineering, 2004, 23（11）: 1804 – 1809.

［6］赵其祯，郭慧高，张海军. 特大型水平矿柱稳定性数值模拟［J］. 有色金属：矿山部分，2008，60（3）：28 -31. ZHAOQi – zhen, GUOHui – gao, ZHANGHai – jun. Numerical simulationonstabilityof extralargehorizontal pillar［J］. NonferrousMetals：MiningSection, 2008, 60（3）: 28 – 31.

［7］赵奎，蔡美峰，饶运章，等. 某金矿残留矿柱回采的稳定性研究［J］. 有色金属，2003，55（2）：82 – 84. ZHAOKui, CAIMei – feng, RAOYun – zhang, et al. Stabilityof residual pillarsrecoveryinagoldmine［J］. NonferrousMetals, 2003, 55（2）: 82 – 84.

［8］王清来，许振华，朱利平，等. 复杂采空区条件下残矿回收与采区稳定性的有限元数值模拟研究［J］. 金属矿山，2010（7）：37 – 40. WANGQing – lai, XUZhen – hua, ZHULi – ping, et al. Finiteelement simulationstudyonstopingof remnant oresandstabilityfor complicatedminearea［J］. Metal Mine, 2010（7）: 37 – 40.

［9］叶姗，欧阳治华，龚剑. 普得铁矿残矿回采时岩体稳定性综合评价［J］. 金属矿山，2010（9）：155 – 158. YEShan, OUYANGZhi – hua, GONGJian. Comprehensive evaluationof stability inPu – De mine while mining residualore［J］. Metal Mine, 2010（9）: 155 – 158.

［10］陈赞成，杨鹏，吕文生，等. 平里店矿区缓倾斜浅埋薄矿体残矿岩体稳定性数值模拟［J］. 有色金属，2010，62（2）：89 – 92. CHENZan – cheng, YANGPeng, LÜWen – sheng, et al. Numerical simulationof flat – gradethinandshallowburiedorebodystability［J］. NonferrousMetals, 2010, 62（2）: 89 – 92.

［11］邓红卫，朱和玲，周科平，等. 基于 FLAC³ᴰ 数值模拟的前后处理优化研究［J］. 矿业研究与开发，2008，28（2）：60 – 62. DENGHong – wei, ZHUHe – ling, ZHOUKe – ping, et al. Study onoptimizationof pre – processing andpost – processing fornumerical simulationbasedonFLAC³ᴰ［J］. MiningResearchandDevelopment, 2008, 28（2）: 60 – 62.

［12］胡斌，张倬元，黄润秋，等. FLAC³ᴰ 前处理程序的开发及仿真效果检验［J］. 岩石力学与工程学报，2002，21（9）：1387 – 1391. HUBin, ZHANGZhuo – yuan, HUANGRun – qiu, et al. Development of pre – processingpackagefor FLAC³ᴰ andverificationof itssimulatingeffects［J］. ChineseJournal of RockMechanicsandEngineering, 2002, 21（9）: 1387 – 1391.

［13］BradyBHG, BrownET. 地下采矿岩石力学［M］. 冯树仁，余诗刚，朱铎，等译. 北京：煤炭工业出版社，1990：77 -79. BradyBHG, BrownET. RockMechanicsfor UndergroundMining［M］. Translator: FENGShu – ren, YUShi – gang, ZHUDuo, et al. Beijing: ChinaCoal IndustryPublishingHouse, 1990：77 – 79.

三维块段储量计算法(3DKD)的研究与应用

胡建明

(北京三地曼矿业软件科技有限公司, 北京, 100043)

摘　要：通过多年来对矿业软件的应用和国际矿业界通行的储量计算方法的研究分析, 结合我国的实际现状和国家有关储量计算标准, 提出了一套既传承我国行业标准, 又可以与世界接轨, 同时也符合当今科技发展主流方向的储量计算方法——三维块段法(3DKD法)。第一次阐述了3DKD法的基本概念, 并结合3DMine矿业软件完成应用说明。相信这一方法的应用, 将改变我国长期以来对于传统块段法的无奈和尴尬的现状。当然。这一方法的理论性、实用性、操作性和规范性还有待进一步深入探讨。

关键词：三维块段法；储量计算；三维矿体模型；3DMine

0 三维块段法(3DKD)的提出

矿产储量计算是地质勘探和矿山地质的主要任务之一, 也是国家矿产资源管理部门进行矿产管理、战略决策的重要依据。随着社会的进步和技术的发展, 储量计算方法也应该与之相适应。在传统的储量计算方法中, 不论在地质勘探阶段还是矿山生产过程中, 我国一直沿用苏联的模式, 这种方法有其适用范围和特点, 但是在计算机技术广泛使用和快速发展的今天, 这种储量计算方法日益显示出它的局限性和落后性。但是传统储量计算的方式对我国的矿产勘查事业影响较深, 在短时间内仍占主导地位, 从目前现状来看, 很难对此进行革命性的改变。在过去的30多年中, 地质统计学不仅在理论上得到发展与完善, 而且在实践中得到日益广泛的应用。由于它具有传统地质学方法所无可比拟的优越性, 西方发达国家在地质学和矿业界一直大力开展地质统计学的研究和应用, 并广泛运用于地质研究和储量计算过程中。在国外, 目前地质统计学已形成了一套完整的理论和方法体系, 先后涌现出一批较为成熟的地质统计学储量计算应用系统, 如英国MICL的DADAMINE, 美国MINTEC公司开发的MINESIGHT软件, 澳大利亚的SURPAC软件等。我国在1988年就在国家行业规范中提倡应用先进的地质统计学方法进行储量计算, 但是, 这些由国际矿业发达国家应用的储量计算和分级标准, 在我国还是很难得到推广和应用, 究其原因主要是根深蒂固的行业标准、计算机应用普及程度和对地质统计学方法的掌握成为不可逾越的障碍。

在这种情形下, 本人通过多年来对矿业软件的应用和国际矿业界通行的储量计算方法的研究分析, 结合我国的实际现状和国家有关储量计算标准, 提出了一套既传承我国行业标准, 又可以与世界接轨, 同时也符合当今科技发展主流方向的储量计算方法——三维块段法(3DKD法)。其是将三维矿体模型作为基础、按照地质统计学方法进行估值的块体模型为依据, 结合我国储量级别标准圈定块段多边形, 从而实现在投影方向上进行三维块段的划分与计算, 形成一套中西结合, 符合我国行业标准的储量计算方法。

1 三维块段储量计算法的应用

按照上述理论和方法, 结合我国自主开发的3DMine矿业软件和实际数据介绍本方法的工作流程。

1.1 储量计算的基础数据

1.1.1 建立地质数据库

建立地质数据库时所获取的地质资料的完整性、代表性和准确性直接关系到矿床模型研究的效果。在建模之前, 首先要对基础地质信息数据进行分析和整理, 在整理的基础上进行数据录入、检查, 建立相应的数据库(董青松, 2008)。对于矿山来说, 最基础的地质信息就是探矿工程信息。因此一般所谓建立地质数据库就是建立探矿工程信息数据库, 数据主要包括工程测量数据、样品分析化验数据、岩性数据等, 并把这些信息组织整理后录入到相应的数据库中。3DMine软件使用Microsoft Access数据库, 将数字形式的勘探资料用三维图形的形态来管理和利用(见图1)。

1.1.2 地质剖面—矿体解译

在图形系统中可以显示出样品所代表的工程位置

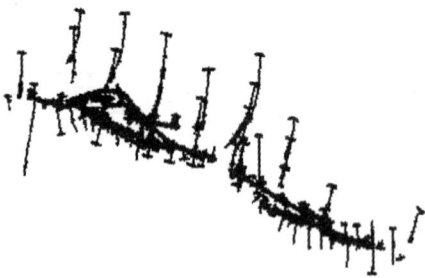

图1　勘探工程的三维显示

和品位分布。实际工作中，通常将绘制工程平面图或剖面图的工作也交给计算机来完成。

首先是通过数据库切制平、剖面，在确定品位级别和工程网度的前提下，在剖面上对矿岩界线进行圈定形成一系列的闭合的多边形矿岩界线。这里矿体圈定法则同样是严格地按照矿产工业指标，根据工程的界线在平面上或剖面上确定矿体的边界，连接平面剖面的矿体边界线而得到在三维空间的边界线（见图2）。

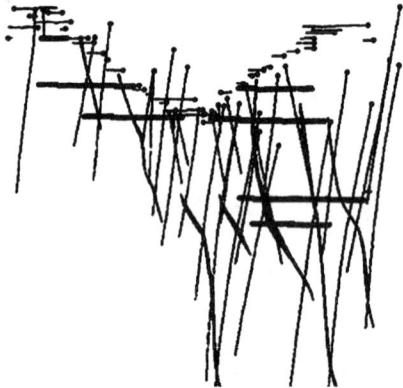

图2　矿体界线解译

其次是矿体边界线的种类、确定方法都遵照相关的规则进行。如果是手工绘制，往往比较费时费力，但在3DMine软件中就非常方便和容易，这也是3DMine与其他二维软件的最大区别。

1.1.3　三维矿体模型创建

实体模型（也叫线框模型）是一个三维的数据三角网，是用来描述三维空间的物体，是 3DMine 三维模型的基础。实体是一个封闭的面，不同于 DTM，它有内外之分。

建立实体模型时，采用的数据大部分来自地质勘探平、剖面图及地形图，这些界线点与样品的空间位置和剖面解译以及有关外推规则密切相关。

在矿体模型创建过程中，矿体的形态迥异，复杂

程度不一，特别是矿体具有分支复态现象，同时，软件中相关功能操作方式直接影响建模的效果。在 3DMine 软件中矿体建模功能中集成了当今先进的三角网建模手段，运用控制线和分区线联合方法，对象的选择方便，对任意形态的物体，通过一系列的散点或剖面创建地质模型（见图3）。步骤少、易于操作和简单直观地完成建模是 3DMine 软件的重要特点。

三维矿体模型的建立，不仅仅是对于矿体空间的理解和查看，在进行储量计算时的应用还有：通过实体验证的矿体模型，程序可以快速报告出相关体积或面积，这也是计算机软件的最大优势。在 3DMine 软件中，对于体积的报告更为便捷，使用选择集的概念，可以求出任意指定矿体模型的体积。从而可以对比求出矿体的矿石量。

第二是实体范围约束的应用，通过实体范围，对块体进行约束，可以计算出任意实体内的资源量品位，这是矿体模型中重要的应用之一。3DMine 软件运用了最新的实体填充理论，任何封闭的实体都可以用来约束，解决了长期以来，只有密闭的实体才能充填块体的瓶颈。

第三是可以通过实体边界投影求出矿体外边线，即块段投影线，同时与工程见矿点（软件中可以自动得到每个工程见矿中点）连接的块段线相结合，形成闭合块段线。

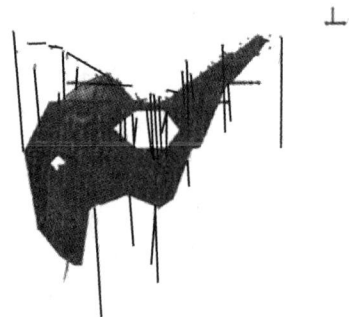

图3　矿体三维模型

1.1.4　块体模型的创建与估值

三维块体模型也称品位模型，是根据一定的矿体形态，按照一定的规格尺寸，把空间区域划分为许多小块（见图4），通过给每个小块属性赋值或内插估值，将空间点离散化，然后用单元块去填充矿体模型，从而，保证矿体区域内所有块体都有相关的属性。基于次级分块技术使得块体模型在实体边界处的单元块的大小自动进行细分，以确保块体模型能够真实地反映矿体或其他实体的几何形态。这是国际主流三维矿业软件中采用的方法。虽然规则块体在矿体边

部的计算会有一定的误差，但从微积分的角度来讲，总量是相近的，误差也在允许范围内。3DMine 也是采用这套组合的方法，运用块体模型八叉树有效地解决了这一难题。

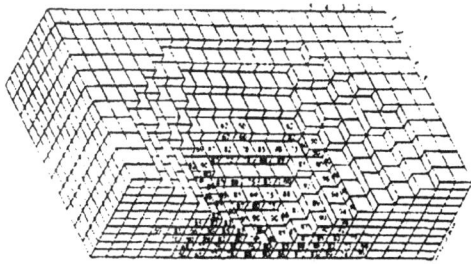

图4　块体模型

其次是勘查数据的应用。地质数据库中的数据是块段模型内所有单元块中元素估值的依据，也是矿床储量计算的依据。根据地质统计学原理，为确保得到参数的无偏估计量，所有的样品数据应该落在相同的承载上，即同一类参数的地质样品段的长度应该一致，即等长样品组合样的提取。通过组合样品点的空间位置和相应的品位值，利用统计学方法进行内插值估计(见图5)。其中估值的方法有：

图5　估值后的块体模型

直接赋值法(给块模型分配一个精确的值——单一赋值)；

最近距离法(将距离最近的样品点的值分配到待估块质心)；

距离反比法(指定的有效范围内的样品的权重与距块质心的距离成反比)；

普通克里格法(使用克里格法以地质统计研究中的方差参数来修改块模型中的值)；

简单克里格法。

这些方法在3DMine软件中有具体的操作步骤和

参数说明，估值过程都是自动完成的，关键的是对方法和参数含义的理解。其实，这些方法的核心还是平均法的延伸应用，只不过加入了不同数据类型和数据结构的分析。

1.2　三维块段储量计算法参数的确定

(1)矿体边界线的圈定。按照矿体圈定指标、外推原则以及矿体地质信息创建的剖面、平面界线，再通过三维建模方法，创建矿体的实体模型。在水平投影或纵投影方向，可以快速生成矿体的外边线。即矿体外界线。

(2)储储量级别边界线的圈定。根据金属矿产储量级别划分标准、结合见矿工程点的位置。在计算机的帮助下，可以快速生成不同块段界线，并可通过图元计算的方法，赋予不同块段编号(见图6)。

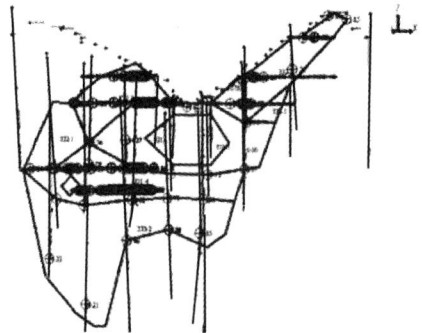

图6　在纵投影圈上圈定的矿体界线和块段线

(3)块段面积的测定。通过水平投影或纵投影圈定块段后，可以直接在图形中读出块段的面积。

(4)块段体积的确定。将块体模型调入图形中，通过剖面状态的投影，用闭合的块段线进行块体约束，从而得到块段内的三维块体模型(见图7)，并快速得到块段的体积。

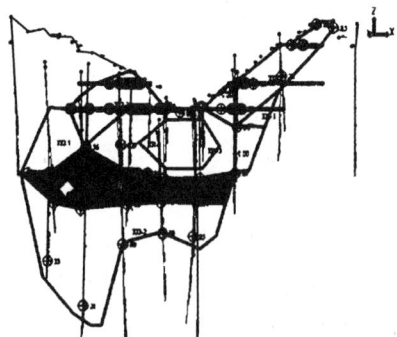

图7　三维块段模量

（5）块段品位的确定。通过块体模型的内插值，使得每个块体都有相应的品位值。这样，将块段内的块体，运用体积或重量加权累计求出该块段内的平均品位。

（6）块段级别报告。最后，通过块体模型的报告，快速求出所有块段的面积、体积、品位、矿石量、金属量，并通过体积/面积的计算求出块段的平均厚度（见表1）。

表1　3DMine 块体模型报告

块段	面积/m	体积/m^3	平均厚度/m	矿石量/t	Au 品位/(g·t^{-1})	Au 金属量/t
331－1	20492	40700	1.99	111925	9.29	1.04
331－2	2676	3856.25	1.07	7854.69	3.62	0.03
331－3	17828	35881.25	2.01	98673.44	4.59	0.45
331－4	67738	279509.38	4.13	768650.78	11.83	9.09
332－1	15394	42696.88	2.77	117416.41	3.01	0.35
332－2	20464	4625	2.26	127118.75	6.07	0.77
332－3	25659	43362.5	1.69	119246.88	4.45	0.53
333－1	3236	5556.25	1.72	15279.69	2.98	0.05
333－2	97521	461850	4.74	127087.5	7.02	8.91
合计		9651850		2654248.44	8.04	21.33

2　三维块段储量计算法的应用分析

（1）应用范围。首先三维块段法继承了传统的几何法，同时选用三维实际矿体模型作为基础，对于不同形态的矿体，都可以按照不同的方向形成剖面投影，因此，使用的矿体类型比传统的块段法还要广泛。其次是借鉴应用了国际通用的块体模型方法以及地质统计学估值理论，符合所有固体矿产的储量计算要求。其三是对于煤矿等储量计算同样适用。

（2）结果分析。结合上述实例，对计算结果进行了分析：与传统储量计算相比，由于比重值、块段面积是一致的，块段品位是按照内插值的方法，与加权平均值误差很小，一般在 1% 以内。块段体积则是误差主要的因素，因为传统储量计算中是按照板状（平均厚度）进行计算，而三维块段法则是直接通过剪切块段线而求出的三维块段模型，这样求出的体积更加精确。因此，在使用地质统计学方法进行储量计算还不能完全适应我国标准的情形下，三维块段法是具有普及推广价值的。

（3）存在的问题。一种方法的提出，还需要经过许多实际案例进行验证对比，还要与实际结合进行应用与研究，才能总结出该方法的优劣或适用性。鉴于目前的理解，有几个问题还亟待解决：一是对于三维块段法的应用，证明其具有一定的可行性，但是是否经得住各种状况下的考验，是否适合各类型矿床的储量估算，还要经过大量实践的支持，需要从理论上进行深入研究，并得到专家的认可；二是对于三维软件的应用，虽然很多单位对三维软件不陌生，但真正用于储量计算还有很长的路；第三是对地质统计学方法的应用还缺乏统一的认识和标准。另外，不同的估值方法有不同的适用条件，各种方法在不同矿床的实际应用经验是选择估值方法的重要依据。

3　结语

以传统方法为基础，能够适应复杂矿山及市场动态变化的全自动、智能化矿产储量估算软件是未来发展的主要趋势，它将在矿产资源的动态管理与评价、矿产储量快速估算、矿产储量估算工作的非专业化及充分发挥矿产储量估算专业软件的优势等方面产生重要影响。三维块段储量计算法综合了传统块段法与地质统计估值方法两种算法的优点，既解决了传统算法精确度不够高和效率低的缺点，又克服了纯地质统计学算法还不符合我国标准的弊端。通过本方法进行的矿床储量的估算过程，延续了传统方法的基本步骤，其结果具有可比性，而且计算速度快，在克服由人为因素带来误差的同时大大提高了生产效率。

参考文献

[1] 陈国旭. 矿产资源储量估算软件研究进展 [EB/OL].
　　(2011－04－13)[2011－05－04]. http://www. nur. gov.

cn/zljc/201104/t20110413 - 832006. htm.

[2] GB/T13905 - 2002. 固体矿产地质勘查规范总则[S]. 北京: 中国标准出版社, 2002.

[3] 侯德义, 刘鹏鄂, 李守义, 等. 矿产勘查学[M]. 北京: 地质出版社, 1997.

[4] 亓桂明, 段伦道, 等. 计算矿产储量的三维块段法[J]. 地质与勘探, 1984, (1): 27 - 31.

[5] 郭慧锦. 块段法与地质统计相结合的矿产储量计算方法研究[D]. 北京: 中国地质大学. 2010.

华银铝土矿三维可视化模型与开采计划优化研究

吴仲雄　　朱超

(广西大学资源与冶金学院,南宁,530004)

摘　要：采用 3DMine 软件建立了广西华银堆积型铝土矿德保矿区地表三维模型、矿体三维模型,并以此为基础,建立了矿体的三维块体模型。以块体模型为基础,以年运费最低为目标函数,以供矿要求、矿体的可采矿量等为约束条件,采用线性规划法对开采计划进行了优化,并编制了德保矿区开采计划。

关键词：矿山;可视化;模型;线性规划

矿山三维可视化,是科学计算可视化在矿山的应用,是矿山信息化和数字化建设的基础和核心之一,也是当前数字矿山理论和技术研究与应用的关键问题之一[1]。矿山三维可视化模型,可以直观地反映矿山的真实面貌和内在规律。借助矿山三维模型,可以更加形象地理解矿山地表地形、矿体空间形态、矿山工程的布置,以及它们之间的空间位置关系,为矿山设计和生产管理工作提供良好的基础。

矿山可视化模型多为三维块体模型。三维块体模型的引入,对采矿优化乃至整个采矿行业来说,都具有里程碑的意义。许多优化方法,是随三维块体模型的引入而产生的,绝大多数优化方法都以三维块体模型为基础[2]。

近三十多年来,国内外学者在矿山三维可视化方面开展了广泛的研究,开发了大量矿山三维建模和采矿设计及优化软件,如 Surpac、Mincromine、Minescape、3DMine、DIMINE 等,并在许多矿山应用并且收到良好的经济效果。本文试图采用 3DMine 软件对广西华银铝土矿开展三维建模研究。在此基础上,用线性规划的方法对矿山开采计划进行总体优化,从宏观上为华银铝土矿找出一种更加经济合理的资源开发方案。

1　华银铝土矿概况

广西华银铝业公司铝土矿位于广西西南部,是我国重要的铝土矿资源开发基地之一。它包括德保和靖西两个矿区,各有一套规模相同且相互独立的采选系统,每年分别向氧化铝厂提供 195 万 t 合格铝土矿。本文主要针对德保矿区已进行勘查的马隘(DM)、巴头(DB)和那甲(DN)三个矿段 92 个矿体开展研究。

德保矿区有沉积型铝土矿和堆积型铝土矿两种矿床类型。在目前技术经济条件下,仅堆积型铝土矿具备开采价值。堆积型铝土矿赋存于第四系更新统(Q_p)岩溶堆积红土层中,分布于峰丛洼地、峰林各地厦斜坡地带。矿体平面形态复杂,呈不规则的长轴状、短轴状、树枝状、瓶形状、槽状、岛状及哑铃状.剖面 E 呈层状、似层状、透镜状,产状平缓,倾角一般为 5°~10°,单个矿体面积最大为 1.131 km²,最小为 0.006 km²,一般为 0.05~0.5 km²。矿体平均厚度为 3.02~13.46 m,一般厚度为 5~12 m。矿体 77.7% 直接裸露地表,22.3% 被表土覆盖,表土层厚度一般为 1~3 m。最大为 17.8 m。矿体中兜石较少,夹石厚度一般为 1~3 m,最大为 13.9 m。

德保矿区舍泥铝土矿由大小不等的铝土矿块及黏土混杂堆积而成,铝土矿块占 30%~40%,黏土占 60%~70%,矿石分选性差。

矿山露天开采,公路运输开拓,开采工艺有装载机 - 液压反铲、推土机 - 液压反铲和推土机 - 装载机开采工艺三种。

2　三维可视化模型的建立

2.1　地表模型的建立

地表模型(DTM)是整个矿山三维可视化模型系统的重要组成部分。本文使用 3DMine 软件,采用等高线生成地表模型的方法,建立华银铝土矿德保矿区三维地表模型。首先,对地形地质图进行处理,然后给各等高线赋高程值,再用 3DMine 软件中的线条生成 DTM 命令,即可生成矿区地表模型。图 1 是该矿区巴头矿段的三维地表模型。

2.2　矿体模型的建立

矿体模型是整个矿山三维可观化模型系统的基础和核心,由封闭的数据三角网构成,是一个有内外之分的封闭的面。矿体模型可和地表模型组成组合模型,是建立矿山三维块体模型的基础。

图1 巴头矿段地表模型

针对不同赋存形态的矿体，3DMine 软件提供了"剖面线法"和"合并法"两种不同的建模方法。"剖面线法"适用于厚大矿体的建模，"合并法"则适用于水平或扁平的层状矿体的建模。根据华银铝土矿的矿体形态，采用剖面线法建立矿体模型，其步骤如下：

（1）整理数据：将钻孔（探井）数据制作成符合规范要求、可以直接导入 3DMine 软件的 Excel 文件格式的数据文件。本研究共建立了 92 个矿体的 Excel 数据文件。

（2）建立地质数据库：根据地质数据和建模需要，确定数据库中表和字段的种类. 建立空的数据库框架. 将 92 个矿体的 Excel 数据导入数据库。

（3）创建剖面：在要创建勘探线剖面的位置，用鼠标拉出一条直线即可创建剖面。创建前要根据勘查工程的布置情况，设置勘探线的步距、显示勘探线前后钻孔的距离等。图 2 是马隘矿段 13 号矿体的勘探线剖面图。

图2 马隘矿段 13 号矿体勘控线剖面图

（4）地质解译：在创建的勘探线剖面上，按圈定矿体的边界条件确定矿体的边界线。

（5）连接三角网：在各剖面矿体边界线间和端部矿体边界线内连接三角网，并对连接的所有三角形进行合并，可形成封闭的矿体外表面。

（6）矿体验证：检查构成矿体模型的三角网中，是否存在无效边、开放边、自相交边或重复边，若存在，则需对形成的矿体外表面进行加分区线和控制线、清除重复点或改用其他三角网连接方式的编辑处理，直到其通过验证。本研究共建立了 92 个矿体的三维矿体模型，图 3 所示是马隘矿段 13 号矿体的模型。

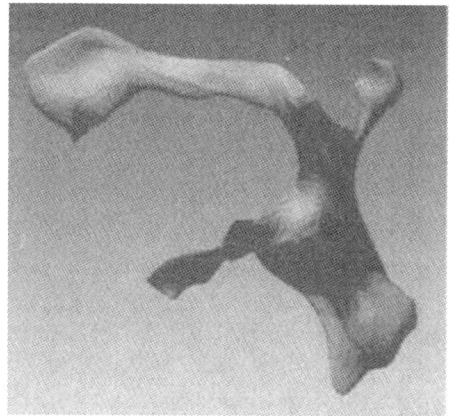

图3 马隘矿段 13 号矿体模型

2.3 块体模型的建立

块体模型是把矿体模型离散成若干个称作块体或单元块立方体或长方体小块，每个小块中记载着该块的品位、岩性、容重等属性信息，用来对矿体内部属性的分布规律进行定量化描述。3DMine 软件采用主块体和次级块体两种尺寸块体相结合的方法建立块体模型。既提高了矿体边部模拟的准确度，又把对计算机容量的要求限制在了一定的范围内[1]。建立块体模型的步骤如下：

（1）确定块体参数：块体参数主要包括主块体尺寸及次级块体尺寸。根据德保矿区的矿体赋存条件、勘查工程分布情况和开采技术条件，选定主块体尺寸为 15 m×15 m×1 m，改级块体尺寸为 7.5 m×7.5 m×0.5 m。

（2）形成大区域离散块体：用设定的块体尺寸把矿体的外接长方体区域离散成小块，形成太区域块体集合。

（3）形成矿体的离散块体：用矿体边界对大区域离散体进行约束，用位于矿体内部的块体集合来表示矿体。

（4）建立属性将块体的坐标、岩性、容重等信息赋值给块体。

（5）样品组合：样品组合的目的，是使每个样品具有相同的支持体，这样对块体的估值才有意义。本研究按照 1 m 的组合长度，0.5 m 的最小有效长度，对样品进行组合。

（6）块体估值：用组合样品以某种估值方法对块体的品位等属性进行估值。由于德保矿区勘查时，95%的探井采用"全巷重量四分法"采样，因此，井探成果中含矿率、Al_2O_3 品位、SiO_2 品位等数据，绝大多数是平均值。对各矿体样品的变异函数和各向异性分析结果表明，绝大多数样品都符合各向同性，且长轴/次轴、长轴/短轴都为 1，故样品的影响范围应为一球体，半径为主轴变异函数的变程。

通过对普通克立格法、最近距离法和距离幂次反比法的估值结果分析表明，距离幂次反比法估值的结果更令人满意。因此，采用以主变异函数变程为搜索半径的距离幂次反比法，对块体的平均含矿率、Al_2O_3 平均品位、SiO_2 平均品位等进行估值。

图 4 所示为马隘矿段 13 号矿体块体模型（俯视局部）。

3　开采计划优化

德保矿选矿体具有薄、多、分散的特点。三个矿段矿体多达 92 个。如何确定各生产时期的开采对象及其开采量，将关系整个矿山的开采效果。本文采用线性规划的方法，根据矿山三维可视化模型提供的各个矿体的体积、平均含矿率、Al_2O_3 平均品位和 SiO_2 平均品位，对矿山寿命期内的开采计划进行优化。从总体上保障矿山开采经济效益的最大化。

由于马隘和巴头两个矿段相距较近，且矿体较为集中，而那甲矿段较远，故德保矿区一期工程选择马隘和巴头两个矿段为开采对象，考虑到当前的技术经济水平，为保证产品的质量，优化时选择两矿段中含矿率大于 500 kg/m^3、铝硅比大于 7 的 42 个矿体作为开采对象。

考虑到各种影响因素随时间的变化性，优化开采计划时，前 5 年按年度编制，以后按第 6~10 年和第 11 年以后两个时间段编制。

3.1　线性规划模型的建立

3.1.1　目标函数

德保矿区直接裸露地表的矿体矿量占 77.7%，被表土覆盖的矿体矿量占 22.3%，且表土层厚度很薄。由于剥离量很小，剥离成本很低，各矿体间的剥离费用差异很小。同时，由于矿体的厚度较小，不需要分层开采，各矿体的开采工艺也基本相同，采装成本也无明显差别。但各矿体间的运距相差较大，因而引起采矿成本差异的主要因素是运费。若要使得总采矿成本最低，只要使每年的运费最低即可。故"每年的运费最低作为目标函数。即：

$$\min Z_i = \sum_{j=1}^{n} b X_j^i S_i \qquad (1)$$

式中：Z_i 为第 i 年的运费；n 为优化开采的矿体数，42 个；b 为单位含泥矿石运费，2.1 元/（$m^2 \cdot km$）；X_j^i 第 i 年第 j 矿体的开采量，m^3；S_j 为第 j 矿体到洗矿厂的平均运距，km。

3.1.2　约束条件

（1）矿石量约束：德保矿区每年需供给氧化铝厂合格铝土矿 195 万 t，需开采含泥铝土矿石 501 万 t/a 以上。

$$\sum_{j=1}^{n} r X_j^i \geqslant 5010000 \qquad (1)$$

式中：r 为含泥矿石容重，2.1 t/m^3；γ_j 以为第 j 矿体平均含矿率，t/m^3。

（2）Al_2O_3 品位约束：采出含泥铝土矿石的 Al_2O_3 平均品位不低于 56.71%，即：

$$\sum_{j=1}^{n} r X_j^i \gamma_i (a_j - 56.71) \geqslant 0 \qquad (3)$$

式中：a_j 为第 j 矿体 Al_2O_3 平均品位，%。

（3）铝硅比约束：采出含泥铝土矿石的铝硅比不低于 10.38，即：

$$\sum_{j=1}^{n} r X_j^i \gamma_i (a_j - 10.38 \beta_j) \geqslant 0 \qquad (4)$$

式中：β_j 为第 j 矿体 SiO_2 的平均品位，%。

（4）矿体可采矿量约束：每年从某个矿体采出的矿石量，不超过该矿体可采矿量，即：

$$X_j^i \sum_{j=1}^{n} r \leqslant V_j^i \qquad (5)$$

式中：V_j^i 为第 j 矿体第 i 年可采矿量，m^3。由于华银铝土矿德保矿区的矿体呈平面型分布，面积广、倾角小、矿层薄、大部分矿体直接出露地表，基本不用在采场内布置开拓工程，直接可进行采矿作业。矿山配备的采装设备生产能力，也已足以满足矿石开采的要求。因此，在开采计划优化时，为简化线性规划模型，不考虑设备的生产能力和采场可布置的设备数约束，只在求出结果后再分析是否合理。

3.2　线性规划模型的求解

本文采用 LINGO 软件[4] 求解建立的线性规划模型。借助 Excel，目标函数和各约束条件变量系数的确定变得十分简便。值得注意的是，各矿体第 2 年及以后各年的可开采量时，要先扣除前 1 年的已开采量，更新数据后求解；求第 6~10 年及第 11 年以后的各矿体开采量时，需将矿量约束增大。

表 1 是根据此线性规划求出的前 5 年开采计划。

表1 第1~5年各矿体采出矿石量计划表 （单位：万 t）

开采矿体编号	第1年	第2年	第3年	第4年	第5年
DM11	32.47	32.47	32.47	8.27	—
DM13	320	320	320	258.12	212.18
DM29	56.5	56.5	56.5	102.61	138.51
DB31	92.03	92.03	92.03	46.25	—
DB7	—	—	—	85.75	142.04
DB44	—	—	—	—	8.27
合计	501	501	501	501	501

广泛。采用矿业软件建立矿山三维可视化模型，不但可大量简化矿山的建模工作，建立起来的模型质量也较高。

（3）用线性规划法对开采计划进行优化，使开采计划的编制更加合理，有利于提高矿山的经济效益，而且该方法简便易行，容易被矿山接受。

4 结语

（1）矿山三维可视化模型是矿山数字化和信息化建设的基础，对矿山提高开采技术水平和生产管理水平具有重要的意义。

（2）近年来，国产矿业软件发展很快，其功能也越来越强、操作越来越简单，在矿山的应用也越来越

参考文献

[1] 吴立新，张瑞新，戚宜欣，等.三维地学模拟与虚拟矿山系统[J].测绘学报，2002，31(1)：28-33.
[2] 王青，史维祥.采矿学[M].北京：冶金工业出版社，2005：33.
[3] 北京东澳达科技有限公司.3DMine 软件使用说明（第二版）[Z].北京：北京东澳达科技有限公司，2009.
[4] 万义国.游小青.优化建模软件 LINGO 在运筹学中的应用[J].山西建筑，2007，33(15)：367-368.
[5] 吴仲雄，王永诗.大新锰矿可视化技术的研究与实现[J].金属矿山.2009，397(7)：93-96.
[6] 僧德文，李仲学，李春明，等.可视化技术及其在矿业中的应用研究[J].矿业研究与开发，2004，24(6)：59-65.

小铁山矿三维数字化模型的建立与应用

刘亭　朱来东　王永智

（西北矿冶研究院，甘肃白银，730900）

摘　要：基于三维建模理论，应用 3DMine 矿业工程软件平台，构建了甘肃省白银矿区小铁山矿基础数据库，建立了该矿地表三维模型、1544 m 标高以下矿体三维实体模型、矿体块体模型、井巷开拓系统等三维模型；采用距离幂次反比法对块体模型 Cu、Pb、Zn 等元素品位进行赋值，对矿体各元素分别分中段、分级别进行储量计算。通过建立矿山三维数字化模型，直观展现了矿山勘探工程、矿体、井巷开拓工程等地下场景，提高了储量动态管理、生产计划编制的水平。

关键词：数字化矿山；三维模型；3DMine

0　前言

随着科技的进步、矿产资源的需求日益增大、全球矿产资源的逐步减少及现有矿山开采难度的加大，运用现代空间理论及计算机和网络等高新科技建立矿山三维空间与属性模型，将矿山的所有空间及数据信息实现数字化存储、传输和表达，已成为当今矿产资源勘查及矿山管理的发展方向之一。

目前，国际上一些大型矿山已经实现了在办公室开展矿山生产的资源合理利用和动态管理工作。矿业较发达国家数字化矿山的建设重点已经转移向远程遥控和自动化开采。1990 年以来，世界上一些发达国家相继开发出许多数字化矿山建设方面的专业软件，较成熟的且具有代表性的有：Datamine 采矿软件、Surpac 软件、Micromine 软件、MINCAD 系统等[1-2]。国内近年来也有不少大型矿山企业建立了矿床三维模型，如铜陵有色金属公司冬瓜山铜矿运用 Datamine 矿业软件建立三维矿床模型，华锡集团有限公司铜矿、广西高峰矿业有限公司等运用 Surpac 软件建立了三维矿床模型，进行了新的勘查、开采模式的探讨和尝试，降低了矿山勘查和开采成本，提高了矿山经济效益。基于国内外数字矿山研究水平，本文借助 3DMine 矿业工程软件，建立了甘肃省白银矿区小铁山矿基础数据库、地表三维模型；深部矿体三维实体模型、矿体块体模型、井巷开拓系统三维模型，对块体金属元素品位进行赋值、计算储量，实现了矿山深部的三维可视化，还介绍了符合矿山地质、测量、采矿、管理等领域的应用现状与前景。

1　矿山概况

白银厂矿区的采矿业历史悠久，有记载的采矿活动始于汉代。矿区大规模的地质工作始于建国后，20 世纪 50 年代初期根据铁帽和蚀变带进行地表露头找矿，尤其是烟灰色粉末状辉铜矿的发现，使白银厂矿区的找矿工作获得了巨大的成功，经过近半个世纪的勘探工作，确定小铁山矿为大型铜铅锌多金属矿床，探明铜铅锌地质储量数万吨[3]。至 1970 年，小铁山矿建成投产，随着生产的不断发展，矿床的铜铅锌资源量锐减，矿山已进入开发晚期。矿山采用巷道式胶结充填采矿法，开拓方式为主副井 - 斜坡道联合开拓，主井地面标高 1919 m，现采矿深度已达到 1424 m 标高。

矿床矿体基本呈似层状、透镜状，但矿体在走向和倾向上存在分支复合、膨胀狭缩和尖灭再现等特征，矿体膨胀地段往往是矿体分支复合部位，其厚度较大，但很快变薄或分支为数个平行小矿体。

2　数字化矿山建设流程

通过建立矿床三维模型，实现矿山信息数字化、可视化，从而解决矿山生产动态管理、生产方案优化、生产规划、深边部找矿、资源合理开发利用等技术问题，减少了资源的浪费和环境污染。提高矿业开发经济效益。数字化矿山建设流程如图 1 所示，整个流程包括：基础数据的整理、检查与校正，完成基础数据库的建立；单工程矿体圈定，构建矿体、地质体实体模型及空间属性模型，基于空间插值理论构建矿体履带性模型；构建矿山地形、开拓工程三维实体模型。

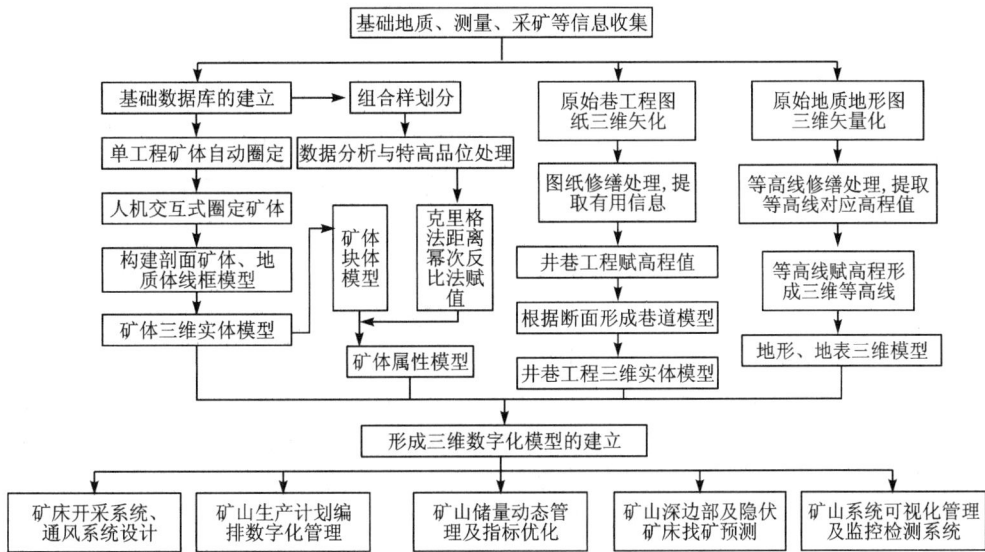

图1 数字化矿山建设流程

3 基础数据库的建立

3.1 原始数据的收集与处理

矿山原始数据中的地质、勘探，测量等信息是矿山三维建模技术的基础，是矿体圈定、三维模型建立、块体估值、储量计算准确与否的关键。由于小铁山矿开采历史悠久，先后有多家勘探队伍参与该矿的勘探工作，所采用的坐标系不同、数据类型较多、信息量较大，且资料保存多为原始纸质材料。因此依据3DMine软件数据格式要求，对原始钻孔、探槽等数据进行如下处理：将原始纸质信息进行数字化；对不同坐标系下的测量信息进行坐标转换，统一为北京54坐标系；按照向上钻孔倾角为正，向下钻孔倾角为负修改钻孔倾角数据；对原始数据进行核对检查，修正逻辑错误；按照3DMine软件数据库格式要求，将原始信息按照定位表、测斜表、化验表、岩性表保存为EXCEl格式文件，作为建立数据库源文件，各数据表结构见表1。

表1 数据库数据表结构

表格名称	字段
定位表	工程号；开孔坐标E；开孔坐标N；开孔标高；最大孔深；轨迹类型
测斜表	工程号；深度；方位角；倾角
化验表	工程号；从；至；Cu品位；Pb品位；Zn品位……
岩性表	工程号；从；至；岩性

3.2 基础数据库的建立

根据3DMine软件建立钻孔数据库，并在数据库中建立与源数据相同的数据表，导入源数据使其与数据库表一一对应。后期可利用数据库编辑，查询，导入等强大的数据后处理功能进行数据库的更新、修改、查询等操作，通过钻孔显示功能可查看钻孔的空间立体分布状况(见图2)。

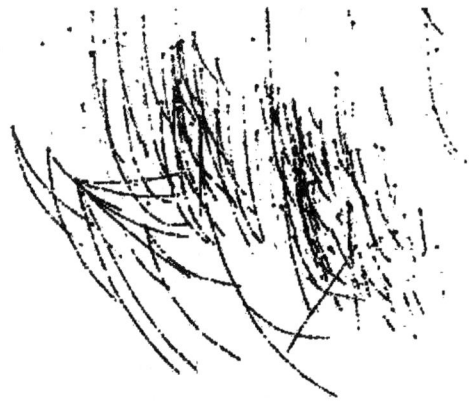

4 构建三维模型

4.1 地表模型的建立

地形地表基础数据一般表现为地质调查和测量中的一系列离散不均匀数据，通过对这些数据的插值，加密高程点后，才能形成完整的地表地形二维模型。本文以矿山地形地质图为原始资料，从MapGIS文件中提取等高线及相应标高值，删除重复点、跨接；将等高线对应标高值赋予等高线 Z 值形成三维等高线，并生成地表 DTM 面，完成地表模型的建立（见图 3）。

4.2　矿体模型的建立

在建立矿体实体一维模型前，首先要确定单工程矿体的圈定，小铁山矿为铜铅锌多金属矿，单工程矿体圈定按照铜或铅或锌品位大于等于边界品位，及夹石厚度小于 2 m 的样品，一律圈入矿体，通过 3DMine 软件设置圈矿指标，完成单工程矿体自动固定，人机交互式修订单，工程矿体。本文所用矿体三维模型的建立采用勘探线剖面图、矿体线框与钻孔矿体线框结合的方式，以矿体圈定原则确定矿体勘查剖面线框模型。然后按照矿体产状等，通过将相邻剖而线框模型进行连接生成三维矿体模型，以封闭三角网的形式存储。

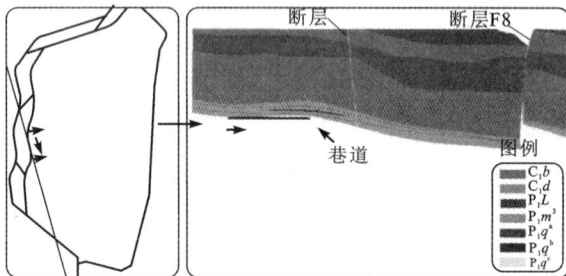

图 3　地表三维模型

由于该矿山矿体较薄，如何准确判定剖面间矿体轮廓线的对应关系及三角网自相交情况成为矿体圈定需要解决的主要问题。因此本文在矿体连接时充分分析矿床地质信息、钻孔岩性信息等，确定勘探线间矿体对应关系，对矿体的分支、复合等现象进行有效处理。通过添加控制线，人机交互式实现矿体三维模型的构建（见图 4）。矿矿床地层模型的建立参照矿体三维模型建立方法，实现矿床地层地质体三维建模。

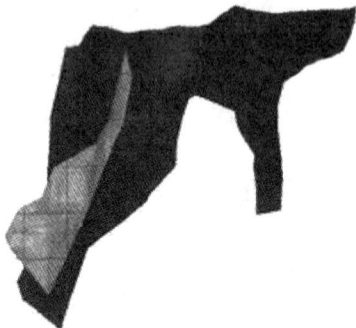

图 4　矿体三维实体模型

4.3　块体模型的建立

矿体实体模型给出了矿体的空间几何分布形态，但无法表达矿体金属品位的分布状况，也无法直接用于储量计算，因此利用矿体实体模型建立矿体块体的块体模型，以实体模型边界为约束条件对边界块体进行取舍。生成矿体空间属性模型，对属性模型的块体进行赋值。考虑所选矿山矿体厚度较薄，因此确定的属性模型单元块尺寸为 5 m × 5 m × 5 m，次级单元块尺寸为 2.5 m × 2.5 m × 2.5 m。

沿矿体倾向，走向、厚度确定搜索椭球体参数，按照，生成的组合样品点文件，利用距离幂次反比法对属性模型的 Cu，Pb，Zn 等品位信息进行块体赋值，矿体品位模型建立后，可根据不同颜色及图案显示各金属元素品位分布情况（见图 5），揭示矿体内部品位空间分布情况，为矿山产动态管理提供可靠依据。

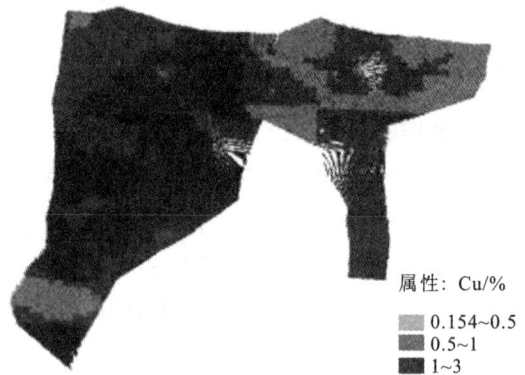

图 5　按 Cu 品位显示的矿体块体模型

4.4　井巷三维模型的建立

在巷道的三维建模时，可根据巷道形状将巷道分为均匀巷道和非均匀巷道。均匀巷道是指巷道断面形状、大小等参数都相同的巷道。此类巷道可根据开采设计图件提取巷道中线及断面参数，利用巷道中线及断面轮廓来形成巷道实体模型。由于非均匀巷道在不同部位巷道断面形状与大小都不同，无法用一条中心线来表示，建模比较繁琐。因此将其分解为局部巷道，利用多条中线及一系列的断面轮廓线生成巷道实体（见图 6）。

小铁山矿采用主副井 + 斜坡道联合开拓方式，矿山开采时间长，井下巷道、主副井、斜坡道、风井、溜井错综复杂，因此在巷道建模时根据各中段，用途采用不同断面参数分类进行，巷道模型与地表、矿体、井巷开拓系统复合后如图 7 所示。

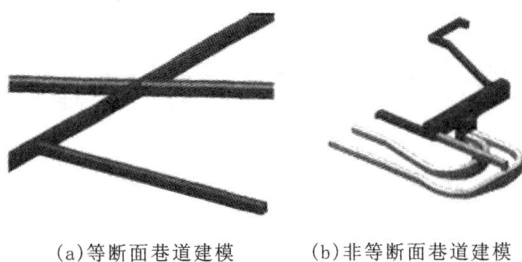

(a)等断面巷道建模　(b)非等断面巷道建模

图6　巷道建模示意

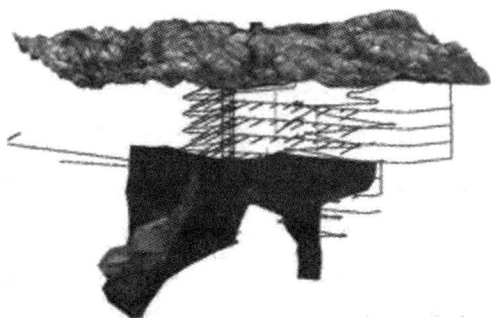

图7　地表矿体、开拓系统三维模型综合显示

5　三维数字化模型的应用

通过小铁山矿三维数字化模型建立的实践,实现了矿山生产技术管理从二维向三维的转变,填补了白银有色集团股份有限公司在三维数字化管理方面的空白,其应用如下:

(1)利用建立基础数据库,实现了矿山工程图纸、报表的快速生成,提高了矿山地质,测量、采矿等专业技术人员工作效率,降低了日常管理工作劳动强度;

(2)通过开采进度及对矿山研究工作的不断深入,实现了矿山储量动态管理与指标优化,提高了矿山经济效益;

(3)结合矿山地质地层信息及矿体空间分布状况,快速、准确地完成地下矿开采系统设计、开采单体设计,回采爆破设计,生产计划编制、矿井通风系统网络解算与优化、采掘计划的编制与优化等设计工作;

(4)利用三维数字化模型,充分研究地质与成矿规律,指导了矿山深部及周边隐伏矿体找矿工作,增加了矿山储量,提高了矿山社会经济效益。

参考文献

[1]　孙豁然,徐帅. 论数字矿山[J]. 金属矿山, 2007 (2):1-5.

[2]　朱超,吴仲雄,张诗启. 数字矿山的研究方向和发展趋势[J].现代矿业, 2010(2):25-27.

[3]　李克强. 小铁山矿床铜矿与铅锌矿分采工程研究及经济评价[J].甘肃冶金, 2009, 31(1):34-36.

[4]　罗同全,鹿浩,刘晓明,等. 矿山三维实体建模[J].南华大学学报(自然科学版), 2007, 21(4):9-15.

[5]　LEMON A M, JONES N L, Building solid models from boreholes and user-defined cross-sections[J]. Computers & Geosciences, 2003, 29(3):547-555.

[6]　朱良峰,吴信才,刘修国,等. 基于钻孔数据库的三维地层模型的构造建[J].地理与地理信息科学, 2004, 20(3):26-30.

[7]　周智勇,陈建宏,杨立兵. 大型矿山地矿工程三维可视化模型的建立[J].中南大学学报(自然科学版), 2008, 39(3):423-427.

贵州麦坝铝土矿区施工巷道突发性涌水预测预报

李志成　李勇刚　伍锡举　王跃

（贵州省有金属和核工业地质勘查局地质色勘测设计院，贵阳，550005）

摘　要：贵州省清镇麦坝铝土矿区施工巷道在岩溶地区施工掘进，由于水文地质条件复杂，巷道在施工掘进时突发性涌泥、涌水严重，为了查明该矿区的水文地质情况，运用先进 FLASHRES64 多通道超高密度直流电法勘探反演系统查明地下水的分布情况，全面收集矿区水文及地质资料，运用 3DMine 矿业工程软件应用系统建立矿区三维地质模型进行矿区水文地质评价，并对施工巷道突发性涌砂、涌水地段预测、预报。

关键词：超高密度直流电法；3DMine 三维地质模型；突发性涌水（涌砂）预测预报；岩溶地区地下水；水文地质麦坝铝土矿区

0　引言

在建的清镇麦坝铝土矿区位于贵州省境内的岩溶地区。该矿区分为南、北两个矿段，中间设有联系巷道。南、北矿段在施工 1300 巷道时均出现突发性涌水、涌泥砂情况，导致巷道被淹，施工机具被埋，巷道无法正常施工，给施工造成很大损失。

此次工作目的是查明矿区的水文地质情况，为两矿段 1300 巷道与 1300 联道的施工提供地质依据并对施工巷道突发性涌水进行预测预报。

1　地质概况

该矿区地处一近南北向向斜部位，矿区南、北段分别位于向斜南、北端，该向斜为一完整的不对称"开阔向斜"，全长约 3 km，宽约 1 km。地层从老至新主要有寒武系中统高台组（$\in_2 g$）；石炭系下统大塘组（$C_1 d$）、摆佐组（$C_1 b$）；二叠系下统梁山组（$P_1 l$）、栖霞组（$P_1 q$）、茅口组（$P_1 m$）、第四系（Q）。

2　水文地质特征

该矿区地下水类型为碳酸盐岩溶水，碳酸盐岩溶水进一步划分为碳酸盐岩裂隙岩溶水和碳酸盐岩承压裂隙水两个亚类。

碳酸盐岩裂隙岩溶水：该岩组含水地层包括二叠系下统栖霞组（$P_1 q$）、茅口组（$P_1 m$），地下水主要赋存运移于该岩组溶蚀裂隙中，富水等级为中等—丰富。

碳酸盐岩承压裂隙水：该岩组含水地层包括震旦系中统高台组（$\in_2 g$）、石炭系摆佐组（$\in_b$），地下水主要赋存运移于该岩组岩溶裂隙中，富水等级为中等—丰富。

地下水补给主要是接受大气降水补给，地下水沿基岩的溶洞、裂隙运动，在沟谷处集中排泄。

该向斜形成矿区地质构造骨架，控制矿区地下水的补、径、排。在矿区的北、东、西北侧接受大气降水补给，沿岩石裂隙、溶蚀裂隙、落水洞入渗进入含水层，断裂构造造成各含水层相互沟通，沿向斜轴部向南运动，在矿区南部排泄至地表。

3　工作概况

此次工作垂直向斜长轴（东西向）布置多条物探测线，典型的地表超高密度电法勘测结果见 5 - 1、2 - 1 超高密度电法剖面（见图 1）。

由于该矿区水文地质条件为中等—复杂，为了便于分析其水文地质情况，我们收集了大量钻孔资料及水文地质资料建立地质与水文地质模型（见图 2）。

4　施工巷道突发性涌水预测预报与矿区水文地质评价

北矿段西侧 1300 巷道上方地表地势较高（高出西翼 1300 巷道上方地表约 100 m），为该区地下水的补给区，不利于地下水富集。地质构造上该巷道距向斜轴部距离较远（约 250～300 m），高密度物探测线 5 - 0 解译结果显示，该段地下水分布极不均匀，主要以岩溶裂隙水出现，富水中等。

北矿段西侧 1300 巷道中段（见图 3）施工必须穿越断层 F7 - 1、F7、F8，根据超高密度电法、地下水结构模型分析及地表地质调查等工作，断层 F7 - 1、F7、F8 破碎带位置处易产生突发涌水，依次划分为预测涌水带 1、预测涌水带 2、预测涌水带 3。其中以预测涌水带 3 突发涌水、涌砂可能性最大，预计矿坑最大涌水量约 1200 m³/d。

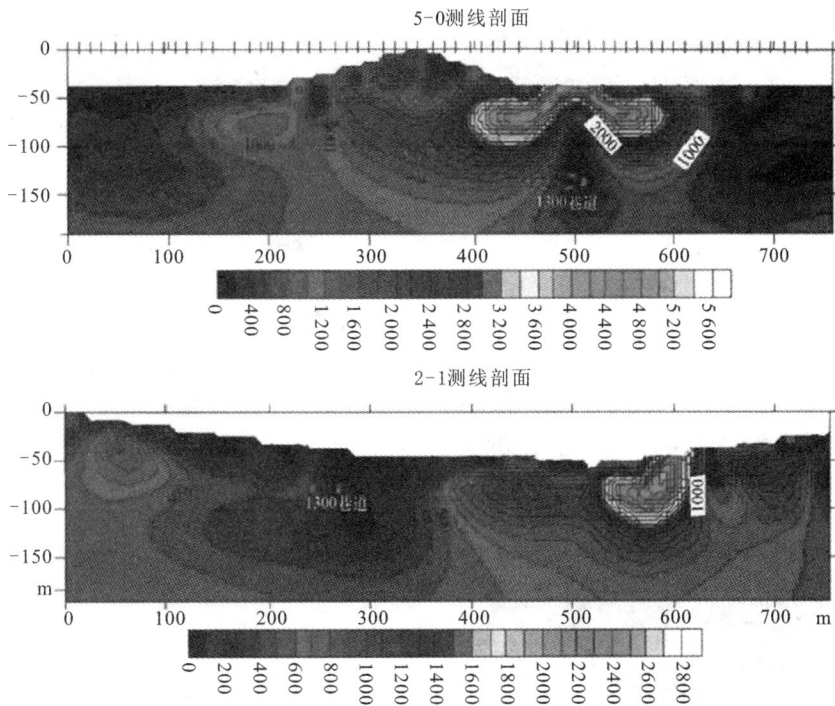

图 1　地表超高密度电法剖面与 1300 巷道位置

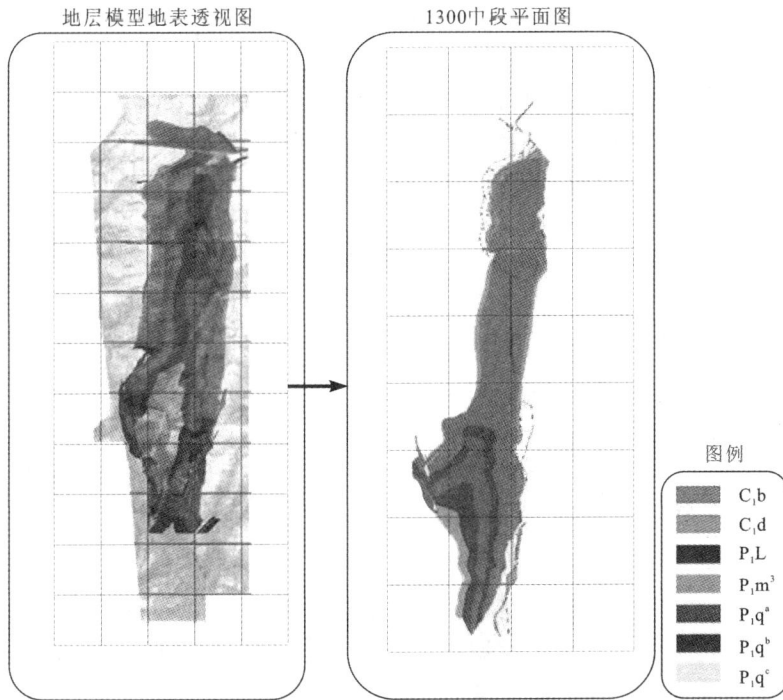

图 2　地质与水文地质模型

北矿段西侧 1300 巷道南段(见图 4)位于 F8 断层下盘,南端接近向斜轴部与东翼 1300 巷道及南矿段联道相接,为地下水径流区,地下水相对较为富集。

从总回风巷向 1300 西翼施工至此推测的矿坑最大涌水量约为 1500 m³/d。从附近高密度物探测线 4-1 解译结果显示,与地表水及东翼地下水水力联系密切。

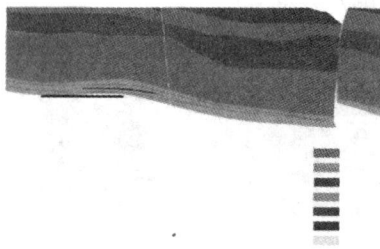

图 3　北矿段西侧 1300 巷道中段剖面图

施工巷道位于下石炭系摆佐组（C_1d）灰质白云岩硬质岩中，该段巷道施工时突发性大量涌水、涌砂可能性大。

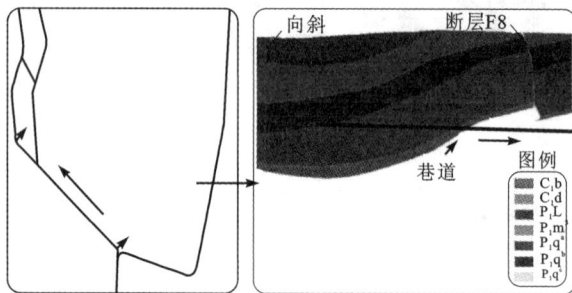

图 4　北矿段西侧 1300 巷道南段剖面图

　　南、北矿段 1300 联系巷道（见图 5）位于向斜轴部及东翼，地势相对较低，为该矿区地下水径流区，地下水在该段极为富集。从总回风斜井向南施工至联道的涌水点的最大涌水量约 5000 m^3/d 和回风斜井向北施工至联道的涌水点的最大涌水量 2000 m^3/d 分析，预测该段未来施工的巷道遇见突发性大量涌水、涌泥砂的可能性大。

　　北矿段东侧 1300 巷道：该段巷道施工涌水、涌泥砂可能性较大的部位及地段根据以下水文地质模型剖面图分北段、中段、南段进行逐一解译：北矿段东侧北段（见图 6）巷道上覆纳大塘组（C_1d）岩层较薄，隔水性较差，摆佐组（C_1b）白云岩中的承压裂隙水在此段巷道施工时发生突发性大量涌水、涌泥砂可能性较大；在 Y：48060－48080 段，施工巷道须穿过大塘组（c_1d）与高台组（$\mathcal{C}_2g$）的接触面，巷道顶板稳定性较差，易垮塌，产生突发性大量涌水、涌泥砂可能性较大。

　　北矿段东侧中段施工巷道（见图 7）须穿过下石炭统摆佐组（C_1b）底部与大塘组（C_1d）的接触面，巷道涌水量较大，在 Y：47600 段附近底板产生突发性大量涌水、涌泥砂可能性较大；在 Y：47700 附近，巷道

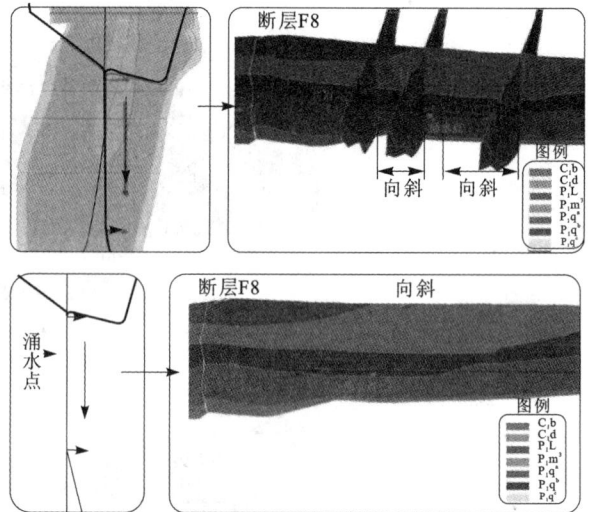

图 5　北矿段－南矿段 1300 联系巷道剖面图

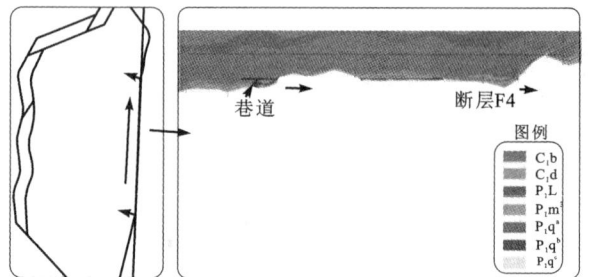

图 6　北矿段东侧 1300 巷道北段剖面图

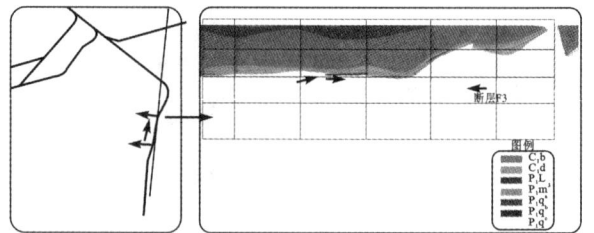

图 7　北矿段东侧 1300 巷道中段剖面图

虽然在高台组（$\mathcal{C}_1g$）的硬质岩中施工，但上覆的大塘组（C_1d）岩层较薄，隔水性较差，且处于"凹"形富水地段下，产生突发性大量涌水、涌泥砂可能性较大；在 Y：47810－47990 段，施工巷道须穿过大塘组（C_1d）与高台组（$\mathcal{C}_2g$）的接触面，巷道顶板稳定性较差，易垮塌，产生突发性大量涌水、涌泥砂可能性较大。在 Y：47820－48010 段施工巷道在大塘组（C_1d）与高台组（$\mathcal{C}_2g$）的接触面，巷道顶板稳定性较差，易垮塌。在 Y：48010 附近产生突发性大量涌水、涌泥砂可能性较大。

北矿段东侧南段（Y：47250—447550，见图8）巷道在二叠系栖霞组底部（P_1q_c）灰色中厚层生物石灰岩，夹有机质条带硬质岩中施工，在Y：47550附近，施工巷道须穿过大塘组（C_1d）与高台组（$\textrm{\euro}_2g$）的接触面，巷道底板产生突发性大量涌水涌泥砂可能性较大。

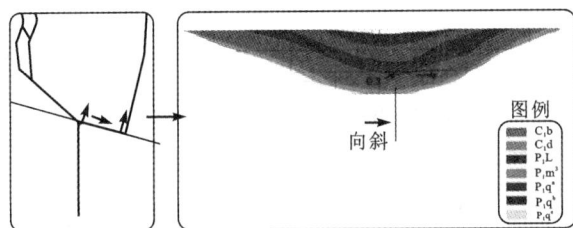

图8　北矿段东侧1300巷道南段剖面图

南段巷道在X38480和38580（见图9）两处附近为下二叠统梁山组（P_1l）与下石炭统摆佐组（C_1b）的接触面，巷道底板产生突发性大量涌水、抽泥砂可能性较大；在Y38.58～38.67段，巷道在下石炭统摆佐组（C_1b）硬质岩中施工，由于该段巷道位于龙滩坝向斜轴部地下水汇集区，巷道涌水、涌砂可能性大。

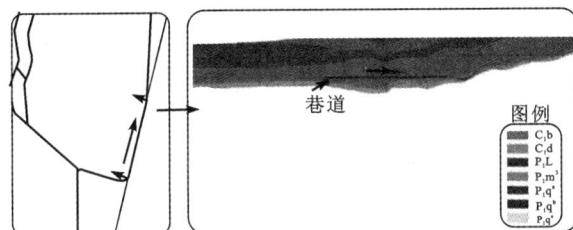

图9　北矿段东侧1300巷道中段剖面图

根据《贵州省清镇铝土矿麦坝矿区补充勘探储量报告》矿坑涌水量计算结果：①北矿段栖霞（P_1q）—茅口（P_1m）含水岩组涌水量为1623.2 m^3/d；②北矿段摆佐组（C_1b）含水岩组涌水量为7022 m^3/d；③龙滩坝矿段高台组（$\textrm{\euro}_2g$）含水岩组涌水量为1793 m^3/d。

5 结论与建议

（1）北矿段西侧1300巷道中段巷道施工穿越断层F7—1、F7、F8破碎带位置处易产生突发涌水涌砂，降水孔对该段地下水进行降排后可降低巷道突发性大量涌水可能性。

（2）北矿段西侧1300巷道南段、北矿段—南矿段1300联系巷道，地下水相对较为富集，预测该段未施工巷道的北端遇见突发性大量涌水、涌泥砂的可能性较大。

（3）北矿段东侧1300巷道由北向南巷道施工须穿过大塘组（C_1d）与高台组（$\textrm{\euro}_2g$）的多处接触面，地层倾角较大且局部产状变化较大，形成局部富水地段，致使巷道围岩稳定性较差，易垮塌，多个地段产生突发性大量涌水、涌泥砂可能性较大。

（4）目前，北矿段西侧1300巷道南段、北矿段东侧1300巷道南段、南北矿段1300联系巷道施工巷道的突发性涌砂、涌水实际情况与预测预报基本一致，南北矿段1300联系巷道已作改道处理，施工巷道在预测预报的突发性涌砂、涌水段的处理技术和方法仍是巷道施工难点，施工巷道突发性涌砂、涌水段的地面排砂、降水有待解决。

（5）对巷道预测涌水、涌泥砂地段进行地质超前钻探，进一步了解地质情况，正确指导施工。

（6）在预测巷道突发性大量涌水、涌泥砂的可能性大的地段设置防备措施，减少突发性大量涌水、涌泥砂对施工机具及人员的威胁。

（7）抽排巷道内涌水、涌泥砂时，同时对地面进行巡查，发现地面塌陷及沉降，对地表监测点进行长期监测评价。

（8）由于现在正处于丰水期，地下水水位较高，补给充足，建议在枯水期或东翼1300巷道与联道贯通后施工该段巷道。

参考文献

[1] 杜德智.贵州省清镇铝土矿麦坝矿区补充勘探储量报告[R].贵州冶地质五队，1979.10.

[2] 罗迪，胡国林.贵州分公司第二铝矿麦坝矿区地质灾害危险性评估报告[R].贵州地质工程勘察院，2006.10.

[3] 昆明有色冶金设计院.中国铝业股份有限公司贵州分公司第二铝矿麦坝矿区坑内开采工程初步设计[B].2007.8.

[4] 李志成，李勇刚，伍锡举.赤泥堆场岩溶防渗一全帷幕综合检测新技术的应用[J].工程地质学报，2008，16（增）

[5] 罗迪，甘滢堂，王素萍.中国铝业贵州分公司第二铝矿麦坝矿区坑内开采工程地质灾害危险性评估报告[R].贵州地质工程勘察院，2006.10.

[6] 工程地质手册编委会.工程地质手册（第四版）[M].北京：中国建筑工业出版社，2007.

库车盆地古近纪岩盐层中钾盐资源量预测研究

唐敏[1,2]　　刘成林[3]　　焦鹏程[3]

（1. 中国地质大学地球科学与资源学院，北京，100083；2. 河南省有色金属地质矿产局第一地质大队，郑州，450016；

3. 中国地质科学院矿产资源研究所，北京，100037）

摘　要： 新疆库车盆地的古盐湖沉积了巨厚的岩盐层，在构造环境上具备形成钾矿的条件。近年来，在库车盆地古近纪岩盐中发现了众多的钾盐矿物及其组合。文章采用石盐质量法，首先利用 3DMine 矿业工程软件绘制石盐矿体模型，然后通过统计和分析盆地中的石盐质量、海陆相沉积的比值关系及成钾概率，预测出库车盆地古近纪可能沉积的钾盐资源量。其理论基础是，海水和地表水中钾离子与钠离子含量存在一定的比例关系，石盐与钾盐沉积量也应存在固定比值，利用这一比值将已经发现并计算得出的石盐质是转换为钾盐资源量。分析确定库车盆地中带人钾总量的成钾概率是 4.69%，据此，预测出可能沉积蕴藏的钾盐资源量（KCl）可达 39.78 亿 t。

关键词： 地质学；石盐；钾盐；海相；陆相；成钾概率；库车盆地

钾盐是中国紧缺的七大矿产资源之一，对外依存度高达 75%。20 世纪 50 年代以来，中国已探明的钾盐矿床集中分布在青海柴达木盆地和新疆塔里木盆地罗布泊中（王弭力等，1996；1998；2001），它们以现代盐湖卤水钾盐矿床类型为主。但对古代蒸发岩盆地中的钾盐矿床至今没有取得突破性的找矿进展。钾盐找矿一直列为国家和地矿部门重点攻关项目，中国能否再找到钾盐矿床，一直是钾盐专家们关心和思考的问题。未来的找钾工作，除了开展成矿条件与找矿标志等研究外，还应对蒸发岩盆地中可能沉积的钾盐资源量进行预测，从而使找钾工作具有更多的依据。

塔里木盆地西部的库车次级盆地在构造、沉积环境方面显示出对寻找钾矿十分有利的地质条件（刘成林等，2008a；2008b；谭红兵等，2004；马万栋等，2006），并且现已在第三系岩盐中发现了众多钾盐矿物及其组合，进一步表明库车盆地的盐湖在第三纪已演化到了钾盐沉积阶段（刘成林等，2008a；2008b），这为库车盆地的钾盐找矿提供了科学依据。本文根据以上基础及库车盆地的石盐质量，对库车盆地中可能蕴藏的钾盐资源量进行了预测。

1　库车盆地特征

库车盆地位于塔里木盆地北部，南天山构造带以南，为 NEE 向的长条状凹陷，面积为 2.85×104 km² （见图 1）。该凹陷北邻南天山造山带，南靠塔北前缘隆起带，受近南北向挤压的长期影响，形成了现今四带两凹的构造格局，即北部单斜带、克拉苏·依奇克里克构造带、秋立塔克背斜带、南部平缓背斜带及拜城凹陷、阳霞凹陷，为一个再生前陆盆地，蕴含了大

量的石油、天然气、盐岩、膏岩资源。

库车盆地在古近纪属于海相—海陆过渡相沉积盆地，蒸发岩厚度巨大，分布范围广（见图 2，两个时期的蒸发岩等厚图叠合而成）。古新统化石有瓣鳃类： Modiolus elegaus Sow、Modiolus spp.，Cardim sp.；腹足类：Turritella sp、Eulimella sp，；介形虫类：Loxoconcha aff.、Laculata Mand. 等；有孔虫类：Quingueloculina sp.，这些化石反映出该时期是成化海湾—泻湖沉积环境。始新统化石有瓣鳃类：Sph. ni-acf.、angusm Desh 等；腹足类：Ampullina sp.、New-toniella sp. 等，其沉积环境是浅水淡化泻湖环境或接近正常咸度的浅水海湾环境。在该时期盆地古盐湖沉积了巨厚的岩盐层，据塔里木油田钻井资料统计，盐层最大厚度高达 1254 m（唐敏等，2008），库木格列木群（古新统和始新统）中岩盐层平均厚度 127.05 m，最大含盐率 79.97%，平均含盐率 11.84%。盆地中有巨量的膏盐沉积，意味着盆地中聚集了大量钾元素。

图 1　库车拗陷大地构造简图（据塔里木油田分公司资料）

图2 库车盆地第三系蒸发岩沉积等厚度分布图

2 钾盐资源总量预测

当前，矿产资源的预测方法有很多，例如对银矿资源的潜力预测可以引用丰度估计法、聚类分析法和加权丰度法进行资源预测（叶水盛等，2008）；再如，铀矿资源预测评价可运用多重关联分析法，选择铀成矿预测变量（因子），列出参考单元和预测单元变量的原始数据，计算关联度，最后生成和圈定出铀矿远景区（祝宏勋等，2008）。

钾盐预测方法的研究，已采用体积估算法对中国古代蒸发盆地钾盐成矿的可能性进行分析与预测（刘成林等，2008b；唐敏等，2008），据此，预测库车盆地的钾盐资源量达59.39亿t。

本文尝试利用石盐质量法，进一步预测库车盆地古近纪时期可能蕴藏的钾资源量。这种预测方法的理论基础是：海水和陆地水中钾离子与钠离子含量存在一定的比例关系，这样沉积出的石盐与钾盐量也存在固定的比值，因此利用这一比值可将已经发现并计算得出的石盐质量转换为钾盐质量。最后，通过分析库车盆地的成钾概率来确定钾矿资源量。

2.1 石盐矿质量计算

2.1.1 石盐矿体积计算

由塔里木油田钻井资料统计获得不同钻孔中岩盐的厚度及深度等参数；利用3DMine矿业工程软件绘制石盐矿体模型，据此计算出石盐体积。

利用3DMine软件中的"提取地层顶底板功能"先提取石盐矿层的顶板散点数据，从而利用"散点生成DTM"功能得出石盐矿层的顶板，用同样方法提取石盐矿层的底板，对于每个石盐矿层的顶底板（即DTM面），分别利用连接三角网和合并三角网为一个实体功能画出石盐矿体。这样就把每个钻孔在该时期最早出现的石盐层与最晚出现的石盐层圈定为一个实体，利用软件中的查询实体属性，获得石盐矿层的体积。古新世的石盐矿层体积 $V_{古新世} = 5\,635 \times 10^8\ m^3$，始新世的石盐体积 $V_{始新世} = 52\,465 \times 10^8\ m^3$。

2.1.2 石盐质量（资源量）计算

将石盐矿层的体积与石盐密度相乘，可获得盆地的石盐质量，计算公式：$M = V \times \rho \times T \times C$（$M$为石盐总质量，$V$为石盐体积，$\rho$为石盐密度，$T$为石盐层在地层中的厚度百分比，$C$为石盐层中石盐含量）。根据库车盆地在始新世—古新世地层中石盐的沉积量，按照上述步骤，可以获得古新世、始新世时期库车盆地的石盐岩参数（见表1）。利用计算公式，最后得出库车盆地下第三系石盐质量 $M_{NaCl} = 35169.81$ 亿 t。

表1 古新世、始新世时期库车盆地的石盐岩矿参数

地层	$V/10^8\ m^3$	$\rho/(t \cdot m^3)$	$T/\%$	$C/\%$
古新统	5 635	2.165	38	83.5
始新统	52 465	2.165	33	83.5

2.2 海、陆沉积环境影响比例

2.2.1 海、陆相划分依据

硫同位素是反映海陆环境变化的良好指标之一，对库车盆地古近纪石膏的硫同位素开展了较精细的地球化学分析，以确定该时期海、陆沉积的比例。现代蒸发岩以及形成这些蒸发岩的海湾水硫酸盐，几乎有相同的硫同位素组成（格里年科等，1980）。内海及海湾，硫酸盐的硫同位素组成具有较大的变化（格里年科等，1980），没有大陆河流补给的海，硫酸盐硫同位素的组成与大洋相近，如红海 $\delta^{34}S = 20.3‰$（Hartmann et al.，1966）；有大陆河流流入的海，及大洋的近河口地段，硫酸盐硫同位素比值明显减小，如里海的 $\delta^{34}S$ 是 $8.6‰$（UI'masova，1971），卡拉博加斯戈尔湾的634S为 $7.7‰$（UI'masova，1971）等。根据硫酸盐硫同位素组成的变化特征，设定 $\delta^{34}S \geqslant 20‰$ 的地层为海相沉积（完全海相）；$\delta^{34}S \leqslant 10‰$ 地层为陆相沉积（即纯陆相）；$\delta^{34} = 15‰$ 地层为海陆过度相沉积（介于两者之间定义为海陆过渡相）。

2.2.2 沉积相划分结果

选择小库孜拜沟剖面（古新统塔拉克组和始新统小库孜拜组），对石膏（层）进行高密度采样测试，据此探讨地层硫同位素比值随时间的变化趋势，以揭示海陆环境变化，得出在该时期海相环境所占比值 $N_{海}$ 和陆相环境所占比值 $N_{陆}$。根据上述设定的海相、陆相硫同位素指标，在地层柱中首先根据硫同位素指标，从下向上连续分段，统计硫同位素的平均值 A，再利用海相系数公式 $P_{海} = (A - 10)/10$ 和陆相系数公式 $P_{陆} = 1 - P_{海}$，计算得出海相分数（P海）和陆相分数（P陆），最后将海相分数与陆相分数分别与地层厚

度相乘，得到海相地层厚度与陆相地层厚度，计算结果见表2。

由表2计算得到：小库孜拜沟剖面海相地层厚度共计35.734 m，陆相地层厚度共计151.746 m。因

此，该时期(古新统和始新统地层厚度是187.48 m)海相环境所占比值 $N_海 = 19.06\%$，陆相环境所占比值 $N_陆 = 80.94\%$。

表2　海相地层厚度与陆相地层厚度统计表

序号	采样位置起点/m	采样位置终点/m	地层厚度/m	$A(\delta^{34}S$平均值/‰	$P_海$(海相分数)	$P_陆$(陆相分数)	海相地层厚度/m	陆相地层厚度/m
1	194.64	194.03	0.61	17,750	0.775	0.225	0.473	0.137
2	194.03	192.62	1.4l	17.300	0.730	0.270	1.029	0.381
3	192.62	191.04	1.58	17.700	0.770	0.230	1.217	0.363
4	191.04	189.74	1.3	17.800	0.780	0.220	1.014	0.286
5	189.74	188.03	1.71	17.350	0.735	0.265	1.257	0.453
6	188.03	183.79	4.24	15.825	0.583	0.418	2.470	1.770
7	183.79	180.33	3.46	14.720	0.472	0.528	1.633	1.827
8	180.33	173.79	6.54	13.933	0.393	0.607	2.572	3.968
9	173.79	171.04	2.75	13.275	0.328	0.673	0.901	1.849
10	171.04	165.2	5.84	12.867	0.287	0.713	1.674	4.166
11	165.2	160.97	4.23	12.750	0.275	0.725	1.163	3.067
12	160.97	160.01	0.96	13.267	0.327	0.673	0.314	0.646
13	160.01	129.82	30.19	12.525	0.253	0.748	7.623	22.567
14	129.82	128.58	1.24	11.400	0.140	0.860	0.174	1.066
15	128.58	101.22	27.36	10.675	0.068	0.933	1.847	25.513
16	101.22	84.5	16.72	11.833	0.183	0.817	3.065	13.655
17	84.5	34.91	49.59	10.825	0.082	0.918	4.091	45.499
18	34.91	25.91	9	10.133	0.013	0.987	0.120	8.880
19	25.91	12.16	13.75	10.200	0.020	0.980	0.275	13.475
20	12.16	9.46	2.7	15.600	0.560	0.440	1.512	1.188
21	9.46	7.16	2.3	15.700	0.570	0.430	1.311	0.989
合计	187.48		35.734	151.74				

2.3　NaCl 与 KCl 质量转换关系

因海水和陆地水中的 K/Na 比值不等，在获得海陆环境比值关系后，由海洋水成分特征值(瓦里亚什克，1965；地质科学院情报所编译，1972)和库车盆地地表水水化学组成特征值，获得 K/Na 系数(见表3)。

表3　海水和库车地表水钾/钠系数值

分析项目	$c(KCl)$	$c(NaCl)$	K/Na
海水	0.763 g/kg	27.667 g/kg	0.0276

分析项目	$c(KCl)$	$c(NaCl)$	K/Na
库车地表水	0.0108 g/L	0.4639 g/L	0.0233

2.4　盆地钾盐(KCl)质量计算

分别用 $Q_海$ 表示海水中 K/Na 比值，$Q_{地表水}$ 表示地表水中 K/Na 比值。确定库车盆地古盐湖沉积带人盆地中 KCl 总量计算公式是：$M_{KCl} = M_{NaCl} \times N_海 \times Q_海 + M_{NaCl} \times N_陆 \times Q_{地表水}$ (M 为质量)。根据上述已经求出的 NaCl 质量及各项参数值，计算得出古近纪时期带

入库车盆地氯化钾总量 $M_{KCl}=848.28$ 亿 t。这些钾物质进入盆地以后，主要有 4 个流向，第一，形成固体钾盐矿层；第二，被黏土矿物吸附或者进入其晶格；第三，被有机物吸附；第四，残留在潜水层和承压层中，在后期的地质作用中被迁移。因此，带入盆地中的大量钾元素有多少可以形成钾矿，是受多种因素控制的。对此，本文采用成矿概率的概念进行了相关的探讨。

2.5 钾盐成矿概率的分析

（1）成矿概率的数学模型

成矿概率是矿床学研究的一个新课题，确定概率值的难度很大。概率学是研究随机现象数量规律的数学分支学科。随机现象则是指在基本条件不变的情况下，通过一系列试验或观察得到不同结果的现象。而事件的概率是衡量该事件发生的可能性的量度。虽然在一次随机试验中某个事件的发生是带有偶然性的，但那些可在相同条件下大量重复的随机试验却往往呈现出明显的数量规律（曹彬，1986）。因此，成矿概率（值）引用概率学的基本原理进行研究确定，即在多种成矿要素对成矿控制作用下，各种要素对成矿所做贡献等级（参数）的运算关系结果，也可称为成矿可能性（以百分数表示）。假设各种成矿要素之间互不影响，具有独立性，可使用独立事件的概率乘法公式，即 $P(ABC)=P(A)P(B)P(C)$（廖昭懋等，1986；陈凯等，1984）。

蒸发岩盆地中带入的钾物质能否聚集成为钾盐矿以及形成多大规模的钾盐矿，受很多因素制约，因此，钾盐成矿可以用概率多少表示。盆地成钾概率主要涉及盆地封闭性、古气候、构造条件、沉积环境及盆地面积等，是这些变量的复杂函数。由于这些变量之间没有互相影响的关系，属于独立事件，据此综合分析，提出成钾概率公式：$K=F(f,q,g,h,m)=f\times x\times q\times g\times h$。在成矿概率公式中，成矿概率 K 数值最大为 100%，表示肯定能成矿、成大矿，系数为 0 表示基本不能成矿。f 为封闭性系数，设定 3 个值，1 代表盆地封闭性好，0.5 代表封闭性适中，0 是指盆地不封闭；q 为气候系数，或者为古气候条件，设 3 个值，1 是极干旱的气候系数，0.5 代表干旱气候系数，0 代表半干旱—湿润气候系数；构造系数 g 设 3 个值，稳定地带为 1，相对活动的稳定地带为 0.5，活动地带为 0 或小概率；h 为环境系数，也分为 3 个值，海相环境用 1 表示，海陆过渡相环境用 0.5 表示，陆相盐湖环境，以晶间卤水矿为主，其固体钾盐层品位低即可用小概率或 0 表示；面积系数 m 用 3 个值表示，当盆地

面积大于 25 万 km² 时，面积系数为 1，面积在 1~25 万 km²，面积系数是 0.5，小于 1 万 km²，m 值是 0 或者是小概率系数。

上述 5 个参数，只要有一个参数为 0，其他参数再好，盆地内也不可能沉积钾矿。

（2）钾盐成矿概率分析

库车盆地成钾参数值确定，参照钾盐矿床特征参数（唐敏等，2009）。库车盆地古近纪时期是一个封闭–半封闭（间歇性开放，接受补给）的盐湖盆地，有一个通道与其西南部的喀什凹陷相通，但在主成盐期是向北倾斜的箕状盆地，其封闭应该比较好，有利于成矿，J 值取 0.75。从早侏罗世开始直到古近世与新近世，整个中亚和塔里木盆地，基本都以干旱气候为主，而中亚盆地出现巨型钾盐矿沉积，其间夹有短暂潮湿气候带，总体上，古气候属于干旱气候，取值 0.5。库车盆地是一个断陷盆地，有一定活动性，具有边断、边陷、边沉积的特点，但基底相对稳定，因此构造条件是相对活动的稳定地带，概率值取 0.5。上文已经利用石膏硫同位素对库车盆地在古近纪时的沉积环境进行了讨论，并且有资料显示库车盆地沉积环境属于海陆过渡相，因此公式中 h 值可取 0.5。因库车盆地的面积达 2.8 万 km²，属于大型盆地，有利成钾，故盆地面积参数的取值是 0.5。利用上述公式及参数，库车盆地的成钾概率 $K=f\times q\times g\times h\times m=0.75\times0.5\times0.5\times0.5\times0.5=0.0469$ 或 4.69%。

（3）钾盐资源量预测

通过上述计算分析，库车盆地古新统和始新统时期聚集了 848.28 亿吨氯化钾，由于受古气候、沉积环境等因素影响，并不代表盆地中一定有这么多氯化钾沉积成矿，主要代表被海水及地表水带入盆地的钾总量，为此，需要用成钾概率进行修正。

将钾总量与计算获得的库车盆地成钾概率相乘，最终得到库车盆地在古近纪时期可能沉积的钾盐矿储量，库车盆地古近纪可能沉积的钾盐（KCl）矿资源量 $=K\times M_{KCl}=4.69\%\times848.28=39.78$ 亿 t。这数值与利用国外海相钾盐特征参数（唐敏等，2009）进行体积法预测结果 59.39 亿吨（唐敏等，2008）相比较，预测出的钾盐矿资源量减少了 20 亿 t 左右，这与两种方法的不同有关。库车盆地成钾概率系数的确定也是半经验性的，有待进一步精细研究。

3 讨论与结论

利用石盐质量法求算蒸发岩盆地中聚集的钾总量，进而预测古代蒸发岩盆地钾盐成矿资源量，可为钾盐地质勘查提供理论依据。研究显示，库车盆地古

近纪盐湖已演化到钾盐沉积阶段，并具有较好的成钾条件，故有必要开展钾盐成矿资源量的预测研究，笔者曾用体积法对库车盆地成钾资源量进行过预测，本文又提出另一方法——石盐质量法再进行预测。首先，根据石油钻井等资料，利用 3DMine 矿业工程软件绘制石盐矿体模型，计算出石盐体积，求得盆地石盐总质量，然后根据硫同位素比值变化，求得进入盆地的海水与地表水比例值，再按照海水及库车地表水钾钠固定比例关系，计算求得古盐湖沉积时期伴随 NaCl 带人盆地的氯化钾物质总量为 848.28 亿 t。由于地质作用的复杂性，这些钾物质不可能全部沉积成钾盐矿层。钾盐成矿受多种因素控制，这些影响因素相互独立，发育程度不一，具有概率性，这些因素的概率积就是成矿概率，确定库车古近纪钾盐成矿概率为 4.69%，预测可能成矿的钾盐（KCl）资源量 = 石盐总量×成钾概率 = 848.28 亿 t × 4.69% = 39.78 亿 t。这个结果的可靠性主要取决于库车盆地石油钻孔勘探的密度，目前，资料主要来自 50 多个钻孔，对石盐质量计算可能还比较粗略，但基本反映了可能沉积的钾盐资源量的大致轮廓，随着今后钻井增多，结果会更加接近实际情况。总之，尽管钾盐成矿过程是一个漫长、复杂、甚至反复的地质过程，但是，只要抓住了问题的关键，即是否在一个较封闭的盆地环境中沉积了巨量的石盐，显示盆地中已积累了大量的钾物质，那么成钾定量预测就是可行的。本文尝试开展成矿资源量预测研究，以期有助于库车盆地古代钾盐研究和找矿勘查。

致谢　本项研究得到塔里木油田公司研究院大力支持；研究使用 3DMine 矿业软件由北京东旺达科技公司提供，软件使用方面得到公司技术人员的帮助，工作中还得到曹养同、胡妍娜同学的协助，在此表示感谢。

参考文献

[1] 曹彬. 概率论[M]. 哈尔滨：哈尔滨工业大学出版社. 1986：1 - 48

[2] 陈凯，王玉孝. 概率论及其应用[M]. 北京：水利电力出版社. 1984：31 - 41.

[3] 戈定夷，田慧新，曾若谷. 矿物学简明教程[M]. 北京：地质出版社. 1989：220.

[4] 格里年科 B A，格里年科 JI H. 硫同位素地球化学[M]. 赵瑞译. 北京：科学出版社. 1980：77 - 83.

[5] 廖昭懋，杨文礼. 概率论与数理统计[M]. 北京：北京师范大学出版社. 1986：51 - 63.

[6] 刘成林，焦鹏程，陈永志，王弭力，宣之强. 库车盆地第三系岩盐地层钾矿物组合发现及其意义[C]. 见：第九届全国矿床会议论文集[A]，北京：地质出版社，2008a：374 - 375.

[7] 刘成林，王弭力，焦鹏程. 中国古代蒸发盆地钾盐成矿可能性分析与预测[C]. 见：第九届全国矿床会议论文集[A]. 北京：地质出版社. 2008：368. 369.

[8] 马万栋，马海州. 塔里木盆地西部卤水地球化学特征及成钾远景预测[J]. 沉积学报，2006，24(1)：76 - 106.

[9] 谭红兵，马海州，马万栋，董亚萍，张两营，许建新. 塔里木盆地西部古岩盐地质地球化学特征与成钾条件分析[J]. 矿物岩石地球化学通报，2004，3：194 - 199.

[10] 唐敏，刘成林，焦鹏程，曹养同，胡妍娜. 古代蒸发岩盆地钾盐成矿资源量预测～以库车盆地为例[C]. 见：第九届全国矿床会议论文集[A]. 北京：地质出版社. 2008：382 - 383.

[11] 唐敏，刘成林，焦鹏程，陈永志，曹养同，胡妍娜. 世界海相钾盐矿床特征定量化分析及其意义[J]. 沉积学报，2009，27(2)：28 - 35.

[12] 瓦里亚什克 Mr. 钾盐矿床形成的地球化学规律[M]. 范立等，译. 北京：中国工业出版社. 1965.

[13] 王弭力，李廷祺，刘成林，杨智琛，李长华. 新疆罗布泊罗北凹地钾矿的重大发现[C]. 见：中国地质学会编. 八五地质科技重要学术交流会议论文选集[A]. 北京：冶金工业出版社. 1996：446 - 449.

[14] 王弭力，刘成林，焦鹏程，韩蔚田，宋松山，等. 罗布泊盐湖钾盐资源[J]. 北京：地质出版社. 2001：199 - 209.

[15] 王弭力，刘成林，焦鹏程，杨智琛，李亚文. 罗布泊罗北凹地超大型钾矿床特征及其开发前景[J]. 矿床地质，17(增刊)，1998：432 - 436.

[16] 叶水盛，杨凤超，于萍，蔡红军，武斌. 研究程度较低地区的矿产资源潜力评估方法应用研究[J]. 世界地质，2008，27(2)：188 - 197.

[17] 周兴熙. 库车拗陷第三系盐膏质盖层特征及其对油气成藏的控制作用[J]. 古地理学报，2000，2(4)：51 - 57.

[18] 祝宏勋，潘红平，简兴祥. 多重关联分析法在降扎地区铀成矿预测评价中的应用[J]. 铀矿地质，2008，24(4)：233 - 249.

3DMine 在某钨锡矿三维建模及爆破设计中的应用

文柏茂

（方圆（德安）矿业投资有限公司，江西德安，330408）

摘　要：利用 3DMine 建立了某钨锡矿的三维可视化模型，实现了矿山三维模型的可视化与基本三维分析，同时进行矿体回采的中深孔爆破设计，为矿山的采矿设计、生产及管理等提供初步指导。

关键词：3DMine；地表模型；矿体模型；三维建模；爆破设计

1　矿山地质概况

某钨锡矿矿区面积 4.8 km^2，矿区周围地势险峻，区内为变质岩系所构成，山坡陡峭，地形北高南低，最高为上宝山山峰，海拔标高 977 m，最低处为大江桥，标高为 248 m。区内有石英细脉带型和大脉型钨锡矿床，细脉型为主，属燕山早期构造岩浆岩成矿作用的产物。本区加里东期形成广泛发育的褶皱构造，印支—燕山期则以断裂构造为主，并伴随有岩浆岩的侵入活动，致使褶皱强烈紧密，断裂错综复杂。

本区矿床规模较大，矿体主要赋存于外接触带的角砾岩化的浅变质砂岩夹板岩中，有 16 条细脉带和 6 条单脉具工业价值。其中细脉带厚度 2～78 m，延长 100～1230 m，延伸 100～600 m。走向近东西，倾西北，倾角一般 75°～82°。单独大脉已计算储量的有 V1、V7、V6、V8、V13、V176 条，矿脉长度一般 300～700 m，脉幅 20～50cm，最大可达 1 m，延深 200～500 m。单独大脉主要分布在矿区的西北部。

2　三维模型建立

2.1　地表模型

依据 3DMine 矿业软件所建立的地表模型是由一系列线或点生成的 DTM 面，表达了地形表面的信息形态。

2.1.1　原始数据的处理

矿山地表模型的创建以矿山原始的地形图为依据。将矿区地质勘探综合图扫描并存为 tiff 文件，进行一系列复杂的预处理。首先利用图形矢量化软件 R2V 进行矢量化处理，即将栅格数据结构转化为矢量数据结构；其次对矢量化处理过的地形图在 CAD 中对缺失的地形等高线进行修复。修复过程中，要注意等高线的拼接必须符合其基本的准则。最后，进行数据的查错、清理，将过密点、丁字脚、相交线等不合理的地方去除。

2.1.2　地表模型的三维显示

在生成 DTM 面之前，要赋予等高线相应的高程，使二维的等高线进行三维显示。常用方法有等值线赋高程、直接单线赋高程和最近点赋高程，本次等高线赋高程采用多种方法相结合，以最大地减少工作强度。对等高线赋高程后，就可以用表面菜单中的生成 DTM 表面功能，生成地表模型，再对生成的地表模型进行渲染和按 Z 值产生的颜色带过渡显示等效果处理，经渲染和过渡显示后的三维地表模型见图 1。

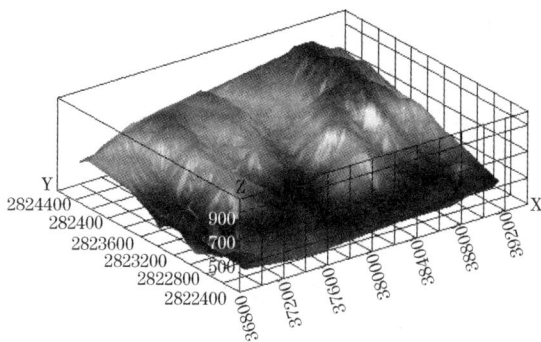

图 1　经渲染和过渡显示后的三维地表模型

2.1.3　断层模拟

本矿区有 4 条主要断层线：F1、F2、F3、F5。画出断层线后，利用"点线落在 DTM 面上"功能，让断层线与地表线拟合，使断层线落在地表，再定义相应的断层特征值，就可模拟出真实断层，模拟出的断层面见图 2，断层面与地表模型的三维显示见图 3。

2.2　矿体模型

由于矿体结构较为复杂，相邻两勘探线剖面上的矿体轮廓线往往差异很大，建立模型时需要在地质剖

图 2　模拟出的断层面

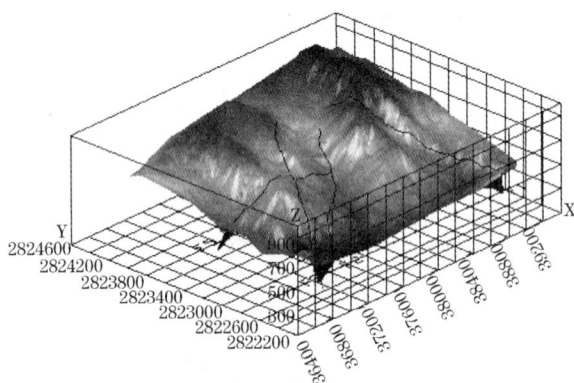

图 3　断层面与地表模型的三维显示

面图矢量化的基础上进行，并结合中段平面图、纵投影图等予以矫正，使其符合实际空间赋存状态。

2.2.1　矿体轮廓线的圈定

对扫描得到的矿山勘探线剖面图进行矢量化处理，矢量化处理的过程需依据以下几点原则：

(1)根据矿体编号，将线文件赋值属性，以防出现混淆；

(2)线上点密度应均匀分布，以使后续线框连接的效果美观；

(3)同一条线不可以出现自相交；

(4)圈定矿体界线的曲线一定要封闭。

在矢量化处理过程中要注意剔除矿体轮廓线中的折叠点、冗余点和线条重复等不利情况，以利于后期矿体三维建模。

2.2.2　矿体三维建模

由于矿山勘探线剖面图的处理是在平面坐标系中进行的，需要对其进行三维坐标转换，使勘探线剖面图在三维坐标系统下反映实际情况，进而对相邻勘探线上的矿体轮廓进行连接。在矿体端部的勘探线上，矿体是尖灭的，这时需要根据地质学知识推估矿体的尖灭形状。

在矿体三维建模过程中以人工干预为主，主要使用控制线、分区线，线框过滤条件设置及交叉验证等。对形成的实体，要及时进行优化、验证，以期建成矿体的三维可视化模型，建立的矿体模型见图4。

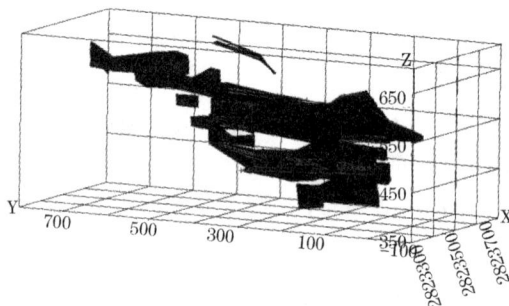

图 4　矿体模型

在矿体三维实体模型的基础上可以进行任意剖面的切割，保存生成的相应剖面图，并进行进一步编辑等工作，便于矿山的信息化生产管理工作。

2.3　采矿工程模型

该矿山只存在地下采矿工程，采用平硐加盲竖井的开拓方式。在处理的中段平面图的基础上，主要采用腰线巷道建模方法为主，巷道底板中线加断面轮廓法以及单一轮廓法为辅的整体思想进行巷道模型的建立，以期有效合理地建取巷道模型。与巷道建模相比，井筒建模相对简单，坐标比较单一，只要确定井口和井底的三维坐标以及断面形状，就可以快速建立实体模型。对于生成的三维模型，需要运用实体布尔运算，将相交部分或出露部分线框删除，并进行合并，使其成为一个整体，以达到符合工程实际的目的。

3　中深孔爆破设计

3DMine 提供了 3 种爆破设计方案，包括布置扇形孔、布置平行孔以及手动布置单孔，从而为采矿工程技术人员提供了较大便利。其中也提供了修改单孔设计功能，对于设计好的炮孔，也能对其做出相应的修改。在进行中深孔爆破设计时，首先尽可能保证孔底距相等，然后根据临界半径交替装药进行设计。

某钨锡矿矿体复杂多变，采用浅孔留矿法和分段凿岩阶段矿房法，基于 3DMine 矿业软件，结合中深孔爆破参数，可对分段凿岩阶段矿房法中的中深孔爆破进行设计，并能直接打印出图，从而大大方便了地质图件的制作，如图5所示。

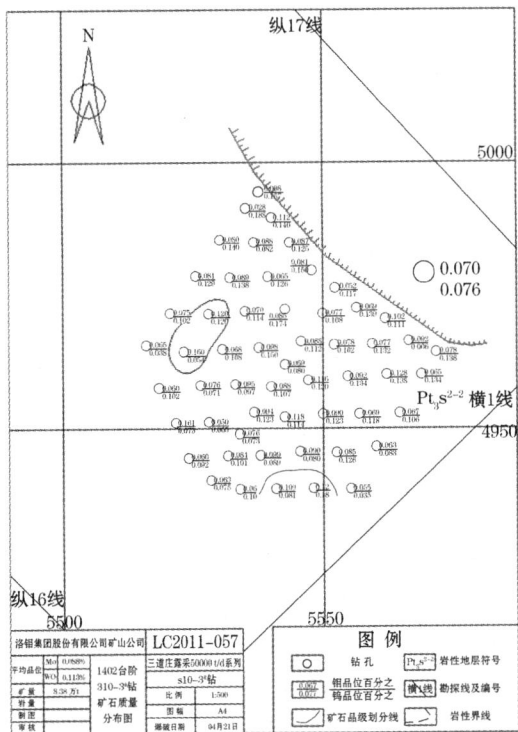

图 5　地质图件

4　结束语

在实际操作过程中，要注意以下 3 点：

(1) CAD 要求的数据格式为 ∗.DAT 文件，否则不能由数据将相应的点展现到图上；

(2) ∗.DAT 文件中间要有"，"分隔符；

(3) 在 ∗.DAT 文件中"，"的实现，要在 ∗.CSV 文件中完成，然后把扩展名改为 DAT 即可。

通过进一步扩展品位分级，利用表格数据筛分功能，实现数据分存，分别展出到 CAD 图形中，分图层放入，提高了工作效率，减少了劳动强度。实践证明，此种方法制图是切实可行的，特别是对于大宗数据的处理在很大程度上提高了工作效率。

参考文献

[1] 李巧莲，等. GPS(RTK)技术在矿山测量的应用[J]. 采矿技术，2006，6(3):611 - 613.

[2] 李芬芳，等. GPS 在露天矿孔位放样中的应用[J]. 采矿技术，2012，12(2): 96 - 97.

[3] 刘亮. RTK 技术在露天矿合理有序开采中的作用[J]. 露天采矿技术，2011(3): 56 - 38.

[4] 尤仁锋，等. AutoCAD 在三道庄矿区地质的应用[J]. 城市建设理论研究，2011(7): 122 - 123.

[5] 刘基全，等. 全球定位系统原理及其应用[M]. 北京:测绘出版社，1995.

[6] 郭同江，杨长滨，寇虎强，等. 测量控制点在 AutoCAD 中自动化录入的研究与应用[J]. 采矿技术，2010，10(5): 100 - 101.

基于 3DMine 的 701 矿露天转地下及过渡开采

池秀文　　刘敏

（武汉理工大学资源与环境工程学院，武汉，430070）

摘　要：矿业软件是实现矿山信息化、数字化的重要工具。结合 701 矿的工程地质条件、露天转地下及过渡期开采的设计方案，运用 3DMine 软件的三维可视化建模技术，建立矿体和开拓系统实体模型，实现矿体的动态表现和三维分析功能。从而为露天转地下矿山的生产、安全和管理提供科学的指导。

关键词：露天转地下；过渡开采；三维实体模型；3DMine 软件

701 矿是我国主要的天然金刚石生产地之一，该矿上部矿体采用露天开采，开采深度为 +260 m ~ +170 m，当露天坑采至 +170 m 水平时，需要转入地下开采。

近几十年来，国内外学者在露天转地下开采领域做了大量的研究。徐长佑对露天转地下开采工艺进行了全面的解析[1]；胡伟，周爱民采用差分法 FLAC 的非线性大变形程序对露天地下联合采矿进行模拟研究，确定出合理地表征露天地下联合采矿的特征参数[2]；刘云等利用 3DMine 软件分层建立矿山地质三维模型[3]；E. Bakhtaver，K. ShahriarandK. Oraee 通过一系列基于经济合理剥采比和平均剥采比的准则，确定露天转地下开采的过渡深度[4]。

701 矿露天转地下设计包括过渡开采（ +170 m ~ +160 m），地下开采（ +160 m ~ -40 m）。使用 3DMine 软件建立矿体、开拓系统三维模型，可以更加直观地看到矿体开拓等系统，以便为过渡开采提供指导。

1　矿区地质

蒙阴县金刚石矿王村矿区位于蒙山倒转大背斜轴部之中段，由太古界太古群山庄组变质片麻岩组成，地层走向 290° ~ 320°，倾向南西，倾角 50° ~ 70°。

矿区地形平缓，属中低山，胜利 1# 大小岩管及 2# 脉的矿区，海拔标高约 260 m。矿区内第四纪地层分布甚广，洪坡积物为主，现代河床沉积砂砾层中含金刚石，矿体附近形成砂矿。

矿体呈管状，由大、小岩管及 2# 脉组成，三者于 -40 m 标高处合并。大岩管地表呈椭圆形，长轴方向约 300°，矿体倾角约 85°。小岩管地表形态似一向北伏卧的尾瘦体肥头尖的"鸽子"[5]。

2　3DMine 实体模型构建

3DMine 是一款建立数字矿山中常用的软件，它将二维和三维置于同一个窗口中，可通过右键完成切换。可以直接打开、编辑、修改 AutoCAD 图库文件。首先建立矿体实体模型，矿体模型是由一系列的三角网组成，采用控制线和分区线联合方法建立模型。实体模型不仅仅描述物体的轮廓，还可以计算地质体的体积和表面积，切割剖面。在 3DMine 界面中导入 -40 m、+10 m、+60 m、+110 m、+150 m 水平矿体的剖面线，并给各水平剖面线赋高程 Z 值。在"实体模型"菜单下，选择"线之间连三角网"命令，由于 -40 m 大小矿体汇合在一起，直接连接三角网会造成自相交，需添加控制线，即切割 -40 m 剖面线再分别连接 +10 m 水平的 3 个剖面线，最后分别在 -40 m 和 +150 m 水平进行线内连接三角网。通过实体的有效验证检查有无自相交边、开放边、重复边和无效边之后，矿体实体模型建立完毕。

地下采矿设计占重要位置的是建立巷道可视化模型，3DMine 软件提供多种方法生成巷道三维模型。诸多巷道生成方法中，腰线生成巷道是集成度最高的一种方法。将巷道想像成一条线，即巷道中线，提取原始数据中各巷道的节点坐标信息，并根据巷道的高程信息给对应的线段赋高程，形成巷道的中线。根据巷道的宽度生成腰线，把各巷道腰线相连，构成三维巷道网络图。通过"地下设计"菜单中的"由腰线生成实体巷道"命令，其中按设计设置巷道断面类型。将设置好的线段生成三维巷道模型。矿体和开拓系统的实体模型见图 1。

3　地下开采设计

3.1　斜井开拓系统

地下开采采用侧翼对角式开拓，主井和风井均为

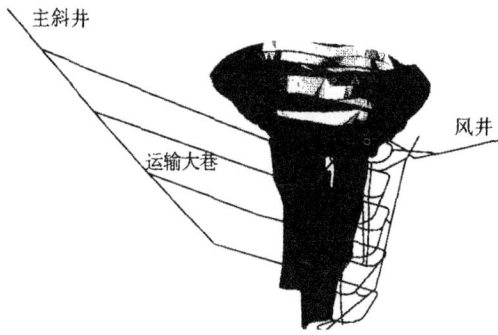

图 1　露天坑和地下开拓系统模型

斜井。风井为分段折返式斜井（第一段由地表至 +110 m 水平，第二段至由 +110 ~ +60 m 水平，第三段由 +60 m ~ +10 m 水平，第四段由 +10 ~ -40 m 水平），阶段高度为 50 m，分别设在 +110 m、+60 m、+10m、40 m 4 个开采水平，+150 m 水平为回风水平。开拓系统实体模型见图 2。

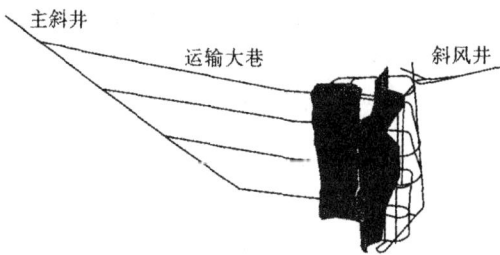

图 2　斜井对角式开拓

3.2　地下采矿方法

采用无底柱分段崩落法，阶段高度 50 m[8]。大岩管垂直走向布置，分段高度 10 m，每一阶段（中段）为一矿块；小岩管和 2# 脉沿走向布置，采用上下两个小分段端壁回采布置，小分段高 5 m。+160 m 水平采场布置见图 3[9]。

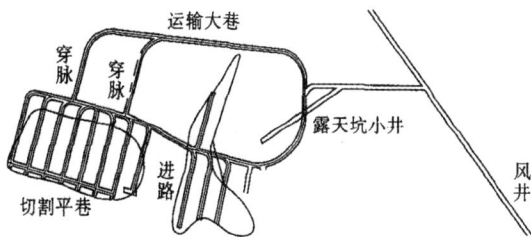

图 3　+160 m 水平采场布置

3.3　通风方式

前期开采（即 +110 m 水平和 +60 m 水平）距露天坑底间距较小，易漏风，采用压入式通风，新鲜风流从斜井通过主扇风机压入井下，经运输巷，一部分到采场，污风从采场经回风巷从露天坑通风小井排出，另一部分经过硐室、车场从主斜井排出；后期采至 +10 m 和 -40 m 水平，开采深度较大，通风线路长，采用抽出式通风，新鲜风流从斜井通过运输巷到采场，污风从采场经回风巷从风井抽出。

4　过渡开采

+160 m ~ +170 m 为过渡开采阶段，采用露天矿不扩帮延伸，露天爆破出矿地下运输可以充分利用露天矿现有设备和辅助设施。过渡开采的基建工程包括：主斜井（至 +110 m 水平）、风井（至 +110 m 水平）、+110 m 脉外巷及风井联络巷、+150 m 水平脉外巷、风井联络巷、+150 m 水平至露天坑的两条溜井，露天坑小井。基建期为 20 个月，准备期 2 个月。目前露天坑已开采至 +177 m 水平，按目前开采速度，露天矿还能开采 1.5 ~ 2.0a，可以满足衔接产量的要求[10]。

4.1　开采方案

露天开采的台阶高度为 10 m，清扫平台宽度为 6 m，所以过渡开采的台阶宽度设为 6 m。采用中深孔爆破，炮孔直径为 100 mm，选用 QZJ100B 潜孔钻机。为了保证过渡开采不停产，在过渡开采期间内就要准备出地下开采所需的开拓巷道。过渡开采期短，为了减少投资，挖掘、铲运矿岩时使用地下开采的设备，即 ZYQ - 14 装运机。

4.2　运输方案

露天爆破采出的矿石采用 ZYQ - 14 型装运机铲装矿石，通过溜井放至 +150 m 水平，由溜井闸门将矿石放入矿车，电机车牵引到露天坑小井处的井底车场，提升至露天坑外，汽车运输运至选矿厂破碎矿仓。根据运量、运距及其他工作条件，选用 ZK7 - 6/250 型电机车，MUF0.7 - 600 型翻斗式矿车。过渡开采开拓系统实体模型见图 4。

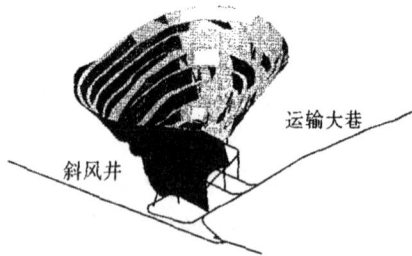

图 4　露天坑和过渡开采开拓系统

5　结语

利用 3DMine 软件建立矿体、开拓系统的实体模型，完成了地下开采的开拓系统、采矿方法、矿井提升运输、矿井通风及过渡开采设计，经过设计计算，使用无底柱分段崩落法的矿石回收率为 83.19%，贫化率为 20.41%，满足要求。

数字化矿山是当今矿业发展的主要趋势之一，以701 矿为工程对象，采用 3DMine 软件建立矿体和开拓系统实体模型，展示了矿体形态的空间变化和开拓采准巷道空间布置情况，图形美观，立体感强，为采矿工作提供准确、直观的资料，对矿山安全开采、管理有重要的指导意义。

参考文献

[1] 徐长佑. 露天转地下开采[M]. 武汉：武汉工业大学出版社，1990.

[2] 胡伟，周爱民. 露天转地下联合开采联合保留层参数的自组织优化[J]. 矿业研究与开发，2002(1)：7 - 9.

[3] 刘云，盖俊鹏. 利用 3DMine 软件建立矿山地质三维模型[J]. 矿业工程. 2009(5)：58 ~ 9.

[4] Bakhtavar E，Shariar K，Oraee K. An approach to wards aseertaining openpit to underground transition depth[J]. Journal of Applied Sciences，2008，(23)：4445 - 4449

[5] 武汉工业大学设计院. 建材 701 矿露天转地下开采工程[R]. 武汉：1999，8.

[6] 吴光玲，李守杰. 3DMine 在建立空区和残矿模型中的应用[J]. 现代矿业，2010(9)：15 - 17.

[7] 王孝东，戴晓江. 矿井巷道三维系统图在 3DMine 中的设计与实现[J]. 江西冶金，2009(6)：33 - 36.

[8] 解世俊. 金属矿床地下开采[M]. 北京：冶金工业出版社，2006. [9] 徐长佑. 蒙阴金刚石矿露天转地下采场参数的若干问题研究[J]. 非金属矿，1984(1)：1 - 7.

[10] 南世卿. 露天转地下开采过渡期采矿方法及安全问题研究[J]. 现代矿业，20o9(1)：27 - 32.

铜坑矿锌多金属矿体三维可视化模型构建

罗先何[1]　陈庆发[1]　潘桂海[2]

（1. 中南大学资源与安全工程学院，长沙，410083；2. 广西华锡集团股份有限公司铜坑矿，广西河池，547207）

摘　要：构建矿体三维可视化模型对指导资源优化开采具重要意义。利用 3DMine 软件对铜坑矿锌多金属矿体钻孔勘探数据进行整理和分析，构建了矿山地表地形、矿体赋存状态及井巷工程布置等三维可视化模型。

关键词：铜坑矿；锌多金属矿体；三维可视化模型

随着计算机处理能力及三维可视化技术的发展。矿业三维可视化软件 3DMine 得以诞生、发展与推广应用[1-3]。促进了采矿工程计算机辅助设计由二维平面向三维立体的过渡，3DMine 是一款极好的三维可视化软件[4-5]。三维可视化模型在表现地表地形、矿体形态、井巷工程布置等方面比传统 AutoCAD 二维平面更直观、形象，使技术人员更易理解空间关系[6]。铜坑矿锌多金属矿体形态复杂、开采难度大。为高效开发锌多金属矿体，构建锌多金属矿体三维可视化模型是研究工作的重要部分。

1　地质概况

铜坑矿锌多金属矿体位于大厂锡多金属矿田西矿带与中矿带交接带上，西邻长坡超大型锡多金属矿床，南接巴力—龙头山超大型锡多金属矿床，北靠龙箱盖大型矽卡岩锌多金属矿床。该矿段内发现多个工业矿体，主要有 78 号、82 号、28 - 2 号、94 号、95 号、96 号、97 号等 7 层矿体，矿体呈似层状产出，累计厚度25.40 m。受本区深部发育的 NE 向挠曲构造影响，矿体由 SW 向 NE 向延伸，主要沿该挠曲的 NW 翼分布，倾向 NW，至倾伏端转为倾向 NNE，矿体平面形态简单，呈舌状由 SW 向 NE 方向展布。

2　锌多金属矿体三维可视化模型构建

2.1　三维可视化模型构建流程

3DMine 软件运用不规则三角网技术、剖面轮廓线法及地质统计学法，先后构建地表、矿体、块体、巷道及地层等三维可视化模型[7]，技术流程见图 1。

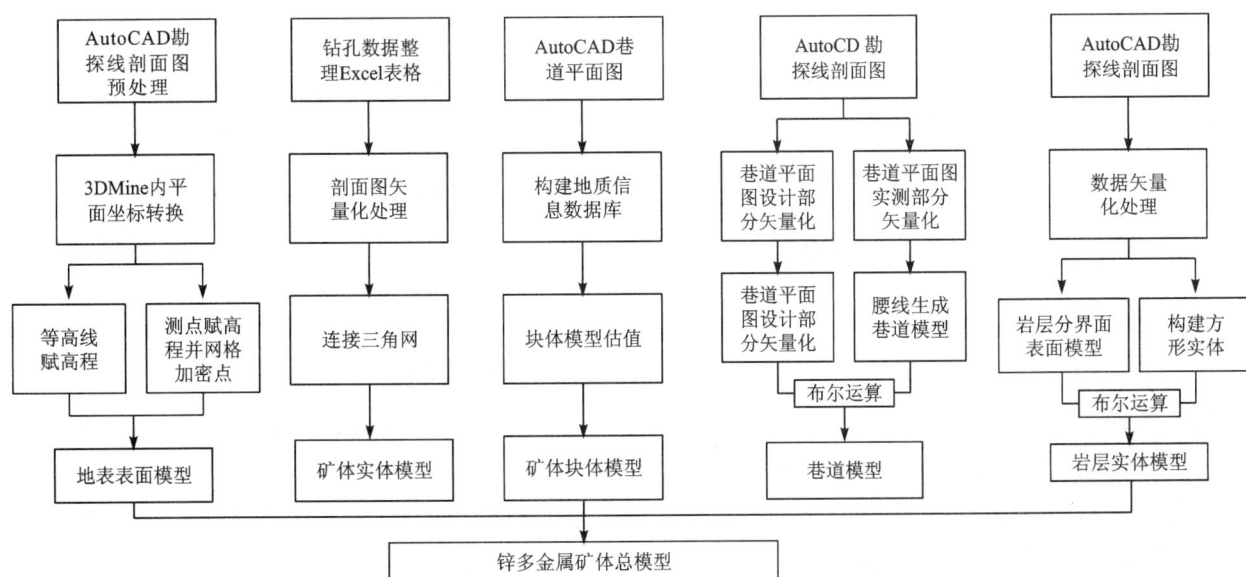

图 1　三维可视化模型的构建流程图

2.2 地表模型构建

据地表地形图 AutoCAD 文件，对图内各类线条和点进一步分层，并导入 3DMine 中，将图形转换为真实坐标，保存各层为单独的线文件。由于地形图存在拼接、陡崖及局部高程标注缺失等问题，使线段间连接关系不明确，需将等高线按高程进行线号分类，明确线段间关系。在陡崖及塌陷处，结合地貌实际情况和等高线特性，对等高线进行赋值。对闭合建筑物外墙轮廓线，按附近测点高程进行赋值。使用 DTM 表面命令，生成矿区地表模型（见图 2）。为使表面模型能更好地模拟真实地表形态，可使用仿真渲染、颜色渲染及调整光照条件等功能增强模拟效果。

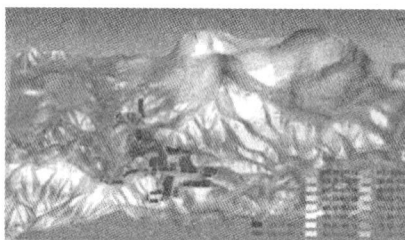

图 2 地表模型

2.3 矿体模型构建

矿体模型构建分两类[8]：一类以建立的钻孔数据库为基础，进行地质解译，从而圈定矿体连接三角网；二是以地质剖面图为基础，连接三角网。本文采用第二类方法构建矿体三维模型。剖面图包含信息较多，矢量化前对每张剖面图需进行预处理，仅保留对构模有用的线条。在每张剖面图中，将每一编号矿体单独存放到以其名字命名的图层中，再分别将各剖面图导入 3DMine 软件中进行矢量化处理并保存。然后在图中提取相同编号矿体的所有矿体剖面轮廓线，保存为单独的线文件。锌多金属矿体表现出形态复杂、分支复合及断层错动等现象，需采用控制线和分区连接技术进行处理，矿体端部及尖灭处。运用外推矿体功能进行处理，合并三角网构建出锌多金属矿体模型（见图 3）。

2.4 块体模型构建

如需了解地质统计、资源量及有用元素分布规律等重要信息，需构建块体模型。构建块体模型需具备矿体实体模型、钻孔数据库和品位估值方法 3 个基本条件。构建地质数据库需整理钻孔数据，使之符合 3DMine 软件规范，在 3DMine 中建立相应空数据库，通过导入功能将规范数据导入。连接数据库，按实际需求设置钻孔显示风格，实现钻孔的三维显示。以矿

图 3 矿体模型

体实体模型为约束条件，以 0.5 m 组合长度和 0.25 m 最小有效长度对样品进行组合，生成组合点数据并保存。综合考虑矿体厚度、勘探密度及最小可采厚度等因素，采用块体为 10 m×10 m×2 m，次级模块为 2.5 m×2.5 m×0.5 m。据实体模型最大尺寸生成块体模型，添加矿体模型为约束条件，生成以矿体实体模型为边界的块体模型（见图 4）。块体估值前需对块体建立起与组合样文件中记录一致的估值属性。估值是对建立的属性进行赋值计算。本文采用距离幂次反比法对块体进行估值[9]。估值成功后可通过查询块体信息命令来查询矿体的尺寸、质心点坐标和品位属性值，并通过块体模型报告功能设置需报告的属性值。通过显示处理把矿体内部某一品位分布规律以不同颜色显示在屏幕上，也可通过特定约束条件，如某一品位区间、高程、闭合线等，来对块体进行约束，便于观察和报告某区域的详细信息。

图 4 块体模型

2.5 巷道模型构建

3DMine 软件提供了中线生成巷道实体和腰线巷道建模两种构建方法。巷道模型构建前需对平面图进行预处理，删除与构建模型无关的点和线，导入各剖面图并将其矢量化，使得中线和腰线形成一定坡度。构建未开拓巷道模型时，在由断面及中线生成设置对话框中，调入断面文件，设置其他参数，确定后左键选择所有中心线，点击右键执行即可。对实测巷道模型，首先闭合腰线内外侧并对巷道出口进行检查，对

假出口利用控制线进行处理。然后由腰线生成巷道实体参数对话框，设置巷道参数，确定后左键选择外侧腰线并执行，则可生成巷道模型。对生成的巷道模型进行布尔运算，使巷道模型三角网合并形成贯通巷道，并进行实体检验。本次构建的锌多金属矿体的巷道模型见图5。

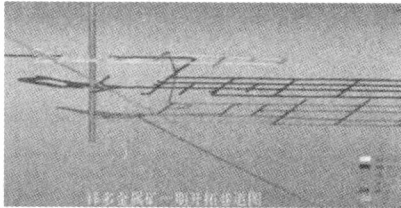

图5　巷道模型

2.6　地层模型构建

锌多金属矿体属似层状沉积型，可采用地层分界DTM面与实体运算快速构建地层模型。为更好地展现岩层面平滑性和真实性，采用两组不同方向勘探线组成勘探网，利用它们空间位置互补关系，使平面圆滑过渡。把预处理的两组勘探线剖面图导入3DMine中并将其矢量化，隐藏与构建单个岩层分界面无关的线和点，炸开所有的线，以南北勘探线为准，删除相交线附近高程相差较大的点，利用散点等值线命令生成等高线，使用生成DTM表面命令，生成表面模型。据岩层分界面水平投影的大小创建合适的实体模型，复制实体与相邻两个岩层分界面进行布尔运算，生成地层模型（见图6）。

3　结语

（1）结合具体矿山实例，详细阐述了矿体三维可视化模型的构建过程。

（2）通过构建复杂矿体三维可视化模型，可对地表、矿体、岩层与巷道之间位置进行准确、直观的表达，为采矿设计人员制定合理、安全的采矿设计及施工规划等提供依据，可实现资源合理规划利用及矿山长远科学发展，提高企业经济效益。

图6　地层模型

参考文献

[1] 僧德文，李仲学，李春明，等.可视化技术及其在矿业中的应用研究们.矿业研究与开发，2004，24(6)：59－65.

[2] 李德，曾庆田，汪德文三维可视化矿业软件综合应用技术研究册.采矿技术，2009，9(1)：19－23.

[3] Bak P, MilIA. Three Dimensional Rcpresentation in aGeo－scientificManagement System for the MincmIs Imlusu7［A］. Three DimensionalApplications in Geooaphic information system［c］. Taylor&Francis, 1989.

[4] 北京东澳达科技有限公司.3DMine软件使用说明(第二版)［Z］. 北京：北京东澳达科技有限公司，2009

[5] 刘云，盖俊鹏，刘颖.利用3DMine软件建立矿山地质三维模型［J］. 矿业工程，2009.7(5)：58－60.

[6] 徐能雄，何满潮.景海河.非连续型非褶皱岩体三维可视化构模技术及应用［J］. 岩石力学与工程学报，2004，23(15)：2534－2538.

[7] 王跃，莫谈，王玉银.三维模型剖面轮廓线的实现［J］. 现代计算机2009.(1)：62－64.

[8] 吴立新.史文中. Christopher Gold 3D GIS与3D GMS中的空间构模技术 m.地理与地理信息科学，2003，19(1)：5－11.

[9] 王铁，金智求，王志宏.距离幂次反比法的改进及参数优选［J］. 中国矿业，1994，3(4)：47－50.

庙沟铁矿床三维立体模型的建立

温小亚　赵福平　孟令刚

（中钢集团工程设计研究院有限公司石家庄设计院，石家庄，050021）

摘　要：利用勘探线剖面图、地形地质图等资料，通过 3DMine 软件建立了庙沟铁矿的矿体三维模型。通过研究，对该矿各矿体的空间几何形态、内在地质特征与性质等有了更加直观、形象的了解，同时掌握了三维矿体模型建立的思路与详细步骤。

关键词：庙沟铁矿；3DMine 软件；三维矿体模型

0　引言

随着计算机技术的迅猛发展，以平面图和剖面图为主的传统地质信息模拟与表达，难以满足现代矿山信息化发展的需要，三维地质建模及可视化的研究已受到广泛重视。三维地质建模（3D Geosciences Modeling）是指采用适当的数据结构，在三维环境下，综合运用现代空间信息理论和计算机技术，将空间信息管理、地质解译、空间分析和预测、地学统计、实体内容分析以及图形可视化等工具结合起来[1-3]，研究地质体几何结构及其内部物理、化学属性等地质信息，并用于地质分析与资源储量估算的技术。它是由地质勘探、数学地质、地球物理、矿山测量、矿井地质、GIS、图形图像和科学计算可视化等学科与技术交叉而形成的一门新兴技术[4]。

相对于传统的二维地质数据表示方法，三维地质模型能够比较完整、准确、形象、立体地表达各种地质现象，快速直观地再现地质单元的空间展布及其相互关系，挖掘隐含的地质信息，方便完成各项工程决策、地质分析和自动制图等工作[5-6]。同时能够更直观、准确地为采矿工程设计提供有效、合理的基础数据和资料。

本文依据河北省地矿局秦皇岛矿产水文工程地质大队于 2009 年 8 月提交的《河北省青龙满族自治县庙沟铁矿深部补充勘探地质报告》中的 14 张勘探线地质剖面图、一张地形地质图（1:2000）及其他资料，运用国内比较先进的三维矿业软件（3DMine），建立了庙沟铁矿区的矿体三维模型。

1　矿区地质概况

庙沟铁矿是河北钢铁集团矿业有限公司的主采矿山之一，现为露天开采。矿区位于河北省青龙满族自治县城南东 100 km 处，矿区中心地理坐标：东经 119°24′10″，北纬 40°10′720″。属青龙满族自治县祖山镇管辖。承秦公路由矿区北部 4.5 km 处通过，有简易公路与之相通，交通便利。

区内出露沉积地层有新太古代变质岩、中生代火山沉积岩及第四系残坡积物。区内变质岩总体为一单斜构造，岩层走向北北东—北东，2 线以南倾向西，2 线以北倾向东，倾角 70°~84°，局部直立。矿区内断裂构造不甚发育，主要有 F_1、F_2 断层，对矿体具有一定的破坏作用。区内岩浆活动较为强烈，主要为新太古代变质闪长岩及混合岩等变质深成岩、中生代晚期响山花岗岩，伴随一系列基性—酸性岩脉产出。

铁矿体总体呈带状，产于变质岩之中。矿带总体走向近南北，经多年开采，现地表出露长 1 380 m，宽 70~158 m，北端至 13 线北逐渐尖灭，南端至 14 线南被响山岩体吞噬。该矿带由东向西划分为 4 个矿体，依次编号为 Ⅰ、Ⅱ、Ⅲ、Ⅳ。其中 Ⅱ 号矿体规模最大，由多层矿体交织组成，Ⅱ 号矿体保有资源储量占全区保有资源储量的 99.57%。

矿石的自然类型为条纹-条带状磁铁石英岩型，工业类型为弱磁铁石英岩型贫铁矿。该区铁矿石品级划分为工业品级矿石 Fel（$SFe \geqslant 25\%$，$mFe \geqslant 20\%$）和边界品级矿石 Fe2（$20\% \leqslant SFe < 25\%$，$15\% \leqslant mFe < 20\%$）。本次矿体模型分 Fe1、Fe2 两种矿石品级分别进行建模。

2　庙沟铁矿体三维模型的实现。

2.1　矿体轮廓线的形成

创建三维矿体模型的基础是生成矿体的轮廓线，所谓矿体轮廓线是指在一个地质剖面图中，所圈定的矿体边界线。生成轮廓线有两种方法：（1）根据原始探矿工程数据（如钻孔、探槽等数据），在三维建模软件工具支持下，按工业指标和矿石类型在钻孔剖面图上交互式连接矿体轮廓线，或根据岩石类型交互式连接岩体轮廓线;(2)在已有地质剖面图等资料的情况下,通过建模软件进行转换,并提取岩石或矿体等的轮廓线[7-8]。本文根据已有地质资料,采用第二种方法来生成矿体轮廓线。

庙沟铁矿各矿体轮廓线的生成,直接利用已有的14张勘探线地质剖面图,具体流程如下:

首先,将14张勘探线剖面图、地形地质图(已经整理好的 autoCAD 图)分别导入 3DMine 软件中,该软件支持文本、全站仪数据、Datamine、Surpac、Map-GIS、AutoCAD、Micromine 等类型的数据的直接导入。

然后,通过使用 3DMine 软件菜单"工具/坐标转换/平面两点坐标转换坐标调换(X - Y - Z)"功能,将二维坐标系中的勘探线剖面图转换成具有真实坐标的三维坐标系,同时将三维的勘探线剖面图坐标与三维状态下的地形地质图匹配。

按照上述步骤,将庙沟铁矿区的14张勘探线剖面图的坐标转换为 3DMine 软件环境下的真实空间坐标,实现平面文件的 3D 转换。最后将各勘探线上的矿体轮廓线保存为同一文件,图1所示为所有勘探线剖面图中 II - 2 矿体轮廓线在 3DMine 软件环境下的空间位置关系。

将所有勘探线剖面图进行三维转换,并将矿体轮廓线提取出来,保存为单独一个文件,即完成了轮廓线创建工作。该项工作是非常重要的基础资料,同时很繁琐,工作量较大。为了保证矿体轮廓线转换与提取的正确性,需要将转换结果与勘探线、地形地质图等信息在三维空间中显示,并与原图进行比较,必要时进行修正。

2.2 矿体三维模型的建立

2.2.1 三维实体模型的建立

3DMine 软件中的实体模型是一个三维的数据三角网,用来描述三维空间的物体,该实体是由一系列在线上的点连成内外不透气的三角网,三角网由一系列相邻的三角面构成,由这些三角面包裹成内外不透气的实体。实体模型是一个封闭的面,是建立块体模型的基础。具体的实体模型建立步骤如下。

1. 数据准备

为了比较方便地连接矿体,将所有勘探线剖面图上不同矿体轮廓线分别提取出来,组成各个单独矿体的轮廓线文件(见图1)。并仔细检查各矿体轮廓线的完整性,以确保所建实体模型的正确性。

2. 创建矿体实体模型 3DMine 软件中提供了不同的三角网连接方法,根据具体情况,选择合适的三角网创建方法,在每个对应的窗口中填写要创建实体的体号和三角网号参数。在 3DMine 软件环境中,不同

的体号可以分别赋予不同的显示颜色,这样就可以将不同种类、编号和品级的矿体用不同的颜色区分开。

在矿体实体模型的建立过程中,主要用到了 3 种不同的三角网创建方法:(1)线与线之间创建三角网:适用于在矿体连续分布,无断裂等破坏矿体的构造存在的情况;(2)闭合线到开放线创建三角网:适用于矿体遇到分叉的情况,或矿体端部的板状外推;3)线到点创建三角网:适用于地质上内插或外延的规则,矿体向两端尖灭,从而完成整个矿体的实体模型创建。

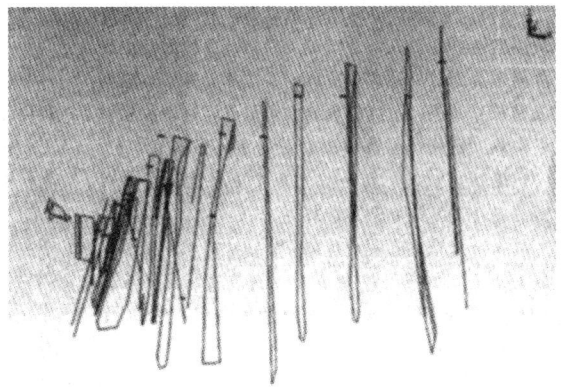

图 1 3DMine 软件环境中的 II — 2 矿体轮廓线

3. 实体模型的验证

连接好三角网后,需要对实体进行验证,确定所建立的实体是不是一个有效的实体,即确认连接的三角网不出现自相交、开放边、无效边等逻辑错误。使用 3DMine 软件菜单"实体 - 实体验证 - 优化实体 - 验证实体"来实现。从生成的检验报告中查看实体的有效性,如果验证模型结果出现错误,则需要进行实体修改,甚至重新连接,直至验证结果正确有效为止。

4. 实体模型的应用

本文所建立的庙沟铁矿实体模型通过了实体验证。所建实体模型不仅可以准确掌握矿体的空间几何形态,而且为块体模型建立奠定了基础。对建立的三维矿体模型,可以实现其缩放、旋转等基本操作。在实体模型的基础上,可以任意方向剖切矿体,得到矿体的平剖面图,用于矿体施工设计等。同时可以报告实体体积、表面积及统计矿石量等。

2.2.2 三维块体模型的建立

实体模型只描述了地质体的空间形态,并没有描述或反映地质体的内在特征和性质,因此,需要在矿体实体模型的基础上,建立矿体的块体模型[9]。块体模型(品位模型)是应用数学与地质统计学方法对品

图 2 庙沟铁矿体最终实体模型

位分布进行建模，即利用地质统计学原理与数学方法，由已知的有限品位值来估算其周围矿体的品位值，并赋值到矿体的每一个小块。块体模型的精度取决于块体模型的结构和属性。在资源储量估算中，利用块体模型可以准确进行资源量和品级报告。

（1）建立块体模型。使用 3DMine 软件菜单"块体—创建—建立块体模型"来实现，并自动确定矿体空间范围（X、Y、Z 的坐标范围），定义块体尺寸大小。定义块体的范围时，一般要尽量将矿体和希望包括的区域覆盖，如果矿体的走向不是近似于南北或东西时，需要考虑旋转块体模型。

对建立好的块体模型，可以对其进行保存、显示等操作。

（2）添加属性。块体模型建立完成之后，需要添加属性，使用 3DMine 软件菜单"块体 - 属性 - 新建"来实现，属性包括名称、比重及矿岩类型等。

（3）属性估值。使用 3DMine 软件菜单"块体 - 赋值"来实现块体属性的估值，其中估值的方法主要有：直接赋值法（给块体模型分配一个精确的值，也称为"单一赋值"）、最近距离法、普通克里格法、多边形投影赋值法、距离幂次反比法等。本文应用单一赋值方法对庙沟铁矿实体模型的属性进行赋值。

（4）块体模型的应用。块体模型也是一个数据库，每个块体的质心点可作为存储这些属性值的支点，因此，块体模型的应用也是基于块体的属性进行的，可以将支点的坐标和属性导出到电子表格，可以在显示时按照属性分类，报告矿体或任意空间范围的储量和品位，还可以通过估值时保留的"距离值"参数来确定块体质心与已知样品点之间的网度，从而求出不同储量级别等。

经过上述估值后形成的块体模型，进行矿石资源储量报告是其重要而广泛的应用。使用 3DMine 软件

菜单"块体 - 块体报告"可以实现不同条件、不同情况的块体资源量报告，见图 3。

本文利用 3DMine 软件估算了整个矿体的资源储量，并与地质报告提交的保有资源储量比较，二者误差小于 5%。因此，利用 3DMine 软件建立的块体模型，并进行资源量估算的结果是比较可靠的。

3 结语

运用 3DMine 软件。以勘探线地质剖面图、地形地质图等为主要资料，成功实现了庙沟铁矿矿体三维模型的建立。通过三维矿体模型的建立，能够更加形象、直观地了解该矿体的空间分布状态及内部构造等信息，并可快速、准确的估算矿体资源储量，为下一步采矿工程设计提供真实、有效、直观的数据和依据。

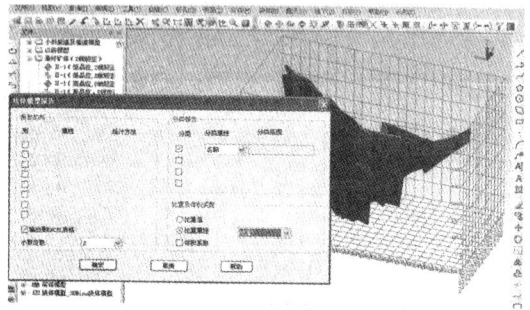

图 3 不同条件和情况的块体资源量报告选择

参考文献

[1] 李亦纲，曲国胜，陈建强. 城市钻孔数据地下三维地质建模软件的实现[J]. 地质通报，2005(5)：470～475.

[2] 朱良峰，潘信，吴信才，三维地质建模及可视化系统的设计与开发[J]. 岩土力学，2006(5)：828～832.

[3] 刘少华，程朋根，陈红华. 三维地质建模及可视化研究[J]. 桂林工学院学报，2003(2)：154～158.

[4] 左义柱，白五. 三维地质建模研究现状与发展趋势[J]. 河北地质，2006(2)：27～29.

[5] 侯恩科，赵洲. 三维体元拓扑数据模型的改进与实验[J]. 煤田地质与勘探，2006(4)：13～16.

[6] 曾钱帮，刘大安，张菊明. 地质工程复杂地质体三维建模与可视化研究[J]. 工程地质计算机应用，2005(3)：29～33.

[7] 罗周全，刘晓明. 基于 Surpac 的矿床三维模型构建[J]. 金属矿山. 2006(4)：33～36.

[8] 朱良峰，吴信才，刘修国. 基于钻孔数据的三维地层模型的构建[J] 地理与地理信息科学，2004(3)：26～30. 154～158.

[9] 潘冬，李向东. 基于 SURPAC 的矿山三维地质模型开发[J]. 采矿技术，2006(3)：499～601.

基于 3DMine 软件的尖山硫铁矿三维建模

徐恒雷[1]　陈广平[1]　宋凯东[1]　柳波[2]

（1. 北京科技大学土木与环境工程学院，北京，100083；2. 长沙迪迈信息科技有限公司，长沙，410083）

　　摘　要：随着计算机图形学、计算机网络技术、数据库技术、数字通讯技术、三维仿真技术、人工智能技术和三维 GIS 技术的飞速发展及计算机硬件性能的大力提高，传统的以平面图和剖面图为主的地质信息的模拟与表达难以满足现代矿山信息化、数字化建设的需要。而三维矿山地质模型能够完整准确地表述各种地质现象，快速直观地展现地质空间分布及相互关系并为矿山动态管理和合理利用资源提供依据。依据尖山铁矿地质报告、尖山硫矿地质报告、尖山地形地质 CAD 图、尖山铁矿剖面图、尖山硫矿剖面图等资料，采用 3DMine 矿业软件，建立了尖山铁矿地质数据库、尖山硫矿地质数据库、地形模型、铁矿实体模型、硫矿实体模型、铁矿品位模型、井巷三维模型。通过对矿体三维模型的建立，更好地指导矿山生产。

　　关键词：3DMine 软件；三维模型；数字化；数据

　　随着计算机图形学、计算机网络技术、数据库技术、数字通讯技术、三维仿真技术、人工智能技术和三维 GIS 技术的飞速发展及计算机硬件性能的大力提高，传统的以平面图和剖面图为主的地质信息的模拟与表达难以满足现代矿山信息化、数字化建设的需要[1]。而三维矿山地质模型能够完整准确地表述各种地质现象，快速直观地展现地质空间分布及相互关系并为矿山动态管理和合理利用资源提供依据[2]。

　　本文依据尖山铁矿地质报告、尖山硫矿地质报告、尖山地形地质 CAD 图、尖山铁矿剖面图、尖山硫矿剖面图等资料，采用 3DMine 矿业软件及距离平方反比法，建立了尖山铁矿地质数据库、尖山硫矿地质数据库、地形模型、铁矿实体模型、硫矿实体模型、铁矿品位模型、井巷三维模型。

1　尖山硫铁矿概况

　　尖山铁矿位于马鞍山市南东约 15 km 处，矿区面积 2.6 km²，属马鞍山市向山镇与当涂县丹阳镇交界地带。区内除第四系残坡积层外，仅见侏罗系上统大黄山组 J_3d 地层。矿区处于其林山—尖山断裂带南端，该断裂对火山喷发、岩体侵入和铁、硫矿床的形成起重要的控制作用。本矿床的主要构造——尖山火山穹隆、尖山角砾岩筒均受该断裂的控制。矿区岩浆岩有爆发相及溢流相的喷发岩及次火山岩，区内围岩蚀变分为两类，即火山岩中的次生石英岩化与闪长玢岩中的青盘岩化，但分带现象不明显。

　　本矿床处于凹山矿田内，该矿田包括陶村、向山、凹山、东山、马山等各大矿床而成为矿床群。它处于区域火山岩裂隙含水岩体东部补给区，地下水以大气降水补给为主。其富水性受区域裂隙及局部构造裂隙发育程度的控制，除浅部凝灰岩隔水和后期侵入的花岗岩贫水之外，岩性一般对水文地质条件制约表现不明显。

　　矿床内计有 60 个铁矿体，编号分别为 1～30，32～61。其中 1 号矿体是本矿床的主要矿体，储量占全矿床的 90% 以上，分布于向塘村至板桥村之间，产于尖山角砾岩筒中，呈一形态不规则的板状体。该矿体绝大部分为贫磁铁矿矿石，仅 1 线及 2～32 线顶部为贫假象赤铁矿矿石，个别地段有菱铁矿呈脉状、细脉状穿插于磁铁矿矿石中。因规模小、产状不清，故未单独划分。矿石矿物主要为磁铁矿，次为假象赤铁矿、赤铁矿、镜铁矿、菱铁矿及少量黄铜矿、磁黄铁矿等。此外，近地表氧化带尚有水赤铁矿及针铁矿。

　　尖山铁矿区内有比较大的矿体为 1、7、18 号矿体。该区内铁矿石资源储量共计 4092.28×10^4 t。

　　马山硫铁矿区内有 25 个矿体，主矿体 11 个，附属独立矿体 14 个。主矿体为 1、2、6、7，全部分布在 −200 m 标高以上。该区内硫铁矿石资源储量共计 16523.5×10^4 t，其中 Py2 + Py1 级 10627.0×10^4 t，Py3 级 58965×10^4 t，尖山铁矿采矿权内资源储量为 $8726\ 3 \times 10^4$。

2　矿山三维建模

2.1　地质数据库

　　（1）铁矿地质数据库。本研究根据安徽省地质局三二二地质队 1980 年 12 月完成的尖山铁矿床初步勘探地质报告、2009 年 5 月完成的勘探线剖面圈和地形地质图，按尖山铁矿的要求进行钻孔数据的处理。开孔数据的 XY 坐标从地形地质图上量取，Z 坐标及最大深度从剖面图上的标注得到；部分斜孔的测斜数据从 CAD 剖面图获取信息。并经过作图及计算得到倾角和方位角，其余按直孔处理。化验数据根据地质报告附表人工录入。一共形成 3 张表，其中开孔数据 102 条，测斜数据 437 条，化验数据 8641 条。

通过 3DMine 矿业软件导入钻孔数据并查错，该软件在这方面具有较强的优势，它能准确追踪到错误数据的行及错误类型。

通过 3DMine 软件建立尖山铁矿地质数据库，在 collar 表和 survey 表两个强制性表的基础上增加化验表。各表的字段为：collar 表有 hole_id, x, y, z, max_depth, hole_path；survey 表有 hde_id, depth, dip, azi－muth；化验表有 hole_id, samp_id, depth_from, depth_to, tfe, 样长；数据库结构建立好之后，就可以导入钻孔数据。

3DMine 软件建立好尖山铁矿地质数据库之后，可以对单个钻孔进行编辑、添加、删除及检查错误操作。也可以对钻孔进行三维约束及风格显示，显示出用户需要的钻孔及风格[3]。如图 1 中的 TFe 品位风格显示，还可以对钻孔的某字段进行基本统计及分区统计，如图 2 中的 TFe 品位基本统计。

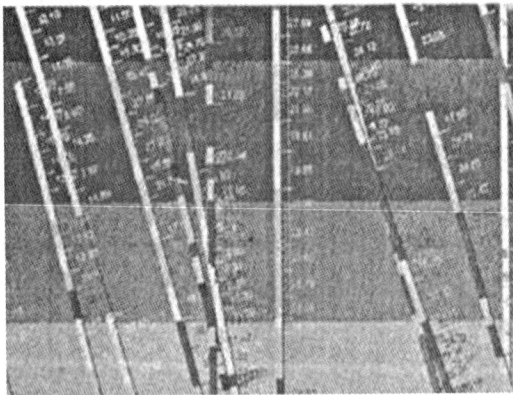

图 2　钻孔内 TFe 品位分区间统计

入 3DMine 软件中，根据已标注的高程推出其他线的高程。首先对线进行清理，清理线内重复点、线间重复点、重复线段及 T 字角。然后利用"自动连接线"工具，将距离小于 0.5 m 的线连接成一个整体，对于不能自动连接的线，用"连接 2 根线"工具手动连接。再利用 3DMine 软件的"快速赋线 z 值"及"等值线赋高程"工具对线赋上高程。为了更好地做出地形模型，也将高程点赋上高程。将赋好了高程的点线文件，通过 3DMine 软件将屏幕可见对象生成地表 DTM[4] 图。如图 3 所示。

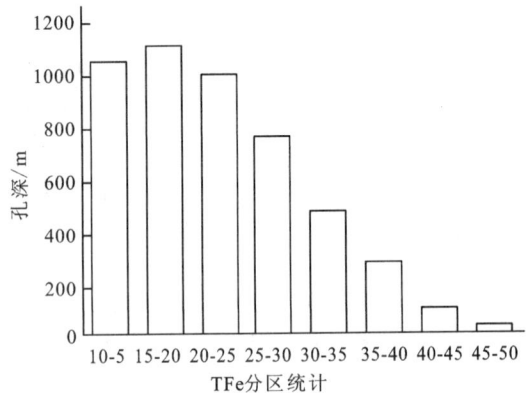

图 1　钻孔内 TFe 品位三维风格显示

（2）硫矿地质数据库。硫矿数据库建立过程与铁矿类似，根据安徽地质勘查大队 1984 年 9 月完成的马山矿段详细勘探地质报告附表，人工录入开孔数据，测斜数据及化验数据，并用马山硫矿勘探线 CAD 图上的钻孔进行校验。经过对错误的检查及处理，最终完成数据的导入，建立硫矿地质数据库，其中开孔数据 321 条，测斜数据 337 条，化验数据 31623 条。

2.2　地表地形模型

将地形地质图 E 的等高线及有标注的高程点导

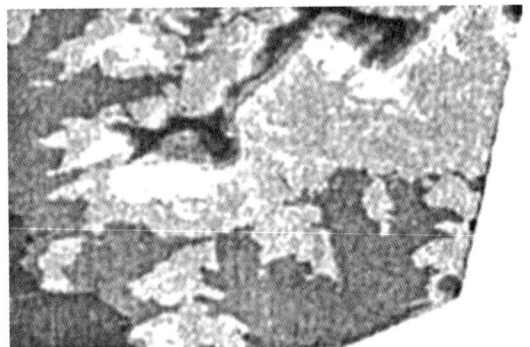

图 3　原始地表按高程渲染

根据原始地表 DTM 模型可生成需要的等高线，这里生成每隔 1 m 的等高线，次曲线为 4 条，间隔 5 m 标注高程，如图 4 所示。

有了原始地表模型，就可以布置工业场地、建筑、村庄、公路等，进行总图设计并能计算出填挖方量及显示三维位置。过里将公路，废石临时堆场、尾矿库及工业厂房等根据实际情况布置在地表上，如图 5 所示。

2.3　矿体实体模型

根据提供的勘探线剖面图，将每个剖面图单独分

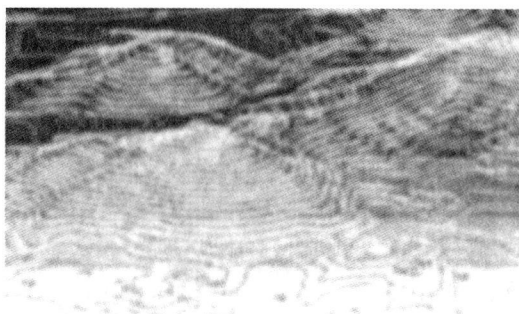

图 4　地形等高线

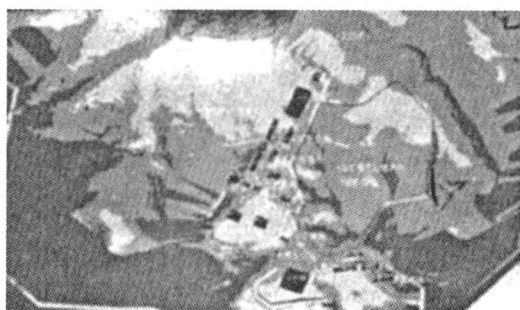

图 5　尖山总图

开存为 1 个 CAD 文件，在图上将 Z 坐标移到正确位置。对于每个勘探线剖面图，将其导入 3DMine 软件中，首先进行 YZ 调换将剖面图立起来；接着根据勘探线的方位角，对剖面图在平面上进行旋转；然后量取坐标网上的 XY 坐标，将其移到标注的 XY 坐标上，这样剖面图就放在了空间的正确位置上。

对剖面图进行清理，删除不需要的线，对矿体线进行整理。将每一条矿体线连接形成一个整体。

有了矿体线文件，就可以连接形成矿体实体模型，在连接矿体时还要考虑到分区及外推。对于矿件号在单个剖面上矿体线，采用沿走向方向两边外推勘探线距离的一半，外推面积为原来的一半。铁矿剖面间矿体连接根据矿石类型及矿体号连接，硫矿根据每个勘探线外推间距的一半和面积减小一半连接，最后得到铁矿及硫矿的实体模型，如图 6 所示。

2.4　铁矿品位模型

（1）样品组合。由于化验取样长度不一，为了简化在地质统计中所考虑的因素，要对样品按长度组合成等长度的样品，用组合样中的点品位代表整个样品的品位，组台样长度取化验取样的平均长度为宜。

样品组合的计算公式为：

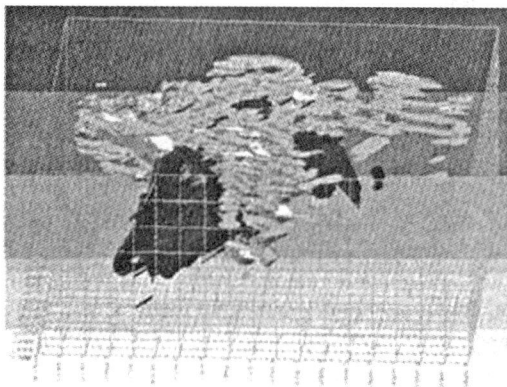

图 6　铁矿掉 II 硫矿体女体模型

$$G_C = \frac{\sum\limits_{i=1}^{m} G_i L_i}{\sum\limits_{i=1}^{m} L_i} \quad (1)$$

$$L_C \geq \sum_{i=1}^{m} L_i \geq 0.5L_C \quad (2)$$

式中：G_C 为组合样参数值；G_i 为位于组合样计算长度范围内的第 i 个样品的参数值；L_i 为第 i 个样品的长度；L_C 为组合样的长度 III 为参与组合样计算的样品数。

尖山铁矿类型主要有贫磁铁矿（mt_2）、表外磁铁矿（mt_3）、褐铁矿（lim）、贫假象赤铁矿（ph）。硫铁矿类型有 Py1、Py2、Py3。对铁矿，分别从不同类型的矿体内提取组合样，样长取统计的平均值 2.5 m。

（2）距离平方反比法估值。这种方法认为被估块段的地质参数跟周围指定的一定有效范围内样品点的地质参数有密切的联系，而这种联系跟其距离的平方成反比。因此，要首先确定这个影响范围，然后才能计算落入到影响范围以内各个样品与被估块段中心距离，并利用公式（3）、（4）计算出块体的品位：

$$W_i = \frac{\dfrac{1}{d_i}}{\sum\limits_{i=1}^{n} \dfrac{1}{d_i}} \quad (3)$$

$$Z(A) = \sum_{i=1}^{n} W_i g_i \quad (4)$$

式中：n 为参与估值样品点数；w_i 为第 i 个样品点的权系数；d_i 为第 i 个样品点到块段 A 中心的距离；g_i 为第 i 个样品点的品位，Z 为块段 A 的估计品位。

地质变量的估值就是运用一定估值方法，也就是插值方法对勘探范围以内的矿床情况根据离散信息进行描述和判断。估值方法是求得估值的权重的方法。

距离平方反比法指根据距离块体质心的距离平方

成反比求得有效范围以内的样品权重，进而进行加权平均估值的方法。运用距离平方反比法进行估值，参数根据主矿体的空间形态确定，然后用不同类型的矿体内部组合样对不同矿体进行估值[5]。

具体参数如下：主轴搜索半径在矿体内部为 300 m，矿体外部为 100 m，主/次轴 = 2，主/短轴 = 3，主轴方位角 30°，侧伏角 = 0.000，主轴倾角 = 67.5°。最少样品点 = 3，最多样品点 = 15。

（3）块体显示及报告。块体模型估值之后，根据块体属性，可以用不同的风格和颜色显示块体模型。可以对数据按照医间范围，对字符属性按照名称等等显示，过样非常直观地浏览矿体的属性。还可以沿水平面，横剖面、纵剖面切剖块体模型，显示矿体内部品位空间分布及大小。

可以不同的颜色显示不同范围的品位属性，形象

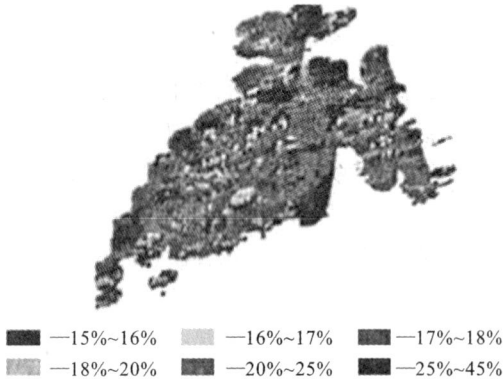

图 7　铁矿品位模型

展示矿体内部品位情况（见图 7，以灰度代替彩色）。软件可以根据需要生成不同类型的块体报告，如按实体分类报告、按线和上下面分类报告、当前区域量报告及吨位品位分布图等。如表 1 所示报告了不同品位级别的铁矿储量。

表 1　不同品位级加紧铁矿储量报告

品位级别 /%	体积/m³	质量/t	平均品位 /%	平均密度 /(t·m⁻³)
TFe≥25	20 252 109	60 685 661	29H16	3.01
TFe≥20	40 480 172	117 530 313	25.9	2.91
TFe≥18	48 993 609	141 197 669	24H75	2.89
TFe≥17	52 176 656	150 046 539	24.32	2.89
TFe≥16	54 806 203	157 356 679	23.96	2.88
TFe≥15	57 300 750	164 291 519	23.6	2.88

2.5　井巷模型

根据尖山硫铁矿所开采矿床的赋存条件，设计采用地下开采。开拓方式为竖井开拓，主、副井集中布置方案。矿山设 2 条提升主井，1 条副井，主井分别提升铁矿与硫矿。根据矿床的赋存条件及选用的采矿方法，确定中段高度为 100 m，按照该中段高度，全矿井划分 -0 m、-100 m、-200 m、-300 m、-400 m 等 5 个主中段。其中 -0 m 为回风中段，-200 m 为基建中段，-400 m 为设计开采最低中段。在每个中段按 50 m 的间距设副中段，副中段与副井、风井相连。在提供的中段平面 CAD 圈基础上，提取各中段巷道信息，对巷道中线及腰线进行处理，如删除重复点、重复线段、清理丁字角、连接断开线等，巷道断面根据提供的断面 CAD 图进行设计，然后利用软件中的根据腰线生成实体功能生成巷道实体。根据马鞍山尖山铁矿可行性研究报告确定主井，副井及风井的位置及深度，利用 3DMine 软件生成三维模型，如图 8 所示。

3　结语

（1）本研究建立了尖山铁矿数据库及硫矿数据库，当实际生产增加字段时，可以录入、编辑单孔，增加字段，使数据库与实际结合。建立好的数据库可以进行品位、岩性三维空间风格显示、基本及分区统计、字段数学运算等。

（2）建立了地表地形模型。根据尖山地形等高线及高程点建立了地表地形模型，可以三维显示地表高程情况。并根据设计方案在地表上布置工业设施、道路等，可计算开挖工作量，形象地展示矿区现场情况，并为工程施工服务。

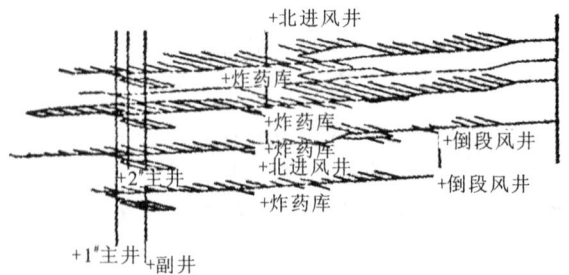

图 8　井巷模型

（3）建立了铁矿及硫矿实体模型。矿体模型能报告各矿体的体积、表面积，可以任意方向切割矿体、与地质数据库相交、用于空间约束等，精确地描述出了矿体的边界。

（4）建立了铁矿品位模型。在组合样的基础上，用距离平方反比法，得到块体内的品位信息。块体模型能处理矿岩质量信息，在每一个小块里记录了矿岩类型、品位、比重等信息。次级块保证了矿体边缘的块体与矿体界线尽量一致，从而得到准确的报告值。

块体模型可以根据需要进行各种约束，如实体的内外、表面的上下、块体某一属性、闭合线范围内外等。便于显示及报告任意空间范围的矿量和品位。还可以生成全部块体及约束后的品位吨位曲线。也可以提取块体质心点信息。

（5）建立了井巷模型。在三维空间里形象地展现了竖井、副井、风井及各中段运输巷道、切割巷道、溜井等工程布置情况。可以快速计算工程量，为工程经济计算提供数据，还可以为工程施工提供指导。

参考文献

[1] 刁鑫鹏，贾朋风."数字矿山"基本框架及其构建技术的研究[J].企业导报，2009（4）：198－199.

[2] 吴立新.数字矿山技术[M].长沙：中南大学出版社，2009.

[3] 李许伟，匡中文，赵红超，等.数字矿山数据库、模型及三维可视化平台的开发[J].煤矿现代化，2009（4）：78－80.

[4] 北京东澳达科技有限公司.3DMine矿业工程软件帮助文档及教程[M].北京：北京东澳达科技有限公司，2009.

[5] 罗周全，王中民，刘晓明.等.基于地质统计学与Surpae的某铅锌矿床储量计算［J].矿业研究与开发.2010（4）：4－6.

[6] 王孝东，戴晓江.矿井巷道三维系统图在3DMine中的设计与实现[J].江西冶金，2009（6）.

利用 3DMine 软件生成剥采比等值线的方法探讨

王多举　王岩

（中煤科工集团南京设计研究院，南京，210031）

摘　要：露天煤矿设计、生产过程中，剥采比是一个重要的技术经济指标，是进行露天煤矿开采境界圈定的重要依据，因此，如何绘制客观真实的剥采比曲线十分关键。介绍了利用3DMine矿业工程软件生成露天煤矿剥采比等值线的方法，并分析了不同方法的特点及适用性。

关键词：剥采比；3DMine；网格估值；面运算

在露天矿山设计过程中，剥采比是影响露天矿开采境界确定的一个重要因素，直接关系到矿山的建设速度、经济效果、资源利用、产品数量和产品质量等关键性问题。近年来，随着计算机技术的成熟以及全球信息化进程的加剧，矿业软件在国内外矿山企业及科研机构的应用越来越普及，并已成为矿山生产的4个必备条件（资源、设备、技术、软件）之一。如何应用矿业软件强大的功能更方便、更精确地生成剥采比曲线已成为目前矿山生产及设计工作中的重点之一。

3DMine矿业工程软件经过多年的发展和完善，已成为国内同类矿业软件的佼佼者。该软件由北京三地曼矿业软件科技有限公司于2006年底开发，拥有自主知识产权、全中文操作界面和三维效果。广泛应用于煤炭、金属、建材等固体矿产的地质勘探数据管理、矿床地质模型、构造模型、传统和现代地质储量计算、露天及地下矿山采矿设计、生产进度计划、露天境界优化及生产设施数据的三维可视化管理[1]。

1　剥采比的定义

剥采比即剥离量与有用矿物量之比值。在露天矿设计过程中，通常用境界剥采比小于等于经济合理剥采比来确定露天矿开采境界[2]。境界剥采比即露天采场境界扩大一定深度或宽度所增加的剥离量与回收的有用矿物量之比值[3]。

对于缓倾斜及水平矿床，为了便于确定露天矿开采境界，常绘制剥采比等值线平面图。剥采比等值线即钻孔剥采比等值线图，其与境界剥采比关系可用式（1）表示：

$$n_k = n_B \cdot \mu, \qquad (1)$$

式中：n_k 为境界剥采比，m^3/m^3；n_B 为钻孔剥采比，m^3/m^3；μ 为校正系数。

校正系数 μ 用式（2）表示：

$$\mu = \frac{(1 + \cot\gamma\tan\alpha)}{n_{yL}} \qquad (2)$$

式中：γ 为最终边坡角，（°）；α 为矿体倾角，（°）；n_{yL}为原矿采出率。

由式（1）、式（2）可知，当矿体倾角接近为0时：

$$n_k = \frac{n_B}{n_{yL}} \qquad (3)$$

可见，可以直接利用钻孔剥采比或经校正后的钻孔剥采比作为境界，剥采比，确定露天矿开采境界。

2　3DMine 软件生成剥采比等值线的原理

3DMine矿业工程软件生成剥采比等值线的原理有2种。

（1）根据钻孔数据库提取出的钻孔剥采比，利用地质统计变异函数分析其变化规律并进行"网格估值"，进而生成剥采比等值面和等值线。

（2）根据软件建立的煤层顶底板实体模型，利用"面运算"功能，按剥采比的定义和计算方法生成剥采比等值面及等值线。

3　生成剥采比等值线的方法及特点

根据生成剥采比等值线的原理，剥采比等值线的生成方法分别为：网格估值法和面运算法。

3.1　网格估值法

首先根据钻孔资料建立钻孔数据库，利用软件的"煤层数据提取"功能自动生成各个煤层所有钻孔的剥采比散点；然后，利用软件的"网格估值"功能对提取出来的钻孔剥采比散点进行"网格估值"，进而生成剥采比等值面和等值线。其操作流程见图1，"煤层数据提取"功能参数设置见图2，"网格估值"功能参数设置见图3。

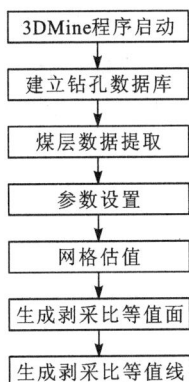

图 1　网格估值法操作流程

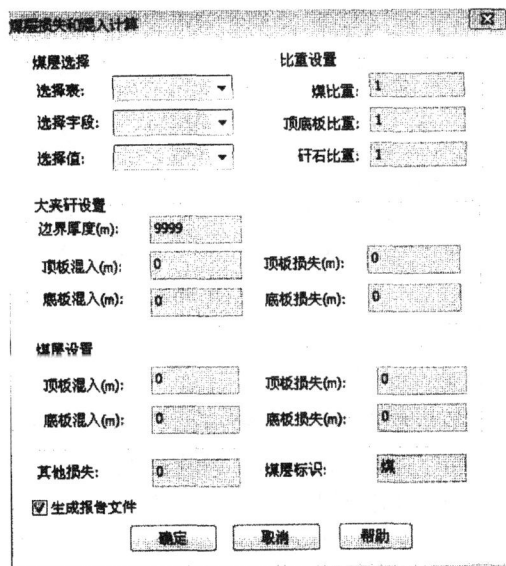

图 2　煤层数据提取参数设置对话框

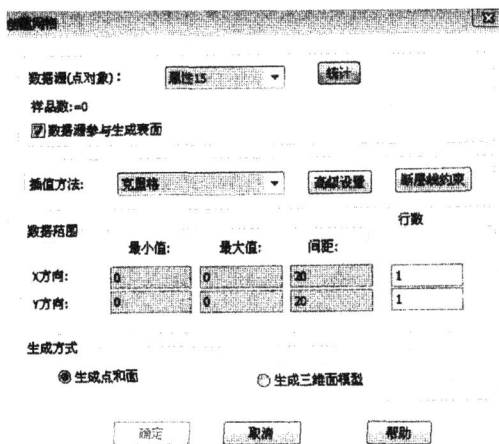

图 3　网格估值参数设置对话框

优点：自动化程度高，剥采比曲线生成速度快。

缺点：①多煤层时，各煤层容重值只能统一设置为一个；②不能真实反映钻孔间地形及煤层变化对剥采比的影响；③如果钻孔间距大，则钻孔间的剥采比失真比较严重。

适用性：钻孔分布密度大；地表比较平坦；煤层赋存稳定。

3.2　面运算法

首先，利用软件的"面运算"功能，将各煤层厚度面经运算得到相应的煤层重量面，进而相加得到总的煤层重量面；然后，利用"面运算"功能，将地表面减去最下煤层底板面和各个煤层厚度面，得到剥离物厚度面；最后根据境界剥采比的定义，将剥离物厚度面除以总的煤层重量面，即可得到剥采比等值面，进而生成剥采比等值线。其操作流程见图 4，"面运算"功能对话框见图 5。

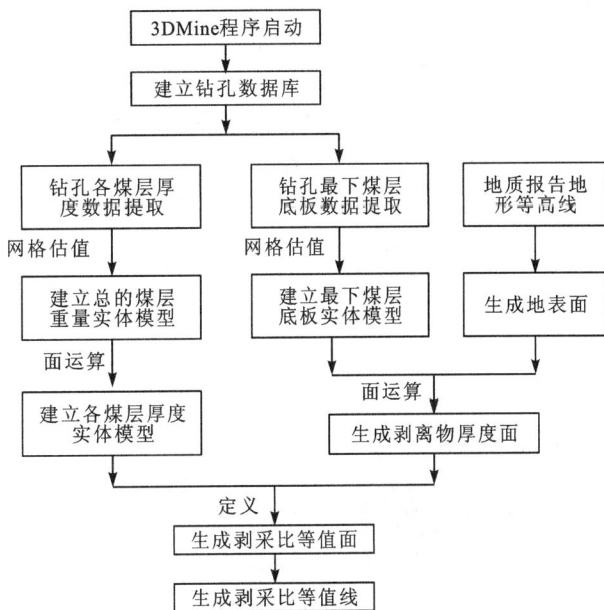

图 4　面运算法操作流程

此种通过编辑公式进行面运算来生成剥采比等值线的过程就相当于把矿区范围内按照设定的网格大小（一般 10 m × 10 m）来加密"钻孔"，这样每一个"钻孔"都得到一个剥采比值，进而参与生成剥采比等值线。

优点：①可以分别设置各个煤层的容重；②可以真实反映地表起伏变化；③可以真实反映煤层赋存变化且不受钻孔分布密度影响；④剥采比相对较为真实。

缺点：操作相对复杂。

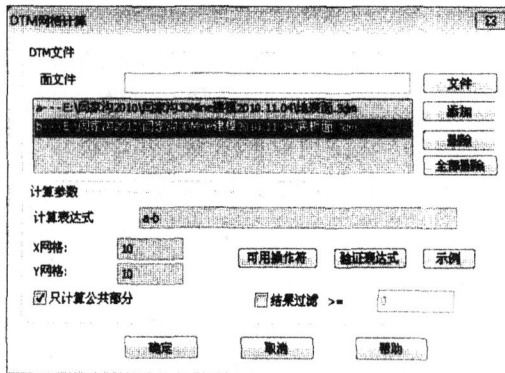

图5 面运算功能对话框

适用性：所有情况。

4 实例分析

为了验证上述 2 种方法的优缺点，现通过一实例进行说明。

内蒙古自治区某露天煤矿有可采煤层 3 层，近水平赋存，有效钻孔共 16 个。

经过对钻孔数据、煤层底板等高线和厚度等值线处理后，建立钻孔数据库，提取煤层损失贫化率，建立各个煤层顶底板实体模型，采用网格估值法和面运算法生成的剥采比等值线图分别见图 6、图 7。

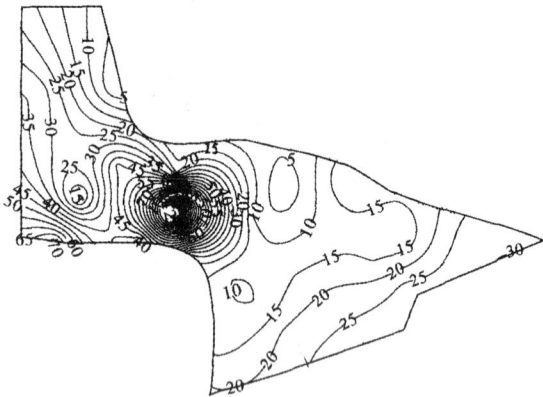

图6 网格估值法剥采比等值线

由图 6 和图 7 对比可知，2 种方法生成的剥采比等值线存在较大差异，剥采比等值线的差异将直接导致露天矿所圈定境界的不同，进而导致露天矿可采资源储量的变化。

网格估值法生成的剥采比等值线虽然比较圆滑，但不能客观反映该矿区沟壑纵横的地表形态，此外，通过地质剖面图对剥采等值线进行验证，发现其失真比较严重。采用面运算法生成的剥采比等值线则更接近实际情况。

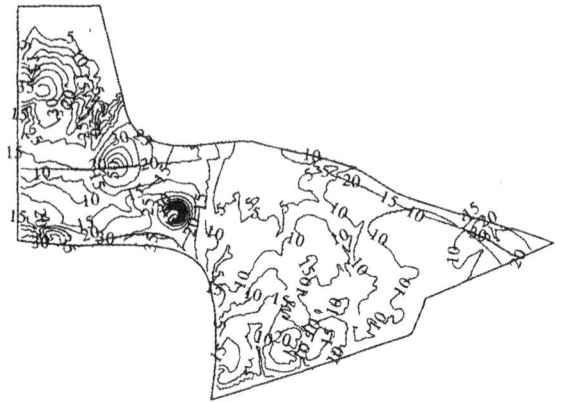

图7 面运算法剥采比等值线

可见，本矿区采用"面运算法"所生成的剥采比等值线更能真实反映煤层赋存及地形起伏变化情况。

5 结语

在露天矿境界圈定的过程中，剥采比等值线的绘制是基础，通过对利用 3DMine 矿业工程软件生成剥采比等值线的 2 种方法进行对比分析，得出了 2 种方法各自的优缺点和适用性。在实际工作中需要根据矿区地表起伏程度、煤层复杂程度、钻孔布置程度等实际情况选择合适的方法，以便能绘制出更符合实际情况的剥采比等值线，进而提高露天矿境界圈定的准确性，以及为后续露天矿设计工作奠定可靠的基础。

参考文献

[1] 王岩.利用矿业软件针对露天煤矿进行建模的几个要求[J].露天采矿技术，2011(2)：58-60.
[2] 中国煤炭建设协会.GB50197-2005 煤炭工业露天矿设计规范[S].北京：中国计划出版社，2005.
[3] 中国国家标准化管理委员会.GB/T15663.4-之008 煤矿科技术语第4部分：露天开采[S].北京：中国标准出版社，2009.
[4] 杨荣新.露天采矿学：下册[M].徐州：中国矿业大学出版社，1990.

基于 3DMine 软件的露天矿开采设计

钟德云　　胡柳青　　吴国栋

（福州大学紫金矿业学院，福州，350116）

摘　要：以多宝山铜矿为例，利用矿山已有数据建立矿山三维模型，进行露天境界优化、采场设计、编制采剥计划。建立了露天生产可视化管理系统，能够有效地指导采掘计划的编制和生产管理工作，并以工程实际应用情况分析了建模结果的可行性和科学性，在数字矿山架构的基础上，探讨了露天矿的可视化开采方案，为数字矿山的建设提供了有效的集成系统。

关键词：可视化管理；采剥计划；3DMine；露天生产

矿业软件是实现数字矿山的重要基础，是对虚拟矿山进行可视化操作的重要平台。当前，矿业软件正朝着三维可视化的方向发展，以地、测、采为核心模块的综合性矿业软件为整个矿山的开发设计提供了一体化的服务，极大地提高了矿山设计与管理的效率。可以预见应用矿业软件进行矿山生产动态管理、矿产经济计算评价、矿产综合开发利用、资源储量管理和矿山生产规划将成为整个矿业行业的发展趋势[1]。

随着数字矿山技术的成熟应用，利用矿山三维模型优化设计在矿山开采设计中占有越来越重要的地位，比如利用计算机软件来进行三维境界优化已在绝大部分矿山采用。3DMine 矿业软件提供了全面的露天矿解决方案，可以实现露天生产的可视化管理，能够有效地指导采掘生产计划的编制，极大地提高露天生产的效率，在三维建模的基础上可以有效融合数字矿山完整系统，利用 3DMine 矿业软件，计算工作由计算机完成，从而缩短设计时间、提高设计质量。

1　矿区概况

多宝山斑岩型铜矿床位于多宝山倒转背斜的倾没端，受 NW 向弧形断裂和交叉构造控制，该矿床属于岩浆期后高—低温热液阶段生成矿床，共由 4 个矿带内的 215 个大、小矿体组成，其中主矿体 14 个，尤以 3# 矿带 X# 矿体最大，其储量占全矿区总储量的 73% 以上。38 矿带为矿区的主要矿带，由 X# 主矿体和 46 个从属矿体组成。主要赋存在花岗闪长岩的绢云母化带和黑云母化钾长石化亚带中，少部分赋存于蚀变安山岩、凝灰岩和石英钾化花岗岩及闪长斑岩中，从属矿体产于主矿体的上下盘。

以 3# 矿带为例，建立矿山三维模型，进行采掘顺序优化，编制矿山中长期计划和短期计划，实现露天生产的可视化管理，为数字矿山的建设提供有效的集成系统。

2　露天矿可视化

矿山作为一个复杂的矿业信息综合系统，从信息获取、数据处理、三维建模到生产管理、系统决策等涉及多门学科，需要各种技术的配合。对于数字矿山建设的总体框架，包括许多关键硬件设施和数字化技术的实现，需要在三维可视化系统平台上，实时采集、分析矿山生产与安全监测监控数据，以数据挖掘、三维空间分析和虚拟仿真技术为手段，保证数据高效传输、存储与处理，实现采掘生产、经营与安全生产监督管理、辅助决策、调度指挥系统等高效融合下的可视化、自动化和智能化综合应用[2]。本文主要通过三维建模来构建可视化平台，并在此基础上实现数字矿山系统的有效集成。

露天矿的总体架构主要由核心系统、生产决策系统、生产调度监控系统、管理信息系统 4 部分组成。核心系统将分散的业务系统分层次有机地联系起来，形成统一完整的露天矿信息系统，实现信息集成与综合管理，并预留与数字矿区、数字行业的接口[3]。露天生产可视化管理系统是实现露天矿总体架构的关键系统，其解决方案主要由三维建模、境界设计、采掘计划、生产管理等 4 个部分组成，系统实现的框架如图 1 所示。

三维建模和境界设计是矿山实现可视化生产管理的数据基础，在开采现状模型和最终境界的约束下，进行中长期计划、短期计划设计，编制采掘计划表，最后进行爆破设计和生产调度，实现露天生产完整的可视化管理系统。可视化管理平台是实现数字矿山的基础，其他数据采集、传输、决策、监控系统都是在三维可视化平台的基础上融合来形成矿山的总体架构，重现矿山采掘生产环境，可视化管理矿山生产调

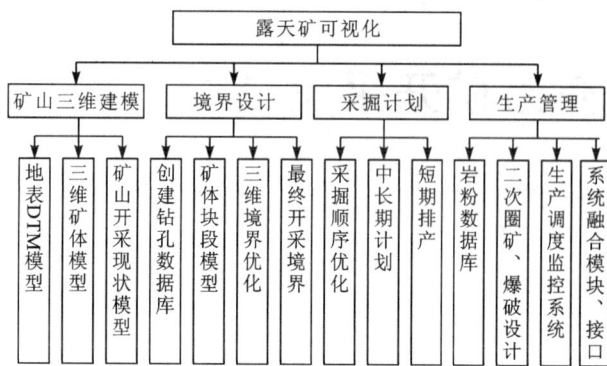

图 1　露天矿可视化组成

度、监测监控管理、自动化控制、安全预警、辅助决策等，在三维可视化平台上实现实时矿山安全生产监测监控、调度指挥与辅助决策。

生产管理系统采用定位监控系统实现矿山生产人员及设备定位、跟踪及生产过程智能化调度与控制，在全面提升矿山生产管理水平的基础上，完善矿山的决策支持系统，实现矿山生产安全监控、自动预警、辅助决策。生产调度监控系统主要对基于三维可视化平台，在二次圈矿、爆破设计的基础上，融合矿山监控系统及生产过程自动化控制系统，实现生产工艺自动化控制，减少人为操作失误，避免安全事故发生。

同时，为可视化管理模块提供接口实现各软件系统的融合，有利于充分利用现有的资源实现三维可视化平台的最大化利用。比如三维力学分析软件与矿山三维软件的结合应用，充分利用了三维力学分析软件在数值计算方面的独特优势和矿山三维软件在三维建模方面的优势，为滑坡体稳定性分析与计算提供了一种新的途径。

3　三维建模

三维建模包括地表模型、矿体模型、矿山开采现状模型的构建，加上境界设计后得到的最终开采境界，形成完整的矿山三维模型。地表模型既是构建矿山三维模型的基础，也是采矿设计的重要约束条件。根据矿山现有的地形地质平面图建立 DTM 地表模型，利用散点赋高程和等值线赋高程法创建 DTM 模型。矿山开采现状模型和最终开采境界作为三维设计重要约束，决定了矿山今后的开采设计方案，对于设计精度具有重要的影响，满足一定精度的矿山开采现状模型，有利于提高设计的准确性和采掘进度计划的实现率，使设计符合生产要求。3DMine 建立矿体模型的方法主要有 3 种：①利用矿体边界线建立矿体线框模型；②利用矿山已有的勘探线剖面图或中段矿体轮廓

线建立矿体线框模型；③结合已有钻孔数据建立块段模型，通过样品分析，建立矿体线框模型。对于多宝山铜矿，为了较好地与现有设计成果进行对比研究，可以利用已经建立的满足生产要求的勘探线剖面图直接圈矿，进行实体验证，通过自相交检测、开放边检测和无效边检测之后，得到如图 2 所示的矿体模型。

在矿体建模时经常遇到矿体自相交，利用软件自动处理则会出现大量的开放边，均不符合矿体线框模型为闭合的三角网面片的要求。因此，在前期圈矿时，先对剖面图进行必要的处理，明确各个小矿体的延伸情况，可以明显减少建模工作量。

4　境界设计

进行境界优化首先要建立钻孔数据库，钻孔数据库是进行品位估值建立块段模型的基础，而块段模型则是进行境界优化、决定矿山最终开采境界的依据。

图 2　矿体实体模型

境界优化是指在一定的经济技术条件的约束下经济效益最大化的最终开采境界。境界优化后，可以得到一个由块体单元组成的综合经济技术条件的优化境界模型。在露天矿的生命周期内，生产技术在不断的发展，市场价格在不断地变动，最佳境界实际上是不可能获得的[4]。在 3DMine 中采用的境界优化方法为图论法，采用最大流最小割原理，求图的最大闭包，得到的境界优化结果经过了严格的数学论证和实践考验，而且可以根据市场价格和成本的变动嵌套优化形成一系列的嵌套优化坑。

本次境界优化结果与传统的平面设计结果相差不大，最终开采深度为 −70 m，比较优化境界与原设计境界的轮廓线基本吻合，具有较大的可靠性。切割优化境界底部圈定底部周界，根据设计参数进行公路开拓设计，扩展台阶、平台，参照优化境界模型调整，逐步形成最终开采境界模型，如图 3 所示。

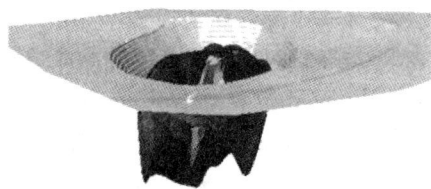

图 3　最终开采境界模型

5　编制采掘计划

编制露天矿采掘进度计划的总目标是确定一个技术上可行且能够使总体经济效益最大化的矿岩采剥顺序，即从动态经济观出发，在满足技术约束条件的前提下使矿床开采实现经济效益最大[5]。通过构建矿山三维模型，可以进行参数化设计，动态调整获得当前最优矿岩采剥顺序。

采掘顺序优化主要是指对整个矿山的开采进行分期境界优化，以减少基建工程量，降低初期生产剥采比，优化总的经济效益。在采掘顺序优化的基础上，可以按照采矿生产实际的需要确定中长期的开采计划，以进一步优化生产采掘计划，均衡生产剥采比。

首先设置好中长期排产模型：调入开采现状模型，设置最终开采境界，指定开采范围线，即露天坑中长期排产范围线，得到中长期排产模型，以及相应的排产数据，包括计划矿岩量、剩余矿岩量和备采矿量。

本次设计按照 3# 矿体原始开采要求编制采掘进度计划表，按台阶设计标高 15 m 计算分层矿岩量，利用 3DMine 台阶分类矿岩量报告编制采掘进度计划表，部分结果如表 1 所示。

表 1　采掘进度计划表

标高 /m³	体积 /m³	矿量 /万 t	矿量 /万 m³	矿量 /万 t	矿量 /万 m³	剥采比 /(t/t)
425	18447025	885.94	328.13	4094.76	1516.58	4.62
410	17558312	904.0	334.85	3836.65	1420.98	4.24
395	16463407	936.21	346.74	3508.91	1299.60	3.74
380	15623323	909.70	336.93	3308.60	1225.41	3.64
365	14858600	916.74	339.53	3095.08	1146.33	3.38
350	14059993	921.91	341.45	2874.29	1064.55	3.12
335	13333982	964.70	357.30	2635.48	976.10	2.73
320	12576851	968.88	358.84	2426.19	898.84	2.50

按照给出的生产任务指标年产量 900 万 t 进行设计，合理确定各年产量任务，主要用到闭合线回采、画线回采、单块回采以及参数化设置等功能来合理控制产量。闭合线回采可以快速用闭合线圈定出要进行回采的台阶位置，或按给定宽度的采掘带圈定。单个块回采用于处理突出部分的小块。在初步圈定回采区域之后，再利用参数化设置快速设定出符合生产要求的指标。

可以利用软件提供的多种回采方式对中长期排产模型进行回采调整，每进行一次回采，排产数据都会显示出相应的变化。图形区域内显示的排产数据只是对排产模型整体的一个简单描述，同时可以对排产模型进行更详细的报告。

在 3DMine 软件中，还可以按照采矿生产实际的需要进行短期计划的编制。短期计划主要依据中长期计划的目标，按照合理的采剥顺序定量设计每天的采剥矿岩量，以完成一定的生产任务指标。在设计时，可以任意拖动采掘带边界线来调整采掘带面积或体积，也可输入参数，以量定位，自动调整采掘带位置。

6　生产管理

6.1　二次圈矿与生产调度

由于地质条件的复杂性，前期的地质勘探结果往往只是一个初步的地质轮廓，必须通过生产实践进行二次补勘，得到更加精确的数据，并利用所得的数据进行生产矿岩边界的界定。实践证明，通过建立炮孔数据库进行二次圈矿，可以降低开采贫化损失率。

在 3DMine 中，可以利用矿山在实际爆破时钻孔后采集的岩粉信息及测量人员对现场炮孔测量的数据，将得到的结果返回内业整理，建立钻孔数据库。

利用建立好的炮孔数据库进行二次圈矿和矿量计算，并进行爆堆出图。设置矿岩边界品位为 0.2%，矿石、岩石密度均为 2.7 t/m³，由自动计算回采线内的炮孔矿岩量，其中深色区域是指在设定边界品位以上的部分，灰色区域则是边界品位以下的部分，如图 4 所示。

根据平台地质资料及开采设计指导采矿炮孔的布置和施工，对炮孔岩粉进行取样化验，根据化验结果，按工业指标二次圈定矿体，在爆破后的矿岩爆堆中，现场标定二次圈定的矿岩界线并绘制爆堆矿石分布草图，以指导出矿，确保矿岩分铲分运，降低开采贫化损失率[6]。

露天矿生产计划的安排可以与生产调度相结合，同时融合定位监控系统实现矿山生产人员及设备定位、跟踪及生产过程智能化调度与控制。3DMine 软

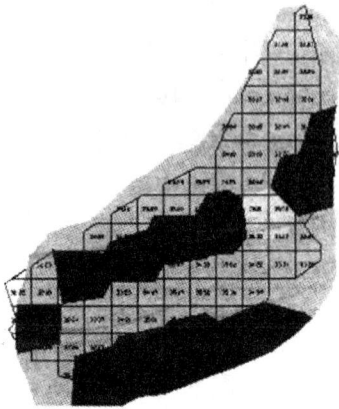

图 4　爆堆品位出图

件还提供了配矿优化、运距优化功能，在三维模型的基础上进行爆破设计、排土场设计等功能，为露天生产可视化管理提供全面服务。通过虚拟技术在三维可视化平台中的应用，实时模拟矿山生产开采活动和虚拟爆破等，为矿山安全生产和设计效果提供判断依据，实现矿山的高效安全开采。

6.2　系统融合接口

利用 3DMine 软件提供二次开发接口可以实现各种系统和软件的融合，为数字矿山框架的构建提供完整的解决方案。在三维可视化平台接口方面主要涉及到数字矿山系统的集成和其他数字软件的集成这两个方面的应用。

在数字矿山系统的集成方面，主要是要实现以三维可视化平台为核心的数字矿山整体架构。矿山生产检测、监控系统需要充分利用已有的矿山三维建模结果，在三维可视化的基础上实现实时监控、自动控制，为此，需要研究三维模型的数据结构，在三维平台上对检测、监控结果进行可视化操作，为矿山决策提供依据。

在其他数字软件的集成方面，最典型的是三维力学分析软件与矿山三维软件的结合应用，为滑坡体稳定性分析计算提供了一种新的便捷途径。为了充分利用三维力学分析软件在数值计算方面的独特优势和矿山三维软件在三维建模方面的优势，需要研究两种软件单元数据之间的转换关系，编制相应的接口程序，实现三维情形下的应力、变形和位移计算。分析滑坡体中应力、应变集中的关键部位，计算可能的位移值，进行滑坡体滑动趋势分析，与在三维模型上任意截取的计算剖面与传统的极限平衡计算法结合起来，可轻松获得该计算剖面坡体稳定安全系数[7]。

7　结论

本系统以多宝山铜矿为例，立足实际的生产数据、经济参数和已取得的资料，优化采掘顺序，在中长期计划和短期排产设计等三维建模的基础上，探讨了应用效果。实践证明，3DMine 矿业软件提供了全面的露天矿解决方案，可以实现露天生产的可视化管理，能够有效地指导采掘生产计划的正常工作，极大地提高了露天矿生产效率，在三维建模的基础上可以有效地融合数字矿山完整系统，为以三维可视化平台为核心的数字矿山提供了发展方向。

参考文献

[1] 姜华, 秦德先, 陈爱兵, 等. 国内外矿业软件的研究现状及发展趋势[J]. 矿产与地质, 2005, 19(4): 422 - 425.

[2] 王迷军, 王文胜. 建设数字矿山提升安全管理[J]. 现代矿业, 2009(12): 9 - 12.

[3] 朱磊. "数学矿山"架构的研究与进展[J]. 能源与环境。2007(5): 34 - 36.

[4] 谭锐, 陈爱明, 瞿金志. 矿业软件在露天境界优化中的运用[J]. 有色金属设计. 2010(2): 1 - 8.

[5] 黄俊歆, 郭小先。王李管, 等. 一种新的用于编制露天矿生产计划开采模型[J]. 中南大学学报: 自然科学版, 2011, 42(9): 2819 - 2824.

[6] 刘树森, 邱胜光. 紫金山金矿露天采剥方法优化设计[J]. 江西有色金属。2000, 14(1): 11 - 14.

[7] 刘爱华, 赵国彦, 曾凌方, 等. 矿山三维模型在滑坡体稳定性分析中的应用[J]. 岩石力学与工程学报, 2008, 27(6): 161 - 167.

基于3DMine的贾家堡铁矿三维地质建模技术研究

柳波　陈广平

（北京科技大学，北京，10083）

摘　要： 运用 3DMine 国内矿业软件，整理了贾家堡钻孔数据，建立了地质数据库；进而构建了矿体模型、地形模型、断层模型等实体模型；用距离平方反比法进行估值，建立了品位模型；实现了贾家堡铁矿三维地质建模，探讨了在资源合理利用、采矿设计、计划编制及动态管理方面的应用。

关键词： 地质数据库；数字矿山；矿体模型；地形模型；断层模型；品位模型

随着计算机图形学、计算机网络技术、数据库技术、数字通讯技术、三维仿真技术、人工智能技术和三维 GIS 技术的飞速发展及计算机硬件性能的大力提高，传统的以平面图和剖面图为主的地质信息的模拟与表达难以满足现代矿山信息化、数字化建设的需要。而三维矿山地质模型能够完整准确地表述各种地质现象，快速直观地展现地质空间分布及相互关系并为矿山动态管理和合理利用资源提供依据。利用国内 3DMine 矿业软件可进行矿山地质三维建模及资源储量估算。

1　贾家堡铁矿概况

贾家堡铁矿矿区范围内主要有 5#、6#、7#、8# 4 个矿体，总储量 15192.10 万 t。8# 矿体储量占总储量的 74.12%，约合 11260 万 t，7# 矿体储量占总储量的 23.74%，约合 3757 万 t，6# 矿体储量约 324 万 t，5# 矿体规模小，约 100 万 t，无工业意义。

矿床属鞍山式沉积变质铁矿床，区内出露地层为前震旦纪鞍山群歪头山组顶部，分 3 个部分：上部为片岩层，中部为含铁层，下部为变粒岩层。水文地质条件属中等类型。贾家堡子铁矿属磁铁贫矿石，含极少量赤铁贫矿石。矿石类型主要为黑云磁铁石英岩，其次为黑云假象赤铁石英岩和绿泥磁铁石英岩。上、下盘围岩为黑云变粒岩和绿泥磁铁石英岩，该矿矿石和岩石结构致密、质地坚硬。

矿石结晶粒度较细，粒径在 0.02 ~ 0.08 mm 之间。矿石硬度 $f = 8 \sim 12$，岩石硬度 $f = 7 \sim 12$，矿石体重 3.25 t/m³，岩石体重 2.8 t/m³。

2　3DMine 矿业软件简介

3DMine 矿业软件作为国内第一款与国际主流三维矿业软件模块、功能和理念一致的矿业软件，广泛应用于固体矿产的勘查地质、矿山地质、采矿设计、工程测量、通风安全与环保等领域[1]。其主要核心功能有：CAD 辅助设计与原始资料处理、勘探和炮孔数据库、矿山地质建模、地质储量估算、露天采矿设计、地下采矿设计、采掘计划编排、测量仪器接口与数据应用、打印出图等。

3DMine 矿业软件的基本特点包括：二维和三维界面技术的整合、结合 AutoCAD 通用技术，方便实用的右键功能、快速编辑和提取相关信息、剪贴板技术的应用，使 Excel、Word 以及 Text 数据与图形的直接转换、快速采掘带实体生成算法以及采掘量动态调整、爆破结存盘的计算和实方虚方的精确计算、多种全站仪的数据导入和南方 Cass 的兼容等。

3　建立矿山地质数据库

3.1　钻孔数据整理

3.1.1　图形坐标转换

通过分析贾家堡铁矿各剖面图及分层平面图可知，剖面图上的 Z 坐标及分层平面图上的 X、Y 坐标在正确坐标位置。其余均不在正确坐标位置，因此需将其导入 3DMine 软件进行坐标转换。具体步骤：

（1）将 0 m 分层平面图导入 3DMine 中，赋 Z 值为 0。

（2）将 0~10 号勘探线剖面图导入 3DMine 中，对应坐标调换，将剖面图立体化。

（3）以贾家堡铁矿 0 m 平面图为标准，选取各勘探线与台阶外圈相交的 2 点 XY 坐标作为转换后的新坐标，读取各勘探线剖面团上相应两点的 XY 坐标作为转换前的旧坐标。以 0# 勘探线为例，如图 1 所示。

3.1.2　提取钻孔数据

根据建立矿山地质数据库的要求，对收集的散据进行整理。

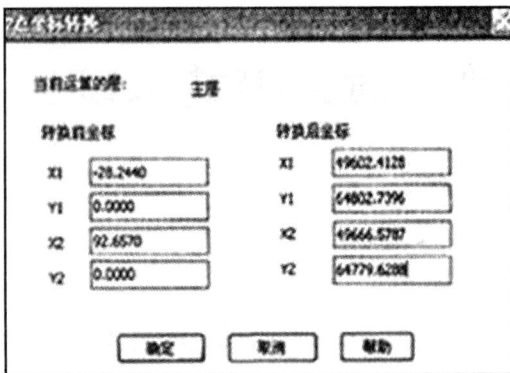

图 1　坐标转换

（1）在 3DMIne 中从各个剖面图上查询各个钻孔的钻孔名、X 坐标、Y 坐标、Z 标高、最大深度等形成钻孔的开孔坐标数据。

（2）同时在 3DMine 中提取钻孔的倾角、方位角及测斜深度形成测斜数据。

（3）从地质勘查报告的样品化验数据中整理录入各钻孔的钻孔名、样品段起点、样品段终点、岩性、TFe 品位，形成岩性及化验数据。

3.2　建立地质数据库

根据 3DMine 软件数据库的格式要求，对钻孔数据进行整理、分析、处理之后，建立地质数据库 4 张表，分别为定位表、测斜表、化验表、岩性表，其中前 2 项为强制性表。各表的字段属性如表 1 所示。

表 1　地质数据库结构

表名	字段
定位表	工程号、开孔坐标 E、开孔坐标 N、开孔坐标 R、最大深度、轨迹类型
测斜表	工程号、深度、方位角、倾角
化验表	工程号、从、至、样品号、TFe 品位
岩性表	工程号、从、至、样品号、岩性

3DMine 中建立的数据库以 .mdb 格式保存，可以直接用 Access 打开。在建立的贾家堡铁矿地质数据库中添加加化验表和岩性表，并增加样品号、TFe 品位、岩性字段，修改字段类型，其中样品号为整型数字类型，TFe 品位为数字类型，岩性为文本类型。

在数据库中依次导入。CSV 格式的开孔坐标、测斜数据、岩性数据、化验数据四张表，分别选择相应的字段，完成钻孔数据的导入。最终，Collar 表中共录入 53 条数据记录，Surrey 表中共录入 265 条数据记录，化验表录入 2599 条数据记录，岩性表中共录入 286 条数据记录。建立好地质数据库之后，可以在 3DMine 中对钻孔数据进行钻孔三维风格显示、数据提取及数据统计分析。如图 2 所示。

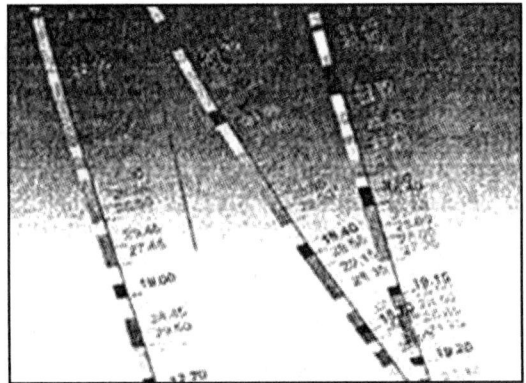

图 2　TFe 品位三雄风格显示

3.3　原始数据统计分析

数据的提取是钻孔数据库的一个重要应用，利用 3DMine 可方便地提取钻孔数据，提出的数据可用于绘图、统计分析等。

在化验表中新建样长字段，通过字段运算"至"减去"从"，得到各个样品的样长数据。运用 3DMine 提取化验表中的工程号、样长、TFe 品位 3 个字段，重新命名为提取化验表中全部样品数据线文件。此线文件可用于基本统计分析，以了解贾家堡铁矿取样长度及品位分布情况。如表 2 所示。

表 2　样长、品位原始统计

名称	样长统计/m	品位统计/%
有效样品数/个	2 599	2 599
最小值	0.12	0
最大值	52.9	37.3
平均值	2.488	23.748
中值	2.37	24.35
方差	1.972	35.182
标准差	1.404	5.931
变异系数	0.564	0.250

由统计结果得出：组合样长定为 2.5 m。

4　实体模型

4.1　矿体模型

矿体模型的建立主要有 3 种方法：提取勘探线剖面图矿体线串法、提取 15 m 台阶分层平面图矿体线串法、钻孔数据法。既可以使用现有的平面图、剖面图，也可以在屏幕上交互式地进行地质解释[2]。由于分层平面图上的矿体线信息完整、准确，形成的矿体模型比较符合实际，所以运用提取分层矿体线串法建立矿体模型。

用 3DMine 打开贾家堡铁矿 15 m 台阶分层平面图，选取矿体线另存为矿体线文件，对矿件线进行连接、激活线画多段线、打断线、删除多余线、2 根线交叉连接、删除点等操作，使每 1 条矿体线成为 1 个整体，并且点号按逆时针编号，再清理线内重复点、线间重复点及钉字角，这样就完成了分层矿体线串的提取，如图 3 所示。

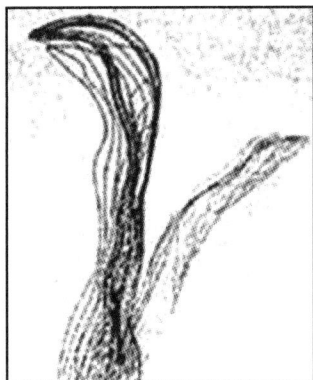

图 3　提取分层矿体线串

运用线之间连接三角网及闭合线内连接三角网工具依次连接各分层矿体线串生成矿体实体模型，对矿体模型进行实体优化并验证。如图 4 所示。

生成的矿体模型具有以下功能：描述矿体的形态及空间位置、计算各矿体的体积和表面积、任意方位的切割剖面、可用于空间内外约束、与地质数据库相交等。

4.2　地形模型

在 AutoCAD 中拾取各分层平面图上的等高线信息、删除多余信息并合并到一个图层，然后保存为地形等高线线文件，用 3DMine 打开该文件，将其移到正确坐标位置，对等高线进行连接、修改及赋高程操作。整理完之后，由线条生成 DTM，如图 5 所示。

生成的 DTM 还可以根据需要生成指定步距的等

图 4　矿体实体模型

图 5　地表地形

值线，如以最小值 100 m、最大值 180 m、步距 2 m、次曲线 4 条生成的等值线，如图 6 所示。

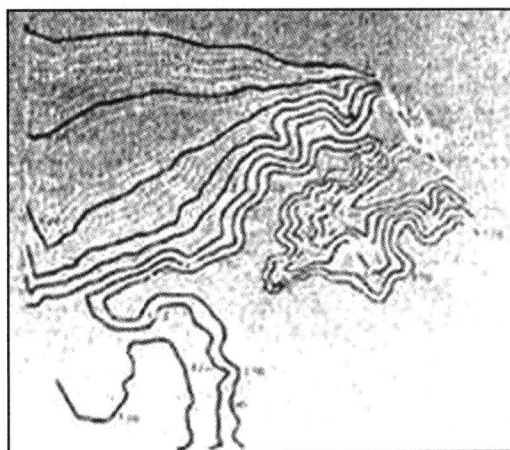

图 6　地形等值线

4.3　断层模型

断层模型的形成方法与地形模型类似，在各分层平面图上提取断层线信息，通过 3DMine 中对线进行连接、修改、删除，整理成断层线串，并赋高程值，由线条生成断层 DTM 模型。如图 7 所示。

矿区内以断裂构造为主，主要断裂有 3 条，7#，

$8^{\#}$ 2 个矿体之间有一长约有 1100 m 的大断层，断层走向指向细河，钻孔揭露该断层不漏水、不含水。

5　块体模型

5.1　样品组合

样品组合在软件中有两种类型：一是根据元素边界品位，将矿带（岩性）连续的样品通过品位与样长的加权计算出平均品位；二是将空间不等长的样长，按照指定的长度进行组合量化到一些离散点上，并且通过长度加权得到每个等长样品的品位。

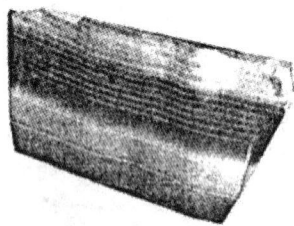

图 7　断层模型

3DMine 提供了以下 2 种组合 6 种方式的方法：

（1）按照勘探工程进行组合：①全孔；②指定区域；③指定间隔；④实体约束。

（2）按照边界品位进行组合：①在边界品位以上，按照组合长度，确定夹石剔除厚度，在指定岩性带中点形成加权品位点。②在组合样品段上形成起、止 2 个点，在线文件中，将间隔距离（厚度）值写入第三项说明中，通过这个属性，可以通过 DTM 模型等值线方法，形成厚度等值线[3]。

在 3DMine 中按勘探工程组合样品，组合长度为 2.5 m，最小有效长度为 1 m，组合内容：化验表中的 TFe 品位，组合方式：实体约束，生成实体区域内组合样线文件，对组合样进行基车地质统计，以了解组合样品品位分布情况。如图 8 所示。

信息窗口中的统计结果：有效样品数 1829 个，最小值 6.1%，最大值 37.1%，平均值 24.965%，中值 25.560%，方差 20.309%，标准差 4.50%，变异数 0.181。

5.2　块体估值

（1）块体模型范围及尺寸。块体模型是指用一系列小的长方体单元来填充地质体或矿体形成的模型，这些长方体单元含有矿岩类型、比重、品位等多种属性，从而比较准确地表达地质体或矿体的内部性质。

3DMine 新建块体模型时。会根据矿体的范围自

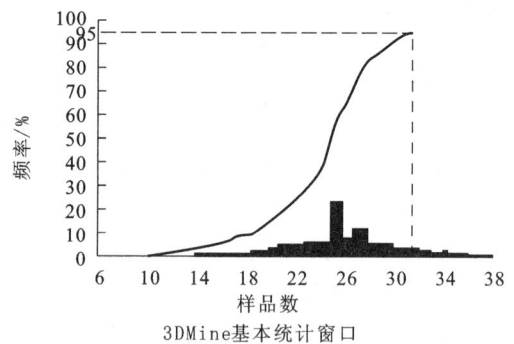

图 8　组合样品品位基本统计

动获取块体模型的范围，对于块体最大尺寸一般定为勘探网度的四分之一或五分之一，次级模块的尺寸与矿体的形态和厚度有关。根据矿体形态和工程控制网度，本设计中设定块体尺寸太小：2 m×5 m×5 m，次级模型大小：1.0 m×2.5 m×2.5 m。

（2）块体模型估值。根据地质资料，对块体模型矿岩类型、比重属性进行单一赋值。对品位属性采用距离平方反比法估值。在三维环境中，对影响范围的样品搜索经常采用搜索椭球体来定义搜索参散，一般包括走向、倾伏角、倾角、各向异性比率参数（主、次主和次半轴相互比率）等，可以借鉴矿体块体模型的产状参数[4]。

估值第一步：选取组合样文件的品位属性，写入块体的值有：最小距离、平均距离、样品数，幂次选择 2。

估值第二步：设置椭球体参数，其中根据矿体形成产状及相关地质资料确定主轴/次轴为 1.0、主轴/短轴为 2.5、主轴方位角 20°、次轴倾角 70°，经过反复调整主轴半径。完成所有块体估值。

块体模型估值之后，可以用不同的颜色或灰度显示不同范围的品位属性，形象展示矿体内部品位情况。如图 9 所示。

图 9　品位模型风格显示

5.3　块体查询及储量报告

3DMine 中可以方便地查询任意块体信息、面附近信息及线附近信息，并能转换为二维网格模型，如图 10 所示。

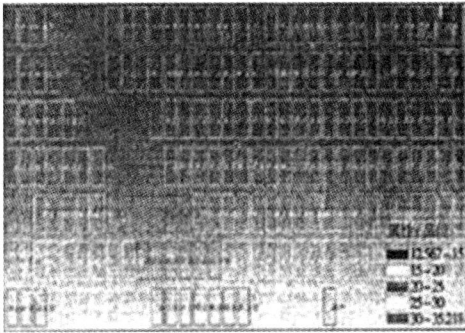

图 10　二维网格模型

3DMine 可以根据不同的需要生成不同类型的块体报告，如按实体分类报告、接线和上下面分类报告、当前区域量报告及吨位品位分布图等，其中报告不同品位范围内的矿体体积、重量、平均品位等信息如表 3 所示。

表 3　TFe 品位储量统计报告

品位/%	体积/m³	重量/t	平均品位/%	金属量/t
0 ~ 20	622 306	2 022 495	18. 85	381 240. 3
20 ~ 25	13 614 319	44 246 536	23. 07	10 207 676
25 ~ 30	17 505 313	56 892 266	26. 80	15 247 127
30 ~ 99	1 231 319	4 001 786	30. 84	1 234 151
总计	32 973 256	10 7163 083	25. 26	27 069 395

矿床数字化后，矿山企业可根据采、选、冶、运、管成本，产品的市场价格，并考虑矿产的充分合理利用，动态多方案圈定矿体进行多方案对比，选择最优矿体开采方案；快速储量计算生成储量报表[5]。

6　结语

（1）3DMine 矿业软件特有的剪贴板技术、Auto-CAD 的操作风格及二维与三维的完美结合，使软件操作简化、通俗易懂、简单易学，适合国内用户的习惯。

（2）运用 3DMine 矿业软件对贾家堡铁矿建立了矿体模型、地形模型、断层模型等实体模型及品位模型使地质信息三维数字化，为资源的合理利用、采矿设计及动态管理提供了条件。

（3）矿山三维地质模型可以用于自动成图，包括矿体纵、横剖面图及中段图、岩性图，还可以生成矿体等厚线图、品位等值线图及矿体顶底板等高线图，为矿山设计、生产、研究带来了极大的方便。

参考文献

[1] 刘云, 盖俊鹏, 刘颖. 利用 3DMine 软件建立矿山地质三维模型[J]. 矿业工程, 2009, 7(5): 59 - 61.

[2] 丁威, 陈广平. 利用 Surpac 软件打造数字化金属矿山[J]. 矿业快报, 2006(3): 12 - 14.

[3] 北京三地曼矿业软件科技有限公司, 3DMine 矿业工程软件地质工程题教程[M]. 北京: 北京三地曼矿业软件科技有限公司, 2009: 33 - 34.

[4] 向中林, 白万备, 王妍等. 基于 Supac 的矿山三维地质建模及可视化过程研究[J]. 河南理工大学学报. 自然科学版, 2009, 28(3): 311 - 312.

[5] 杨建宁, 秦德先, 康泽宁, 等. 北衡金矿三维模型的建立及研究[J]. 有色金属: 矿山部分, 2006, 58(2): 19 - 21.

应用3DMine软件进行露天矿采掘进度计划编制

宋文龙　梁乃跃

（北京科技大学，北京，100083）

摘　要： 露天矿采掘进度计划编制是露天矿设计中一项十分重要的工作，随着数字矿山的发展，应用计算机软件编制露天矿采掘进度计划已成为露天矿山的发展趋势。文章借助3DMmine矿业软件中采掘进度计划编制模块完成了对某铁矿的地质建模、境界优化以及中长期采掘进度计划编制。为矿山生产计划编制提供了新的方法，提高了矿山的生产效率。

关键词： 3DMine软件；露天矿山；采掘计划编制；数字矿山

采掘进度计划编制是露天矿设计中一项十分重要的工作，是具体组织生产、管理生产的重要依据。目的是确定一个技术上可行、能够使矿床开采的总体经济效益达到最大的、贯穿于整个矿山开采寿命期的矿岩采剥顺序[1]。国内目前对露天矿采掘进度计划的编制还多采用手工编制的方法，不仅费时费力。而且后期的修改较为繁琐[2]。随着计算机模拟技术及三维可视化技术的发展，将计划编制与矿山建模相结合，在三维可视化环境下进行露天矿的生产计划编制，已成为目前国内露天矿山的发展趋势。

国际上应用的三维软件中的计划编制系统多根据市场售价和开采成本确定开采强度，降低成本。但国内绝大多数露天矿山企业还是资本和能源密集型的生产企业，以致国外的各种矿业软件在编制采掘计划方面都不适合国内矿山的生产管理模式。3DMine矿业软件弥补了这一不足，开发了适应于国内露天矿山生产计划编制功能模块。软件系统支持脚本语言级二次开发（TCL），同时支持VC二次开发。软件还具有强大的数据兼容性。3DMine强大的二次开发和开放性功能使其在实际矿山中得到广泛应用。

1　模块功能需求分析

露天矿采掘计划可分为长远计划、中期计划、短期计划和日常作业计划。长远计划是矿山企业确定的企业长期目标，例如五年计划、十年规划等。中期计划一般是未来1~3年的生产计划。短期计划的计划期一般为一个季度（或几个月），其时间跨度一般为一年。日常作业计划一般指月、周、日采掘计划，它是短期计划的具体实现。为矿山的日常生产提供具体作业指令。这里主要介绍基于3DMine矿业软件的露天矿中长期采掘进度计划编制，考虑露天矿生产的特殊性比如生产活动受天气影响明显、生产能力受设备组

织情况影响大、作业地点和环境处于动态变化中等，一个可行的计算机露天矿采掘计划编制系统必须满足以下几个要求：

（1）能够准确反映并模拟显示露天矿采场现状和其他可见信息，如运输线路、设备所在位置等。

（2）能够确定一个技术上可行并且经济效益能达到最大的开采方案。

（3）能够在每一个计划期内为选厂提供较为稳定的矿石量和入选品位。并且所确定的矿岩采剥量还必须与可利用的采剥设备的生产能力相适应。

（4）所确定的矿岩采剥顺序能贯穿于整个矿山开采寿命期。为了满足上述要求。3DMine矿业软件应用计算机优化的方法开发出了适于矿山应用的采掘计划编制模块。

2　模块基本原理

露天矿采掘进度计划编制是在确定露天坑境界基础上进行的，目前国内外常用的露天矿境界优化方法主要有浮动圆锥法、L-G图论法、动态规划法、整数线性规划法等。3DMine矿业软件应用最大流最小割原理对露天开采境界进行优化.该方法经过严格的数学证明，具有数学严谨性。其算法本质与L-G图论法和线性规划法一致。但复杂度低。所用时间短，效率更优[3]。其核心思想是依据最终帮坡脚的几何约束将矿体量化到一个个块。不同块之间有一定的开采顺序，如图1所示（境界优化原理），图1中带箭头的直线表示开采顺序，圆圈代表矿块。其中的数值为矿块的价值，其值是根据开采上覆岩层所需成本和矿块本身的价值计算的。如要开采18号矿块。则必须先开采10、11、12号矿块，要开采10号矿块。则必须先开采2、3、4号矿块，同样。11号矿块对应3、4、5号矿块等等。这样就组成了一个有向图G，并且每个

矿块的价值(对于矿石为正值。对于岩石为负值)为该图的权重,境界优化就是在该图中找一个权重之和最大的闭包。Lerchs 和 Grossmann 给出了求解最大闭包的算法。首先构造一个初始树,然后依据一定的规则将该树不断转化为新的树,直到所得到的树符合最大闭包的判别准则,就找到了最大闭包。其中节点所对应的模块集合即为最佳开采境界[4]。

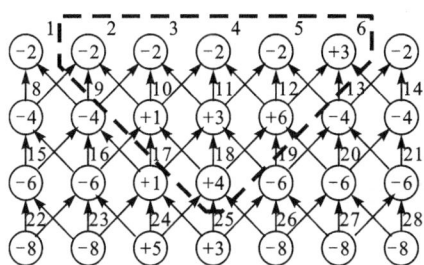

图1　境界优化原理

线性规划是运筹学的一个重要分支,用于求解具有线性目标函数和一组线性约束条件的优化问题,最适用于解决有限资源的配置问题[5]。其中的混合整数规划缩小了问题的规模,更便于问题的求解。配合编制人员的生产经验通过交互式操作可以实现多方案的对比,进而选择更优的计划编制结果。

3 系统实现流程

露天采剥计划编制系统主要包括境界优化、开采设计、采剥计划设计三个内容。本文将以某矿山为例,详细介绍该系统的实现。

某矿区内矿体形态、产状受岩性、构造控制较为明显,工业矿体主要赋存在箱状背斜的轴部,呈贝壳形产于岩体外接触带上段的钙硅酸角岩中。主矿体形态比较简单,为一似层状块体,从矿体中部往下中间带有夹石。矿体走向 2200,倾向南东,倾角 50°~55°。矿体走向长 700 m,真厚度一般为 60~90 m,最大延伸 230 m。

对矿山地质数据进行综合分析。将矿床划分为有限个几何尺寸相等的长方体,这些离散模块成为块状矿床模型,即块体模型,它是品位和矿量估计、境界设计、开采计划和矿石质量控制的基础。系统会根据矿体的形状大小自动生成块体模型的几何尺寸。应用距离幂次反比法等方法对钻孔取样化验数据进行插值,估算出每一模块的属性值,估值后的块体模型称为价值块体模型。在此基础上通过参数控制就可进行境界优化。进一步做生产计划的编制。系统构架如图2所示。

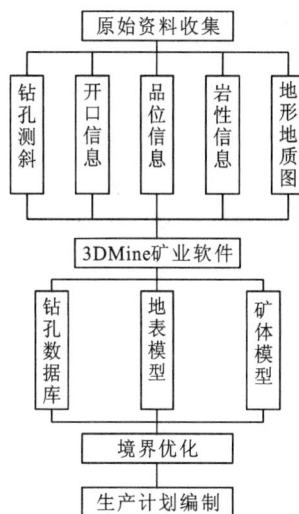

图2　系统构架图

3.1 基础地质建模及赋值

地质模型通常包括两种类型:是表面模型(DTM),来描述地形 + 断层和表面,二是实体模型,用来描述矿体,巷道,采场,采掘带等。表面模型一般由若干点或线连成相邻的三角面,形成上下不漏气的面,实体模型是由一系列在线上的点连成内外不透气的三角网,三角网由一系列相邻的三角面构成,由这些三角面包裹成内外不透气的实体。块体模型是在一定的范围内,确定一定尺寸的空间块体,相对应的块体都有一个质心点,这样就可以用小同的估值方法在质心点上存储矿岩属性。3DMmine 软件所建立的地表、矿体、模型如图3所示,赋值后的块体模型如图4所示。

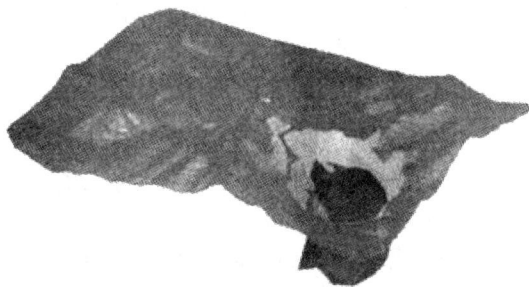

图3　地表、矿体模型

3.2 采场境界优化

露天采场境界优化的目的是确定能够使总体经济效益最佳的最终开采境界。最终开采境界的确定受最

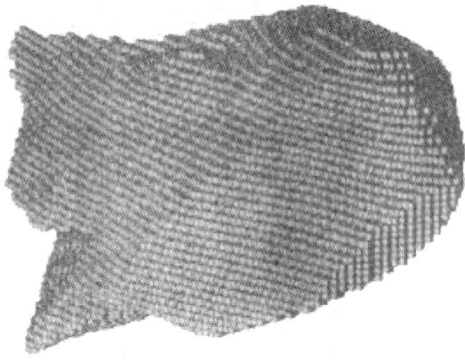

图 4　赋值后的块体模型

表 1　境界优化参数选择

项目名称	数值
采矿开采成本/(元·t^{-1})	44
岩石开采成本/(元·t^{-1})	12
采矿贫化率/%	3
采矿回收率/%	97
矿石密度/(g·cm^{-3})	2.8
岩石密度/(g·cm^{-3})	2.6
边界品位/m^3	0.2
复垦成本/(元·t^{-1})	0.5
附加运输费用/(元·t^{-1})	0.5

终帮坡脚矿石品位、矿石价格、采矿成本、复垦成本、附加运输费用、采矿回采率、贫化率等因素的影响。在已有的地表模型、矿体模型和块体模型的基础上，通过上述经济技术参数的约束，通过 3DMmine 境界优化菜单运行可形成一个合理的最终开采境界。3DMmine 境界优化菜单如图 5 所示。

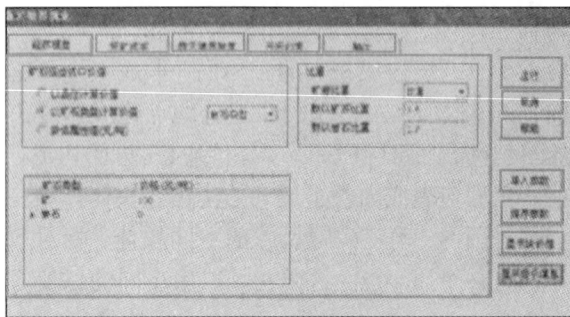

图 5　境界优化菜单

　　3DMmine 境界优化菜单中有经济模型、采矿成本、露天境界坡度、开采约束和输出五个选择项；可以按照品位、矿石类型或者块体属性计算矿石的价值 3DMmine 中只考虑矿石运出坑口的价值，不考虑选矿和冶炼的成本及价格。在露天境界坡度中，可以通过块体加属性的方式设置任意水平任意方向的坡面角，还可根据岩石类型分别设置矿石、岩石的坡面角，本次优化考虑岩石比较稳固选择坡面角为 45°。开采约束选择原始地表。按照设计要求及采场采装及运输设备等实际情况，其他各项参数的选择见表 1。参数设置完成后点击运行，所得境界优化结果如图 6 所示。

图 6　境界优化结果图

3.3　采掘进度计划编制

3.3.1　软件参数设置

　　结合地质模型，露天境界和采掘计划线，软件的采掘计划编制功能可以在三维模型上直接进行剥离与采矿预演，并自动生成图形与数值结果，同时，根据采掘位置和排土场可实现双向互动，灵活调整总量和台阶数量。编制人员通过矿山生产能力和已有的生产经验，通过"试探→调整→确定"的思路，给定矿岩的总量可以通过调整得到所要设计开采的区域。露天矿中长期采掘进度计划编制菜单如图 7 所示。

　　开采前地形为采场现状线，开采境界为通过境界优化所得到的最终境界，其他信息则为块体模型中的属性信息，点击确定则可得得用于进行中长期排产所需的模型(见图 8)。此模型为一智能联动的模型，每进行次回采，排产数据都会显示出相应信息的变化，达到开采预演的效果。

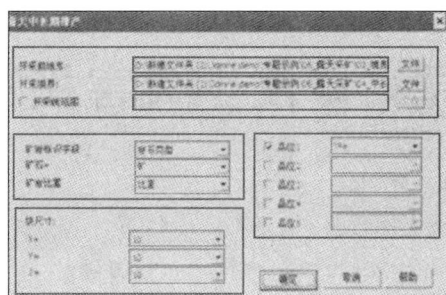

图 7　露天矿中长期采掘进度计划编制菜单

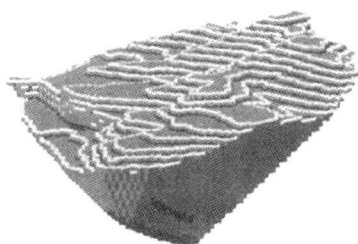

图 8　中长期排产模型

3.3.2　计划编制

圈采掘条带时,软件采用多边形选样集技术,自动捕捉与设计线相交的现状线,再通过 Delaunay 三角网技术,快速生成回采假想的开挖体,不用担心开挖体的自相交和开方边、可保证结果的正确性[5]。软件提供闭合线网采、画线回采和单个块回采三种方式帮助编制者进行采掘进度的设计。采用的矿石或岩石会显示在矿体右侧区域(见图9),回采过程中,如果遇到回采不合理的台阶,同样可以用以上方式在"采出部分"对应的台阶使用,"采出部分"即可返回计划完成后保存数据进入下一周期。

图 9　联动模型图

3.3.3　出图

最终结果可通过文字报告和图例的形式保存。报告可按台阶、矿量、岩量、总量、品位等信息报告露天中长期计划的计划量(见图10)。计划编制的采场现状还可通过输出到 AutoCAD 做进一步的图形修改与保存,还可直接由软件打印出图。

3DMine露天中长期排产报告

计划量
台阶	矿量	岩量	总量	TFe
240~250	320025.00	796500.00	1116525.00	40.01
｜	｜	｜	｜	｜
270~280	0.00	3175200.00	3175200.00	0.00
合计	320025.00	7323750.00	7643775.00	40.01

计划量
台阶	矿量	岩量	总量	TFe
40~50	116450.00	0.00	116450.00	41.20
50~60	307775.00	11812.50	31001.50	41.33
｜	｜	｜	｜	｜
260~270	0.00	6750000.00	6750000.00	0.00
270~280	0.00	5399662.50	5359662.50	0.00
合计	30265526.00	80041176.00	119946702.00	39.81

备采矿量
台阶	矿量	岩量	总量	TFe
230~240	653225.00	…	…	39.74
｜	｜	｜	｜	｜
270~280	0.00	…	…	0.00
合计	660875.00	…	…	39.76

总量
台阶	矿量	岩量	总量	TFe
40~50	116450.00	0.00｜	116450.00	41.20
｜	｜	｜	｜	｜
270~280	0.00	8574862.50	8574862.50	0.00
合计	30585557.00	97004920.00	127590000.00	39.81

图 10　露天中长期排产报告

4　结论

(1)系统提供了一个智能化、可视化的三维露天矿采掘进度计划编制平台,在此三维环境下,可适时反映露天矿生产及采场变化情况,使矿山管理和设计工作变得直观、方便。

(2)应用最大流最小剖原理对矿床进行优化,在块体价值模型的基础上通过参数控制获得经济效益最大的开采境界,智能联动的计划编制模型便于矿山技术人员应用生产实验实现交互式操作,提高了工作效率。

(3)依据矿山生产能力及实际各项指标参数,应用 3DMmine 软件编制的某矿山采掘进度计划能够满足剥采比和出矿品位的要求,提高了经济效益能很好的用于指导矿山生产实践。

参考文献

[1] 王青,史维祥. 采矿学[M]. 北京:冶金工业出版社,2001.
[2] 易丽平,王李管,肖英才. 基于 DIMINE 软件的露天采剥计划编制技术[J]. 矿业工程研究,2008,25(4):6 - 9.
[3] 北京三地曼矿业软件科技有限公司 3DMine 矿业工程软件帮助文档[R]. 2010.
[4] 王青,王智静. 露天开采整体优化 - 理论,模型与优化[M]. 北京:冶金工业出版社,2000.
[5] 裴传广,胡建明. 开发应用具有中国特色的矿业软件势在必行[J]. 中国矿业,2007,16(10):110 - 113.

基于 FLO²ᴰ 与 3DMine 耦合的尾矿库溃坝灾害模拟

阮德修　胡建华　周科平　陈宜楷　雷涛

（中南大学 资源与安全工程学院, 长沙, 410083）

摘　要：为预测和评价尾矿库溃坝的致灾情况, 提高库区防灾减灾能力, 建立尾矿库溃坝数值仿真模型, 采用 FLO²ᴰ 泥石流模拟软件对湖南某尾矿库进行溃坝灾害过程仿真, 并将模拟结果与 3DMine 数字矿山软件耦合, 实时反演溃坝灾害过程, 分析结果表明, 该尾矿库溃坝时的最大溃流流速为 40.2 m/s, 下游沟谷最大淹没深度达 13.6 m, 溃坝瞬时最大冲击应力达 100 MPa。三维动态反演了尾矿库溃坝前稳定状态、溃坝后 0.01, 0.02 和 0.05 h 的尾砂流动状态和淹没范围。根据溃坝泥砂流动强度, 对该尾矿库全部溃坝和半溃坝时的灾害程度进行三色图判别。

关键词：尾矿库; 溃坝; FLO²ᴰ; 数值模拟; 灾害评价

0　引言

尾矿库是一种特殊的工业建构物, 通常由堆坝围截山谷而成, 用于堆积储存选矿中遗留的尾矿渣和尾矿粉。由于其堆存方式的特殊性, 尾矿库更容易受洪水地震的影响而发生流滑或溃坝[1], 据相关统计资料, 我国目前有各类尾矿库达 2000 多座, 而处于正常运行的不足 70%, 其中, 有色矿山企业 39% 的尾矿库为病险库或处于超期服务状态[2], 尾矿库一旦发生溃坝事故, 不仅对矿山企业造成重大损失, 而且对下游居民的生活生产设施造成严重威胁甚至是灭顶之灾。近年来, 国内外尾矿库溃坝事故屡见不鲜, 2000 年 10 月 18 日, 广西南丹县鸿图选矿厂锡尾矿库发生溃坝事故, 造成 28 人死亡, 56 人受伤[3]; 2003 年 10 月 3 日, 智利 CerroNegro 铜尾矿库发生溃坝, 5 万 t 尾矿泄流而下造成重大灾害[4]; 2008 年 9 月 8 日, 山西襄汾塔山铁尾矿坝溃坝造成泥石流, 巨大的泥石流冲毁办公楼及下游部分村庄, 造成 276 人死亡[5]; 2010 年 9 月 21 日, 广东信宜紫金矿业银岩锡尾矿库发生溃坝事件, 造成 22 人死亡, 大量基础设施损毁[6]。因此, 研究反演尾矿库的溃坝灾害情况显得尤为重要。

目前国内外关于尾矿坝稳定性的研究较多而对尾矿库溃坝灾害的研究相对较少, 现有的安全评价报告对于这一危险性仅仅停留在定性分析的基础上, 而没有定量的分析, 该坝体溃决将为下游带来很大的灾难。尾矿库溃坝后引起的砂流下泄过程, 本质上属于泥石流, 只是在组成上与一般的泥石流存在一定的差异, 可参考泥石流的运移规律来研究尾矿库溃坝砂流的流动规律[7]。敬小非等[8]通过相似模型试验, 研究尾矿坝溃决泥浆流动特性; 陈殿强等[9]通过经验公式法建立溃坝灾害演化模型, 预测溃坝泥砂流淹没范围和深度; 李全明等[10]基于水动力学和有限差分理论建立尾矿库溃决的简化数值模型, 评价尾矿库溃坝灾害情况。但这些研究并没有考虑真实地形地貌的影响, 因而对溃坝灾害的评价与真实情况有较大偏差。

文中引入美国联邦急难管理署认可的 FLO²ᴰ 洪水和泥流灾害仿真软件[11], 构建尾矿库溃坝模型研究, 预测溃坝泥砂流流速下游影响范围和淹没深度等; 并耦合 3DMine 软件, 建立溃坝的数字化灾害评价模型; 以期为尾矿库溃坝灾害应急预案中编制下游人员安全疏散方案等提供重要的依据, 从而为尾矿库防灾减灾和库区下游灾害的避险提供指导。

1　泥砂流数值计算模型

FLO²ᴰ 模型是由 OBrien 等[12-13]提出的二维洪水漫滩流数值模型, 该模型基于中央有限差分模式进行求解, 不仅可用于模拟城市淹水河道水文演算等漫地水流, 还可以用来模拟泥流、泥石流等的灾害演化[14]。

1.1　控制方程

假定流体为均质不可压缩的流体, 而且因天然河道近似平面水流的特性, 在流场中水平方向的变化量远大于水深方向的变化量。因此, 可将三维控制方程式简化为二维形式。这样做不但可以将方程简化, 还可节约计算时间, 三维 Navier－Stokes 方程组经垂直积分后, 可简化成二维浅水波方程组[15]。式 (1)、式 (3) 分别为模型连续方程和运动方程：

$$\frac{\partial h}{\partial t} + \frac{\partial (hV_x)}{\partial x} + \frac{\partial (hV_y)}{\partial y} = i \qquad (1)$$

$$(S_{ox} - S_{fx})g = \frac{\partial h}{\partial x}g + V_x\frac{\partial (hV_x)}{\partial x} + V_y\frac{\partial (hV_y)}{\partial y} + \frac{\partial V_x}{\partial t} \qquad (2)$$

$$(S_{oy} - S_{fy})g = \frac{\partial h}{\partial y}g + V_x\frac{\partial}{\partial x}(hV_y) + V_y\frac{\partial}{\partial y}(hV_y) + \frac{\partial V_y}{\partial t}$$

$$(3)$$

式中：h 为流动深度，m；t 为时间，s；V_x 和 V_y 分别为 x 和 y 方向流速，m/s；i 为降雨强度，m/s；S_{fx}，S_{fy} 分别为 x 和 y 方向摩擦坡降；S_{ox}，S_{oy} 分别为 x 和 y 方向的河床坡降；g 为重力加速度，m/s^2。

FLO^{2D} 提供动力波模式与扩散波模式来模拟洪水与泥石流问题，式（1）为泥石流或洪水体积质量守恒方程，式（2）和式（3）为力平衡的动量方程，其中，动力波模式为动量方程式主体，扩散波模式省略动力波模式中最后 3 项；运动波模式则是省略动力波模式中的压力梯度项。

1.2　流变方程

Obrien 和 Julien[16]设计了一套总剪应力由凝聚屈服应力、摩尔库伦剪应力、黏滞剪应力、紊流剪应力和离散剪应力组成的适用于高含砂水流泥石流及泥流的流变模式，并将其定义为：

$$\tau = \tau_y + \eta\frac{(dV)}{dz} + (\rho_m l^2 + a_i\rho_s\lambda^2 d_s^2)$$

$$(4)$$

再将式（4）改写成坡度形式：

$$S_f = S_y + S_v + S_{td} = \frac{\tau_y}{\gamma_m h} + \frac{K\eta\mu}{8\gamma_m h^2} + \frac{n^2 u^2}{h^{\frac{4}{3}}}$$

$$(5)$$

式中：S_y 为屈服坡降；S_v 为黏滞坡降；S_{td} 为紊流 – 扩散坡降；τ_y 为屈服应力，Pa；η 为黏滞系数；γ_m 为土石流体相对密度；K 为层流阻滞系数；n 为曼宁系数。

数值模型中流体的屈服应力及黏滞系数通过式（6）和式（7）给定，α_1、α_2、β_1 和 β_2 等 4 项参数查表设置[17]。

$$\tau_y = \alpha_1 e^{\beta_1 C_v}$$

$$(6)$$

$$\eta = \alpha_2 e^{\beta_2 C_v}$$

$$(7)$$

1.3　基本假设

模型分析时假设差分时间间隔内为稳态流，所使用的数值地形（DTM，Digital TerrainModel）为规则网格元素系统，每个网格都被赋予固定单一的高程和粗糙系数（n），进而求得流动深度和流量，同时假设各网格节点均具有 8 个潜在的流动方向，按照方向编号为：1 – 北（N），2 – 东（E），3 – 南（S），4 – 西（W），5 – 东北（NE），6 – 东南（SE），7 – 西南（SW），8 – 西北（NW）各个边界元素之间存在流量交换，其关系如图 1 所示

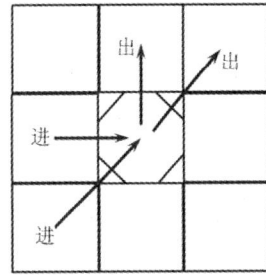

图 1　网格元素边界流量交换

2　尾矿库溃坝模型的建立

2.1　工程背概况

以湖南某铜多金属尾矿库为例开展数值模拟，该尾矿库建于丘陵山谷地区，地形标高 122 ~ 240 m，地势总体东南高西北低，地形坡度较陡，山坡坡度为 30°左右，地形切割中等，库区沟谷纵横，呈树枝状分布，主沟走向为东南至西北，长约 650 m，两边高中间低，呈 V 字地形，上游的流体容易向下游倾泻，尤其在汛期，泥石流携带能量快速冲击下游，容易引发灾害，库区下游约 500 m 有 30 多户村民居住，有较多旱地，库区汇水面积 0.21 km^2，沟谷周边最大标高为 240.0 m，出口标高 125.0 m。尾矿库后期总库容 104.45 万 m^3，总坝高 25.0 m，服务约 11a，根据《尾矿库安全技术规程》（AQ2006—2005）的规定，该尾矿库的等级为 4 等库。

2.2　初始条件及边界条件

基于 FLO^{2D} 软件的尾矿库溃坝数值模拟，需要研究区域 DTM 模型。尾矿库库容溃坝时将尾砂体积浓度、尾砂流比重、屈服应力及黏滞系数层流阻滞系数、曼宁系数等基础资料 通过导入尾矿库区域 DTM 文件，建立初始的溃坝泥砂流数字地形模型，为保证计算效率和精度，将计算区域划分为 10 m × 10 m 的正方形计算网格，用多边形线选择尾矿库及其下游地势较低的沟谷的地区为计算区域，共划分 2601 个计算网格单元。

通过流入—流出模块建立堆积标高为 150 m 尾矿库，模拟尾矿库后期溃坝灾害 其中，流入节点位于库区内；出流节点分布在计算范围的边界周围地势较低处。

溃坝后的细粒高含砂水流通常被看作泥流或者泥砂流，属于非均匀的非牛顿流体瞬时洪水事件溃坝尾砂流体基本模拟参数见表 1。

表1　尾砂流体模拟参数

项目		取值
泥砂流砂的体积分数 C_v		0.5
相对密度 γ_m		2.9
地表层流阻滞系数 K		2285
曼宁系数 n		0.04
屈服应力与砂的	α_1	0.128
体积分数关系参数	β_1	12
黏滞系数与砂的	α_2	0.0473
体积分数关系参数	β_2	21

2.3　溃坝模型的建立

根据尾矿坝的实际工程位置，建立 FLO^{2D} 坝体数值模型尾矿库模型初始稳定状态，尾砂堆积深度及范围如图2（周边曲线为计算区域边界）所示。

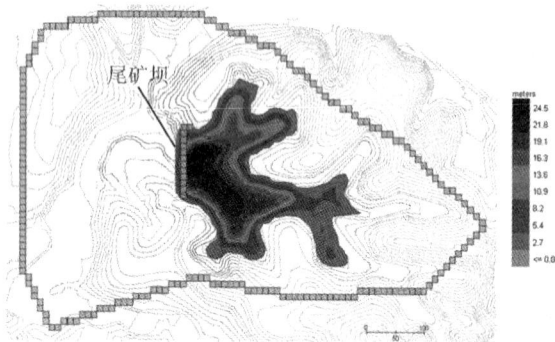

图2　尾矿库堆存范围及深度

3　溃坝灾害数值模拟

数值模拟的计算时间设定为2 h，时间步长为1 s，通过坝体模块设置尾矿库在初始稳定状态，1 h 之后开始全部溃坝。经 FLO^{2D} 软件仿真计算，该区域溃坝灾害结果如下。

3.1　溃坝泥石流流速

尾矿库全溃坝时的瞬时流速如图3所示，可以看到，溃坝瞬间，坝体位置局部最大流速可达40.2 m/s，主要断面处最大流速均大于10 m/s 这是由于尾矿库堆积深度较大产生的静水压力和重力势能共同作用的结果，坝体瞬时垮塌时，在数十米落差情况下形成较大的溃决冲击速度。

随着溃坝时间的推移，尾砂流体最大流速逐渐减小，坝坡外沟谷上中下游网格节点1126，410 和217

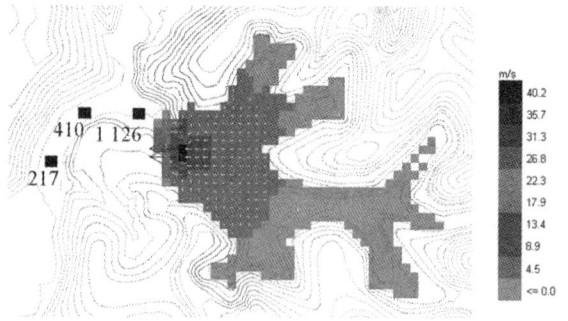

图3　溃坝瞬时流速

处的溃决流速随时间变化曲线如图4所示，图中1.0 h处开始溃坝。

3.2　溃坝泥石流流深

尾矿库溃坝泄流尾砂沿下游沟谷河道冲刷将淹没大量农田和一些房屋等基础设施，造成重大人员和财产损失。溃坝2 h 尾砂的最大淹没深度如图5所示，其下游沟谷最大淹没深度达13.6 m，且沿着河道冲刷的流深逐渐减小。

尾矿库下游主沟谷和2个分支沟谷（见图5中虚线所示）的淹没深度，如图6所示。

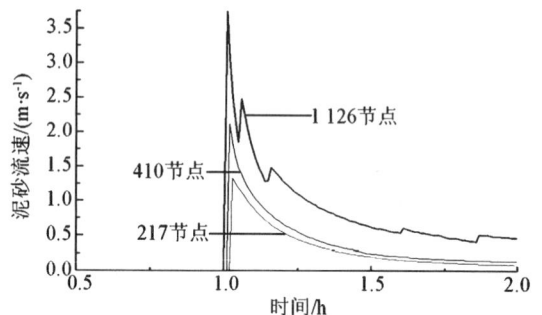

图4　沟谷上中下游网格节点溃决泥砂流速

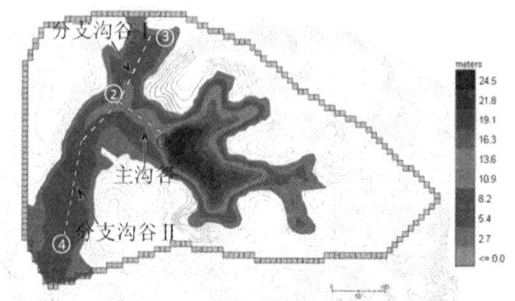

图5　溃坝尾砂淹没范围及深度

从河道淹没深度曲线图中可以看出，主沟谷溃决尾砂淹没深度明显较分支沟谷大，平均淹没深度在

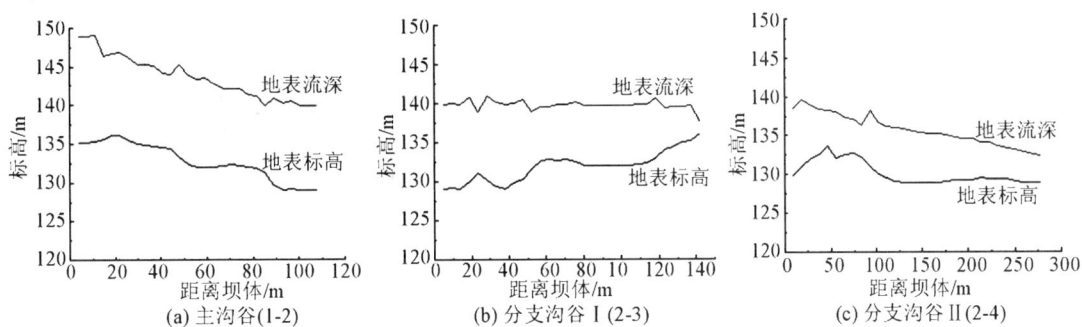

图6　尾矿库溃坝沟谷淹没深度

10 m 以上 随着下游沟谷的分流作用，尾砂淹没深度逐渐减小，其中分支沟谷 I 由于地势走高，尾砂流体淤积河道，淹没标高 140 m，淹没深度变化范围在 0 ~ 10 m 左右；而分支沟谷 II 地势逐渐降低，成为尾砂流体的主要流出通道，淹没深度随流域范围的扩大逐渐减小。

3.3　溃坝冲击力

　　尾矿库溃坝时产生的巨大冲击力是造成灾害的直接动力，尾砂冲击力按均质浆体的动压力进行计算，通过 FLO^{2D} 数值模拟，计算出的溃坝冲击力大小分布，如图7所示。可以看出溃坝瞬时最大冲击应力达 100 MPa，主要发生在坝坡外沟谷上游区域，随着流速减小，下游泥砂冲击力逐渐减小，沟谷上中下游不同位置处的尾砂流最大冲击力如图中标注。

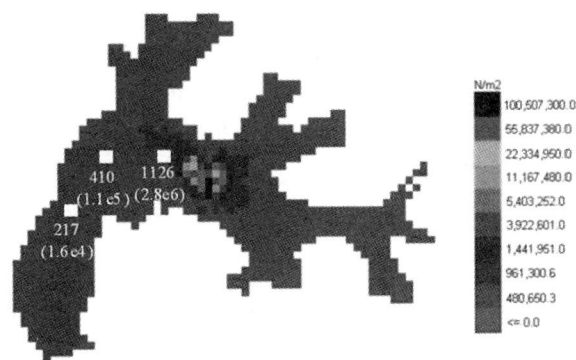

图7　尾矿库溃坝冲击力

4　耦合 3DMine 的灾害数字化分析

　　为实现尾矿库溃坝灾害的三维数字化评价，将 FLO^{2D} 强大的区域泥石流计算功能与 3DMine 三维数字化模型结合起来，使溃坝灾害演化过程的分析更加直观明了。通过对 FLO^{2D} 的计算结果数据进行一系列

的转换和筛选，得到不同时步溃坝泥砂流的三维空间信息文件，将其导入 3DMine 中生成泥砂流 DTM 表面模型，并载入之前的尾矿库 DTM 地形图以等值线高程显示，即可三维动态反演尾矿库溃坝泥砂流路径，及淹没情况，实现二者的耦合分析。与 3DMine 耦合的溃坝前尾矿库状态溃坝后 0.01 h，0.02 h 和 0.05 h 的泥砂流状态及灾害过程，如图8所示。

　　从溃坝灾害演化过程来看，发生溃坝时泥砂流沿下游主河道迅速喷涌而出，填塞沟谷，随后经过分支沟谷分流后，流速逐渐放缓，在出口形成冲积扇，并淹没大片区域，尾矿库溃坝后下游淹没面积随时间变化曲线如图9所示，可以发现随着时间的推移，淹没面积的增长呈现减缓的发展态势。

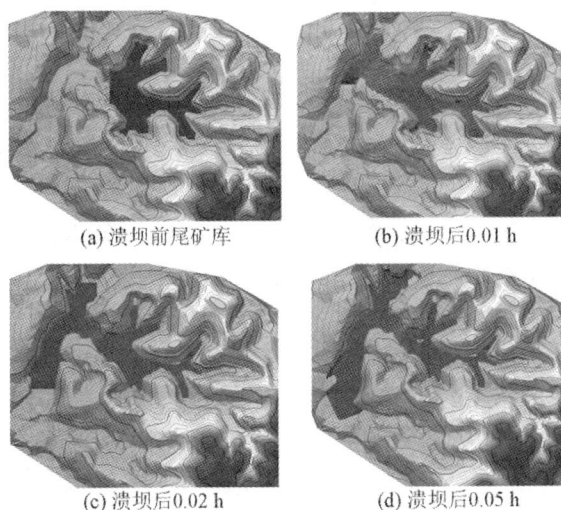

(a) 溃坝前尾矿库　　　　　(b) 溃坝后 0.01 h

(c) 溃坝后 0.02 h　　　　　(d) 溃坝后 0.05 h

图8　尾矿库溃坝灾害演化过程

5　溃坝灾害评价

　　研究考虑尾矿库全部溃坝和半溃坝 2 种不同情况，为合理分析下游区域的受灾情况，综合溃坝泥砂

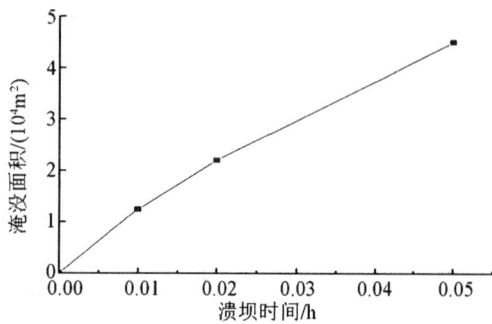

图 9   溃坝淹没范围时变曲线

流动强度因素，其灾害程度判别标准见表 2。

表 2   灾害程度判别标准

灾害程度	最大流深 h/m	关系	流动强度 vh /$m^2 \cdot s^{-1}$
高	≥ 3.0	或	≥ 3.0
中	$\leq h < 3.0$	或	$1.0 \leq vh < 3.0$
低	$h < 1.0$	且	< 1.0

注：vh 为最大流深 h(m) 最大流速 v(m/s)

根据灾害判别标准，定义采用以浅灰色灰色和深灰色 3 种颜色云图直观地评价溃坝灾害程度和分布范围，其中浅灰色为低危险，导致建筑轻微损伤，人员受安全威胁较小；灰色为中危险，导致建筑部分摧毁，可能出现人员伤亡；深灰色为高危险，导致建筑摧毁，人员伤亡 结合尾矿库区域地形图，以三色图显示的尾矿库半溃坝和全溃坝可能的致灾程度，如图 10 所示

从图 10 可直观看出，尾矿库全溃坝时的灾害情况较半溃坝时更加严重，泄流尾砂将淹没下游区域大片农田和冲毁房屋等基础设施，不仅会造成重大直接经济损失而且由于尾砂中含有的重金属将会对环境造成大面积污染。

6   结论

（1）引入二维泥石流灾害模拟软件 FLO^{2D}，建立尾矿库溃坝模型，对湖南某尾矿库进行了详细的溃坝灾害过程模拟。

（2）将 FLO^{2D} 溃坝数值模拟结果与 3DMine 软件相耦合，三维动态反演了尾矿库溃坝泥砂流实时灾害过程，使数值模拟结果更加直观明了，对灾害的数字化评价提供一种新的途径。

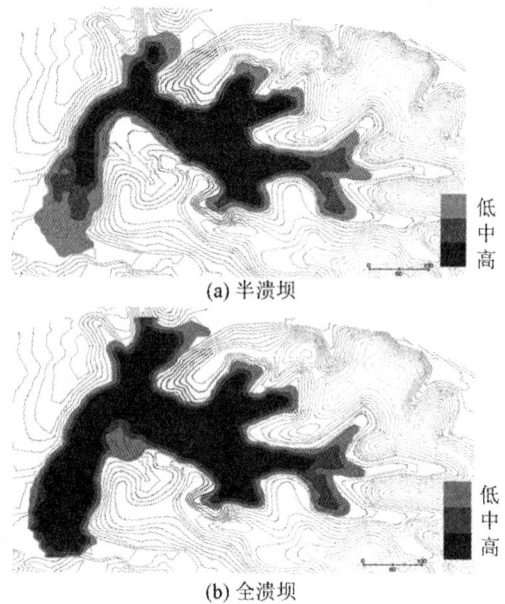

(a) 半溃坝

(b) 全溃坝

图 10   尾矿库溃坝灾害图

（3）通过溃坝泥砂流灾害的淹没范围时变曲线灾害程度三色图等，评价了尾矿库半溃坝和全溃坝时的致灾情况和严重程度，其结果可为编制尾矿库溃坝灾害应急预案和下游人员安全疏散方案等提供重要的依据。

参考文献

[1] 潘建平，王笙屹，朱洪威. 尾矿坝液化流滑破坏模型与稳定措施研究[J]. 金属矿山，2011(4)：134–136.

[2] 张超. 尾矿动力特性及坝体稳定性分析[D]. 武汉：中国科学院武汉岩土力学研究所，2005.

[3] 梅国栋，王云海. 我国尾矿库事故统计分析与对策研究[J]. 中国安全生产科学技术，2010，6(3)：211–213.

[4] 王凤江. 国外尾矿坝事故调查分析[J]. 金属矿山，2004(增)：49–52.

[5] 魏勇，许开立，郑欣. 尾矿坝的失事[J]. 工业安全与环保，2009，35(5)：32–33.

[6] 广东通报 9 21 信宜紫金矿业溃坝事件调查处理情况[OL]. [2010–12–21]. 人民网.

[7] 袁兵，王飞跃，金永健. 尾矿坝溃坝模型研究及应用[J]. 中国安全科学学报，2008，18(4)：169–172.

[8] 尹光志，敬小非，魏作安，等. 尾矿坝溃坝相似模拟试验研究[J]. 岩石力学与工程学报，2010，29(增2)：3830–3838.

[9] 陈殿强，何峰，王来贵. 凤城市某尾矿库溃坝数值计算[J]. 金属矿山，2009(10)：74–80.

[10] 李全明，李玲，王云海，等. 尾矿库溃坝淹没范围的定量计算方法研究[J]. 中国安全科学学报，2011，21(11)：92–96.

[11] Numerical models meeting minimumrequi rement of national flood insurance program[OL]. [2010 – 07 – 12]. Federal Emergency Management Agency. http：//www. fema. gov/.

[12] O BrienJ S, JulienPY. Laboratory analysis of debris – flow- properties[J]. Journal of Hydraulic Engineering, 1988, 114 (8)：877 – 887.

[13] OBrienJS, JulienPY, FullertonWT. Twodimensional water flood and mudf low simulation[J]. Journal of Hydraulic En- gineering, 1993, 119(2)：244 – 261.

[14] 叶一隆, 颜瑞龙, 陈智谋. 东港溪流域淹没潜势分析与 应用[J]. 水利学报, 2009, 40(7)：838 – 843.

[15] JHubl, HSteinwendtner. Two – dimensional simulationof two- vis cous debris flow sin Austria[J]. Physics and Chemistry of the Earth(C), 2001, 26(9)：639 – 644.

[16] 曹英明. FLO^{2D} 模式与土石流流况模拟之应用[D]. 台 湾：朝阳科技大学, 2005.

[17] FLO^{2D} SoftwareInc. FLO^{2D} UsersManual, Version2007. 06 [M]. Nutrioso, AZ, USA, 2007：64 – 66.

基于 3DMine 的鄂西高磷赤铁矿凉水井矿区三维建模

叶海旺[1,2]　王荣[1]　韩亚民[3]　刘景秀[1,2]　常剑[4]

(1. 武汉理工大学，武汉，430070；2. 矿物资源加工与环境湖北省重点实验室，武汉，430070；

3. 武铜矿业公司程潮铁矿，武汉，430070；4. 中钢集团马鞍山矿山研究院有限公司，安徽马鞍，243000)

摘　要: 借助于国内矿业软件 3DMine 建立了鄂西高磷赤铁矿凉水井矿区的三维模型。在介绍三维建模理论，不规则三角网(TIN)原理，块段建模原理和基于块段建模的品位估值的基础上，建立了矿山的地质数据库，并且构建了矿区地表 DTM、断层、矿体、地质界线和品位块体模型。建立的模型形象逼真，具有一定的科学性和准确性，为矿产资源评估、开采设计和生产计划编制提供了基础。

关键词: 3DMine；三维建模；高磷赤铁矿

1　引言

欧美矿业界在 20 世纪 70 年代就将计算机辅助设计技术应用于地质、矿业领域。经过 40 年的发展，今天的采矿软件已经形成了相当的规模。以矿床模型为代表的矿业软件迅速发展，相继推出用于地质资料处理、矿床建模、采矿设计、计划编制、测绘图形处理等方面的矿用商业化软件，如 Datamine，Surpac，Micromine，Mintec，Lynx，Mincom，Vulcan，MineMap 等，装备了很多的矿山，特别是澳大利亚、北美和南非的一些矿山，取得了很好的经济效益。

本研究借助于 3DMine 软件建立了鄂西高磷赤铁矿凉水井矿区地质数据库，并在此基础上构建了矿区地表、断层、矿体、地质界线模型以及品位块体模型。针对品位块体模型选用了距离幂次反比法品位估计，并与矿山实际勘探获得的平均品位进行了对比，结果表明，所建模型可靠，具有一定的科学性和准确性。

该矿山位于湖北省西部，扬子地台东北部及秦岭地槽东南段，在扬子地台内，为古生代海相沉积型层状赤铁矿。该矿区构造线方向主要为北东向，至矿区东部转为东西向。矿区内褶皱较发育，其特征是：背斜紧密，并常呈箱状出现；向斜开阔，两翼倾角多不对称，一般是南东翼较陡，局部直立乃至倒转，北西翼倾角稍缓。铁矿层随褶皱的反复出现而多次暴露于地表，其产状严格受褶皱形态控制。矿床为沉积型缓倾斜薄矿体，厚度为 1~7 m，矿床有 4 个含矿层：下部第一、第二含矿层，(Fe_1，Fe_2)矿层薄，规模小，品位低，工业价值不大；上部第四含矿层(Fe_4)多为鲕绿泥石铁矿，夹层多，选冶困难；中部第三含矿层(Fe_3)规模大，品位高，为矿区主要工业矿层。本研究的建模对象为其中的凉水井矿区。

2　地质数据库的建立

根据原始的图形地质资料，包括地质横剖面图，钻孔信息数据图，借助于 3DMine 软件创建地质数据库，建立了 4 个数据表：开孔表、测斜表、化验表、岩性表。3DMine 的数据库平台为功能强大，运行速度快的 Microsoft Access 数据库平台。其中开孔表和测斜表表现了钻孔的空间形态变化，化验表记录了钻孔样品中 TFe 品位的变化，岩性表记录了钻孔样品各段岩性的变化。对数据表进行数据检验，修正钻孔数据中错误的数据。对数据进行样品组合，由于本矿床为层状薄矿体，选取 0.5 m 进行样品组合，这是对品位和储量进行估算的前提。建立后的数据库可以对任意数据进行查询、更新、编辑、修改、统计分析等。各数据表结构见表 1，钻孔空间位置如图 1 所示。

表 1　地质数据库数据表结构

表名	字段			
定位表	钻孔号　最大孔深	X 坐标	Y 坐标	Z 坐标
测斜表	钻孔号　深度	倾角	方位角	
化验表	钻孔号　从	至	TFe 品位	
岩性表	钻孔号　从	至	岩性描述	

3　三维模型的构建

3.1　三维模型构建的基本原理

三维模型构建的基本原理是采用不规则分布的数据点生成不规则三角网来逼近表面模型的 TIN，所建立的模型并非真正的三维空间实体，而是面或空壳

图1　钻孔空间位置

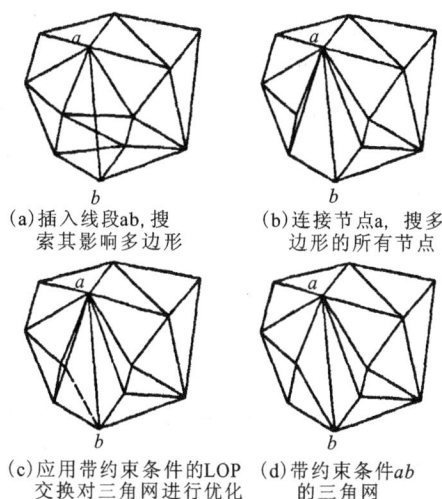

(a)插入线段ab,搜　　　(b)连接节点a,搜多
索其影响多边形　　　　边形的所有节点

(c)应用带约束条件的LOP　(d)带约束条件ab
交换对三角网进行优化　　的三角网

图2　约束线段 *ab* 插入到已有的不规则三角网的过程

（封闭的面,后称实体)。TIN 是数字高程模型的一种表示方法,它减少了规则格网(grid)法带来的数据冗余的不足,在计算速度方面优于等高线法,既可以进行表面积、坡度、体积的高速计算,又可以进行表面渲染和切制剖面。TIN 是地面模型、地质模型和矿体模型建立的基础。

3.1.1　不规则三角网(delaunay 三角网)的形成

不规则数据点生成的不规则三角网有很多种可能,但是对于良好的 TIN 模型,其基本要求有:

(1)TIN 是唯一的;

(2)力求每个三角形尽量接近于等边形状;

(3)保证最近点构成三角形,即三角形的边长之和最小。

在所有可能的三角网中,不规则三角网在地形拟合方面表现最为出色,是 TIN 生成的主要方法。因为不规则三角网每一个三角形的外接圆内不包含其他点,保证了每个三角形最大化地接近于等边形状,三角形的边长之和最小。不规则三角网形成规则:可根据 Lawson1972 年提出的最大最小(MAX,MIN)角度法来建立,即在由两相邻三角形构成的凸四边形中,交换凸四边形的两条对角线,6 个内角的最小角不再增大。Lawson 据此提出了局部最优方法 LOP(local optional producer):交换凸四边形的对角线,可获得等角性最好的三角网。

3.1.2　带约束条件的不规则三角网

当地形特征线、特殊的范围边界线、等高线等被作为预先定义的限制条件作用于 TIN 的生成时,必须考虑带约束条件的不规则三角网。带约束条件的不规则法则是:

(1)将所有数据包括约束线上的数据点建立标准的不规则三角网。

(2)嵌入线段约束,根据对角线交换法 LOP 调整每条线段影响区域内的所有三角形。如图2所示完成约束线段的插入。

3.2.1　矿区地表 DTM

地表模型建立的原始数据来源于原始的 AutoCAD

文件的地形等高线,在 3DMine 中导入原始的等高线数据、坐标网、勘探线等相关数据,通过坐标网所显示的大地坐标数据,将各线数据调整到原始地形所在的大地坐标系位置,然后将等高线赋予原始地形所在的高程,形成三维等高线。将等高线作为约束条件,通过等高线上的点生成不规则三角网,通过消隐、渲染、光照等效果后形成矿区 DTM,如图3所示。

图3　矿区地表图形

生成后的矿区地表模型由两部分组成,其中一种是线文件,储存赋高程的等高线数据,储存为 *.3ds 格式;另外一种是体文件,存储不规制三角网(TIN),储存为 *.3dm 格式。这两种格式均可转换为 Surpac 中的线文件和体文件。

3.2.2　断层模型

建立断层模型以清楚掌握断层和矿体的相互位置关系以及断层对矿产开采的影响。断层的三维建模,主要采用的是 TIN 技术生成断层的线框模型以逼近断层空间形态。断层模型一般有两类:一类是以面的形式存在,即通常所说的断面层;另一类是断层非常发育,并且在空间上已经形成了一定的宽度,三维建模一般将它建立成三维实体，即通常所说的断层破碎带。断层实体模型的数据来源为地质剖面图，将各个剖面图形导入 3DMine 之后，均进行坐标转换调整到实际大地坐标的位置，然后将线相连形成 DTM 面（类似于地表模型的生成）。本矿区的地质条件较好，只有 1 个断面层。

3.2.3　地层模型

地层模型建立的数据来源为地质剖面图以及钻孔数据库，钻孔数据库中储存了钻孔从上至下各个地层的信息。而地质剖面图也表现了各地层的地质界线，将各地质剖面图导入 3DMine，然后通过钻孔数据库中的地层数据来校核剖面图。连接各个地层的地质界线形成各地质界面。在很多情况下，地层模型的地质界面与地表相交出露到地表，此时，使用线框布尔运算来对出露地表的地质界面进行剪切。地质界面和地表交线实质上也是地质平面图上所显示的地质界线，可以根据平面图的地质界线来校核所生成的地质界线。在建模范围内，该矿山的地层主要 $P_2 1$，$P_1 y$，$P_1 m$，$C_2 h$，$D_3 s$。图 4 所示为地层模型。

图 4　地层模型

3.2.4　矿体模型

矿体模型生成也类似于地层模型，生成的方法有两种，即通过地质剖面图或钻孔数据图来生成。可以通过钻孔数据图来校核地质剖面图中的矿体的形态和空间结构位置。矿体模型和地质模型建立的不同之处在于地层模型类似地表 DTM，是面模型；而矿体模型实际上是表面模型内外包裹互不透气的三维线框实体模型，它的建模方法实际上是通过表面模型的逼近规则，加上自身的缝合和包裹技术来实现的。

4　块体模型

4.1　块段建模原理

矿体模型只能反映矿体的空间形态，而无法表现出矿体局部品位和岩性及其分布情况，也无法估算出储量，因此必须建立矿体的块体模型。该模型的建立

以块段模型为基础，3DMine 采用的是可变的三维块段模型，在某一方向上块段的尺寸可变化。由于矿层较薄，本研究所采用的块段尺寸为 5 m×5 m×0.5 m，边界的尺寸为 2.5 m×2.5 m×0.25 m。三维建模的矿区面积过大，只以 0 至 -16 号勘探线之间的矿体为例，推估了该区域内的矿石品位。

块段模型是品位估值和储量计算的基础，把矿体划分成许多小块段（待估块段），在充分考虑信息样品的形状、大小及其与待估块段相互间的空间分布位置等几何特征以及品位的空间结构之后，根据搜索到的一定范围内的有品位信息的块段来估算无品位信息的块段，对搜索到的有用信息样品值分别赋予一定的权系数，最后进行加权平均来估计待估块段品位。

数据搜索是对待估块段进行推估的首要工作，是按指定的方式为推估准备数据，搜索对待估块段具有影响的样品点。样品数据点的搜索方法可分为球体搜索法和椭球体搜索法，由于矿体的各向异性，一般采用椭球体搜索法。

4.2　品位估值方法

在对块体进行估值前，需对钻孔数据库中的品位进行组合样计算，组合样计算是将数据库中品位转换为样品点的属性值，利于对块段进行估值。品位的估值有 3 种方法：直接赋值法、距离幂次反比法、普通克立格法。针对矿区各元素品位分布的特点，在此选用的是距离幂次反比法。

计算公式如下：

$$Z(B) = \sum_{i=1}^{N} \lambda_i \cdot G_l,$$

$$\lambda_i = \frac{1/d_i^p}{\sum_{i=1}^{N} (1/di)^p} \qquad (1)$$

式中，$Z(B)$ 为插入值点的品位值，%；G_i 为第 i 个点的实测品位值，%；P 为距离倒数法幂次，$P = 1$、1.5、2、2.5、3 等，一般 $P = 2$；λ_i 为第 i 个点的权系数；d_i 为第 i 个样品点到块段中心的距离，m；N 为指定搜索范围内的实测点个数。

矿体的块段模型建立以后可以以不同的颜色来表现不同的品位变化及其分布，并且能够创建任意方向的剖面图，表现矿体内部的品位变化分布。计算出的 TFe 平均品位为 38%，同勘探报告的 40% 有所差异，造成差异的主要原因是原勘探报告所划分的矿体范围较小，上下盘品位较低的矿没有计算在平均品位内。图 5 所示为 0 ~ -16 号勘探线之间的矿体块体模型。

5　结论

3DMine 是我国首个自行开发研制的商业化矿业

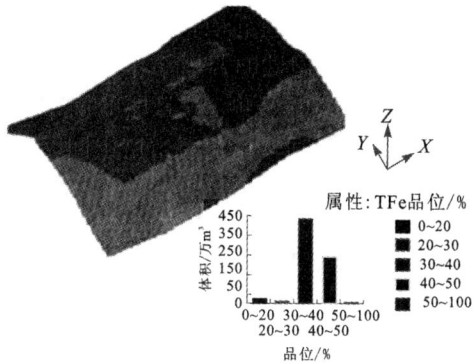

图 5　矿区 0 ~ -16 号勘探线之间矿体的块段模型

软件,该软件引进国际通用的地质建模方法,具有国外同类软件模块的功能,符合国家行业标准。针对沉积矿床的特点和矿山设计的需要,借助 3DMine 软件有效地构建矿区地表地形模型、层状地质模型和矿体模型,并实现矿体的品位估计,为进一步的采矿设计和生产计划编制提供了基础。3DMine 具有强大功能模块和建模工具,用来建立三维模型,不仅大大简化了采矿设计者的工作,也将对我国数字矿山的发展起到一定的推动作用。

参考文献

[1] 罗周全,刘晓明.基于 Surpae 的矿 the 维模型构建[J].金属矿山。2006(4):33 - 36.

[2] 王李管,曾庆田.复杂地质构造矿床三维可视化实体建模技术[J].金属矿山,2006(12):4649.

[3] 罗周全,鹿浩.矿山三维建模[J].南华大学学报:自然科学版,2007(4):9 - 15.

[4] 胡建明.矿业工程软件[M].北京:东澳达软件公司,2008.

[5] 李志林,朱庆.数字高程模型[M].武汉:武汉大学出版社.

3DMine 矿业工程软件在胜利露天煤矿的应用

张寿涛[1, 2]

（1. 中国矿业大学，北京，100086；2. 中煤国际工程北京华宇工程有限公司，北京，100120）

摘　要：介绍了近年来国内外矿业软件的发展情况，并对国内应用比较成熟的三维采矿设计软件 3DMine 进行了详细介绍。同时结合 3DMine 在神华北电胜利露天煤矿的实际应用对此软件进行了综合评价，指出了这类三维矿业专业软件的发展前景。

关键词：三维；采矿设计软件；3DMine；胜利露天煤矿

1　引言

国际矿业软件起步于 20 世纪 70 年代。当时矿业领域应用计算机还远落后于其他行业，基本上是从某个功能的计算机应用开始，或是基于专业技术（如测量、图形、可视化、地质数据计算等）需求在计算机上的应用。

矿业软件的应用是一个逐渐被认识的过程，经过 30 多年的发展证明，矿业软件已成为矿山生产过程的 4 个必备条件（资源、设备、技术、软件）之一。

近年来，随着矿业经济的繁荣以及信息技术的发展，我国矿山企业对信息化软件产品的需求急剧增加。与此形成鲜明对比的是国内矿业软件的研发大多仍处于起步阶段，相对于其他行业及国外矿业软件商均严重滞后。在此背景下，国外大型矿业软件商（如英国的 Datamine，美国的 Miesight，澳大利亚的 Vulcan、Surpac、Micromine，加拿大的 Gemcom 等）开始将市场转向中国。他们直接带来了国外软件产品以及如何提高矿山生产效率和管理效率、提高矿山开采的技术手段等方面的实质性成果，同时也对国内矿业软件的发展起了积极的推动作用。

虽然国内有相当多的矿山企业、科研院所购买或应用了这些国外软件，完成了矿山数据整理、三维建模等工作，软件性能总体上得到了大家的认可。然而，在国内矿山企业中，上述软件仍无法得到普及性的推广和应用。其原因主要有：国内现行矿业行业标准和工作规范（特别是储量计算方法、采矿设计理念）明显不同于西方国家；虽然部分国外软件进行了汉化，但核心还是英文，且开发团队远在国外，与客户间存在着距离、语言、思维方式上的巨大差异，难于进行二次开发；操作过程相对比较复杂，多对话框操作，很多功能需要选择和理解才能正确使用；文件格式复杂，兼容性不强；采矿设计功能较少；价格昂贵，不利于普及应用，且技术支持、培训和软件升级费用不菲。

正是基于上述原因，国内矿业软件开发单位开始致力于开发具有自主知识产权、符合国内矿业行业规范和技术要求、达到或超过国外软件功能的普及型三维矿业软件系统。

3DMine 矿业工程软件（以下简称 3DMine）由北京三地曼矿业软件科技有限公司开发并进行推广应用。是目前国内发展和应用比较成熟的三维矿业软件系统。软件系统采用的开发语言为 Microsoft 公司的 VS2003 C＋＋，软件界面库为 BCG，3D 核心库。系统构建原则是实用性、精确性、方便性和扩充性。目前推出的最新版本为 3DMine 2010.2。

2　3DMine 的组成

以 3DMine 2010.2 为例，该软件包主要由核心模块、测量模块、地质数据库、地质模型、储量计算、露天采矿设计和地下采矿设计 7 部分构成。

核心模块在软件中承担纽带作用，是一个界面友好、功能强大的三维显示和浏览平台，也是一个完全集成的数据可视化和可编辑环境。考虑到软件的通用性，3DMine 与国内流行的辅助设计软件（包括 AutoCAD、Microstation）、GIS 软件（包括 ArcGIS、Mapinft、MapGIS）和矿业软件（包括 Datamine、Surpac、Micromine）均实现了无缝兼容。同时增加了外部文本和 Excel 数据导入生成数据图形的接口，增强了软件的实用性。

测量模块是一个交互性很强的功能集，3DMine 独创性地实现了实测数据与 Excel、AutoCAD 之间的数据与图形互换功能，从而使测量内业工作变得更加直观、便捷。在该模块功能中，用户可快速形成不同形式下的三维成果，包括建立地表模型（DEM）和生成等高线、露天矿现状和掘进坑道模型；快捷、准确地完成工程验收和实时监控生产进度。

地质数据库模块吸收了开放数据库技术（ODBC）的优势，通过常用数据库来存储和操作地质信息，如Access、SQL Server、Oracle。软件中使用相对简单的步骤创建和连接数据库，直接导入可以是 Excel、Text或数据库格式数据源文件，操作简单直观，对错误信息及时呈现报告。

地质模型包括两种类型：一是表面模型（DTM），典型的特点是空间曲面模型，如地表地形、煤层和构造面模型；二是实体模型，如地层、矿体和采掘带模型。3DMine 集成了当今先进的三角网建模手段，充分运用控制线和分区线联合的方法，对任意形态的物体通过一系列的散点或剖面创建地质模型。在最近的几个版本中，3DMine 加强了对集成化煤层建模功能开发，已经将煤层单层分层模型、多煤层集成建模和增强版煤质数据提取功能交付用户使用。

储量计算模块的建立充分集成了国内常用的传统储量计算方法（包括纵投影法和断面法）和国外矿业界比较公认的地质统计学进行储量计算的方法（包括距离幂次反比法和克里格法）。3DMine 可快捷地对模型进行查询、统计。查询包括鼠标随机查询、沿线条进行捕捉查询和鼠标捕捉面查询等。统计功能可迅速处理在实体模型、DTM 面、高程、属性字段和线条边界等各种约束条件下煤量和煤质的报告。

露天采矿设计模块在相当程度上可使用辅助设计模块的功能。同时更侧重于处理露天采矿设计中一些特定的功能需求，例如扩展露天矿最终境界、斜坡道的设计、圈定或者指定采掘计划线、跨台阶或者不跨台阶设计采掘计划线等。最新的 2010.2 版中，推出了针对露天煤矿使用的中长期计划功能集，包括：境界优化、动态中长期计划、刀量切割与自动 VP 曲线功能。

地下采矿设计模块（略）。

3　3DMine 的露天采矿设计功能

露天采矿境界优化：综合考虑地质模型、采矿成本、产品售价等经济参数，同时在指定的边坡角度、开采范围约束等设计参数的控制下，按照净现值等原则进行采矿境界优化。露天矿境界优化界面如图 1所示。

通过露天采矿优化器形成的结果作为设计的基础数据，在软件工具的帮助下完成露天采矿的台阶、平盘和运输公路等的设计工作。

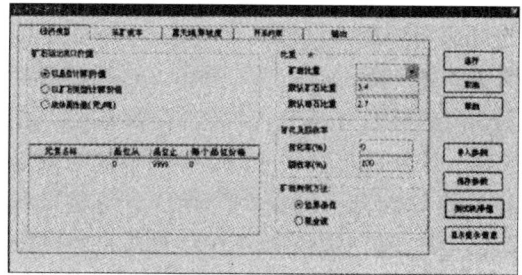

图 1　露天矿境界优化

生产矿山的日常设计工作，包括局部台阶设计、掘沟与道路和采掘带推进等；同时与矿体模型配合，进行采掘带或开挖区的矿岩量及品位报告，从而实现短期的采剥计划。

4　3DMine 在神华北电胜利露天煤矿的应用

胜利露天煤矿于 2008 年 5 月份开始试用北京三地曼矿业软件科技有限公司自主开发的 3DMine 矿业工程软件，经过一年多的实际应用，在其专业的技术支持服务帮助下，已经建立了包括钻孔数据库管理体系、煤层模型、煤质模型、储量模型等在内的三维地质模型系统，并且已经成为日常的剥离工程设计及验收的软件工具。

5　应用实例

下面利用 3DMine 进行露天矿中短期计划中的采掘带推进来对其露天采矿设计功能进行演示。

5.1　设置扩展参数

找到露天设计＞＞设置扩展参数，弹出如图 2 所示的对话框就可以设置扩展参数了。

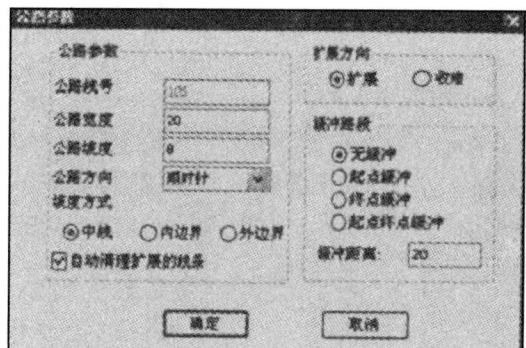

图 2　设置扩展参数

5.2　圈定采掘带

选用菜单项露天设计＞＞采掘带＞＞坡底圈采掘带，圈出如图 3 所示的一个采掘带。这里需要特别注意的是，图中所示 A 与 B 位置之间，和 C 与 D 位置之间，要求一次性跨过坡顶底线，中间不能有其他任何点。在点完 D 位置点时，软件会自动生成采掘带体（见图 4），并在信息栏输出各种计算信息。

5.3　调整采掘带工程量

选用菜单项露天设计＞＞采掘带＞＞调整量，如图 5 所示，用鼠标左键点选划出采掘带线后，移动至一个新的位置后，软件会自动重新计算各种量值，并显示在信息栏中。这可以用于调整采掘带的形态，来满足想要划定的计划量。

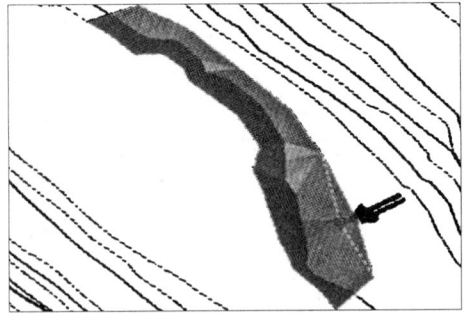

图 5　对采掘带工程量按需要进行调整

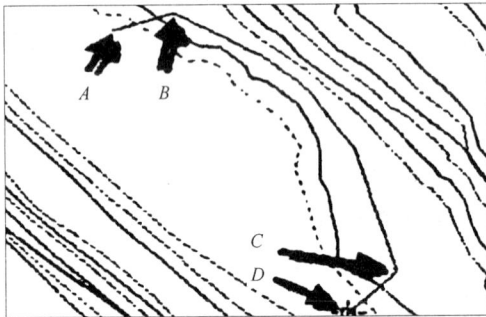

图 3　划出采掘带范围

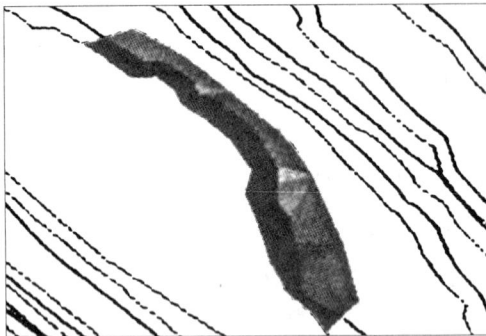

图 4　系统自动生成采掘带实体

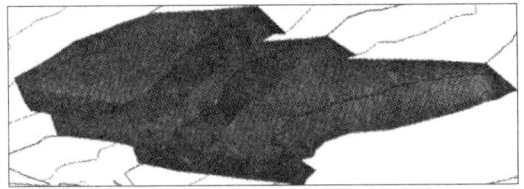

图 6　多台阶圈定采掘带

5.4　多台阶圈定采掘带

如果选用菜单项露天设计＞＞采掘带＞＞坡顶底圈采掘带，按前面功能的操作思路，则可实现多台阶叠加圈定，如图 6 所示。这也是在做生产计划时的一种情形，可用于中期计划。

6　结语

通过实际应用，我矿认为 3DMine 是一套重点解决矿山地质、测量、采矿设计和露天矿短期排产的三维软件系统。这一系统可广泛应用于固体矿产的地质勘探数据管理、矿床地质模型、构造模型、传统和现代地质储量计算、露天采矿设计、露天短期进度计划以及生产设施数据、规划目标数据的三维可视化管理。这一系统值得矿山的管理与工程技术人员学习掌握，并运用到实际工作中。

同时，笔者认为，今后这类软件在露天矿山的应用，应该随着软件技术水平进步、功能完善程度及矿山管理与工程技术人员理解与操作水平的不断提高，逐渐形成普及推广的趋势。这在一些矿业科技更为发达的国家已经成为现实，相信我们距此也不会太远了。

参考文献

[1] 张幼蒂，王玉浚.采矿系统工程[M].徐州：中国矿业大学出版社.2000.
[2] 骆中洲.露天采矿学（上）[M].徐州：中国矿业大学出版社。1986.

3DMine 矿业工程软件在构建五圩矿三维可视化模型中的应用

陈竞文　　吴仲雄　　陈德炎

（广西大学资源与冶金学院，南宁，530004）

摘　要： 随着数字矿山的兴起，矿山三维可视化技术进入了新的发展阶段。五圩矿应用 3DMine 矿业工程软件，构建了矿区地表模型、矿体模型和巷道模型。借助三维可视化模型，可更加形象地理解矿山地表地形、矿体空间形态和井巷工程布置及其空间位置关系，有利于采矿、开拓方法的优化选择，以及矿山工程的优化布置，对矿山安全生产、矿山资源的合理利用与矿山长远发展具有重要意义。

关键词： 数字矿山；三维可视化；实体模型；3DMine

0　引言

20 世纪 80 年代末，随着图像仿真技术和 3D - GIS 技术的发展，矿山三维可视化技术应运而生，相继出现了许多知名矿业软件公司，如美国 Mintec 公司的 Medsystem，英国 MICL 公司的 Datamine&Guide，加拿大 Lynx Geosystems 公司的 Lynx 与 MicroLyrnx，Gemcom 公司的 gemcom，澳大利亚 Maptek 公司的 Vulcan，Minecom 公司的 Minescape，Micromine 公司的 Micromine，Surpac 公司（SSI）等[1]。20 世纪 90 年代，随着数据库技术、三维图像处理技术的飞速发展和逐渐成熟，矿业软件技术的应用和研究也取得了较大发展。我国在三维可视化软件方面的研究与应用始于 20 世纪 90 年代，早期主要集中在三维地质模拟和可视化部分功能原型系统等的开发与应用，开发了一些以解决具体专业问题为主的矿业工程软件。

1999 年，在我国发起的首届"数字地球国际会议（ISDE）"上正式提出了"数字矿山（DigitalMine）"的概念。数字矿山立足于数字化、信息化、虚拟化、智能化、集成化、系统化，应用当代迅速发展的信息与通信技术、计算机与网络技术、人工智能与自动控制技术、3S 技术[遥感技术（RS）：Remote sensing，地理信息系统（GIS）：Geography information systems，全球定位系统（GPS）：Global positioning systems]，以达到生产方案优化、管理高效和决策科学化，获得了业内人士的广泛认同，在短短十多年时间里就取得了巨大的发展，成为 21 世纪矿业的发展趋势[2-6]。

数字矿山的兴起，赋予了矿山三维可视化技术新的意义与发展空间。三维可视化是实现数字矿山战略的关键技术，要真正实现数字矿山，就必须以 3DGM 为基础。

1　五圩矿概况

五圩矿位于广西河池市金城江区五圩镇，是河池市五吉有限责任公司下属矿山企业之一。五圩矿矿床为岩浆期后的中低温热液充填矿床，矿区范围内共有 32 条矿脉，4 条为主要矿脉，其余为平行主脉旁侧的次要矿脉。矿脉产于扭性兼压性断裂组合而成的扭裂带中，围岩为绢云母泥岩、泥质白云岩、含铁白云岩和绢云母泥岩。矿脉的产状和形态严格受断裂面的产状和形态控制，大部分倾向 70°～90°。

五圩矿采用平硐、平硐 - 斜井、斜井 - 盲斜井开拓系统，设计生产规模 8 万 t/a，开采深度为 10～400 m，中段高度为 30 m，采用浅孔留矿法开采，矿块长度 30～50 m。采空区采取封闭或者自然崩落充填的方法处理。

2　3DMine 矿业工程软件

3DMine 矿业工程软件是北京三地曼矿业软件科技有限公司开发的一款完全本地化设计，为国内用户打造的三维矿业软件平台，是重点服务于矿山地质、测量、采矿与技术管理工作的三维软件系统。其主要功能有三维可视化、矿山地质建模、地质储量估算、地下采矿设计、采掘计划编排、开拓设计等。3DMine 软件具有十分开放的数据兼容性，可以实现与 Excel、Word 和记事本之间直接进行数据转换，同时支持 AutoCAD、MapGIS 的文件格式，还可以直接兼容 Datamine、Surpac 和 Micromine 等多款国外三维矿业软件的文件格式，并能实现各种文件格式间的相互转换。

3 构建模型

在收集矿区地形情况、矿体赋存状况和矿山开采系统信息的基础上，建立相应的图形数据库，再以 3DMine 矿业工程软件为平台，构建矿山地表三维可视化模型、矿体三维可视化模型和井下巷道系统三维可视化模型。建模流程见图 1。

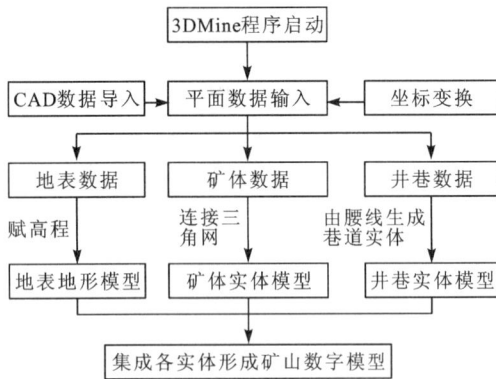

图 1　建模流程

3.1 构建地表模型

3DMine 软件是采用不规则三角网（Triangulated Irregular Network，简称 TIN）来构建地质体三维可视化模型的。TIN 是按地质特征采集的点根据一定规则连接成覆盖整个区域且互不重叠的许多三角面构成的一个不规则三角网，先由三维空间坐标上点集中的相邻点，相互之间连接成三角面，再由相邻的三角面组成三角网，形成上下不漏气的面。

3.1.1 图形资料整理

对矿区地形资料进行分析，去除无用的信息，保留地形等高线、勘探线、道路、地面工业场地等建模所需信息，并进行整理优化、分层管理，最后保存为 3DMine 软件的文件格式。

3.1.2 等值线赋高程

3DMine"等值线赋高程"功能可快速对等高线进行赋高程，对于特殊线段和点可以采用"赋 z 值"功能进行处理。高程赋值完成后，在三维状态下通过旋转图形观察线条和点的赋值是否正确。高程赋值后的五圩矿地形如图 2 所示。

3.1.3 建立地表模型

在 3DMine 中打开五圩矿地形文件，执行"生成 DTM 表面"命令，能够迅速生成矿区地表模型。初步生成的表面模型三角面之间的过渡比较生硬，为了使表面模型能够更好地模拟真实地表形态，通过地表模型"Gouraud 渲染"、"颜色渲染"和"卫星图片贴图"三

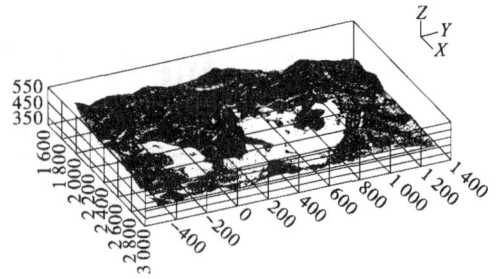

图 2　五圩矿地形

种处理方式，使得模型显示更加逼真、形象，接近实际。构建的地表模型经渲染并布置工业场地的效果如图 3 所示。

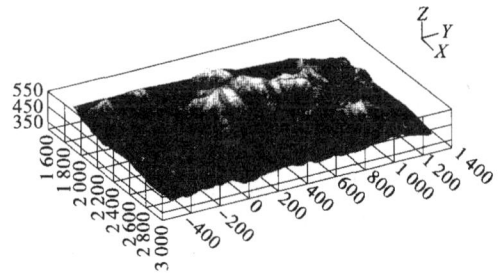

图 3　五圩矿地表模型效果

3.2 构建矿体模型

3DMine 中矿体模型属于实体模型。实体模型由一系列在线上的点连成内外不透气的三角网组成。三角网由一系列相邻的三角面构成，由这些三角面包裹成内外不透气的实体[8]。在三维空间中，任何两个三角面之间不能有交叉、重叠，任何一个三角面的边必须有相邻的三角面，任何三角面的 3 个顶点必须依附在有效的点上，否则实体是开放的或无效的。

3.2.1 剖面图整理

原始的剖面图包含较多无关信息，不利于建模。经过分析研究，整理提取出矿体边界线、矿体编号、坐标网、地表界线等有用信息，进行优化、纠错等处理，之后加载到 3DMine 软件中，经过坐标转换、移动和旋转等操作，使各剖面图的位置与勘探线相互对应，见图 4。

3.2.2 建立矿体模型

针对不同形态矿体的建模需要，3DMine 提供了"剖面线法"、"合并法"和"点云生成实体外壳法"3 种不同的矿体三维可视化模型建模方法。五圩矿提供了由地表钻孔勘探数据制作的勘探线剖面图，运用

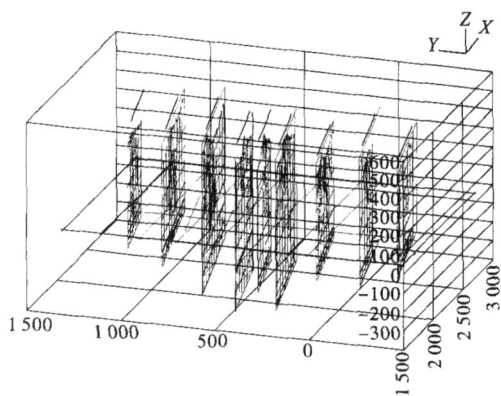

图4 备剖面相对位置

"剖面线法"建立该矿矿体模型。设置合适的三角网参数,在相邻的剖面图中选择同一矿体的闭合线,依次连接成三角网,同时采用加"控制线"、"分区连接"和"外推矿体"的方法对连接的三角网形态进行控制,形成完整的矿体模型。建模时,不同编号的矿体采用不同的实体编号进行区分。

3.2.3 实体验证

连接三角网之后的矿体模型需要进行实体验证,只有通过验证后的矿体模型才具有实体的含义和矿体模型属性,包括构成矿体的三角片数目、矿体二维表面积、三维表面积、体积等,才能进行实体间的布尔运算,为矿体块体模型的构建和优化开采提供约束条件。未通过验证的实体,表明连接的三角网出现无效边、自相交、开放边的情况,不是一个有效的实体,需要优化和编辑,直到其通过验证。建立并通过实体验证的矿体模型见图5。

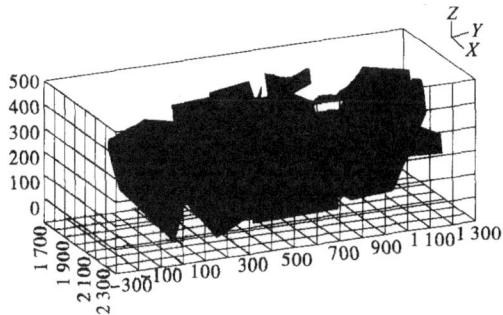

图5 五圩矿矿体模型效果

3.3 构建巷道模型

巷道模型也属于实体模型,3DMine 中构建巷道模型的方法有中线生成巷道实体和腰线巷道建模两种。五圩矿的巷道资料、实测数据丰富,因此采用由腰线生成巷道实体方法。

首先对原始巷道工程平面图进行处理,将平硐、斜井以及不同中段巷道的信息提取出来,分别保存为3DMine 格式文件,并对各图形线条进行清理和查错,去除冗余点、丁字角和处理相交线,分析巷道出口,处理假出口,根据矿山巷道实测值对巷道腰线赋高程,最后应用"由腰线生成巷道实体"功能,设置巷道断面类型,设定巷道断面参数,生成巷道模型。不同中段的巷道使用不同的实体号来区分,生成的巷道模型见图6。

初步构建的巷道模型是独立封闭的,通过布尔等实体运算方法,把所有巷道模型三角网合并到一起,并将巷道贯通,构成具有连通性的整体模型,使巷道模型更接近矿山的真实情况。

3.4 组合模型

将地表模型、矿体模型和巷道模型结合起来,集成五圩矿数字模型(见图7)。也可将3个模型中的任意两个组合起来,生成不同的组合模型。

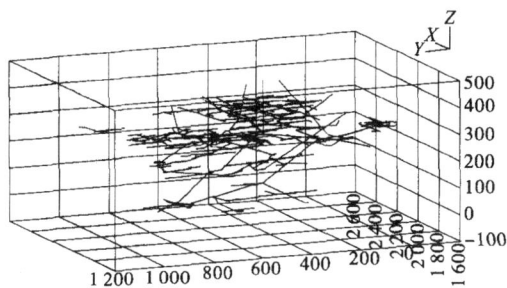

图6 五圩矿巷道模型

图7 五圩矿组合数字模型(含地表、矿体、巷道)

4　结语

随着科学技术的进步，现代矿山企业向着智能化、自动化、信息化发展，数字矿山的作用将越来越重要。五圩矿应用 3DMine 矿业工程软件构建的矿山可视化模型，基本上真实地反映了矿山实际情况，对矿山生产具有一定的指导意义，促进了矿山的科技进步，有利于矿山资源的合理利用和企业的长远发展。

参考文献

[1] 邵安林，孙豁然，刘晓军，等.我国采矿 CAD 开发存在的问题与对策[J].金属矿山，2004，332(2)：14 - 19.

[2] 冯夏庭，刁心宏，王泳嘉.21 世纪的采矿——智能采矿[c]//第六届全国采矿会议论文集.中国矿业(专集)，1999：77 - 79.

[3] 孙豁然，徐帅.论数字矿山[J].金属矿山，2007(2)：1 - 5.

[4] 刁鑫鹏，贾朋风."数字矿山"基本框架及其构建技术的研究[J].企业导报，2009(4)：198 - 199.

[5] 卢新明，尹红.数字矿山的定义、内涵与进展[J].煤炭科学技术.2010，38(1)：48 - 52.

[6] 吴立新，殷作如，邓智毅，等.论 21 世纪的矿山——数字矿山[J].煤炭学报，2000，25(8)：337 - 342.

[7] 卜仁斌.矿井三维可视化系统平台研究[J].科技创新导报，2011(14)：14 - 17.

[8] 刘云，盖俊鹏，刘颖.利用 3DMine 软件建立矿山地质三维模型[J].矿业工程，2009(5)：624.

沉积型矿床地质建模方法探讨

于沿涛[1]　范正祥[2]　余绍泽[3]

（1.华能满洲里煤化工有限责任公司，内蒙古满洲里，021400；2.大地工程开发集团，北京，100102；

3.北京科技大学，北京，100083）

摘　要：本文介绍了利用3DMine建立沉积型矿体模型的方法，总结出利用地质剖面线、顶底板等高线和钻孔顶底板信息点等综合信息来建立沉积型矿体模型是较好的方法，具有建立的模型和地质报告吻合度好、建模速度快等特点。

关键词：3DMine；沉积型矿床；地质建模

0　引言

随着矿山工程技术的发展，矿山三维地质建模成了一种必然的趋势。国内外的矿山建模软件越来越多，建模方法也各有千秋，本文简要介绍了利用3DMine矿业工程软件建立沉积型矿床地质模型的一些特点，以供大家探讨。

1　3DMine软件介绍

3DMine是一套重点服务于矿山地质、工程设计、测量、开采技术管理工作的三维软件。这一系统可广泛应用于包括金属、煤炭、建材等固体矿产的地质勘探数据管理、矿床地质模型、构造模型、传统和现代地质储量计算、露天及地下矿山采矿设计、生产进度计划、露天境界优化及生产设施数据的三维可视化管理。3DMine的主要功能模块及应用领域包括：三维可视化、测量模块、地质建模、采矿设计、通风安全设计、爆破设计、中深孔设计、虚拟现实、3Dweb网上浏览、3DGPS监测和便捷的二次开发等。

3DMine软件的主要特点是结合了国内外优秀矿业软件的优点和前沿的设计理念，可以按照国内外用户的思维进行企业级定制开发，具备良好的技术服务和快速响应的特点，软件版本更新快。

2　建模方法

在矿山设计部门，项目完成时间都比较短，一般要求在1~2个月内完成一部设计，投标项目要求常常更短。而沉积型矿床通常都具有赋存面积大、钻孔数目和矿体层数多的特点，如何快速准确建立矿体模型以提高后期的设计效率对设计部门来说是个比较棘手的问题。选择一种合适的建模方法和建模软件就变得很重要。

通常的建模方法主要有：1）直接利用地质剖面线连接矿体；2）利用钻孔数据库手工连接矿体；3）利用矿体顶底板点生成矿体的顶底板面来生产矿体。3DMine基本上具备了上述的建模方法，并形成了自己的一些特点。首先要建立好钻孔数据库，按照常规方法直接用3DMine软件提取矿体顶底板点来生成顶底板面，然后再对这些点进行插值加密再生成矿体顶底板面。插值方法有距离幂次反比法和克里格法。在距离幂次反比法中，有1~6次幂的选择，也有最大和最小样品数、搜索半径的设置，还有各向异性搜索中椭圆半径和长短轴比例、可选用四分圆加权平均值的选择。也可以选择使用普通克里格加密方法选择，它还有变异函数类型、基台值、块金值和变程参数的设置，在3DMine软件中克里格估值方法变得简单明了和可视化了。

2.1　第一种方法

直接利用钻孔数据，提取顶底板点的坐标来生产顶底板面。

这种方法比较简单快捷，特别适合于沉积性矿床的建模。但在层状模型中，虽然矿体的整体起伏性相对较小，但大多数在倾向或走向上的倾角还是较大，还会存在着多层矿层现象，矿层间还有矿脉的交叉复合。对这样的矿体，直接用软件来生成矿体的顶底板面建立的模型和地质勘探报告相比，在矿区的边缘地段存在着较大的差别。我们是通过增加虚拟孔的方法来进行周边矿体形态的控制，但这个工作在矿层较多的情况下非常繁琐，而且不同的人对数据的处理上会有较大的差别，在有限的时间内很难做好。

2.2　第二种方法

用矿体剖面线上的顶底板线来生产顶底板面。在沉积型矿床中，不需要对剖面线进行手工连接生产矿体模型，而是直接利用剖面线上的顶板线生成顶板面文件，利用底板线生产底板面文件，利用顶底板面来约束就可以生成体文件。这样就减少了手工连接的工作量，建立的模型也比较符合沉积型矿床的特点。因为顶底板线和剖面线包含了地质部门对矿体赋存情况专业细致的分析，其中蕴含了大量丰富的信息，特别是在矿层的交叉合并和边缘信息的处理方面。只有依据地质部门的推断作出来的东西才是有依据的，也应该是矿体建模所应遵循的原则。

　　首先对矿体的地形线、顶底板线和剖面线变换为真三维坐标系统。然后分别连接，建立矿体模型。在此过程中，可以充分利用 3DMine 与 AutoCAD、Office、MapGIS、ArcGIS 和 Datamine 等软件的兼容性，以提高工作效率。对地形和矿体顶底板线的高程赋值可很方便地放在 3DMine 中进行。

　　使用这种方法建立的模型有很大的改善，不需要增加虚拟孔就能够实现对矿体形态和储量的控制。

2.3　第三种方法

　　综合利用底板等高线、地质剖面图上的剖面线和钻孔的顶底板点等综合信息来生产矿体。

　　利用第二种方法实现了较好的建模效果，但沉积型矿床形态上具有流线性，剖面线连接矿体法没有直接利用不在剖面上钻孔的信息，也没有利用顶底板等高线的信息来控制剖面间矿体的形态。因此综合采用钻孔顶底板点信息、地质剖面线和顶底板等高线等综合信息分别生成煤层的顶底板面应该是更好的方法。

3　建模实例

　　我们对某沉积型矿体模型采用上述第三种方法建立，模型的块体尺寸在 X 和 Y 方向上均为 100 m，在 Z 方向上为 3 m，次级模块尺寸在 X 和 Y 方向上为 50 m，在 Z 方向上为 1.5 m。首采区和全区建立的模型如图 1 所示。

图 1　首采区地质模型

　　通过对多种矿体模型进行建模，结果表明：利用该种方法建立的矿体模型，和地质报告的储量吻合度

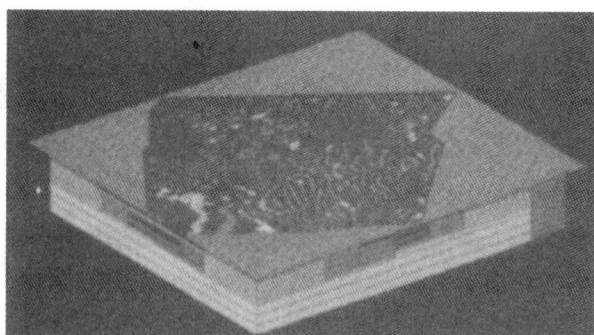

图 2　全区地质模型

好，总储量误差在 5% 以内，完全能够满足生产和设计的要求。在矿体的赋存形态上，顶底板面光滑流畅，和地质报告的吻合性也好，符合沉积型矿床的赋存特点，能够用来作为施工图设计。

　　在露天开采设计中，要建立岩石模型，才能进行境界圈定和露天开采计划的编制。很多沉积型矿床的赋存面积在 20 多平方公里以上，有的矿体厚度常在 1 ~ 2 m 之间，矿体储量的准确性要求次级模块尺寸小，要保证大范围的岩石模型能够建立是件比较棘手的事情。3DMine 软件采用前沿的建模理论较好地解决了这个问题，在没有约束的地方，它的模型尺寸很大，在靠近边界的约束部位，模块尺寸最小为次级模块尺寸，如图 2 所示，这样就减小了模型的大小，使大范围建立矿体和岩石模型成为了可能。

4　结论

　　通过我们在工作中的实际应用表明，综合利用钻孔中矿层的顶底板点信息、底板等高线和剖面线信息进行沉积型矿体地质模型的建立是比较合理的方法，具有快速、准确的特点，同时也说明对大范围矿体模型的建立，3DMine 有独自的特点，模块单元在非边界和非约束地段变得很大，有效减少了总模型的大小，这是建模理论方面的一个新方法，值得肯定。

参考文献

[1] 襄传广，胡建明.开发应用具有中国特色的矿业软件势在必行[J].中国矿业，2007，16(10)：110-113.

[2] 齐安文，吴立新.三维地学模拟述评及其矿山应用关键问题[J].中国矿业，2001，10(5)：61-64.

[3] 陈佩佩，叶勇，张守.矿山工程软件 Surpac Vision 在煤矿中的应用[J].煤炭科学技术，2002，30(3)：29-31.

[4] 刘云，盖俊鹏，刘颖.利用 3DMine 软件建立矿山地质三维模型[J].矿业工程，2009，7(5)：58-59.

数学计算在 3DMine 软件不同模块中的应用

于倩[1]   胡建明[2]

（中国地质大学，北京，100083，2. 北京大学，北京，100871）

摘 要： 3DMine 矿业工程软件是针对中国矿业实际需求开发的具有自主知识产权的民族矿业软件。对 3DMine 矿业工程软件中主要模块的数学计算的原理、方法和应用进行总结，主要包括图元数学计算网格数学计算和块体模型数学计算等几个方面。

关键词： 数学计算；3DMine；应用

3DMine 矿业工程软件是一款拥有自主知识产权的、全中文操作的国产矿业软件，是在多年的国外矿业软件应用和推广总结的基础上，针对中国矿山实际需求开发出来的全新三维矿业软件系统。软件集三维可视化，地质建模、地质统计学、品位估值、资源储量计算、采矿设计、境界优化理论以及绘图等功能于一体，是一款综合性的矿业软件，填补了国内这一领域的空白。数学计算是软件中一项重要的功能，大部分已经植入软件系统内部，计算过程由软件自动完成。比如点线的冗余清理、多边形交并差运算、地质建模、DTM 体积计算、品位估值等。有的还需要用户自己根据实际矿山资料数据，通过输入表达式或设置参数等辅助功能，在建模和分析品位过程中进行计算。

1 图元数学计算

图元数学计算是针对当前层下的点、线、坐标以及属性等进行的相关数学运算或赋值的操作。在处理一些带 Z 值的二维图形时，比如转换某些 MapGIS 图形，会经常通过 3DMine 的"图元数学计算"功能将其转换为三维图形。

例如，下面图 1 是某钼矿的一个剖面 MapGIS 图，没有转换坐标前，默认为 XY 平面，实际大地坐标系为 XZ 平面。在 XY 平面下用 3DMine 查询左下角一点的坐标值，显示其坐标为 $X = 29874$，$Y = -22998$，$Z = 0000$。实际大地坐标系下该点的真实坐标 Y 值为 0，Z 值为 450。这就需要用到 3DMine 中"图元数学计算"功能，将点的坐标进行调整。

用"坐标调换"功能将 Y，Z 坐标进行转换，使其变为真实坐标系 XZ 平面，然后只对 Z 进行数学计算。选择要进行计算的属性名，并且输入表达式，验证操作符及变量是否正确，然后就可以计算了。如图 2 所示。

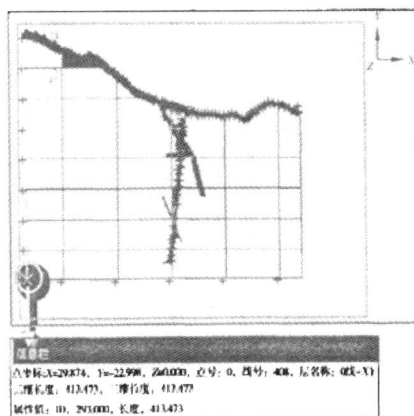

图 1 查询点坐标

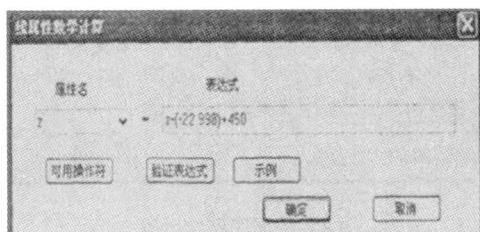

图 2 线属性数学计算

经过计算，所有点的 Z 值都得到重新调整，再查询左下角的点坐标时，该点的 Z 值已变为 450（如图 3 所示）。

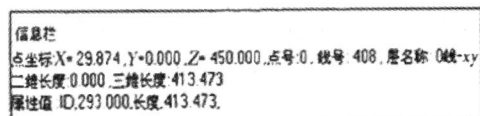

图 3 调整后的点坐标

2　地质数据库数学计算

通过钻探或坑探从地下取得的地质样品，再利用实验室技术对各种地质样品进行化验得到的数据，将其录入到 3DMine 软件创建的地质数据库中，将数字形式的勘探资料转换为三维图形的形态，可以方便的对数据进行检索和管理。

地质数据库中的数学计算主要包括字段计算、数学统计、分区统计、组合样品点等。统计类的计算非常简单，随着数据库的建立，需要进行统计的字段自动就可以在相应的下拉列表中找到。字段计算是比较灵活的计算方式，主要针对数据库表中的每个字段，通过输入表达式，对数字型字段进行计算或对文本型字段赋值等。

举例说明，我们可以在不同矿种品位间计算当量品位。某金矿开采时，其矿石中伴生有大量的铜、银、硫等有用组分，低品位矿石是否具有开采价值，除主组分金外，还应从伴生组分的含量、在当前的开采技术经济条件下伴生组分综合回收利用价值等因素进行综合评价。比如，采用当量品位，将铜按一定比例折算成金。首先，在数据库化验表中增加一个字段 TAu，用来存放计算结果。第二步，通过字段计算，输入表达式，验证无误即可计算，如图 4 所示。

计算完成后，数据库中化验表 TAu 一列已经填入计算结果，如图 5 所示。

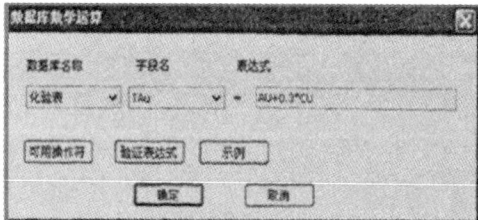

图 4　数据库敉学计算

图 5　计算结果

3　表面模型数学计算

表面模型，即数字地面模型（Digital Terrain Mod-el，DTM），是地形表面形态等多种信息的一个数字表示，用来描述地形，断层和表面，一般由若干点或线连成相邻的三角面。采用的是用不规则三角网（TIN）来逼近实体的表面形态，而生成 TIN 的方法则主要采用 Detaunay 三角形连接法。

表面模型中常用到的数学计算有 DTM 体积计算、2 个 DTM 面之间填挖方量、求 DTM 面与 DTM 面之间交线、DTM 面与实体之间的拓扑运算、网格数学计算等。前几种计算比较容易操作，根据参数设置提示即可完成。

网格数学计算主要是针对表面模型之间进行的运算，需要输入表达式，其原理是利用表面模型上若干个带有高程的点，经过用户设置的一定步距形成网格，由网格的节点进行敉学运算，再由这些计算后的点连接生成三角面。该功能常用于煤矿或露天开采时，做回采等厚线、步距等值线或煤质回采计划线等，通过面之间的运算即可实现。例如用网格数学计算功能做两个表面的厚度等值线。

在文件中分别找到两个表面后，系统自动将两个表面定义为 a 和 b 函数，利用表达式 $a-b$ 计算出两个表面的净高度，称为等厚面。设置网格间距越小，表面参与计算的点越密集，这样计算也越精确。如图 6 所示。

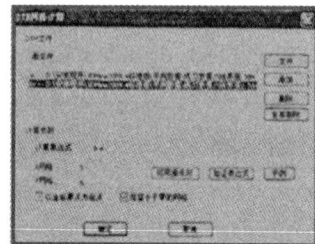

图 6　DTM 网格计算

经过计算，在两个表面之下得出另一个带有网格点的表面模型，该表面即为上面两个表面的等厚面，它的高度即为上面两个表面的净高度，即等厚面（如图 7 所示）。

图 7　计算结果

4　块体模型数学计算

块体模型(也叫品位模型),是指把地质体或矿体划分为一系列的小长方体单元,近似的表示地质体或矿体,将每个小的长方体单元的质心点都赋上相应的属性,比如品位、岩性、体重等,表示地质体或矿体内部某一位置的内部性质,所有长方体单元的属性变化规律就是地质体或矿体的内部变化规律。用这种长方体单元堆砌的地质体或矿体,被称为块体模型。因为每个块体的体积通过质心点的属性(长、宽和高的尺寸)很容易计算求得,对任意范围的块体进行约束累计计算即可实现矿床储量估算。根据每个块体中的品位属性即可研究成矿元素的空间富集规律。

块体模型中用到的数学计算很多,比如在对块体模型估值时,常用到最近距离法、距离幂次反比法、克里格法等插值方法。在选择各种估值方法进行块体模型充填时,都需要确定搜索参数,包括搜索方法、搜索椭球体轴长、搜索方向等。这就需要与地质统计学相结合,应用数学方法对品位分布进行估值。地质统计模块将复杂的数学理论做成通俗易懂的数据、报告和三维可视化相结合,估值过程和运算结果简单快捷,容易理解和完成。

另外,3DMine 软件在块体模型的数学计算中,设置了快捷方便的统计功能,能够快速统计出块体模型中属性值的样品点数、最大值、最小值、平均值、变异函数等。利用输入表达式的数学计算方式还可以实现更多的统计功能。

例如,某铅矿床是根据块体模型中 Mo 的品位值确定高、中、低品位,输入条件语句,然后验证表达式是否书写正确(见图8)。

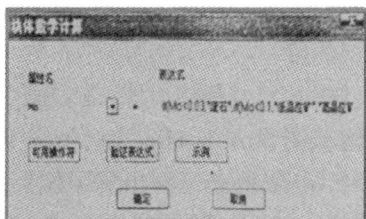

图8　块体数学计算

通过表达式这种数学计算方式,可以很快将品位根据要求进行统计,并且以直方图的形式显示于窗口(如图9所示)。

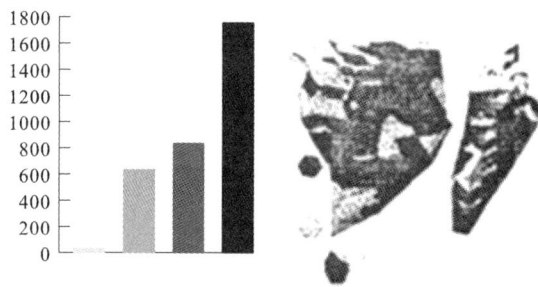

图9　显示统计结果

5　总结

本文主要对 3DMine 矿业工程软件的三维核心模块、地质数据库、表面模型和块体模型中不同的数学计算功能和原理进行简单的总结。数学计算是一直贯穿于 3DMine 软件的每个模块中的重要功能,设计人性化,操作简便,计算结果准确,同时,将枯燥和复杂的计算过程变得生动有趣。灵活掌握必会简化计算过程,对地质建模、储量评估等操作起到事半功倍的作用。

参考文献

[1] 3DMine 矿业工程软件帮助文档及教程[M]. 北京:东澳达科技有限公司,2009.

[2] 南格利. 矿体线框模型及其建立方法[J]. 有色矿山, 2001,30(5):1-4.

[3] 王恩德,孙立双等. 矿体三维数据模型及品位插值方法研究[J]. 地质与资源,2007,16(3):222-224.

[4] 李默屏,蔡劲宏等. 矿业软件在矿产储量评价中的应用[J]. 桂林工学院学报,2005,25(1):71-92.

[5] 陈林,简新春. 论当量品位理论优化矿区中心孤岛境界[J]. 铜业工程,2005:28-31.

[6] 孙进,张佳荣等. 矿产储量计算经内统计与地质统计学方法的对比分析[J]. 采矿技术,2005,5(2):80-81.

3DMine 矿业软件在建立矿山三维模型中的应用

孙璐　戴晓江

（昆明理工大学，昆明，650093）

摘　要：本文根据 3DMine 矿业软件在某矿建模过程中的应用，总结了在建立三维模型过程中遇到的问题及解决方案。

关键词：建模；三维；3DMine

0　引言

20 世纪 80 年代，一些矿山企业与科研院所、大专院校开始合作探索计算机技术在矿山设计和生产中的应用，并开发了一些应用系统软件，推动了我国矿山信息化建设。

经过实践表明，只有通过真三维平台对钻孔、物探、测量、设计等数据进行过滤和集成，建立三维矿床数字模型，并实现动态数据维护，才能对三维地层环境、矿山实体、采矿活动、采矿影响等进行真实的、实时的真 3D 的可视化再现、模拟与分析。本文以 3DMine 矿业软件在某矿建模过程的应用为例，总结了一些在建立三维模型过程中遇到的问题及解决方案。

1　矿山情况简介

该矿属海相沉积层状磷块岩矿床，走向近东西，矿层出露部分倾角较陡。倾向 340°左右，倾角 25°～55°，矿层在深部逐渐变缓，倾角 30°左右。矿区内矿层沿倾向厚度变化规律为：上、下矿层中Ⅰ、Ⅱ品级厚度大，由浅部向中、深部Ⅰ、Ⅱ品级相应变薄，跳动较大。

根据矿区内矿层结构及夹层特征，矿体主要分为上、下矿层。不同的矿石自然类型，在空间分布上有一定的规律，即出现在一定的层位，但无法分出具体的小层界线，并在全区进行对比。Ⅰ、Ⅱ品级矿石主要分布在上、下矿层的中部，Ⅲ品级出现在整个矿层的上、下部及夹层附近，形成上、下矿层均为上下贫，中间富的空间结构。

2　矿山建模过程中 3DMine 的应用

2.1　地质数据库的建立

地质数据库是一种有效的管理数据的工具，可以方便地对数据进行检索和管理。利用 3DMine 创建数据库，将地质数据导入数据库中，通过 3DMine 软件将数字形式的勘探资料用三维图形的形态来管理和利用。利用 3DMine 创建地质数据库首先需要根据地质资料分别建立定位表、测斜表、岩性表和化验分析表。其中，钻孔定位表和测斜表决定了钻孔在三维空间的轨迹，属于强制性表，岩性表和化验表属于非必须表，描述岩性和品位。

在某矿的建模过程中，根据原矿山地质资料共选取 16 个钻孔的完整数据建立了地质数据库，在实体模型建立中用数学方法对品位估值起到了关键的作用。

2.2　图形的导入及表面模型的建立

3DMine 提供了 AutoCAD、MapGIS 等多种软件的接口，可以很方便地将矿山中各种原有的平面图件导入 3DMine 内进行编辑处理。图形导入可以直接将二维图形转换成初始三维表面模型。但由于原图和转换过程中的误差或者错误，会导致初始的三维模型变形失真，主要表现为高程的不准确和缺失。这种情况在建立表面模型的过程中尤为明显。

在本模型建立的过程中，将原矿山使用 AutoCAD 绘制的地表地形图导入 3DMine 时，由于原图上线条高程的不准确，导致地表模型出现了偏差，而对于后期建模影响较大的是因境界内点线的高程错误而导致境界的扭曲。

对于这个问题，首先通过 3DMine 的查询功能进行表面模型上关键位置的点、线、面的坐标确认，再通过与原图的对比以及对矿山资料的查阅确定数据后修改，形成了准确性较高的初始地表模型。在对地表图建立表面模型的过程中，根据矿山平面图的数据，对地表模型尤其是开采境界内的点和线采用了手动赋高程的方法进行修改和校正，最终形成了一个较为准确的矿山三维地表模型。实践证明，使用这种方法修改可靠性较高，呈现出矿山的地表形态与实际开采的情况符合。图 1 为该矿的地表模型线图。

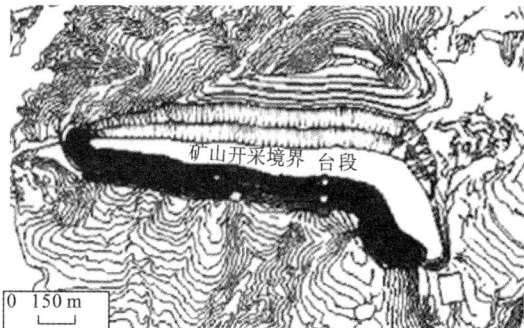

图 1　矿山地表模型线图

2.3　矿体实体模型的建立

创建实体模型是创建三维矿体的重要环节。实体模型是由一系列在线上的点连成内外不透气的三角网，由构成这些三角网的三角面包裹成内外不透气的实体，主要用来描述矿体、巷道、采场、采掘带等。在本模型的建立中，就是用实体模型来描述矿体。

在实际的建模过程中，由于矿体赋存条件的不同和矿山平面图件的局限性，应根据矿山具体情况将矿体模型合理化。

在该矿山实体模型的建立过程中，最初在圈定矿体时，采用该矿原始的矿体剖面图，根据原图品位分布情况将 I、II、III 品级的矿体以及岩石分别进行圈定。但由于矿层本身就很薄，按品级分别圈定出的矿体就更薄。形成实体之后导致有些地方出现了一定的交叠现象。这将影响之后对矿石储量的准确计算。因此在仔细分析了该矿的矿体赋存条件和矿山的资料之后，根据矿体分为上、下层的特点，对矿体进行了合并圈定，即只分为上、下矿层建立矿体实体模型。而对于矿体的品级则根据 3DMine 提供的估值方法进行自动分布。图 2 为该矿矿体的实体模型。

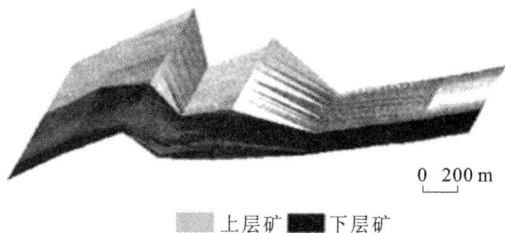

0　200 m

上层矿　下层矿

图 2　矿体的实体模型

实体模型建立好之后，在创建块体模型与原矿资料进行对比验证模型可靠性时又出现了新的问题。根据该模型得到的各个品级的储量报告和矿山原有资料出现了一定的误差。问题的原因是在建模的过程中，圈定矿体时只截止到两端的勘探线，而矿体的实际赋存情况大多不会是在勘探线处戛然而止，而是有所延伸。因此，根据经验以及开采中的实际情况，使用 3DMine "扩展外推线" 的功能将两端的勘探线根据经验按一定的比例向外做了延伸，再重新建立了实体模型。经验证，在之后的储量报告的对比中误差迅速减小。

除上述方法外，在实体模型的创建过程中，还可以通过分区连接、添加控制线等方法进行控制和优化，建立更符合矿体的实际赋存情况的三维实体模型。

2.4　矿体块体模型的建立

在实体模型建立的基础上创建块体模型。块体模型即品位模型，根据地质数据库的内容对实体模型进行分割和赋值。即把块体划分成许多小块，通过给每个小块赋属性值，例如赋给块体品位、矿石类型、密度等属性，综合起来就可以得到整个模型的属性。在此基础上，可以进行采掘带的设计以及短期计划的编制等工作。另外，可以根据不同的需要对块体进行着色，以便更清楚的观察矿体。

由于在建立实体模型时进行了矿体的合并，对于矿体的品位则根据 3DMine 提供的块体模型的估值法进行自动的品位分布。与地质统计学相结合，应用数学方法对品位分布进行估值，是块体模型的重要特点之一。在本模型的建立中，就是采用已经建立好的地质数据库与数学方法结合进行估值。通过估值，将矿体按品位的不同分为高、中、低品位区段，根据颜色可对矿体的赋存情况一目了然。

3DMine 提供了 5 种估值方法，选取克里格估值法和距离幂次反比法分别进行估值，经过对比，最终确定本模型使用距离幂次反比法估值更为准确。对比结果见表 1。图 3 为估值之后按品级对矿体进行着色的块体模实体模型图。

表 1　克里格估值法和距离幂次反比法结果对比

矿石品级	克里格估值法		距离幂次反比法		原矿山报告	
	质量 /万 t	品位 /%	质量 /万 t	晶值 /%	质量 /万 t	品位 /%
I	177.21	34.30	399.13	31.84	359.59	32.36

续表1

矿石品级	克里格估值法		距离幂次反比法		原矿山报告	
	质量/万 t	品位/%	质量/万 t	晶值/%	质量/万 t	品位/%
Ⅱ	596.6l	27.43	257.35	26.35	296.75	26.59
Ⅲ	478.01	21.32	490.65	22.31	537.58	21.44
合计	1251.83	27.52	1147.13	27.07	1193.92	26.01

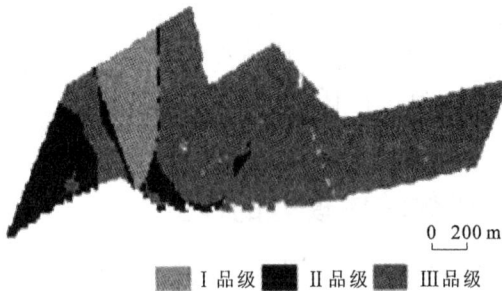

0　200 m

■ Ⅰ品级　■ Ⅱ品级　■ Ⅲ品级

图 3　矿体的块体模型

另外，还可以视需要根据矿体的其他属性进行着色，还可以对块体模型进行二维投影，导入 AutoCAD 中，生成二维图。

2.5　三维模型的完成和完善

地表模型、实体模型以及块体模型的建立，即基本完成矿山的三维模型。通过三维模型可以直观清楚地观察矿山、矿体的情况，为下一步工作的开展奠定了基础。图 4 所示为该矿的三维模型（侧面）。

3DMine 提供了各种形式的报告，例如块体报告、当前区域报告等，还可以按实体分类以及线面界线分别生成报告，以便于在直观地观察模型的同时全方位了解矿体的情况，对下一步开采工作进行安排。

3　结语

3DMine 矿业工程软件提供了以地质、测量和采矿为基础的软件平台，在实际的使用过程中将三者结合创建出三维的、动态的矿体模型。本文中对某矿山表面模型、实体模型、块体模型的创建，建立的三维模型能直观生动的表现矿体的特征，利于矿山的计划和开采工作。

3DMine 矿业软件虽然提供了很好的工具和平台，但是在实际建立模型过程中发挥建模人员的主观能动性非常重要，根据实际情况和经验进行人工的改良可以让软件发挥更好的作用。

参考文献（略）

基于 3DMine 的贾家堡铁矿储量估算研究

柳波　　陈广平

（北京科技大学土木与环境工程学院，北京，100083）

摘　要： 在贾家堡地质数据库的基础上，利用 3DMine 矿业软件进行样品组合，并对组合样进行地质统计学分析；根据分析后的矿体品位空间变异情况，运用距离平方反比法及普通克里格法对块体模型进行品位估值，并分别生成矿体资源量报告，比较了两者的储量计算结果，并探讨了在资源管理及采矿设计中的应用。

关键词： 地质统计学；距离平方反比法；普通克里格；储量估算；变异函数；3DMine

地质统计学由法国 G. 马特隆教授于 1962 年创立，主要是为了解决矿床储量计算和误差估计等问题[1]，核心方法是克里格差值法。

地质统计学储量估算方法与三维地质建模技术的结合，是地学三维空间信息分析与智能可视化系统的重要研究方向。国外基于地质统计学和三维地质建模技术的大型矿业工程软件，如 Datamine、Micromine、Surpac 系统已广泛应用于生产实际。笔者运用国内 3DMine 矿业软件研究了矿体储量估算。

1　地质统计学分析

1.1　样品组合

当矿岩界限分明，且在矿石段内垂直方向上品位变化不大时，常常将矿石段内的样品组合，并求出其品位。组合样品的品位计算为：

$$G_C = \frac{\sum_{i=1}^{n}(L_i \times G_i)}{\sum_{i=1}^{n}L_i}$$

式中，L_i 为组合样内第 i 个样品的品位；G_i 为组合样内第 i 个样品的长度[2]。

本研究在 3DMine 中按勘探工程组合样品，组合长度为 2.5 m，最小有效长度为 1 m。

1.2　变异函数分析

变异函数用来描述区域化变量（如品位）空间变异的程度，随着距离的变化而变化。定义为在任一方向相距 h 的两个区域化变量 $Z(x)$ 和 $Z(x+h)$ 的增量方差之半，实际应用中为[3]：

$$r(h) = \frac{1}{2N(h)}\sum_{i=1}^{N(h)}[Z(x_i+h)]^2$$

在 3DMine 的地质统计模块中，打开样品点文件，新建主轴变异函数方案，有面参数、搜索圆锥、动态步距、样品四个参数项。面参数是指样品点在空间形成的面的产状，要与实际矿体走向吻合，这里面方位角为 20°，面倾角为 70°，变异函数为 32；搜索圆锥参数用来设置搜索圆锥的展开角、界限及距离，能使圆锥尽量搜索到所有样品点，这里展开角为 45°，展开界限为 100 m，搜索距离为 700 m；动态步距参数按默认设置；样品参数选择属性 1，即组合样的品位。

确认后，软件计算出 32 个方向的变异函数，统计主轴变异下的每一个函数，对应有一个变异函数散点图及搜索圆锥形态图。

在所有扇区中选出最符合正态分布的一个方向，设为主变异函数，即搜索椭球体的主轴。

主轴方向确定后，在垂直于主轴方向产生一个平面，分 32 个扇区，同样的方式找到最符合正态分布的方向，确定为次轴。

当主轴与次轴都确定后，短轴方向自动确定，短轴垂直于主轴和次轴，图形区显示出搜索椭球体形态（见图 1）。

图 1　搜索椭球体形态图

通过以上操作，得到由一系列散点组成的各轴实验变异函数图。实际应用中，需要将实验变异函数拟合为理论变异函数。

1.3 变异函数拟合

变异函数一般用变异曲线表示，常用的模型有：球状模型、高斯模型及指数模型。球状模型在地质采矿中应用最为广泛，其公式为[2]：

$$r(h) = \begin{cases} 0 & h = 0 \\ C_0 + C\left(\dfrac{3h}{2a} - \dfrac{h^3}{2a^3}\right) & 0 < h \leqslant a \\ C_0 + C & h > a \end{cases}$$

式中：C_0 为块金值；C 为基台值；h 为滞后距；a 为变程。

3DMine 的地质统计模块中可以建立球状模型、高斯模型、指数模型及嵌套模型。创建球状模型，调整函数曲线，将其拟合到样品点位置（见图2）。

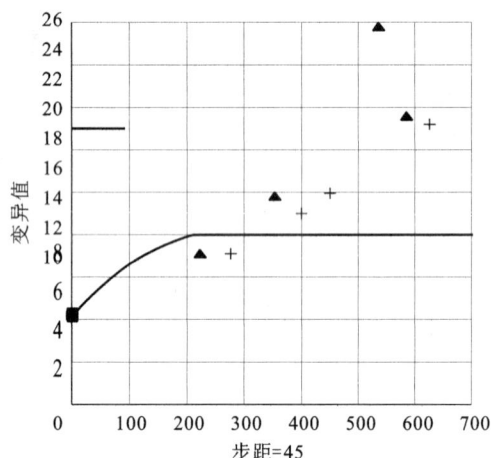

图2　主轴变异函数曲线图

主轴拟合好球状模型后，次轴和短轴球状模型基本确定，调整曲线接近样品点的形状，图形区搜索椭球体半径也随之改变（见图3、图4）。

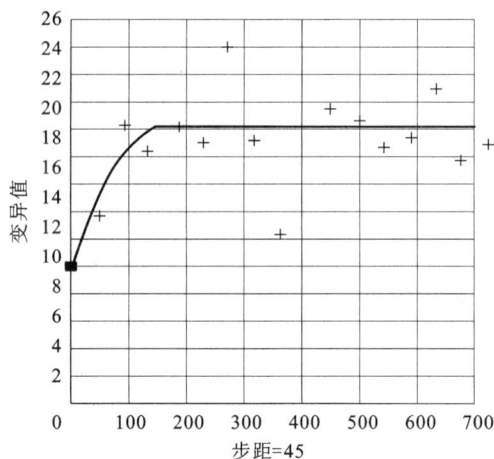

图3　次轴变异函数曲线图

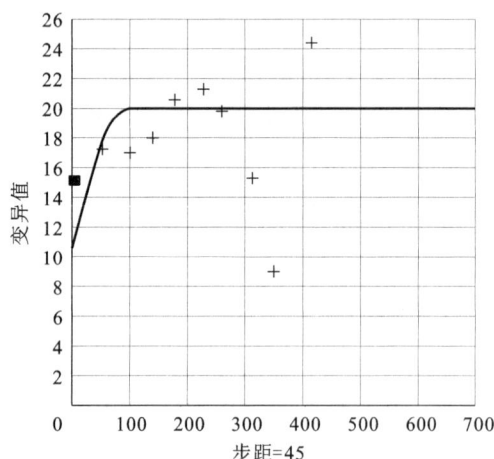

图4　短轴变异函数曲线图

此时球状模型、搜索椭球体、几何各向异性以及参数已确定，见表1。

表1　主轴变异函数及几何各向异性表

搜索圆锥						各向异性椭球体					主轴变异函数		
方位角 /(°)	倾角 /(°)	步距 /m	展开角 /(°)	半径 /m	长度 /m	方位角	倾角/(°) 主轴	次轴	主轴 次轴	短轴	块金值	基台值	变程/m
387.78	47.14	45.00	45.00	100.00	700.00	91.12	41.64	11.25	1.73	2.57	10.78	9.05	225.60

1.4 变异函数验证

变异函数检验方法有离散方差检验法、交叉验证法等。3DMine 中用交叉验证法来检验基台值、块金值、变程等参数是否合理。其原理为：用选定的理论

变异函数参数及克里格估值方法，利用其周围数据对已知数据进行估值，再对所得估值数据与原始数据进行比较，对比较结果进行统计分析。当平均相对误差趋近于0，且实际误差方差和理论克里格估计方差之比趋近于1时，所选结构模型最好。

用 3DMine 对估值参数进行交叉验证，其结果见表 2。

表 2   变异函数交叉验证结果表估算统计

品位	平均值 /%	最小值 /%	最大值 /%	方差	标准离差
估算统计	24.9262	17.4890	32.7764	18.4469	4.2950
原始统计	24.9215	6.1000	37.1000	19.8527	4.4556

从表 2 可以看出，平均相对误差为 0.0048，接近于 0；实际误差方差和理论克里格估计方差之比为 1.07，接近于 1。故用于交叉验证的参数及所拟合的变异函数结构模型是可靠的，可以用于后期的克里格估值。

2 储量估算

2.1 估算准备

在贾家堡地质数据库钻孔数据的基础上，圈定矿体，建立矿体模型。同时建立地形模型、断层模型、岩石模型等实体模型，然后确定合理的块体模型范围及尺寸，建立地体模型。其中矿体模型见图 5。

图 5   矿体模型图

2.2 距离平方反比法估值

2.2.1 估值原理

该法认为被估块段地质参数与周围指定有效范围内样品点的地质参数有联系，这种联系与其距离的平方成反比。首先确定影响范围，然后计算落入影响范围内每一个样品与被估块段中心的距离，利用下式计算品位[4]：

$$W_i = \frac{\frac{1}{d_i^N}}{\sum\limits_{i=1}^{n}\frac{1}{d_i^N}}, \quad Z(A) = \sum\limits_{i=1}^{n} W_i g_i,$$

式中，N 为参与估值样品点数；W_i 为第 i 个样品点的权系数；d_i 为第 i 个样品点到块段 A 中心的距离；g_i 为第 i 个样品点的品位；Z 为块段 A 的估计品位。

2.2.2 估值过程

①选择矿体区域内组合样品线文件及其品位属性；②写入变异函数分析结果中的搜索椭球体参数。见图 6。

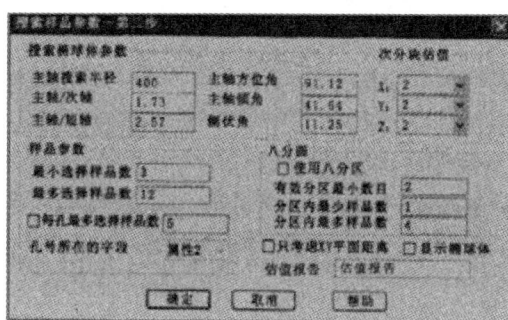

图 6   距离平方反比法估值参数图

确定后，估值完成，可以进行估值后的品位属性基本统计。

2.3 普通克里格估值

2.3.1 估值原理

在实际估值时，需求出估计方法，使它满足以下两点。

（1）所有估计块段的实际值 Z 与其估计值 Z^* 之间的偏差平均为 0，即估计误差的期望应该等于 0，此时这种估计是无偏的。

（2）块段的估计品位与实际品位之间的单个偏差应尽可能小，即估计方差尽可能小：

$$\delta^2 = V_{ar}(Z - Z^*) = E[(Z - Z^\#)^2]$$

普通克里格法就是对于给定的待估块段 V 和用来进行估计的一组信息 $\{Z_\alpha, \alpha = 1, 2, \cdots, n\}$，求出一组权系数，使估计误差期望为 0，估计方差最小，再用样品的加权平均求出估计值[5]。

2.3.2 估值过程

在 3DMine 中选择块体估值下的普通克里格估值，在普通克里格估值第一步中，选择矿体区域内组合样品点文件及品位属性，导入参数后，克里格参数自动载入（见图 7）。

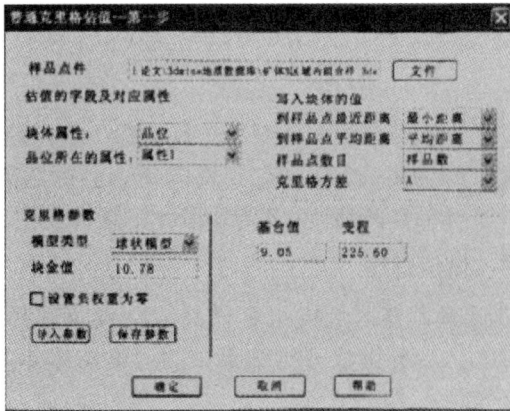

图7　普通克里格法估值参数图

在普通克里格估值第二步中，搜索椭球体参数由 *.par 文件自动给出。之后对块体进行矿体内部约束，软件开始进行估值。

2.4　储量结果对比

对上述两种方法形成的块体模型进行品位统计及矿石资源量报告(见表3、表4)。

表3　品位基本统计比较表

估值方法	平均值/%	中值/%	最小值/%	最大值/%	方差	标准差	变异系数
距离平方反比法	25.07	25.39	16.35	33.53	6.12	2.47	0.10
普通克里格法	25.06	25.28	17.17	32.65	6.08	2.47	0.10

表4　资源量比较表

估值方法	平均品位/%	矿石量/t	金属量/t
距离平方反比法	25.13	126 014 688	31 667 491.09
普通克里格法	25.11	126 014 688	31 642 288.16
差值	0.02	0	25 202.94

由表3、表4可以看出，距离平方反比法与普通克里格法估计的结果相差不大，均在误差允许范围之内，而普通克里格法不仅考虑了样品之间的距离，还考虑了样品之间的相关性及矿体在空间范围内的连续性，与实际比较符合，可以作为后期采矿设计的基础。

3　结语

(1)基于地质统计学的储量估算方法，考虑了矿石的空间品位变化，提高了矿产储量估算的精度，减少了矿床开采的风险，指导了矿山的实际生产。

(2)运用3DMine矿业软件，实现了贾家堡铁矿地质建模及储量估算的可视化，提出了基于三维可视化地质统计软件实现矿山建模和储量估算的研究思路，并快速有效地实现了资源可视化的评价方法。

(3)利用3DMine矿业软件还可以对块段和矿区资源储量进行分类管理，生成品位吨位曲线、矿区储量分布图、储量等值线图、经济价值分析图表等。

参考文献

[1] 3DMine地质统计教程[M].北京：北京三地曼矿业软件科技有限公司，2009.

[2] 邓丹.多金属矿床三维数字化建模技术及经济评价研究[D].北京：北京科技大学硕士学位论文，2008.

[3] 刘海荚，刘修国，李超岭.基于地质统计学法的三维储量估算系统研究与应用[J].吉林大学学报(地球科学版)，2009(3)：542.

[4] 卢晋敏.大黑山钼矿露天境界及分期开采方案[D].北京：北京科技大学硕士学位论文，2007.

[5] 刘爱平.基于地质统计学的固体矿床储量估算的研究与实践[D].成都：成都理工大学硕士学位论文，2009.

实测空区建模技术在露天转地下开采矿山的应用

南世卿[1]　刘海林[2]　孙国权[2]

（1. 河北钢铁集团矿业有限公司；河北唐山，063000；2. 中钢集团马鞍山矿山研究院，安徽马鞍山，243000）

摘　要： 用先进的三维激光空区监测系统 CMS 探测河北钢铁集团矿业有限公司石人沟铁矿露天转入地下开采以后在首采层形成的采空区，获取空区坐标数据。在三维矿业工程软件 3DMine 中建立三维可视化矿山开采现状模型图，并利用此模型建立矿区力学计算模型，分析矿区应力场分布，为矿房残矿回采，空区处理，边坡稳定性分析提供科学的基础依据，为露天转地下开采平稳过渡提供技术支持。

关键词： CMS 探测；露天转地下；3DMine 三维模型；平稳过渡

0　引言

河北钢铁集团矿业公司石人沟铁矿于 1975 年 7 月建成投产，设计规模 150 万 t/a，矿山最终产品为单一铁精矿。初始阶段矿山采用露天开采方式，露天开采境界南北长 2.8 km。由南向北分为三个采区，28～18 线为南区，18～8 线为中区，8 线以北为北区。经过 20 多年的生产，露天开采已经结束，于 2003 年转入地下开采，主要在 -60 m 中段水平，以 16 线为界分为南北两个采区，采用的采矿方法以浅孔留矿法为主，分段空场法为辅，目前矿山一期工程采矿即将结束，0 m 和 -60 m 2 个水平已形成大量采空区群，但采空区参数资料缺乏，处理方案设计依据不充分。-60 m 以下的地下扩大采矿产能规模工程采用充填采矿工艺，采矿生产能力为 200 万 t，为保证 -60 m 以下采矿的安全，对 -60 m 以上形成的采空区必须进行处理，以确保顶板围岩的稳定状态，而处理采空区之前必须掌握采空区的空间状况及围岩的应力分布情况，这就需要进行空区探测和围岩应力分析研究。

露天转地下开采的矿山面临的技术问题很多，包括露天开采极限深度的确定，露天转地下开采过渡期间的产量衔接，露天开采遗留边坡的管理问题，露天开采时残留矿柱的回采问题，转入地下开采后通风以及防洪排水问题，露天转地下时地下空区问题。

地下矿山的开采必然扰动或破坏原先处于相对平衡状态的地应力场，使得应力发生转移引起应力场的重新分布，继而导致岩体发生某种程度的变形。这种矿区应力的变化必然会对露天开采时遗留的边坡稳定性造成很大影响。地下空区和露天边坡是矿山露天转地下过程中的重大危险源。石人沟铁矿地下开采首采水平不规范，空区形态不规则，残留矿石较多，因此从残矿回收及地下采矿安全考虑都要探明地下空区的实际赋存情况。

目前对于地下采空区的探测，国内外主要是以采矿情况调查、工程钻探、地球物理勘探为主，辅以变形观测、水文试验等。其中，美国等西方发达国家以物探方法为主，而我国目前以钻探为主，物探为辅。国内近年来在利用地球物理勘探技术查明地下采空区方面作了大量的工作，发展了多种方法，有些技术甚至超过了国际水平，如瞬态瑞利波法、地质雷达、弹性波 CT、超声成像测井等。随着我国物探技术测量精度和信息处理速度的提高，工程物探越来越成为探明地下采空区的一项重要的有力勘探手段。但是上述的探测方法探测误差较大，也不能对空区的实际形状及其位置进行精确地测量[3]。

本文对采空区的探测是借助先进的三维激光空区监测系统 CMS，对露天转地下开采时在首采中段产生的大量空区的进行实测建模，为采空区处理及其制定残留矿柱回采方案提供依据，并将部分模型导入数值分析软件对空区稳定性进行数值模拟，分析空区周围应力场的分布状况，以及是否对露天边坡稳定性产生了影响。此技术将为露天转地下开采平稳过渡产生积极的技术支撑作用。

1　矿山开采现状三维可视化模型的建立

建立矿山开采现状三维可视化模型. 首先要建立起矿山地质模型，然后将 CMS 实测的空区模型定位到矿山地质模型中。

CMS 简介：CMS 是加拿大 Optech 公司研制的特殊三维激光扫描仪，其功能是采集空间数据信息（三维坐标 X、Y、Z），对于人员无法进入的溶洞、矿山采空区等，可用此设备扫测空区内部数据，为矿山采掘规划、生产安全提供决策所需数据，既能辅助消减安全隐患，也可辅助减少矿体浪费。CMS 是 Cavity Monitoring system 的简称，直译为洞穴监测系统；也可理解为是 Control Measure System 的缩写，意即控制事态测量系统。是由激光测距、角度传感器、精密电机、计算模块、附属组件等构成，CMS 安装方式更为灵活，作为新兴的技术设备，其在地理空间信息数据收集方面，具有传统方法无可比拟的优势，能大大提高工作效率、有效降低劳动强度，安全准确地采集空间信息资料，在发达国家或地区，地采矿山都在使用。

1.1 矿山地质模型的建立

矿山地质模型的建立主要分为以下几个部分：

（1）地表建模：将石人沟矿区地质地形图导入 3DMine 软件中，将地形圈的等高线，根据其标注的实际高程，进行赋高程。对于地表的一些附属物，保留下来，进行后期的建模准备。利用露天采坑形成的边坡台阶线条以及标注的高程，对露天采坑赋高程。这样便得到了等高线、露天采坑线、地表附属设施，及最后做的标注，得到数字地面模型（DTM 模型）。

（2）矿体建模：首先石人沟矿区的勘探线剖面图转换到实际的三维场景中去，第一步是剖面坐标转换工作，将所有得剖面转换到实际位置后，提取其中的矿体线，断层线，及其他一些地质信息。并根据其标注进行分类保存。第二步是根据保存的矿体线，将矿体线之间连接矿体，需要利用 3DMine 软件中的实体建模的各项命令如：线之间连三角网，线内连三角网，及外推矿体时，外推矿体线的命令。将各个剖面对应的矿体连接以后，整个矿区的矿体就建立起来。

（3）地下工程建模：将石人沟矿区的各个中段图导入 3DMine 软件中，根据实际的高程，对巷道进行赋高程。利用 3DMine 软件中的根据腰线生成巷道实体命令，生成地下巷道三维实体，对于竖井要确定其坐标，根据坐标和高程，连接成实体标注。

根据前 3 步工作，矿区模型大致完成，需要根据实际的情况进行一些标注工作，标注中段的名称、主井副井、通风井，地表的附属设施，斜坡道等。这样就建立完成了石人沟铁矿模型。

1.2 地下空区模型的建立

CMS 扫描空区时会在某个角度将扫描 360° 的点到激光头的距离自动存储到一个记事本文件中，此文件用 CMS 自带的数据处理软件 CMSposprocess 软件处理得到的空区 DXF 文件，用三维矿业工程软件 3DMine 打开，经处理可生成空区的三维实体模型。

此时的空区三维模型是带有坐标属性的。如图 1 所示。

图 1 空区实体模

1.3 矿山开采现状三维可视化模型的建立

将上述两步骤中建立的模型同时在三维矿业工程软件 3DMine 内打开便可得到开采现状三维可视化模型，如图 2 所示。此模型可反映矿山目前开拓工程、回采工程等的开采现状，并可以作为矿山下一步设计的依据。

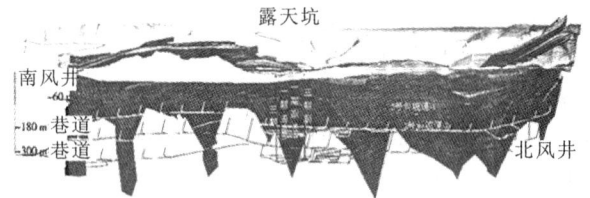

图 2 石人沟铁矿地质模型

2 地下空区群力学模型的建立

在矿山开采现状三维可视化模型下创建块体模型并添加空区群所在采区的边界约束条件，将此空区群所在的采区存储为块体模型，形成采区空区群围岩三维块体模型，在已建立好的 3DMine 采区块体模型中添加地表约束条件、矿体约束条件、空区约束条件，生成空区实测的三维块体模型，如图 3 所示，此实测模型的建立将大大提高空区稳定性分析的结果。

将上述建立好的前处理模型输出其所有块体质心点坐标及其各个块体边长，根据坐标和边长便可求出 FLAC^{3D} 建模单元所需的 P_0，P_1，P_2，P_3 等 4 个点的坐标，经过相关程序的处理生成 FLAC^{3D} 建模文件。FLAC^{3D} 中建立的空区稳定性分析的力学模型如图 4 所示。

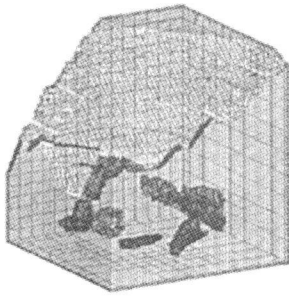

图3 3DMine 内空区岩块体模型

3 空区群数值模拟计算

数值模拟计算之前要先确定矿岩的物理力学参数，石人沟矿区岩性单一，折减后的岩体力学参数如下表1所示。

表1 石人沟铁矿岩体力学参数

名称	密度/ (g/cm³)	抗压强度/MPa	抗拉强度/MPa	弹性模量/GPa	泊松比 υ	内聚力 C /MPa	内摩擦角 φ/(°)
片麻岩	2.74	164.08	6.18	2.62	0.29	2.38	36
M1 矿体	3.74	149.70	5.64	2.87	0.27	1.59	38

第二步即要对初始应力场进行模拟，模拟初始应力场的最大不平衡力历程图如图5所示。从图中可以看出最大不平衡力经过多次震荡最终趋于平衡。

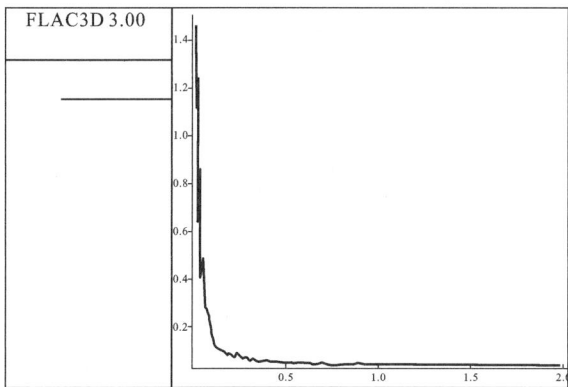

图5 模型最大不平衡力历程

模型采用莫尔库伦岩石强度准则进行计算，对边界实施位移约束后，开始进行开挖计算，本文中只针对位移进行分析，如图6、图7所示，图6为选取的各个空区上方监测点的位移监测图，从图中可看出5#区上方位移已达到6 cm，图7为整体位移云图，可看出地下开采导致露天边坡位移达到4~6 cm，可见地下

开采对于露天边坡的稳定性有较大的影响。

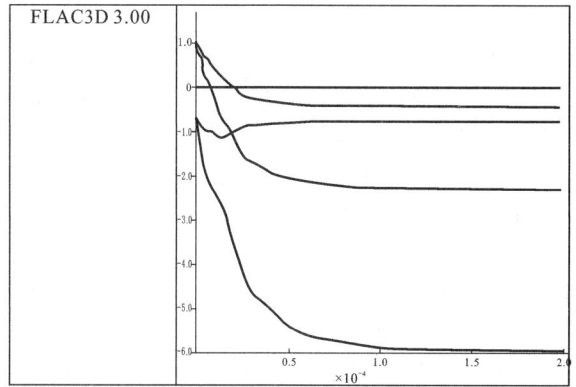

图6 各空区上方位移监测点记录

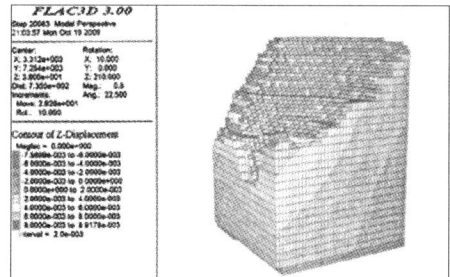

图7 开挖后模型整体位移云

4 结论及建议

（1）利用石人沟矿区地质地形图、勘探线剖面图、中段平面图，以及一些钻孔数据，用三维矿业工程软件3DMine建立起矿区三维可视化地质模型，为建立矿山开采现状模型提供基础模型。随后将实测的空区实体模型，定位至地质模型中，建立起三维矿区开采现状模型。为下一步的矿山开采设计，残留矿柱的回采，提供了科学的数据依据。

（2）用先进的三维激光洞穴监测系统CMS对空区进行360°精确扫描，建立起首采中段空区实体模型，并根据空区实体模型以及矿山地质模型建立了数值模拟的力学模型，此力学模型不同于传统方式建立的模型。该模型露天边坡以及地下空区都属于实测，和现场相似程度极高。因此在数值分析的重要影响因素—模型建立方面有了很大的改善与提高，数值模拟的结果更加接近实际，对空区处理方案的制定及实施有重要的指导意义。

（3）通过实测空区建立起来的力学模型进行数值模拟计算后，可分析地下开采对地下围岩及露天边坡稳定性的影响，可为灾害防治提供技术依据。

参考文献

[1] 彭文斌. FLAC^{3D}实用教程[M].机械工业出版社.2008.

[2] 郭金峰. 金属矿山露天转地下开采的发展现状与对策[J]. 云南冶金, 2003(2)：7 - 10.

[3] 童立元, 刘松玉, 邱钰等. 高速公路下伏采空区问题国内外研究现状及进展[J]. 岩石力学与工程学报, 2004, 23：1198 - 1202

[4] 田泽军, 南世卿, 宋爱东. 露天转地下开采前期关键技术措施研究[J].金属矿山, 2008(7)：27 - 29.

[5] 刘科伟, 李夕兵. 基于 CALS 及 Surpac - FLAC^{3D}耦合技术的复杂空区稳定性分析[J].岩石力学与工程学报, 2008(9)：1924 - 1931.

[6] 韩放, 谢芳, 王金安. 露天转地下开采岩体稳定性三维数值模拟[J]. 北京科技大学学报, 2006(6)：509.

[7] 南世卿, 宋爱东. 露天转地下开采平稳过渡措施研究[J]. 中国矿业, 2008(7)：134 - 136.

[8] 南世卿.露天转地下开采过渡期采矿方法及安全问题研究[J]. 现代矿业, 2009(1)：27 - 32.

[9] 李元辉, 南世卿, 赵庆东. 露天转地下境界矿柱稳定性研究[J]. 岩石力学与工程学报, 2005(2)：278 - 283.

[10] 南世卿. 石人沟铁矿露天转地下开采建矿模式和采矿方法研究[J]. 矿业快报, 2006(5)：28 - 30.

3DMine 在建立空区和残矿模型中的应用

吴光玲[1]　李守杰[2]

（1.武汉理工大学资环学院,武汉，430070；2.昆明理工大学国土资源工程学院，昆明，650093）

摘　要：利用 3DMine，建立矿山地表、矿体、井巷、空区和残矿模型，实现对这些模型的动态显示和基本三维分析功能，有助于弄清空区的状态，确定相邻空区贯通情况，查明空区中残矿的位置和赋存状态，以分析在空区中残采时的地压类型。

关键词：3DMine；空区；残矿模型

残矿体大多在采空区下、采空区边角、底部结构，在空区下和空区附近开采，将进一步加剧空区的地压活动，要对采空区的稳定性进行研究并提出相应的处理方案。

1　3DMine 软件建模

1.1　3DMine 软件简介

3DMine 矿业工程软件是一款为国内用户量身打造的三维矿业软件，具有完全本土化的创新设计。其主要特点：沿用 AutoCAD 操作风格、将二维与三维技术完美结合、吸取国外三维矿业软件的优点、全部中文开发、易学易用并支持客户化的软件平台。重点解决地勘数据库建立与更新、地质建模方法、储量计算、炮孔数据库、采矿设计和短期进度计划、测量仪器与 GPS 数据等方面的应用和处理问题。同时具有更开放的、与国内外图形软件的数据兼容性。3DMine 提出"矿业 Office"的概念，意在以极高的性价比、普及型的软件工具服务于广大用户。3DMine 矿业工程软件的主要功能如下。

（1）二维与三维的完美结合。在同一个图形窗口环境中，通过右键或者设定转换键实现二维和三维切换。3DMine 具有真三维图形系统、真彩效果和动态剖面等功能。

（2）与 AutoCAD、Excel 和多种图形软件的超强兼容性。3DMine 完全支持 AutoCAD2000—2007 版本的.dwg和.dxf文件格式，对这两种类型的文件可以直接打开、编辑、修改和保存，即与 AutoCAD 交叉作业而无须格式转换。通过剪贴板技术直接复制 AutoCAD 和 Excel 文件，实现数字与图形的相互直接转换。另外，还直接兼容几款国外三维软件的文件格式。

（3）支持选择集和图层管理功能。在二维环境中支持选择或反向选择集，提高了编辑和处理图形的效率。同时可以对不同文件、同一文件下不同的线条或实体进行分层管理，也支持对面和三维实体模型的直接编辑操作。

（4）优化建模手段。3DMine 软件结合了多种建模方法，吸收了许多国外软件的建模优点。将控制线技术与分区技术集成在 3DMine 中。同时，也优化了实体的验证机制，增强了对实体连接错误部分的判别能力，从而使得建模过程简单、快捷，所建模型准确、无误。

（5）完全客户化。结合矿山实际应用需求进行软件开发，使得 3DMine 在日常工作中能起到提高效率和简单运用的效果。3DMine 实现了基础数据的处理简单化、软件工具的实用性以及与现行软件的全面兼容性，容易理解和使用。并且与国外主流三维矿业软件的功能模块、操作流程保持一致，无需适应与学习。

1.2　矿区条件

某矿山采矿方法主要有全面法、房柱法和有底柱分段崩落法。形成了大量的采空区，虽然并无超大型的空区存在，但是目前存在的问题是空区分布范围广、数量多，并且存在几个空区相互贯通的情况。随着资源消耗以及生产区域的逐步缩小，老矿区进入残矿回收工作阶段，大部分收残找盲工作集中在空区附近的边、残、小矿，而这些空区的形成时间最短者也在 10 年以上，最长的达到了 30～40 年。因此，给矿山回采工作安全生产带来了潜在的隐患。为进一步了解空区的冒落、充填情况、残矿量分布及其与采空区的空间位置关系，需要对空区进行详细地调查。

1.3　3DMine 软件建模的流程

利用 3DMine 软件建立矿山数字化模型有多种方法，主要根据已有数据和建模用途来选择，本次建模主要是为某矿空区治理方案及残矿回采的方案提供一种分析研究工具。其建模流程见图 1。

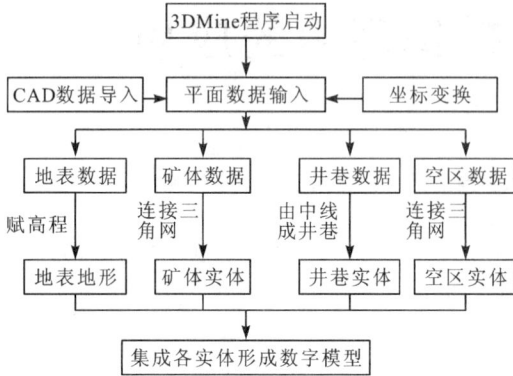

图 1　建模流程图

1.4　建立三维矿山模型

（1）导入矿山地表、矿体和井巷数据。调用命令，分别生成地表地形模型、矿体实体模型和井巷实体模型。在建模过程中，调整点线坐标。

（2）建立地表表面，给每条等高线赋予相应的高程。

（3）建立矿体实体。通过坐标变换、镜像等操作，使矿体边界线具有准确的三维坐标，再连接三角网生成实体模型。

（4）建立井巷实体，依据坑道图中井巷腰线，绘制巷道中线，并赋高程或两点圆滑坡度，再按其规格生成井巷。

井巷与矿体实体模型见图 2，矿山总图见图 3。

图 2　井巷与矿体图

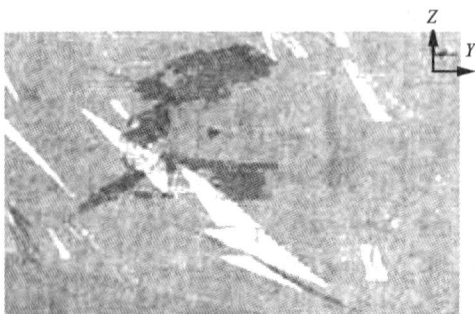

图 3　矿山总图（含地表、矿体、井巷）

1.5　建立空区和残矿模型

依据剖面图上的矿体界线和坑道图上标出的空区界线建立空区模型。空区边界线是经现场调查而绘制的。对于老空区，经过几十年的发展，有些空区已经冒落充填，需要现场调查才能确定其现在的形态。由于老采空区已经处于衰减稳定阶段，如果没有冒落，则可以进入进行细致调查，从而在坑道图上圈定准确的空区边界线、所留矿柱的具体位置、矿柱的尺寸、其他残矿的位置等。

已经冒落充填的空区和存在太大危险的空区无法进入；其边界线的圈定比较困难。一方面要结合图纸资料，另一方面要多询问现场的生产、安全技术人员，才能较准确的确定空区的暴露面积或充填情况。

将调查的结果建成模型，再参照模型对比现场的实际情况。调查与建模相结合，互相促进，优势互补。残矿在空区中的分布见图 4。

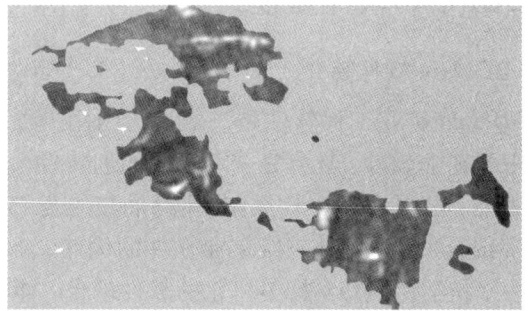

图 4　残矿在空区中的分布图

（深色的为空区，浅色的残矿）

2　模型应用

依据详实的调查，建立空区模型和残矿模型。利用模型的查询、分析功能，查询空区的高度、长度、体积以及空区与空区之间的距离等，以便：①在空间上能更精确的确定单个采空区；②更加清楚了解相邻多个空区的形态及空区之间的位置关系，有利于研究和控制地压；③对正在使用的井巷进行显示，如行车、人行路线、溜矿井等；④对残采点的具体位置在模型上进行确定，能够估计残采对空区发展的影响；⑤结合矿体形态和原有采矿方法，找出残矿的可能位置，残矿的矿量，残矿的赋存状态，进而优化残矿的回收方法。

2.1　调查内容

①矿体开采过程当中所采用的采矿方法、采矿设计图；②采空区的大小、暴露面积、形成时间；③采空区的稳定程度、是否发生过冒落；④已冒落空区产

生冒落的原因；⑤冒落发生的时间及冒落程度、高度；⑥空区四周是否存在要回采的矿体、矿柱，回采后是否会贯通等，是否需要保护井巷工程设施；⑦空区分布情况。

2.2 204 中段空区及残矿

应用模型对某矿 204 中段空区和残矿情况进行调查，见表 1。

表 1 采空区及残矿调查表

空区高度/m	冒落充填情况	矿岩强度	断层节理裂隙	残矿采矿方法	矿石品位/%	空区形态	残采矿体及位置	空区形成时间/a	备注
2~8	空区大部分已充填，冒落势层数米	大	节理发育程度一般	浅孔凿岩，(50~60 cm)湿式凿岩，放小炮	1		空区底部边角	~35	原全面法采矿形成
3~5	空区大部分已充填，现在有少量空间，冒落垫层数米	大	节理发育程度一般	浅孔凿岩，(50~60 cm)湿式凿岩，放小炮	1		空区底部边角	~35	
3~5	充填较好，冒落垫层数米	大	节理发育程度一般	浅孔凿岩，(50~60 cm)湿式凿岩，放小炮	1	空区为圆形暴露面积较大	原全面法留有的矿柱	~35	矿石烧结程度较大，边充填边架巷边采矿

3 结语

通过 3DMine 软件，以坑道图和剖面图作为构建模型的源数据，成功地建立了矿山空区、残矿和井巷三维模型，实现了空区、残矿和井巷模型的动态显示与基本三维分析功能，更加直观、充分、准确地认识空区和残矿情况，为残矿的回收提供了参考。并可在此模型基础上对矿山地压进行研究，为空区状态下残采的安全性进行评估。有利于科学合理地回收残矿资源，促进矿山的发展及科技进步。

参考文献

[1] 刘云，盖俊鹏，刘颖. 利用 3DMine 软件建立矿山地质三维模型[J]. 矿业工程。2009(5)：58 - 59.

[2] 霍根虎，刘景玉. 3DMim 矿业软件在马兰庄铁矿的应用[J].露天采矿技术。2008(6)：49 - 53.

[3] 侯克鹏.矿山地压控制理论与实践[M].昆明：云南科技出版社.2004.7.

3DMine 三维矿业工程软件在地质找矿中的应用

胡建明

（北京东澳达科技有限公司，北京，100043）

摘要：三维矿业软件在国际矿业界的广泛推广和应用，形成了矿山循环过程中的必备条件之一。3DMine 矿业工程软件正是在充分理解国外软件架构的基础上，通过消化、吸收再自主开发的三维矿业软件。其中通过运用地质数据库、三维可视化建模技术、地质统计学和应用块体模型概念进行品位分布和储量计算作为地质应用的主要功能模块。可以结合国家标准用于任何条件下的地质资源评估、辅助地质工程师进行数据综合分析、资源勘察设计、储量估算和矿床空间分析。结果表明，软件操作简便、所建的模型可靠、计算结果准确，是地质工程师非常实用的工具之一。

关键词：3DMine 三维矿业软件；地质找矿；应用

1　概述

矿业软件起步于 20 世纪 80 年代初，三维地震勘探技术的发展以及地理信息系统（GIS）向矿业领域的渗透为三维地质模拟的研究和软件开发提供了新的动力。矿业软件从最初的矿山测量或地质应用开始，从二维、三维矿床模型的建立、储量和品位计算，逐步推广到采矿设计、境界优化、生产计划、生产调度和指挥等各个生产环节的各项设计、计划与管理。经过 20 多年的发展证明，矿业软件已成为矿山循环过程中的四个必备条件（资源、设备、技术、软件）之一。

目前，国际上占有主导地位的三维数字化矿业软件主要有英国的 Datamine、美国的 Min. sight 以及澳大利亚的 Surac 和 Micromine 等。通过深入应用和了解，这些国外的矿业软件起步于 20 世纪 70 年代末，主要用于地质勘探、地下和露天采矿设计与生产计划以及环境保护等矿产资源领域。虽然他们的开发平台和语言各不相同，但基本思路是一致的，其共同特点是三维可视化、立体建模、运用地质统计学进行品位估值完成资源储量的估算、应用计算机绘图功能完成采矿设计、露天境界优化以及绘图等工作。在三维环境中建立矿体模型和矿床边界，具有三维真彩动态渲染功能，可以对钻孔、地形、矿体、矿块模型、采掘工程进行动态显示；应用块体模型与地质统计学估值方法进行品位分布与完成资源储量的估算。

我国国内软件业多数在 20 世纪 90 年代开始起步，如 MapGIS、SuperMap、GeoStar 等，多数是类似于 CAD 或 Arcinfo 等平台开发的二维软件。同时在三维地学建模与储量计算方面，还没有相应的产品。

综上所述，通过真三维平台对矿床模型的建立，运用工程数据对空间块体估值并形成的块体品位模型，运用空间样品距离确定储量级别，实时的 3D 可视化再现、理论应用与计算分析方法，形成了国际矿业软件的主流方向。但同时也存在几个难以协调的问题。对于国外软件，一是软件的核心和源代码由国外公司控制，不利于软件的普及和应用；二是地质统计学的理解与应用，目前对其理论与软件应用都存在疑惑或难以接受；三是软件的操作步骤繁琐，且为英文环境给实际应用带来不同程度的障碍。对比国内的软件，不论是 MapGIS 还是基于 CAD 开发的平台，都是以二维成图与计算作为主要方向，与国际上主流三维软件方向不同，更谈不上与国际接轨。为此，我们考虑结合国际上通用的储量计算方法和国内的应用特点，开发出全新的三维矿业软件，3DMine 是我们的主要方向。

2　软件模块组成

3DMine 软件是以模块的方式构成，这些模块包括三维核心、地质数据库、表面模型、线框模型、块体模型以及采矿设计模块。具有二维与三维互换的界面；在结构上相互关联，数据递进共享。应用于地质方面的软件设计模式如图 1 所示。

2.1　核心模块

核心模块实际是一个界面友好、功能强大的三维显示和浏览平台，也是一个完全集成的数据可视化和可以编辑的真实环境，使用习惯非常类似于 Word 和 Excel 核心模块在软件中承担纽带作用，将软件其他模块连接在一起。可以根据用户的要求，多种类型空间数据叠加和完全真彩渲染，各个视角进行静态或者动态剖切，三维线段内部填充，全景和缩放显示等。当然，也增加了外部文本或者 Excel 数据导入成图形数

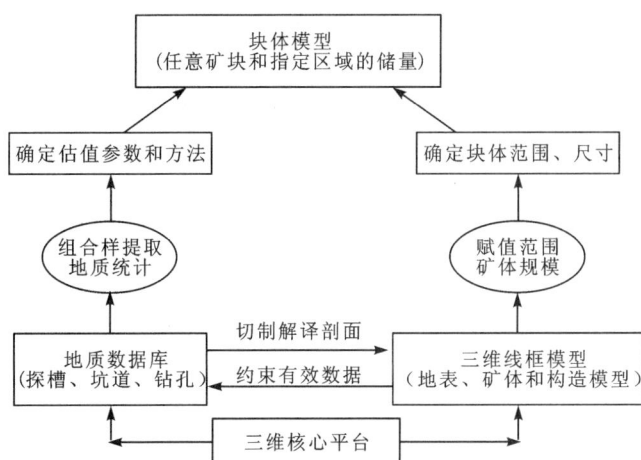

图1　地质功能模式图

据的接口,增强软件的实用性。

2.2　地质数据库模块

3DMine 吸收了开放数据库技术(ODBC)的优势,通过常用数据库来存储和操作地质信息,如 Access,SQL Server,Oracle 软件中使用简单的步骤创建和连接数据库。直接导入数据源文件可以是 Excel、Text 文本或数据库格式。操作简单直观、错误信息即时呈现报告。

数据库和中心图形系统紧密相连,通过菜单选择或者鼠标右键功能可以迅速地浏览钻孔的图形,可以通过不同属性的颜色设置显示单个或多个工程的地质岩性、品位、轨迹和深度等数据信息。在屏幕上可以选择容差范围内的数据按照标高生成平面或沿勘探线形成竖直剖面。在剖面上,通过鼠标切换,轻松辅助用户进行数据查询、地质解译和剖面品位计算。

通过样品长度加权组合得到组合样品点和相关品位值,运用地质统计方法得出统计结果,进行分析和求证,从而得出估值参数和选择估值方法。

2.3　地质模型

地质模型,通常意义上包括两种类型:一是表面模型(DTM),典型的特点是空间曲面模型,如地表地形、煤层和构造面模型。另一个是线框模型,如地层、矿体和采掘带模型。3DMine 软件中集成了当今先进的三角网建模手段,运用控制线和分区线联合方法,对任意形态的物体,通过一系列的散点或剖面创建地质模型。步骤少、易于操作和简单直观完成建模是 3DMine 软件的重要特点。图2为某金矿剖面立体模型。

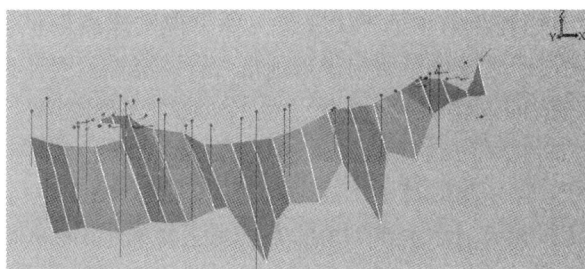

图2　某金矿剖面立体模型

2.4　储量计算模块

储量计算模块是国外矿业界比较公认的应用地质统计学进行储量计算的方法,这一方法运用了块体模型(Block Model)也被称作品位模型,根据一定的地质形态,按照一定规格尺寸,把空间区域划分成许多小块,通过给每个小块属性赋值,把空间连续的模型离散化。在 3DMine 软件中,块体模型数据采用八叉树数据结构来存储,这样有利于快速查询定位子块位置。块体模型的子块估值要实现算法的多样性,比如地质上常用的最近距离法、距离幂次反比法和克里格法等,克里格法属于地质统计学范畴,3DMine 软件中地质统计模块将复杂的数学理论做成通俗易懂的数据、报告和三维可视化相结合,估值过程和运算结果简单快捷,相互验证并容易理解和完成。

块体模型建立后,3DMine 软件可以快捷对模型进行查询、统计。地质上对块体模型统计报告要求比较高,3DMine 应该实现在灵活约束条件下的统计报告,能迅速处理例如在任意多边形、实体模型、DTM面、高程、属性字段和线条边界等各种约束下矿石量和品位的报告。

3　在地质找矿中的应用

3.1　基本原理与方法

3.1.1　地质数据库结构与处理技术

3DMine 软件中将空间地质信息与属性通过数据库存储方式与连接,这些数据库可以是 Access,SQL Server 以及其他的数据库。地质信息包括空间类数据如工程的方向与位置、长度和测斜数据,分析类数据如取样位置及间隔、分析品位、岩性范围和间隔等等。通过三维可视化显示系统,使得空间对象与描述图元的属性对应起来,从而由原来的采样数据转化为空间点数据。

3.1.2　实体模型——矿体空间形态分析与技术

实体模型(线框模型)是一种表现实体表面形态的方法，它既可以用于表现地形、岩层层位面等不封闭的表面模型(DTM模型)，也可以用于表现矿体、不同岩性区域等封闭的实体(3DM)。无论哪种实体模型，普遍采用的是用不规则三角网(TIN)来逼近实体的表面形态，而生成TIN的方法则主要采用Delaunay三角形连接法。在矿山领域，建立实体模型时，采用的数据大部分来自地质勘探平、剖面图及地形图，这些界线点与样品的空间位置和剖面解译以及按照有关外推规则密切相关。

3.1.3　地质品位空间分布分析与技术

常用的地质品位估值方法，主要分为两类，一类是非地质统计学方法，一类是地质统计学方法。两种方法都不同于我们常用的多边形块段法。

非地质统计学方法即是通常所说的线性插值方法。在地质调查和测量中，通常表现为一系列离散的空间上分布不均匀的数据。利用这些数据对空间单元块进行估值，往往使用内插值的方法。空间数据插值的方法很多，主要有：单一法、多边形法、最近距离法、距离幂次反比法等。距离幂次反比法是最广泛应用的插值方法之一，特别对于勘探以前的各阶段是公认的有效方法之一，其原理是待估点的品位值与已知品位点的空间位置成反比，即距离越远，对待估点品位值的影响越小，越近的影响就越大。其估值公式为：

$$C(x) = \sum \frac{1}{d_i^2} C(x_i) / \sum \frac{1}{d_i^2}$$

式中，$C(x)$为待估点的品位值；$C(x_i)$为已知样品点的品位；d为第i个点到待估点的距离。

地质统计学是目前世界各国地质学界和矿业界普遍通行的一种地质研究和储量计算方法。其实质是以矿石品位和矿石储量的精确估计为目的，以矿体参数(变量)值的空间相关为基础，以区域化变量为核心，以变异函数为基本工具的数学地质方法，由D. C. Kriging于1951年首次提出，故命名为克里格(Kriging)法。它能够充分利用各种信息，从方法本身上能够给出每一估计量相对应的估计方差，并且这种估计是最优的和无偏的，因而比传统的地质学方法更具优越性。地质统计学的广泛应用是矿山软件开发和应用的前提，特别是储量计算的合理性，更使得地质统计学的应用得以扩展。目前，地质统计学方法已经作为我国的一种标准储量计算方法。

地质统计学法被大部分人认为是一种较好的品位估值方法，尤其适用于品位变化大、矿岩界线由品位

控制的矿床，如浸染型的贵金属矿床。必须指出，无论方法在数学上如何复杂，在理论上如何先进，方法本身不能增加已知信息量，而品位与矿量估算的准确程度主要取决于已知信息量的大小。各种方法在不同矿床的实际应用经验是选择估值方法的重要依据。在实践中，国际上通常的做法是：在对矿床进行初步评价或是数据量不足时，选用较简单的、非地质统计学方法(一般是距离Ⅳ次方反比法)。当有了足够的数据，对矿床进行正式可行性评价时，就可选用地质统计学法。

3.2　矿石品位空间分布分析理论和技术

矿石品位空间分布是以地质勘探的样品数据为基础，通过三维软件平台与数据库的连接，可以快速提取样品的空间位置点，同时该点的分析数据和属性也包含其中。地质统计学估值时要求所有参与插值的样品具有相同的承载，即样品具有相同的样长。而地质勘探阶段获得的原始样品一般是随机的，为此需要按照一定的长度对工程原始样品进行组合。在实际工作中，可以采取对所有样品按照平均样长进行组合，也可以按照矿源层属性进行指定组合，还需要考虑贫化和夹石剔除厚度等参数。

组合样的结果为一个空间的散点文件，通过对该文件的属性(即品位值)进行分析。地质统计是根据上述组合样品值进行基本地质统计和高级地质统计分析(变异函数分析)。其中，基本统计可以得到所有组合样品的数量、平均值、方差、均方差、峰度、偏度等统计数据和图形结果，某钼矿样品统计结果，见图3。

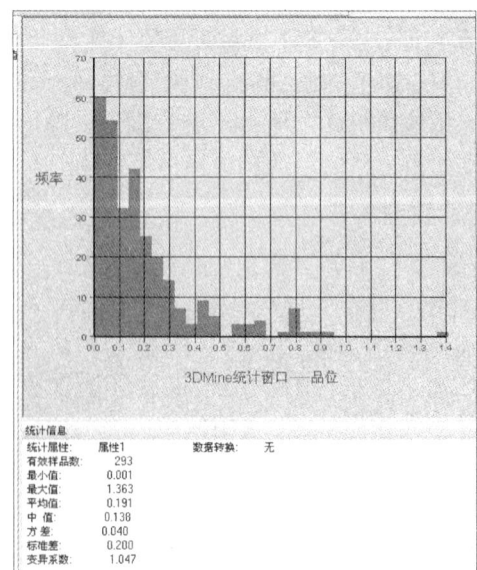

图3　组合样品基本统计结果

根据累计频率分布曲线，可以求出特高值的取值点。在国外矿产资源评价中，通常是选用分布概率为 95% 或 97.5% 的品位值作为特高品位值（与国内采用平均品位的 6~8 倍相同）。并通过相关的计算，完成估值数据的处理。比重是矿床中重要的参数，可以根据实际矿产类型通过范围约束直接赋值到相应的块体，也可以通过计算的方式求得。

高级地质统计则是变异函数的具体应用，是克里格估值方法参数的求证过程。计算变异函数的目的是为了应用计算的参数，根据已知样品数据对块体模型中单元块相应的属性采用一定方法进行估值。建立的变异函数模型及其参数是影响估值精度的重要因素之一。

目前在分析变异函数模型时，采用了球状模型、高斯模型、指数模型和嵌套模型。一般的过程是通过样品的统计分析，计算出主轴、次轴和短轴三个方向的变化，从实际数值的变异分析（实验半变异函数）拟合成理论半变异函数，从而可以判别样品品位结构性和变异性，即品位值既是随机的，又与周围一定距离内的样品值有关，见图 4。

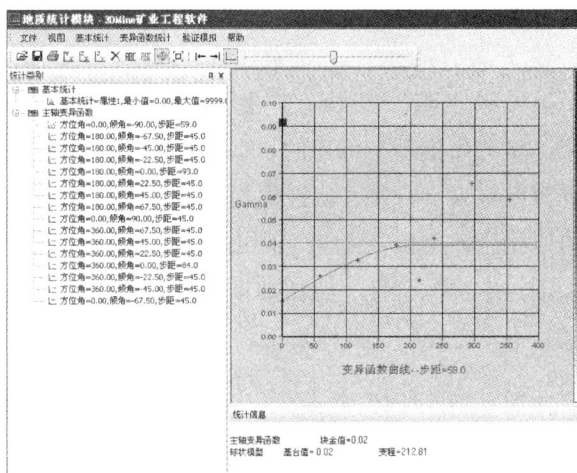

图 4 样品变异函数曲线

3.3 矿石品位插值研究及储量计算

结合矿床的三维矿体模型，通过实体嵌套技术，一方面约束了有效品位数据参与统计分析，另一方面约束块体模型的估值范围建立起反映矿床矿化区域的三维变块模型。同时，利用上述计算得到的变异函数参数，根据组合样品，采用普通克里格法对变块模型中单元块的品位进行内插值。插值过程中样品搜索半径的取值对应着估计到的储量的控制程度，根据计算的各个方向变程的取值。

如前所述，插值的方法分为两种，其中最简单的一种是非地质统计学方法，如常用的最近距离法（选定最近样品点品位成为待估点的值）、多边形法（多边形内多个样品点的加权平均值作为块体的品位）和距离幂次反比法。此类方法中，主要判断出样品的空间分布方向、根据网度确定搜索半径以及确定参与计算的样品数目。与地质统计学方法相同，其结果是为每个区域内的单元块体赋入相应的品位值。如某金矿的块体估值结果，并根据 Au 品位分级显示，见图 5。

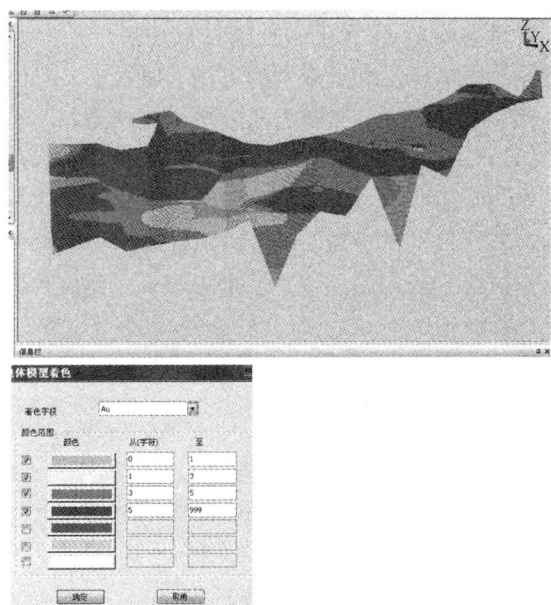

图 5 块体中品级分布图

由于在矿化区域模型中最基本的处理单位是单元块体，用于表示研究对象不同空间位置上的属性信息，这样，只要得到每个单元块的具体组合和位置，就可以得到整个模型的属性，在块体模型应用中，结合了碰撞检测技术，即在空间通过块体与实体边界、与表面模型、多边形线框等交叉计算，可以约束出任意空间范围的块体，从而可以得到相应块体的体积量和品位值。这是块体模型在应用方面最突出特点之一。

在插值过程中，可以求出空间待估块体与已知样品的距离并将其写入块体的属性中，根据这一属性特点，可以圈出不同距离内的块体。再根据工程所控制的网度，确定不同的储量级别，同时可以计算出不同距离范围内的块体储量。

这也是西方国家储量级别的计算方法。如某金矿的储量分级结果，见表 1。

表 1　某金矿不同储量级别报告

序列	资源级别	最少样品数/个	最大搜索距离/m	吨位/t	金品位/g·t⁻¹
1	Measured	10	30	4693000	6.20
2	Indicated	8	50	8201000	5.40
3	Inferred	4	100	8032000	4.20
	Total			20926000	5.12

国内固体矿产储量分级标准不同于西方国家的做法，在 3DMine 中完善了国外软件只用块体质心点与最近样品距离确定储量级别的方法，加入了工程网度和外推原则的应用。具体方法是用矿体模型和工程网度多边形（通过纵投影剖面圈定）控制不同级别范围见图 6，用多边形内（法线方向无限延伸）的块体的累加即为该块段的矿石量，块体的质量与品位的加权平均即是该级别的平均品位。比重参数可以用多种方法赋值。

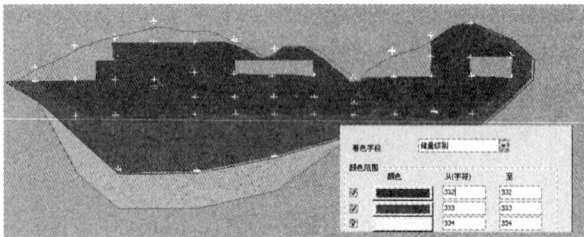

图 6　按照块段法圈定的纵投影图

矿石品位、矿石量和比重等统计报告结果见表 2。

表 2　通过块体模型报告不同块段的结果

3 DMine 块体模型报告				
储量级别	体积/m³	重量/t	Mo/%	体重/(t·m⁻³)
332	1 150393	3060044	0.17	2.66
333	753580	2004523	0.24	2.66
334	407655	1084362	0.25	2.66

3.4　特点分析

3DMine 软件的主要特点是全中文开发，具有自主知识产权，操作简便。真实三维环境，可以直观查看地质现象和空间分析；综合数据库并可视化显示，充分将地质信息集成和统一分析；矿体和地层建模，有利于矿床空间展布分析与趋势分析，整合所有的模型数据，快速生成勘探线剖面和中段平面图以及工程位置图，极大地提高工作效率；将复杂地质统计学理论与方法通俗化，运用国际通用的矿体模型与国内传统的块段多边形相结合，方便快捷求出任意范围的资源储量和品位，快速准确实现动态储量管理等。这些功能与方法的组合，是地质工作中实现规范化、系统化、数字化的有力工具。

4　结论

本文以有限的篇幅简略地介绍了我们自主开发的 3DMine 矿业工程软件的一些基本情况，介绍了本软件在地质勘查应用的主要功能时所采用的技术，包括数据及数据库管理、数据处理及组合分析、矿体实体模型建立、品位的估算方法及评价以及矿产资源储量计算。结果表明，3DMine 矿业软件所建立的矿体模型和品位分布模型是可靠的，地质统计功能完善，储量计算结果真实可靠，软件模块成熟，操作简便，完全可以用于矿山资源勘查、矿山地质等方面的工作。希望通过本文的介绍，能增加读者对 3DMine 软件的了解，不妥之处敬请批评指正。

参考文献

[1] 南格利. 矿体线框模型及其建立方法[J]. 有色矿山，2001，30(5)：1-4.

[2] 李家泉，等. 基于三维可视化建模技术的矿石品位空间分布研究[J]. 金属矿山，2007，(12)：75-78.

[3] 郝晋会，李仲学，等. 基于 OpenGL 的地质体三维可视化设计[J]. 中国矿业，2007(3)：108-110.

数字化矿山在金川矿区的应用[①]

陈得信

（金川集团有限公司，甘肃金昌，737100）

摘要：本文结合金川矿山数字化建设实际，对金川数字化矿山建设的过程、特点以及数字化矿山建设取得的成果在矿山品位预测、长远规划、计划管理及地质找矿等方面的应用做了介绍，为其他矿山建立数字矿山提供了一个成功的典范。

关键词：金川矿山；数字化平台；生产管理；品位预测；地质找矿

1 引言

2002 年，金川集团公司引进国际著名矿业软件SURPAC，开始在金川矿区进行数字化矿山的应用研究，期间做了大量基础性工作和探索性尝试。前期研究主要是通过收集、整理、完善金川矿山各类资料，建立了金川各矿山的地质数据库及各类模型（见图1、图2）。后期随着对地质数据库及各类模型的更新和完善，开始尝试数字化矿山成果在矿山地质、测量、采矿各方面的应用。

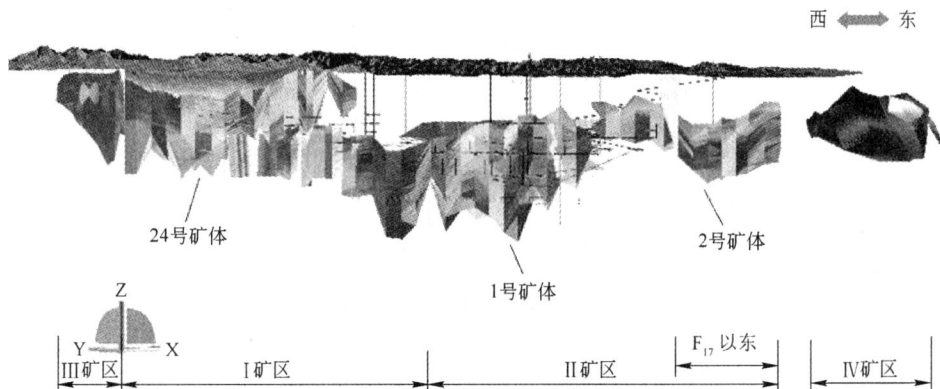

图1 金川矿区纵投影图

随着应用的深入，近几年金川矿山主要开展了数字矿山建设成果在矿山储量计算、品位预测、长远规划、计划管理及地质找矿等方面的探索式应用，取得了一些成果。

2 金川数字化矿山建设特点

2.1 金川数字化矿山建设特点

金川数字化矿山建设特点就是围绕一个基于SURPAC 软件建立的数字化矿山平台（见图3），结合平台特点研究制定出了一套适用于现代网络化、信息化、数字化矿山要求的生产管理体系。矿山地质、测量、采矿等各专业技术人员及管理人员通过平台进行技术和管理工作，实现从公司领导、矿领导到工区之间的数据连接与数据共享（见图4），并通过网络可视化远程查询系统直观显示出来（见图5）。

通过这个平台可以使每一个技术和管理人员对应一个唯一的口令，每一个技术和管理人员都能在权限范围内进行日常的技术和管理工作，并可以随时调用有关的信息资源。同时可以通过平台了解每一个技术和管理人员的现状、下达技术管理工作指令，从而减少技术和管理工作的重复性，做到技术和管理工作的及时性、精细化、具体化，提高管理效率。

[①] 本文运用 SURPAC 软件进行金川矿山数字化建设，编者引用此文和 3DMine 软件对比研究——编者注

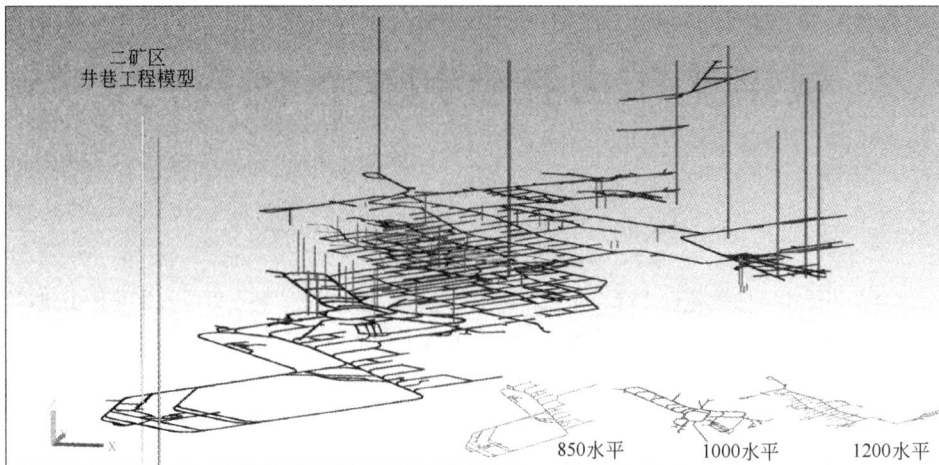

图 2   金川二矿区井巷工程模型图

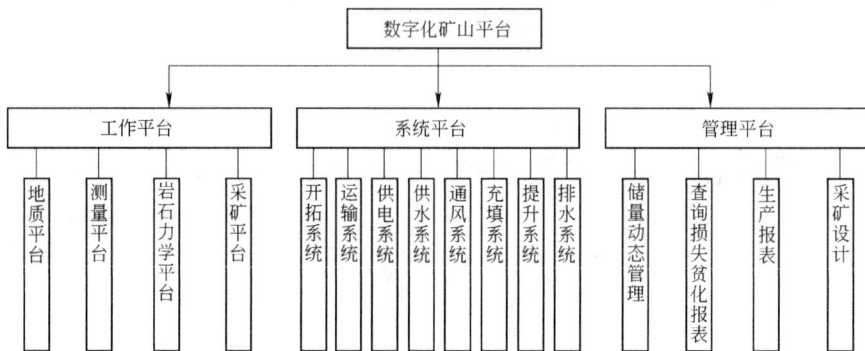

图 3   金川数字化矿山平台整体框架图

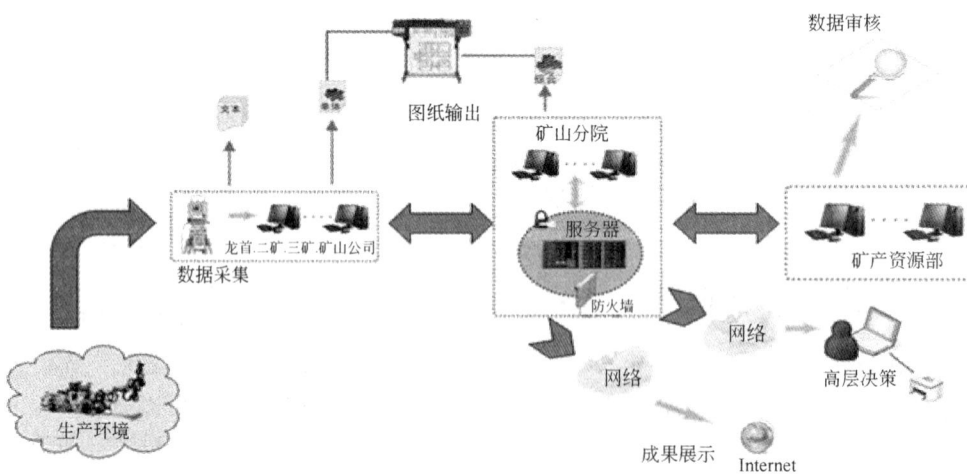

图 4   金川数字化矿山工作流程图

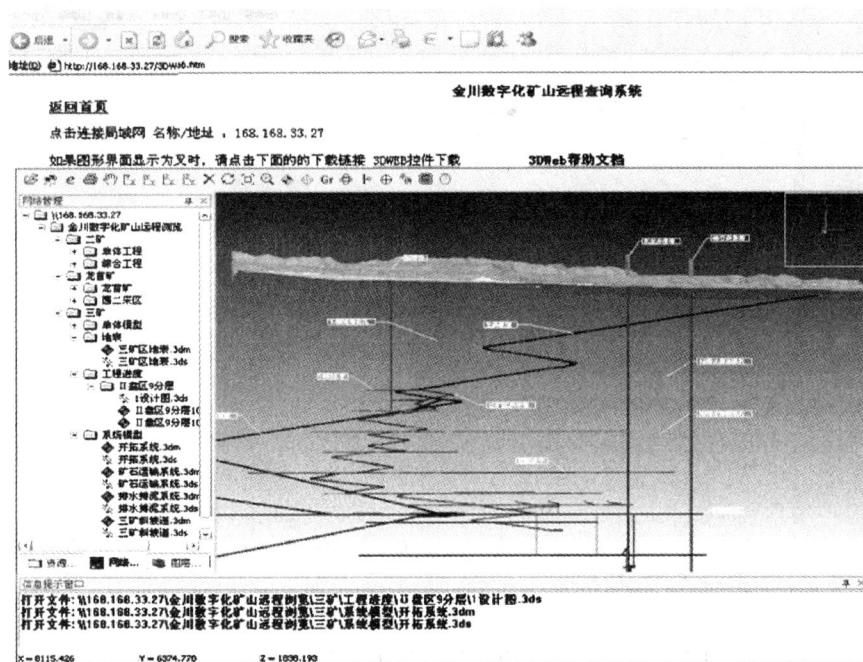

图5 金川数字化矿山远程浏览系统

2.2 金川数字化矿山平台的优点

金川矿山建立的金川矿山数字化平台工作体系具有传统矿山技术工作体系所没有的优点：（1）它是一个基于集矿山地、测、采管理于一体的综合信息工作管理平台，使矿山地、测、采专业有机地结合在一起，协同工作，提高矿山技术管理效率。（2）它可以使矿山技术管理人员能够更多地了解矿山的实际生产情况，从全局的角度去考虑矿山问题，更好地解决矿山的生产问题。（3）通过这个工作管理平台可以进行矿山储量管理、采矿设计、编制采掘进度计划等矿山技术管理工作，使矿山技术管理工作规范化、精细化、具体化。（4）依据平台建立的矿山资料审核管理制度，可以及时地对矿山的技术资料进行审核和更新，保证技术管理工作不滞后于生产实际情况，使得管理工作及时准确。（5）随着公司实施国际化战略，技术管理人员的流动非常快，人员的流动对技术管理工作的衔接造成很大的影响，通过金川数字化矿山管理体系规范的建立，可以减少因人员流动带来的资料丢失和工作衔接造成的管理工作的混乱，使矿山管理持续不断。（6）通过金川矿山信息化平台管理体系建设，有助于公司矿山管理与国际上接轨，为公司管理国外矿山项目积累经验，提升公司参与矿业开发的国际竞争力。

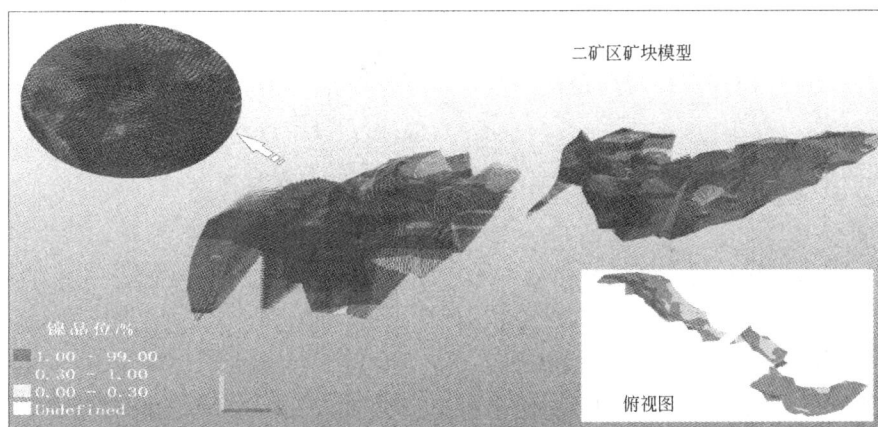

图6 金川二矿区2012年出矿品位预测图

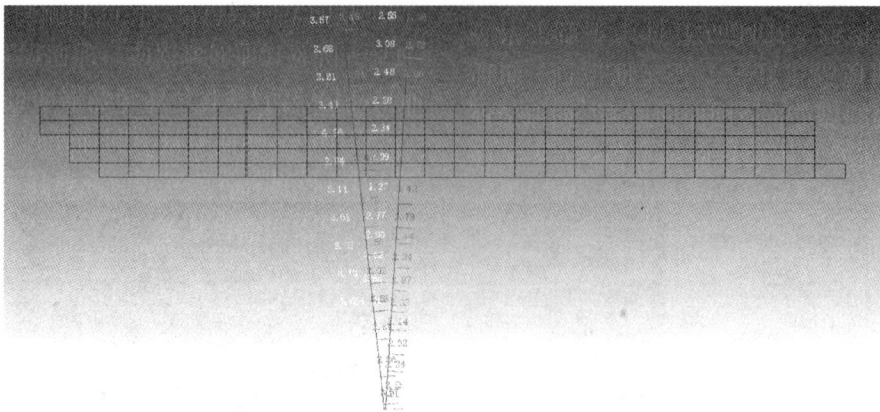

图7　金川某矿区某中段某盘区样品数据示意图

(黑色网格为 2012 年开采范围，白色数据为铜品位，黑色数据为镍品位)

3　数字矿山在金川矿山应用实例

3.1　在矿山品位预测中的应用

2010 年及 2011 年金川各矿山对计划出矿品位进行了计算(见图6)，计算出的全矿出矿品位与传统地质方法计算的相差很小，但是在各个采区却有较大的差距。如金川二矿区，各个采区传统地质方法计算采用的是地质块段的平均品位，这个平均品位与实际是有差别的，如图7所示的金川某矿区某分段的某个盘区，钻孔所示的铜品位大于块段的平均品位，如果用传统方法取块段的平均品位去计算，那么铜的实际出矿品位就会很高，造成地质品位差的假象，而应用数字模型计算方法计算出的铜的出矿品位与实际的情况一致。

依据 2010 年金川各矿山实际出矿品位运行监测

数据与地质传统算法、数字模型计算方法对比可见，由数字模型方法计算的出矿品位与实际出矿品位更加吻合，而数字模型方法计算过程比传统地质方法速度快、节约人工及劳动时间。可见应用数字矿山建设成果可以精确地计算每一采场的品位，指导矿山合理的安排生产计划，使生产计划更符合实际情况和便于执行。

3.2　在矿山地质找矿中的应用

金川矿山在数字化建设过程中，对已建立的矿体模型，结合钻孔数据对金川矿山的矿体形态、延伸规律重新进行了分析研究，看钻孔是否完全控制了矿体，并结合金川铜镍硫化矿床的成因、成矿过程、控矿因素和矿岩体岩相、矿化类型、空间变化特征等圈定了金川矿山多个找矿靶区(见图8)。

图8　数字矿山工作和传统地质工作结合确定的找矿范围和靶区

如在分析金川某矿区某水平 8 行和 10 行钻孔数据时发现以前的地质勘探时期的钻孔由于工程质量问题，许多钻孔打偏了，但是在做剖面图时将这些偏钻投影到剖面上，造成了矿体变形，并没有真正地反映

矿体的实际情况，比如在 10 行有一个钻孔实际偏到了 8 行附近，但是地质队在勘探时期做剖面图都将这个钻孔的数据投影到了 10 行，使得矿体的形态发生了变化。利用这个信息和矿体模型及钻孔数据分析，

确定 8 行是一个重点找矿靶区，后期从 8 行打了一个钻孔，经钻探工程验证，在该矿区 8 行深部找到了较为厚大的富矿和含矿岩体。并经地质钻探工作探明并提交 122b＋333 类别矿石资源/储量 1276.5 万 t，铜金属量 128723.87t，镍金属量 192041.19t，与地勘时期相比，地质储量增加 1078.8 万 t。

3.3 在矿山计划管理中的应用

金川矿山依据数字矿山模型进行了尝试性的编排矿山采掘进度计划，应用实际进度参数进行模拟演示，根据采矿进度合理安排掘进工程进度，避免了采掘失调，并按照《金属矿山安全生产规程》的要求调整掘进计划，保证了矿山安全平稳生产。

根据公司下达的品位计划，矿山设计部门和地质管理部门共同制订矿山生产计划，合理安排采矿顺序，应用品位模型进行模拟调整，保证合理的贫富矿采矿比例，稳定出矿品位，提高资源利用率。

3.4 在矿山长远规划中的应用

2011 年集团公司依据扩大资源储量、提升矿山生产能力、提高资源综合利用率和全面开展管理创新、科技创新、资源节约利用等原则，对金川矿山编制了开发利用长远规划。并利用数字矿山建设中已经建立的矿体模型、采空区模型及工程模型，对金川矿山的储量、品位、工程条件等在摸清家底的前提下，利用三维可视化矿体模型，依据矿山当前生产情况及以后排产计划，坚持探采平衡、采掘平衡、采充平衡的原则，快捷、高效地编制了金川矿山未来 X 年每年出矿量和出矿品位的长远规划。并在三维视图上（见图 9）清晰、直观地展示出各矿山每年的出矿工作面、掘进工程和采场下降高度等信息。

图9　金川矿山长远规划中的某矿采掘示意图
（不同灰度表示不同时期采掘规划）

3.5 数字矿山在测量和设计工作中的应用

3.5.1 在工程验收报量中的应用

目前金川各矿山所有井下的开拓、采切工程和回采进路的验收全部使用全站仪自动采集数据，建立三维实体模型并由测量人员在模型基础上进行矿石量的精确报量（见图 10）。

由于这项功能的推广应用，使金川镍矿的部分矿区逐步用三维实体模型计算生产矿石量取代以前传统的电子计量，原来井下三个中段的三个检斤房共 20 个工作岗位的工作直接由该系统原有人员完成，直接为该矿区节约工作岗位 24 个，矿石计量精度也得到了提高（见图 11）。

3.5.2 在工程设计工作中的应用

金川矿山利用数字矿山建立的井下巷道的三维模型。并实时更新工程模型，使工程进展情况可以在模型上再现，实现生产现状的可视化。使各级领导及相关技术人员可以通过计算机随时了解工程进度、采区回采现状、采充平衡关系等情况，为工程设计、生产管理和决策提供服务。如在 2011 年由汤中立院士主持的大陆深钻金川二矿区项目选址中，如果没数字化矿山建设成果，势必得收集二矿区各类工程资料，看设计钻孔是否会打穿已有工程，对生产造成影响。而借助数字化矿山建立的各类工程模型，只需把设计钻孔补充进模型，即刻直观地看到设计钻孔与目前已知工程关系（见图 12、图 13）。

采场验收报量

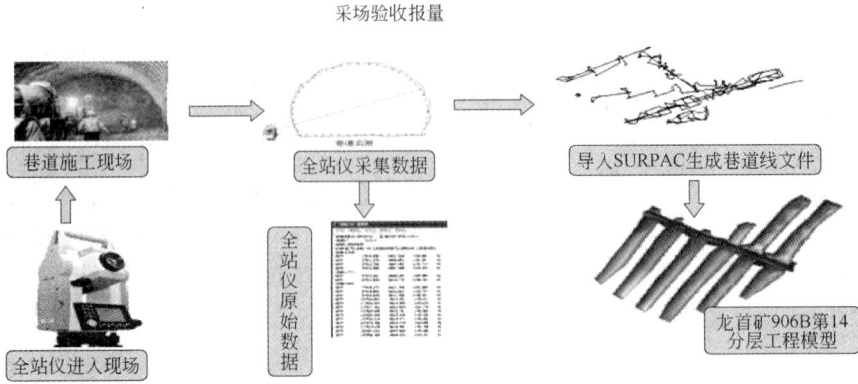

巷道施工现场

全站仪进入现场

全站仪采集数据

全站仪原始数据

导入SURPAC生成巷道线文件

龙首矿906B第14分层工程模型

图 10　采场验收报量示意图

井下工程报量

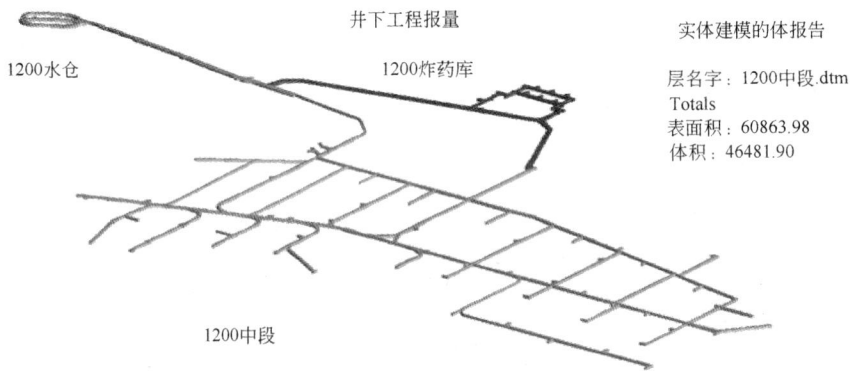

1200水仓

1200炸药库

1200中段

实体建模的体报告

层名字：1200中段.dtm
Totals
表面积：60863.98
体积：46481.90

图 11　井下工程报量验收示意图

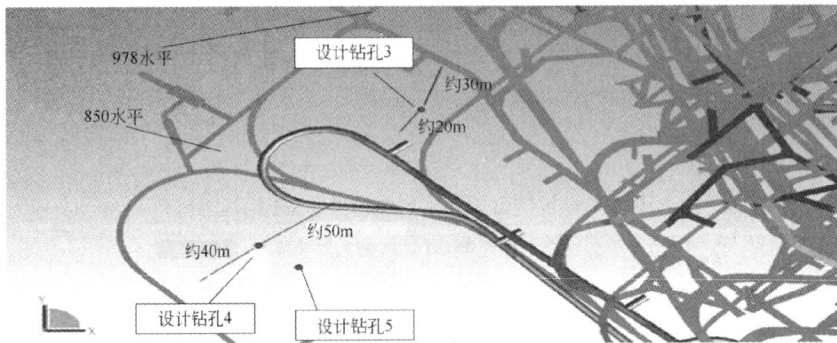

978水平

850水平

设计钻孔3

约30m

约20m

约40m

约50m

设计钻孔4

设计钻孔5

图 12　设计钻孔位置与已有工程关系俯视图（局部放大）

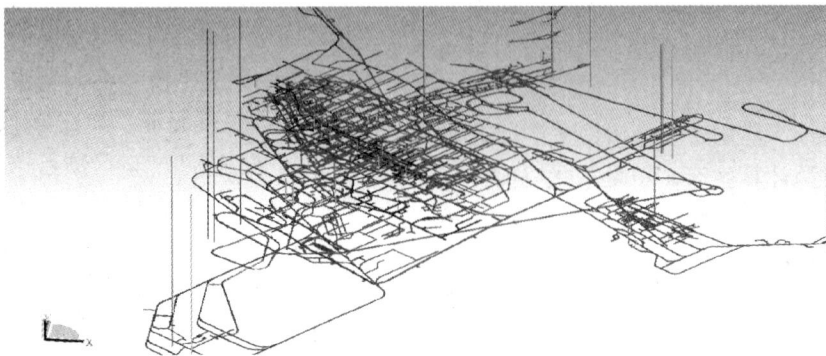

图 13　设计钻孔位置与已有工程关系立体图

4 金川数字化矿山未来发展构想

在目前金川数字化矿山建设的基础上,金川集团会继续加强数字化矿山关键技术的自主研发,掌握信息化核心技术开发的自主知识产权,维护好金川数字化矿山应用平台及相关系统。同时,通过积极开发金川矿山专用软件与模型,改进井下多媒体通讯与无线传输技术,加大高精度地下定位和定向系统等智能采矿技术研发力度,提高虚拟现实与可视化技术,最终实现远程遥控和设备的自动控制,实现井下无人化作业。

主要研究课题有:(1)快速市场响应机制下的动态资源储量估算与经济评价系统开发。(2)金川矿山开采智能优化与快速评价系统开发。(3)金川矿山生产过程模拟系统开发。(4)金川矿山安全生产智能化监控和灾害预警系统开发。(5)矿山生产过程设备设施自动化集中控制和生产智能化技术开发。

5 结束语

实施信息化建设、打造数字化矿山是改变金川矿山企业现状,带动企业各项工作创新和升级的必然选择和重要突破口,是企业实现可持续发展的必由之路。金川矿山通过这些年的数字化矿山建设取得了一些重要的成果,在向数字矿山的研究进程中迈出了坚实的一步,提升了企业的技术水平和参与国际竞争的能力,同时也将为我国数字矿山发展与矿山技术进步做出积极贡献。

参考文献

[1] SHUEYSA. Miningtechnologyforthe21stcentury: INCOdigsdeepinSudbury[J]. E&MJ – China, 1999(2): 7 ~ 11.

[2] 吴立新,殷作如,钟亚平.再论数字矿山:特征、框架与关键技术[J].煤炭学报,2003,28(1):1~7.

[3] 赵安新.数字化矿山及其关键技术的应用与研究[D].西安:西安科技大学通信与信息工程学院,2006.

[4] 吴立新.数字地球、数字中国与数字矿区[J].矿山测量,2000(1):6~9.

[5] 吴立新,刘纯波,牛本宣,等.试论发展我国矿业地理信息系统的若干问题[J].矿山测量,1998(4):48~51.

3DMine 矿业软件在地勘工作中的应用

胡建明

(北京三地曼矿业软件科技有限公司, 北京, 100043)

摘　要: 地勘工作是矿业开发的基础, 随着计算机技术的发展, 三维矿业软件作为地质工作的工具已经是势在必行。在三维软件平台下对这些资料进行管理和分析, 将极大地提高勘查数据的利用效果和工作效率。3DMine 软件是一款符合我们的操作习惯, 按照国际主流软件的思路开发完成, 具有完全自主知识产权的软件产品。在地勘工作中推广应用 3DMine 软件, 会有事半功倍的效果。

关键词: 3DMine 软件; 地勘工作

0　前言

国际上三维矿业软件起步于 20 世纪 70 年代, 早期的矿业领域应用计算机还是落后于其他的产业, 基本上都是从某个功能的计算机应用开始, 或是基于专业技术——测量、图形、可视化、地质数据计算等需求在计算机上的应用。现今计算机已广泛而深入地应用于采矿工业的各个部门, 它的发展和应用情况标志着一个国家采矿工业的现代化水平。

矿业软件的应用是一个逐渐被认识的过程, 经过 30 多年的发展证明, 矿业软件已成为矿山循环过程中的 4 个必备条件(资源、设备、技术、软件)之一。

为什么要用三维矿业软件? 随着我国对外开放和矿业市场环境的变化, 国外三维软件产品的应用以及围绕着如何提高矿山生产效率和管理效率、提高矿山开采的技术水平等方面的实质性成果, 带动了矿业软件的发展。三维矿业软件不仅仅是满足成图, 更重要的是通过矿山三维模型的建立和模拟, 可以对矿体的空间分布有更加清晰的认识; 对勘探数据的空间分析, 可以准确地对矿体进行控制, 实现勘查成果最大化; 品位估算、储量计算和工程量的计算, 则是三维软件的最大优势, 也是计算机在矿业领域应用的充分体现。计算机本身不会采矿, 但是计算机系统可以帮助矿山提高生产效率并降低成本, 这是众所周知的概念, 然而如何真正实现这一点, 必须对矿业软件的应用特点有明确的理解。

3DMine 矿业工程软件是国内第一款拥有自主知识产权、全中文开发、达到国外同类软件模块功能、符合国际行业标准且易于操作的三维矿业软件系统。3DMine 软件的开发, 打破了过去国外软件垄断的局面, 为我国地矿行业实现信息化和数字化提供了专业的软件平台。

1　地勘工作是三维软件应用的基础

近几年来, 在国内矿业领域, 借助 AutoCAD 计算机辅助制图软件的普及推广, 同时, 具有专业特点的 MapGIS 软件的开发应用受到国家的重视, 从而推动了软件工具的发展。作为专业的制图软件, 他们是先进的和可操作的, 但是, 矿业领域的工作特点, 决定了矿业软件的特殊性, 仅仅是二维的绘图软件不能满足工作的需要, 其中最重要的是对于矿山和矿床的分布, 以及开采活动的空间三维特点, 要求矿业软件同样与之相一致, 这样才不会让很多制图工作还处于手工绘制的状态。三维软件则解决了这一难题, 通过空间三维模型的建立, 工程模型和勘探数据库的显示, 以及多层次的数据叠加, 可以实现自动切制平面、剖面界线、地形线, 自动叠加坐标网格和图签图例, 实现制图工作的高效率和准确性, 这是二维软件所不能做到的(见图 1)。

矿山地质工作实际上是一个持续性的、日积月累的工作, 随着勘查数据的增加, 对矿床的控制程度越高, 对矿体的认识更接近实际。因此, 从矿床的普查、详查、勘探到矿山生产各个阶段的数据收集, 合成和处理将是矿业软件的应用前提。然而, 这些模型和数据库的建立特别是很多生产时间超过几十年的老矿山, 如果需要完成这些工作, 将是一项十分繁重而且还难以实现的任务, 因为, 有些数据是无法获取的。即使是进入勘探阶段的矿床, 如果这些基础数据一直是二维图纸, 加上一些纸质数据记录, 同样难以满足后期工作的应用, 最为典型的实例就是矿山进入预可研阶段或矿山初步设计阶段时, 无法使用先进的矿业软件完成设计方案的比选, 从而回归到传统的方式, 这将是实现现代化矿山建设的瓶颈。

因此, 如果从一个勘查项目开始就考虑数据的三维特征，在三维软件下按照模拟自然的方式进行收集和整合，最后实现矿山数字化和信息化，将是一项长期的、基础的工作，必将为地矿工作带来重大的变革。

2 3DMine 矿业软件及其应用

3DMine 矿业工程软件服务于测量、地质、采矿和生产管理等方面。矿业软件主要模块的功能包括：矿山地质数据的获取、输入与管理，建立矿床地质模型，实现矿山地质图件编制，运用地质统计学进行品位估值，引入块体模型的概念进行储量估算，进行三维采矿设计等。在真实三维环境下，延伸到露天境界优化、生产进度计划编制、爆破设计等领域的应用，构成了矿业信息化的基础。可以清楚地显示矿山实际面貌：矿区地形地貌、矿体形态、构造布局、采矿工程设计等，并改造传统管理模式，将矿山开采环境可视化评价与矿山开采方案优化选择/设计、开采计划编制、矿山井上/井下通讯系统、生产调度与过程控制、开采环境监测、灾害紧急撤退系统、矿山生产过程模拟、矿山 ERP 管理系统相结合，实现矿山资源优化配置，资源合理开采，获取最大经济效益。这种全新的矿山信息管理模式在采矿系统工程中能将各种采矿工序融为一体，实现实时管理，提高矿山生产管理效率和矿山开采的技术水平，最终实现采矿作业的全面自动化。

图 1 地质勘查模型

2.1 建立数据库和矿体模型

一般根据不同阶段的勘探资料建立数据库。数据库通常由 3 类文件组成，即工程定位文件：工程空间定位、深度和轨迹类型等数据；工程测斜数据文件：

包括工程测斜位置、方位与角度等；工程编录数据文件：包括物探及化探异常值、各种探矿工程样品的品位、岩性、构造、岩石力学数据等。数据库和三维图形系统紧密相关，通过三维软件平台可以迅速浏览钻孔和剖面的图形。在屏幕上可以选择和编辑感兴趣的钻孔剖面，通过查询工具可以快速报告中段或者剖面上的品位和面积等情况。形成的钻孔图形中，能显示钻孔的岩性、品位、轨迹和深度等。这样，可以应用边界品位指标，在充分考虑投资和赢利的时间价值后，动态地圈定矿体。再由一系列的剖面或平面，可以自动或者手动创建矿体模型，该模型的主要用途是精确分析矿体的空间展布，确定矿体的精确体积以及计算矿体内部品位分布等。

2.2 建立资源模型

基本原理是引进块体模型的概念，运用地质统计学的方法，对矿体空间进行估值，从而形成精确的资源模型。运用块体空间逻辑约束的方法，求出任意范围的资源量和储量级别。

块体模型具有灵活的资源建模功能，每个块的属性可以量化或描述，也可以在任何点增加或者删除块的属性，这些属性可以是矿石的品位、质量、成本，物理特征等。块体的属性和图例可以用不同颜色显示。块模型可以在采矿设计中组合约束条件，根据合理的定义，在限定的区域内，快速提供矿块的体积、重量、品位等，从而可以在矿山生产过程中，结合生产勘探资料，实时对矿体进行二次圈定，及时反映矿体的形态、规模、品位和构造的变化，准确把握三级矿量和资源量的变化趋势，从而计算矿石储量及质量分布，评价矿床的开采价值。

2.3 打印绘图

在上述真实模型和数据环境下，通过任意切割平面，剖面，从而可以得到相应的地形线、矿岩界线、构造线和勘探数据分布和位置，从而快速实现绘制各类综合图件。同时，用户可以通过软件定制相关的岩性花纹、颜色、图例和责任表，可以快速完成绘图工作。在 3DMine 的绘图模块中，可以与 AutoCAD 和 MapGIS 的充分兼容和共享，这将极大地提高工作效率。

3 结语

经过实践表明，通过 3DMine 真三维平台对钻孔、物探、化探、测量、设计等数据进行过滤和集成，并实现动态数据维护（局部快速更新、细化、修改、补充等），才能对三维地层环境、矿山实体、采矿活动、采矿影响等进行真实的、实时的真 3D 的可视化再现、模拟与分析。作为矿业工作的基础，在地勘工作中推广和应用 3DMine 三维软件，对整个地矿工作将具有十分积极的作用，也是符合国际上地矿工作的主流方向。

参考文献（略）

利用 3DMine 软件建立矿山地质三维模型

刘　云　盖俊鹏　刘颖

（鞍钢矿业公司大孤山铁矿，辽宁鞍山，114046）

摘　要：介绍了利用 3DMine 软件分层建立了矿山地质三维模型，实现了地质模型的动态显示与基本三维分析功能。该模型可广泛应用于测量、地质和采矿等工作中。

关键词：GIS；数字矿山；三维模型；3DMine

0　引言

近 30 年来，地理信息系统（GIS）的理论及其技术方法得到了蓬勃发展，成为世界范围内最活跃的科学研究和技术产业领域。地理信息系统作为一种用来进行管理、分析空间数据的工具，在矿山管理中发挥了重要作用。矿山行业迫切需要一个适应于我国国情的专业化的矿山三维可视化 GIS。矿山三维 GIS 将成为矿山生产规划和信息化管理不可缺少的工具，从数据采集、存贮与预处理、加工与成图、分析与应用等各个环节，矿山三维 GIS 都将发挥其它任何工具无法替代的作用[1]。

1　地质概况

1.1　矿体特征

大孤山铁矿床有 3 个矿体，其中以 I#矿体为主矿体，其资源量占总资源/储量的 99.48%，II#、III#矿体规模都很小。现将矿体特征分述如下：

I#矿体：为主矿体，沿走向长约 1200 m，倾斜延伸较大，有一条闪长玢岩脉侵入，将矿体分为玢岩东矿段和西矿段两部分，但矿体总体产状未发生大的变化，走向仍为 310°～315°。倾向北东，倾角 60°～75°；目前玢岩西矿段已采掘完毕，玢岩东矿段厚 285～334 m，推测矿体向下延伸可达 -700 m 水平标高以下。

II#矿体：赋存在 I#矿体上盘绿泥石英片岩层中，距 I#矿体 15～30 m，埋深在 -100 m 水平标高以下，与 I#矿体平行分布，产状与 I#矿体基本一致。沿走向延长近 350 m，厚约 10 m，向下延伸不大，在 -350 m 水平标高左右尖灭。

III#矿体：分布在 I#矿体东端上盘的绿泥石英片岩层中，与 I#矿体平行分布，距 I#矿体约 130 m，沿走向延长 90 m，厚 40 m。向下延伸不大，在 -187 m 水平标高尖灭，矿石多呈角砾状构造。

1.2　矿石工业类型

（1）富铁矿平均品位：TFe 47.99%，均为磁铁富矿，呈透镜状分布于贫铁矿中，厚 5～8 m。储量 24.6 万 t，占矿区总资源/储量的 0.11%。贫铁矿是主要矿石类型，估算储量 20 276.8 万 t，占总资源/储量的 92.42%。平均品位 TFe33.66%。根据磁铁矿占有率或磁性率，可进一步划分为磁铁贫矿、磁铁假象赤铁贫矿和假象赤铁贫矿。

磁铁贫矿矿石自然类型主要为磁铁石英岩，有少量透闪阳起（绿泥）磁铁石英岩，是矿区主要矿石类型，估算储量为 19 520.6 万 t，占矿区贫铁矿总储量的 96.27%。

磁铁假象赤铁贫铁矿矿石自然类型为磁铁假象赤铁石英岩，呈层状或透镜状，多分布于 I#矿体上、下盘附近。估算储量为 478.9 万 t，占矿区贫铁矿储量的 2.36%。假象赤铁贫矿矿石自然类型为假象赤铁石英岩，分布于 I#矿体西端。此外，玢岩东矿段上盘附近也有分布，估算储量为 277.3 万 t。占矿区贫铁矿总储量的 1.37%。

（2）低品位矿平均品位：TFe23.41%。低品位矿呈层状、透镜状。分布在 I#矿体的上、下盘附近。玢岩东矿段下盘有一层状磁铁低品位矿。全矿区低品位矿石储量为 1 638.9 万 t，占矿区总储量/储量的 7.47%[2]。

2　3DMine 建模

3DMine 是一个非常典型的矿山地理信息系统软件，可用它来建立数字矿山。首先要建立矿体模型，要以精确的形状和趋势模拟出矿体形态，矿体模型是由一系列相邻的三角面，包裹成内外不透气的实体。

实体是由一系列线上的点，连成内外不透气的三角网[3]。

建立矿体模型的方法：首先将各水平的矿体剖面线加载到 3DMine 中（如图 1 所示）。

为了使用不同的实体号来区分不同的矿体，在此可任意输入一个新的矿体号，如图 1 所示，这样可以从颜色上分辨出每一个矿体。

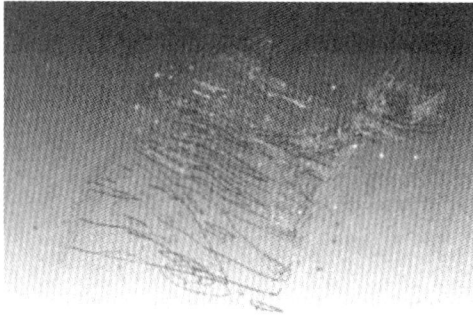

图 1　各水平的矿体边界闭合线

在若干剖面线条之间连接三角网，选择两个需要连接三角网的闭合线，可依次连接多个段，只需要连续点击多个段即可，按 Esc 键结束三角网连接，就形成了完整的矿体模型（如图 2 所示）。

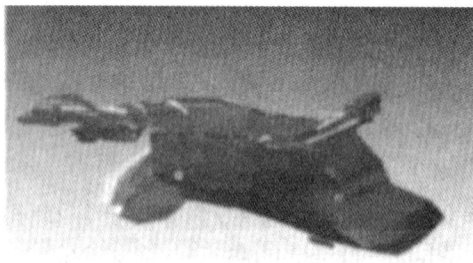

图 2　连接好的矿体

对于这些连接好的矿体。可对其进行编辑，例如更改矿体颜色；由于矿体是三维的而且很多矿体是无缝连接在一起，可使用透明显示功能来分辨两个矿体的交界。

系统根据实体模型的尺寸自动编排最大最小坐标，坐标范围可将矿体模型完全包裹在块体模型中；然后根据矿体模型的尺寸设置品位模型参数，填充矿体单元块；最后添加约束，也就是对空间操作符和物体进行逻辑组合。可以用来控制对块的选择，对信息加以修复或对其进行内插值。最后这个约束可保存为约束文件，形成充填单元块的矿体（如图 3 所示）。

图 3　矿体单元块

对于充填单元块的矿体，要对每个单元块赋予属性（包括三维坐标、矿石类型、品位等）。三维坐标是系统自动生成的；矿石类型就是添加的约束条件；钻孔数据只有那么几条，所以只能将钻孔附近的单元块赋予它们接近钻孔的品位值。主要的赋值方法有：单一赋值法、最近距离法、距离幂次反比法、普通和简单克里格法。这里采用距离幂次反比法。

首先选择新建属性，然后选择采用距离幂次反比法，导入钻孔数据，设置一些参数（如最大搜索半径、最少选择样品数、最多选择样品数等），最后添加约束，也就是添加不同类型的矿石，最终形成具有属性的单元块，也就形成了具有属性的矿体。

图 4 中显示的只有一个属性：地质品位。实际上可添加 10 个以上的属性。

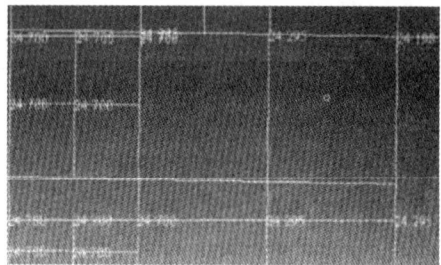

图 4　单元块的地质品位

3　3DMine 在矿山生产中的应用

矿山测量：测量数据处理、地图制图、验收产量和报告等。

地质勘探：矿山数据库、钻孔、矿体和品位模型等。

采矿设计：露天采矿设计，实现与测量和地质部门资料共享。

生产管理：品位控制、储量核销、炮孔数据库和计划排产等。

4　结语

　　通过 3DMine 软件以地质和钻孔资料作为构建分层模型的源数据，成功地分层建立了大孤山铁矿矿山地质三维模型，实现了地质模型的动态显示与基本三维分析功能，更加直观、充分、准确地认识到矿体地质变化情况。大孤山铁矿目前已开采到 – 270 m 水平，三维模型的建立，从根本上优化了矿山设计，提高了工作效率，并且有利于对深部资源的合理利用和矿山的长远科学发展。

参考文献

[1] 陈云浩，郭达志. 矿山地理信息系统中的三维数据结构 [J]. 矿山测量，1998(26)：9 – 12.

[2] 辽宁冶金地质勘查局地质勘查研究院. 大孤山铁矿地质报告.

[3] 宋伟东. 露天矿精细 DEM 的研究与建立[J]. 辽宁工程技术大学学报，2007(6)：841 – 844.

3DMine 在某矿水文地质工程地质调查中的运用

陈新攀　张锦章　彭伟

（紫金东南矿产地质勘察分公司，福建上杭，364200）

摘　要： 矿业三维软件有助于实现矿山资源的信息化，对提高矿山勘探设计及生产管理效率起着重要作用。将 3DMine 矿业软件三维可视化建模功能应用于矿产地质勘察区的水文地质与工程地质工作中是一项创新。本文中，作者运用 3DMine 软件三维可视化建模功能，对紫金山外围某某矿段（铜钼矿详查项目）建立了一系列的水文地质工程地质模型，使得勘察矿区的水文地质与工程地质条件更加清晰明了，益于勘察区的后续开发和利用。

关键词： 3DMine；水文地质工程地质；三维可视化建模

0　引言

3DMine 矿业软件是重点解决矿山地质、测量、采矿设计和露天短期排产的软件系统。

利用 3DMine 矿业软件的三维建模功能，在水文地质方面可建立矿区的地形线与等水位线的 DTM 模型，同时完成透水带、含水层、隔水层等块体模型的建立；在工程地质方面，依据钻孔岩心工程地质岩组分类可建立相应的块体模型。与此同时，利用 3DMine 矿业软件的剖切制图、飞行浏览、信息查询等功能对相应模型进行分析，矿区的水文地质工程地质条件更加清晰明了。

1　某某矿段简介

某某矿段位于福建省上杭县紫金山金铜矿区东侧，是典型的斑岩型铜矿床。自 20 世纪 90 年代初期以来，先后由福建省地矿局第八地质大队、紫金矿业集团股份有限公司紫金山金铜矿项目部开展了普查和详查工作。目前，紫金东南矿产地质勘察分公司对该区域进行的铜钼矿详查工作已接近尾声。

2　3DMine 在某某矿段水文地质工作中的运用

2.1　某某矿段钻孔终孔稳定水位修测

2.1.1　终孔稳定水位异常分析

某某矿段已完工钻孔较多，所统计的钻孔终孔稳定水位变化较大，个别钻孔水位异常十分明显，分析其原因可能如下：

（1）终孔稳定水位测量时，机台人员未严格按照要求进行观测，随意性较强，或者由于观测时水位尚处于变化阶段，未达到稳定状态。

（2）钻孔中、下部较为发育的导水裂隙的导水作用使得孔内水位下落，位于潜水含水层之下。

（3）旱季或者钻孔上层的潜水含水层较薄，潜水的补给不足导致终孔稳定水位偏低。

（4）局部水头承压，水位高于地表。

2.1.2　终孔稳定水位修测

某某钻孔终孔稳定水位修测原则如下：

（1）将岩心所见弱风化带的底界作为稳定水位观测时潜水面的底界。

（2）潜水面上部界线为钻孔的终孔稳定水位（当终孔稳定水位在潜水面底界之下时则该数据无效）。

（3）终孔稳定水位在潜水面底界之下，则参考钻孔简易水文观测记录表，结合地形标高及周围钻孔水位进行相应修测（一般在潜水面底界向上取 2~10 m 作为顶界）。

（4）当涌水孔时，取承压水头作为终孔稳定水位。

2.2　某某地下水三维 DTM 模型的建立与运用

修测后的钻孔水位能较真实地反映某某矿地下水流动情况，将钻孔水位的三维数据导入 3DMine 中生成地下水等水位 DTM 模型图（见图 1）

其次，调入已经完成的某某矿段地形 3DMine 的 DTM 模型图，使得两个 DTM 模型相叠，得到萝卜矿段地表面 DTM 与水位 DTM 相叠图，见图 2。

在图 2 的基础上，利用 3DMine 切剖面功能，对矿区内任一勘探线进行切线即可得该线地形与水位关系图，以某某 268（20）号勘探剖面线为例，可得如下：

CAD 制图所得某某 268（20）号勘探剖面线地形与水位关系图如下

在矿产地质勘察水文地质工作中，由各钻孔的终孔稳定水位可获得区域等水位的 3DMine DTM 图，再

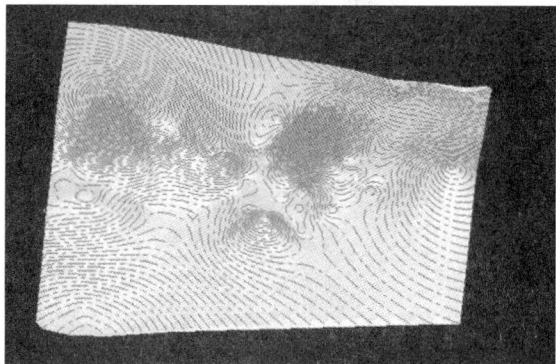

图 1　萝卜矿段地下水等水位 DTM 图

图 2　某某矿段地表 DTM 与水位 DTM 相叠图
（注：地表 DTM 模型在上，水位 DTM 模型在下，
相交区域表示涌水段）

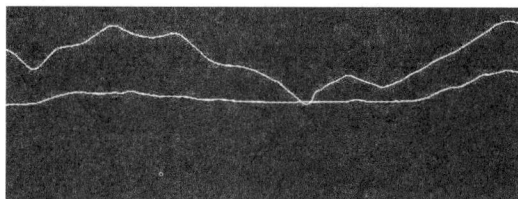

图 3　某某 268（20）号勘探剖面线图

（注：图中上下两线分别表示地形线和水位线，水位线在地形之下，
当水位线在地形之上时表示涌水区域）

结合区域地形 DTM 即可获得任意剖面的水位与地形关系图。所得图件与 CAD 所绘水文地质剖面图具有一定的相似性，但前者综合了小区域的水文地质条件，因而在一定程度上更具代表性和准确性，这将为在后续的水文地质剖面图的制图提供极大的方便和较大的参考价值。

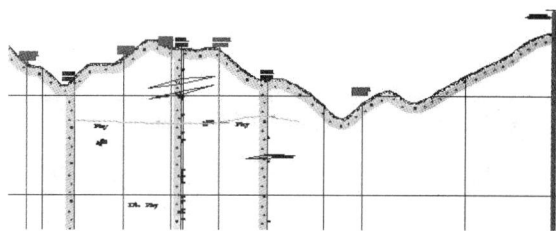

图 4　某某 268（20）号勘探剖面线 CAD 图
（注：点线为水位线）

3　3DMine 在某某工程地质工作中的运用

3.1　某某破碎带

由钻孔揭露来看，某某矿段（含邻区某某矿段大部分）自地表面以下广泛发育着厚大的破碎带，破碎带上部局部可见风化痕迹，但中下部多为原生带，岩石质地坚硬，未见大规模的原生节理和裂隙，而钻探过程中岩心所呈现的大规模破碎现象，其原因应该为钻进过程岩石所受应力释放所致。如此大规模的应力挤压，十分罕见。并且应力产生的方向及来源均未知，这将对某某铜钼矿后续矿井的开发和建设造成极大的困扰。

3.2　3DMine 与某某破碎带成因分析

3.2.1　3DMine 破碎带块体模型的建立

针对某某特殊的工程地质性质，结合已知的钻探工程资料，我们将区域钻孔依据其岩心工程地质岩组类别将钻孔做如下分层处理：上部风化层、中间破碎带及下部完整带，其中上部风化层以弱风化层底界为上界，以此为基础创建 3DMine 钻孔数据库，再利用数据库建立破碎带的块体模型，如图 5 所示。

图 5　Z－X 方向某某碎裂岩块体模型图

将破碎带底界 DTM 模型与某某地形 DTM 模型组
合一起，进行更直观的比较，如图 6、图 7 和图 8 所示。

6　Z－X 方向破碎带底界与某某地表 DTM 比较图

图 8　北东向破碎带底界与某某地表 DTM 比较图

（注：图中白线为断层线）

3.2.2　某某破碎带成因分析

（1）由图 8 可以看出，断层在局部地区在一定程度
上影响着破碎带的分布，但整个破碎带的分布与断层并
无直接关联，破碎带并非由断层即侧向应力作用造成。

（2）综合比较图 6、图 7、图 8 和图 9 可得，某某
碎裂岩底界形态与铜钼矿矿体及似斑状花岗闪长岩形
态趋于一致，我们可以做如下推测：由于破碎带底部
的铜钼矿体及似斑状花岗闪长岩的侵入，对上部岩石
在垂直方向上进行挤压，从而形成了大规模的应力集
中带，在钻进过程中岩石的应力得到一定的释放，岩
心就呈现出大规模的破碎。

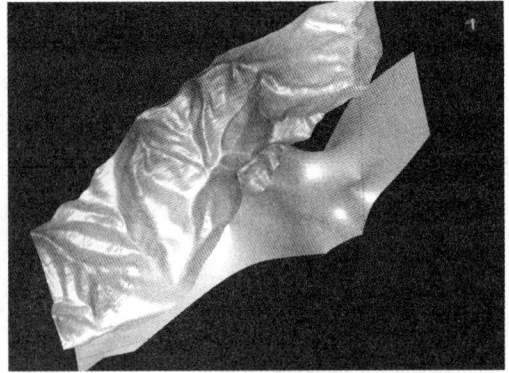

图 7　Z－Y 方向破碎带底界与某某地表 DTM 比较图

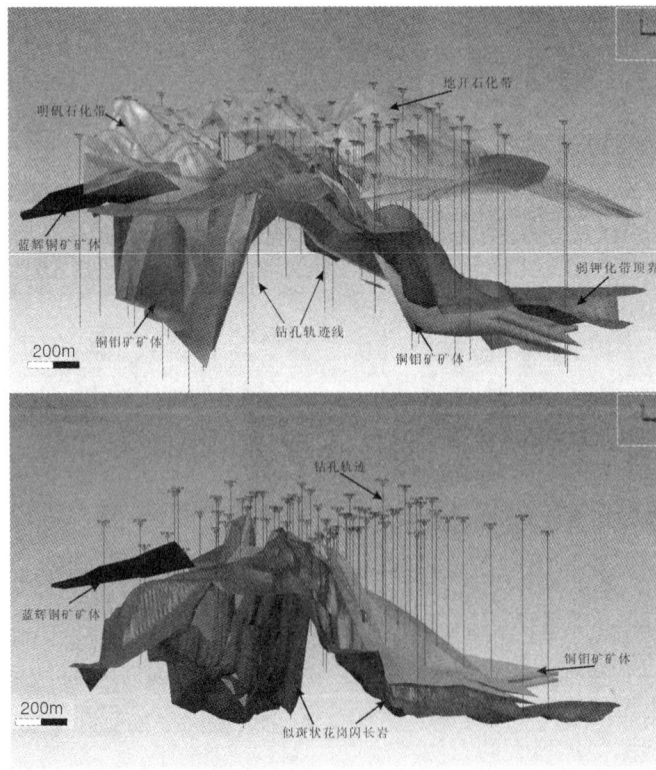

图 9　某某蚀变及矿化三维分布图

（3）自然条件下，碎裂岩岩体处于一种相对平衡状态（节理、裂隙闭合，岩体呈块状），当受到外力作用时，相对平衡状态被打破，岩体内应力得以释放，岩体沿节理、裂隙面裂开呈碎裂状。当某某铜矿进行大规模地下开采时，由于爆破、下部采掘工程施工等原因，引起上部碎裂岩岩体应力释放，造成矿段工程地质及矿床开采技术条件的变化，从而影响下部矿床的正常开采。如果以上碎裂岩成因分析成立，将对采矿工作有一定的指导作用，特别是 3DMine 破碎带块体模型的建立对于整个破碎带形态的定位起到很大的参考作用，对后期的铜矿开采工作也将产生良好的指导作用。

4 结语

将 3DMine 矿业软件的三维建模功能应用于某某铜钼矿详查项目的水文地质与工程地质工作，整理已获取的各种水文地质资料并在三维方向做出相应的块体模型，再利用相应的查询功能对块体进行切割和分析，最终使得勘察区的水文地质与工程地质条件更加简单明了，益于后期矿山的开采与开发。可见，3DMine 矿山地质软件在水文地质工程地质中同样具有很高的应用价值。

参考文献

［1］曹建峰. 专门水文地质手册［M］. 北京：中国科学技术出版社，1997.

［2］王孝东，戴晓江. 矿井巷道三维系统图在 3DMine 中的设计与实现［C］. 江西：江西冶金，2009.

［3］候伟，宋现锋，李成，等. 矿山巷道通风系统的三维动态模拟［J］. 金属矿山，2009(4)：129 – 131.

［4］裴传广，胡建明. 开发应用具有中国特色的矿业软件势在必行［J］. 中国矿业，2007，16(10)：110 – 113.

3DMine 软件在危机矿山接替资源找矿中的应用

胡建明

（北京三地曼矿业软件科技有限公司，北京，100043）

摘　要：基于多年来对我国诸多矿山数据现状和生产管理的实际，提出了矿山生产数据库的建立以及三维可视化工作在老矿山周边部和深部找矿的重要性。同时结合 3DMine 三维可视化和空间三维建模的软件特点，提出了在老矿山找矿工作之前完成矿床多阶段数据库的建立、通过生产实际矿床模型的空间分析、矿床品位的空间分布提出三维找矿的新思路和新方法。

关键词：3DMine 软件；矿山数据库；三维找矿

1　前言

矿产资源是经济社会发展的重要物质基础，矿业开发是国民经济的支柱产业之一。矿产资源从地质勘查到大规模开发和利用，积累了大量的勘探和生产资料，通过对这些资料的综合运用和分析，同时借助有效实用的三维软件可以为深边部找矿带来实质性的效果。然而，我国的矿产资源特点为数量多、规模小和品位低，机械化采矿程度低，矿山技术工作延续了几十年的传统做法，绝大多数为不同阶段的图纸和原始记录。随着开采的延续，这些资料有的破损，有的丢失，甚至有些资料无法确认。如何充分利用和深度挖掘这些数据资源，提高矿床形成机理的认知，促进矿床深边部找矿的重要前提是提高矿山信息化水平和技术应用水平，同时从三维空间的角度出发综合分析矿床的成因和空间分布关系，从而实现找矿的突破。

2　三维矿业软件的发展

2.1　三维软件的发展

国际三维矿业软件起步于 20 世纪 70 年代，早期的矿业领域计算机应用还是落后于其他的产业，基本上都是从某个功能的计算机应用开始，或是基于专业技术——测量、图形、可视化、地质数据计算等需求在计算机上的应用。在国际矿业界，出现了诸如 Datamine，Mintec 等一大批具有影响力的主流三维软件产品。矿业软件的应用是一个逐渐被认识的过程，经过 20 多年的发展证明，矿业软件已成为矿山循环过程中的四个必备条件（资源、设备、技术、软件）之一。作为矿业工程技术人员的日常工具，已经广泛应用于地质勘查、测量、采矿设计和生产管理各个方面。

随着计算机技术的快速发展，矿业领域的计算应用从早期的二维制图，三维可视化至当前进行优化、进度计划、经济评价以及虚拟矿山等方向的不断延伸应用（如图 1 所示），促使矿业软件的应用领域也在不断地扩展，形成了具有强大生命力的矿业 IT 行业。

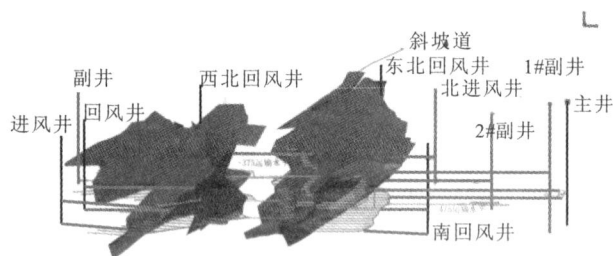

图 1　矿山三维展示

2.2　三维软件的作用

实际工作中，三维矿业软件的作用主要是通过空间地质信息的建立，三维地质模型的表述以及品位分布的应用，来实现矿山技术工作的计算机化和流程化。对于矿山来讲，一切活动都在三维空间进行。露天台阶、井下巷道与采场、钻探工程的空间位置等，真实的三维空间信息即与空间位置直接有关的固定信息，按三维坐标组织起来一个数字矿山，全面、详尽地刻画矿山及矿体。我们知道，在传统的矿山技术工作中，二维平面图是不同技术工作的主要任务之一，主要的图元有地形线、矿岩界线、工程位置和其他的地质信息。一般的做法是通过平剖面、实测工程位置以及钻孔信息进行绘制完成，往往一张综合剖面图需要 2~4 天才能完成。然而，通过三维软件的应用，可以快速实现这些数据的提取和绘图工作，工作效率得到极大地提高，而且无论从平面还是从剖面，都是准确无误(如图 2 所示)同时，三维矿业软件最重要的一个作用就是计算功能，将计算机强大的计算功能应用于矿山技术工作，是现代矿山信息化和数字化建设的重要基础。

图 3　探矿数据库的空间显示

3.2　数据库的多次利用

综合数据具有储存数据和提取数据的功能，从而决定了勘探数据重复利用和综合分析的特点。因为在过去几十年里，一般的地勘资料均以图纸或表格的形式分析所有的勘探成果，同时，同一区域不同勘查阶段(特别是不同矿种)的资料往往是相对独立和分散的，甚至有的丢失，因此很难将这些资料综合出来对勘查区进行全面的分析，这是很多地勘单位遇到的现象，有时损失无法估量。所以，建立综合的地勘数据库，包括物化探异常、探槽、浅井、坑探和钻探甚至岩粉钻孔等编录信息，在三维软件图形环境下全部按照实际位置显示出来，将极大地提高对矿带规模、空间位置和矿体关系的认识，从而改变对矿体的控制，达到找矿效果，并可以制作任意比例和类型的图纸。

3.3　数据库的提取

首先实际工作中，数据库的信息可以直观在三维软件图形中显示，从而可以应用于空间位置分析，品位和岩性分布情况以及出图等任务；其次是通过数据库的信息，还可以直接进行矿体圈定，依照圈矿品位指标、矿体编号或矿岩类型分类进行，从而可以推断矿体在空间的状况和趋势；第三是可以直接提取分析样品，从空间三维的角度对数据进行基本统计和空间结构分析(变异函数分析)，从而得到矿体品位在空间的变化规律，从而确定矿带的延伸方向，变化规律以及进行各种估值的基本数据源。

4　矿山三维建模的应用

4.1　空间三维模型的类型

地质模型，通常意义上包括两种类型：一是表面

模型(DTM)，典型的特点是空间曲面模型，如地表地形、煤层和构造面模型。另一个是线框模型，如地层、矿体和采掘带模型。3DMine 软件中集成了当今先进的三角网建模手段，运用控制线和分区线联合方法，对任意形态的物体，通过一系列的散点或剖面创建地质模型。所有这些模型的建立都是依赖于矿山实际的三维资料和分析数据，可以通过可视化的三维环境，对矿体、构造或地层等地质体进行空间展布分析。图 3 所示为某金矿三维模型。

4.2　空间建模的手段

3DMine 软件建模功能中使用了多种手段完成不同类型的模型建立，包括空间散点(进矿出矿点)，剖面、平面矿体界线之间，系列剖面之间，可以通过三角网法进行空间模型的建立。这种方法建立模型的前提条件是在平面或剖面上对矿体的解译结果。虽然有地质理论、成矿环境和构造等因素的影响，但借助三维软件的空间综合分析是正确解译矿体的关键。这种方法需要考虑矿体在空间上的变化趋势和方向，避免了仅依靠单孔或单剖面进行矿体圈定的弊端。

4.3　三维模型的应用

实际工作中，三维地质模型的动态时空变化往往更具有研究意义与实用意义。三维地质建模技术是计算机图形学中三维实体表示法在地质建模中的应用。因此，建立矿山三维模型具有更广泛的用途：一是三维可视化，从空间直观得到矿体或矿带的规模和矿体变化趋势，通过可视化的软件平台，对矿带进行对应关系的确立，从而分析矿体的空间展布规律。同时，可以对剖面解译矿体界线进行修正，并可以通过特殊的信息判断新矿带的可能；二是矿体的不断更新，这是基于对矿体不同阶段的信息揭露从而改变矿体模型的过程，进而得到矿带的全新认识。通常情况下矿体的认识过程是通过探矿工程的揭露不断完成的，但早期的工程较少，对矿体的认知是片面的，随着工程量的增加，对矿体界线的不断修正，从而对矿体进行更新。通过三维软件的更新，矿体的变化非常清楚，而且会通过一些附加信息找到新的矿体。图 4 是一个进矿的对比图。

4.4　结语

虽然利用传统的方法可以在"就矿找矿"工作上取得一定的找矿突破，但是应用新方法、新理论和新技术进行综合分析仍是提高找矿效果的重要途径之一。综上所述，运用三维可视化软件平台，辅助空间数据库和三维模型的应用，在老矿山的深边部找矿成效会更快，效率更高，成本更低，有事半功倍的重要

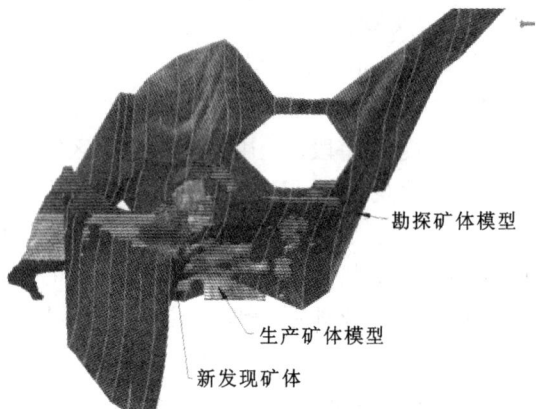

图4 矿体更新前后的模型

意义。因为：

（1）在传统工作模式下，二维平面图包含信息量虽大，但可视性、对比关系差，很难对矿体的空间形态进行准确解读；

（2）三维矿业工程软件的推广使用，推动了矿业企业技术和管理方式的改变，将企业从二维带入了三维时代；

（3）通过三维 3DMine 软件，建立钻探数据库、矿区地表及主要矿体立体模型，真实地描绘出隐伏矿床全貌。使人们对勘查工程、矿体、围岩、岩体等矿床要素的空间关系有了更加清晰的认识；

（4）有效避免了传统二维联绘横纵剖面矿体交叉错误，极大提高了勘查资料整理效率和精度。不同勘查阶段数据的综合应用，模型的更新和完善，使矿区的资源信息数据得到良好的管理，并具有很好的继承性；

（5）许多复杂和重复性的工作由计算机来完成，提高了技术人员的工作效率，使管理人员的决策更加科学和高效。

参考文献

[1] 张建辉. 金川铜镍矿与金平铜镍矿床地质特征对比及深部成矿预测[D]. 昆明市：昆明理工大学，2005：1 – 15.

[2] 胡建明. 煎茶岭金矿床的控矿因素分析及找矿方向[J]. 矿产与地质，2002(1)：17 – 21.

[3] 王雷等. Surpac Vision 三维可视化软件在找矿中的应用——国家资源危机矿山找矿专项(200453001).

[4] 陈石羡. GIS 在鄂东地区第二轮铁矿找矿中的应用[A]. 甘肃地质学报，2002(1)：214 – 219.

3DMine 软件在辽西康杖子区地质勘查中的应用

于泽新

(朝阳金达集团实业有限公司, 辽宁锦州, 121000)

摘 要: 康杖子探矿区位于新华钼业肖家营子大型铜钼矿床的外围, 多年积累的各期地质探矿信息资料众多, 尤其是近年来的深孔钻探工程控制均为隐伏盲矿体。怎样对矿区各期地质资料进行汇总管理, 充分展示探矿成果、更好指导接续勘查施工是需要尽快解决的问题。公司勘查技术人员在未经系统培训的情况下, 通过远程试用 3DMine 软件, 在短期内构建了矿床模型, 及时、直观总结了康杖子区地质阶段勘查成果, 为公司决策提供了详实的技术资料。

关键词: 3DMine; 地质勘查; 矿床模型; 辽西康杖子

1 康杖子矿区地质概况

康杖子矿区西北 2 km 紧邻肖家营子大型钼矿床, 属于华北地台北缘内蒙古地轴与燕辽台褶带的衔接部, 承德—北票深大断裂与中三家断裂的交汇部 (见图1)。矿区出露地层主要为中元古界蓟县系雾迷山组, 岩性以燧石条带白云质灰岩为主。区内断裂构造发育。拉海沟—康杖子北西西向断裂带与干巴井火山口—康杖子沟里北北东向断裂带交汇部, 控制了康杖子岩体和金属矿产的展布。

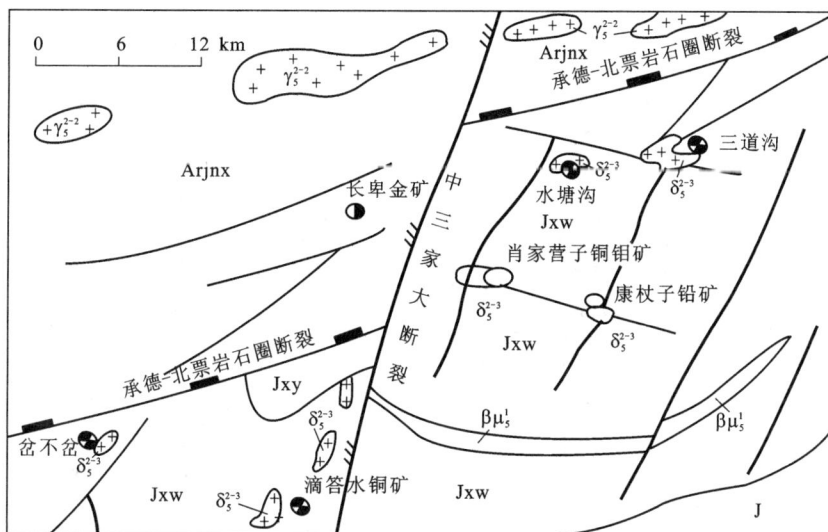

图1 康杖子矿区地质概况

2 勘查区矿(化)体特征

康杖子区地表和深部矿化特征有很大差异, 地表矿化以分散的铅锌伴有银矿化为主, 矿脉均赋存于雾迷山组中部岩段, 受层间破碎带和切层裂隙破碎带控制, 呈层状、似层状、脉状、透镜状断续产出; 深部以具有工业品位的钼、铁矿体为主, 受岩体接触带控制, 形态复杂。由地表至深部体现了矿化由分散到集中, 由低温矿物(铅、锌)向中高温矿物(钼、铁)过渡的变化规律。

3 勘查区工作程度

康杖子区的地质工作始于 1975 年, 到 1980 年提交"肖家营子钼矿第一期地质勘探报告"期间, 该区只进行了 1:2.5 万土壤地球化学测量及 4 个验证康杖子区低缓磁异常浅孔, 地质工作程度相对较低, 勘查效果不明显。

其后, 辽宁有色金属 109 队在该区进行过预查和普查工作, 仅侧重于地表铅锌银矿化现象的追索, 深部无工程控制。

2007 年，公司在取得探矿权后，先后投入了磁法、大地音频电磁法探测；为验证康杖子低缓磁异常及大地音频低阻物探异常投入了深孔钻探工程。

2008 年首钻揭露多层钼铁矿体，取得了理想的勘查效果，实现了肖家营子主矿区外围深部第二深度空间找矿的重大突破。

截止 2010 年底勘查区内共新完工钻孔 20 个，已有勘查成果显示该区深部钼、铁资源量均有望达到中等以上规模。

4 3DMine 软件的试用效果

4.1 康杖子钻探数据库的建立

数据库包括 4 个基础数据表：测斜表、定位表、化验表、岩性表。

（1）测斜表：根据钻孔测斜资料，按规定格式从 EXCEL 中导入数据（见表 1）。

表 1 测斜表

工程号	深度	方位角/(°)	倾角/(°)
ZK00-1	10.000000	33.000000	-87.000000
ZK00-1	60.000000	33.000000	-97.000000
ZK00-1	110.000000	33.000000	-87.000000
ZK00-1	160.000000	33.000000	-87.000000
ZK00-1	210.000000	33.000000	-87.000000
ZK00-1	260.000000	33.000000	-87.000000
ZK00-1	310.000000	33.000000	-87.000000
ZK00-1	360.000000	33.000000	-87.000000
ZK00-1	410.000000	33.000000	-87.000000
ZK00-1	460.000000	33.000000	-87.000000
ZK00-1	510.000000	33.000000	-87.000000

（2）定位表：根据钻孔终孔观测数据，按规定格式从 EXCEL 中导入数据（见表 2）。

表 2 定位表

工程号	开孔坐标 E	开孔坐标 N	开孔坐标 R	最大孔深/m	轨迹类型
ZK00-1	40491309.199600	4599873.711700	784.089000	901.500000	直线
ZK00-2	40491368.000000	4598719.998800	798.000000	847.600000	直线
ZK00-3	40491417.689000	4599843.168000	855.946000	999.450000	曲线
ZK00-6	40491200.537000	4599505.746000	828.892000	1150.950000	曲线
ZK00-7	40491529.238000	4600018.543000	868.541000	1051.920000	曲线
ZK03-1	40491294.872900	4599853.526500	811.664000	700.100000	直线
ZK04-1	40491403.800000	4599834.555000	771.928000	997.730000	直线
ZK04-5	40491499.354000	4599787.122000	804.738000	949.400000	曲线
ZK07-1	40491144.498000	4599780.915000	811.029000	991.750000	曲线
ZK07-4	40491046.674000	4599611.791000	853.108000	1064.960000	曲线
ZK07-5	40491249.026000	4599950.582000	848.057000	913.500000	曲线
ZK08-1	40491473.119000	4599558.308000	765.630000	792.600000	直线
ZK08-2	40491422.425000	4599461.535000	764.974000	977.460000	曲线
ZK08-3	40491530.835000	4599646.134000	804.167000	1021.200000	曲线
ZK12-1	40491560.577000	4599514.539000	757.446000	1057.590000	曲线
ZK15-1	40490874.355000	4599802.152000	811.099000	1062.050000	曲线
ZK23-1	40490810.048000	4599999.115000	832.794000	993.800000	曲线
ZK23-5	40490915.231000	4600187.049000	886.158000	1000.920000	曲线

（3）化验表：根据钻孔化验结果数据，按规定格式从 EXCEL 中导入数据（见表 3）。

表 3 化验表

工程号	从	至	TFe/%	Mo/%	Cu	Au	Ag
ZK07-1	811.400000	813.400000	16.850000	0.022000			
ZK07-1	813.400000	815.400000	30.490000	0.030000			
ZK07-1	815.400000	817.400000	27.500000	0.022000			
ZK07-1	817.400000	819.400000	18.410000	0.017000			
ZK07-1	819.400000	821.400000	20.290000	0.016000			
ZK07-1	821.400000	823.400000	17.960000	0.011000			
ZK07-1	823.400000	825.400000	16.850000	0.016000			
ZK07-1	825.400000	827.400000	23.170000	0.009000			
ZK07-1	827.400000	829.400000	37.400000	0.010000			
ZK07-1	829.400000	831.400000	35.200000	0.005000			
ZK07-1	831.400000	833.400000	38.810000	0.007000			
ZK07-1	833.400000	835.400000	51.450000	0.010000			
ZK07-1	835.400000	837.400000	24.190000	0.000000			

（4）岩性表：根据钻孔编录成果，按规定格式从 EXCEL 中导入数据（见表 4）。

表 4　岩性表

工程号	从	至	岩性描述
ZK31-1	251.600000	266.800000	1
ZK31-1	266.800000	270.700000	5
ZK31-1	270.700000	337.200000	1
ZK31-1	337.200000	350.800000	7
ZK31-1	350.800000	354.500000	1
ZK31-1	354.500000	374.550000	3
ZK31-1	374.550000	420.400000	4
ZK31-1	420.400000	441.900000	3
ZK31-1	441.900000	456.290000	4
ZK31-1	456.290000	646.100000	1
ZK31-1	646.100000	753.000000	3
ZK31-1	753.000000	767.300000	4
ZK31-1	767.300000	896.100000	3
ZK31-1	896.100000	1032.100000	4
ZK31-1	1032.100000	1034.200000	6

注：岩性代码编号：1—白云质灰岩；2—闪长岩；3—大理岩；4—矽卡岩化；5—蚀变闪长岩；6—花岗斑岩；7—破碎带；8—砾质土。

4.2　创建勘探线

从软件界面中点击"创建"子工具，在"剖面"子工具条下单击"创建"勘探线录入勘探线编号、起止点坐标（见图 2）。

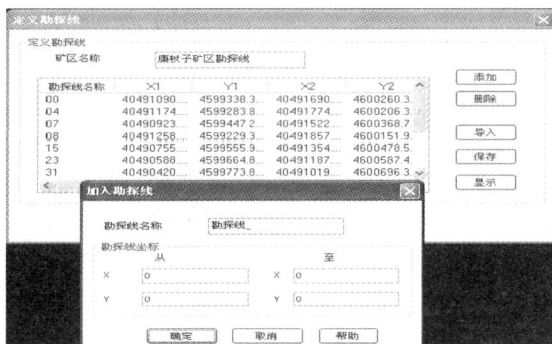

图 2　创建勘探线

通过上述工作共录入 2008 年以来 20 个完工钻孔 19608.83 m 地质编录及测斜资料，2542 件样品 4050 个元素数据，8 条勘探线、2 条纵剖面起止坐标，建立了勘查区地质数据库。立体展现阶段性钻探工程空间位置形态（见图 3）。

4.3　开采区开拓系统三维建模

肖家营子主矿区经过 20 余年开采，已形成主竖井、箕斗井、盲竖井和十几个中段的开拓生产巷道。本次利用软件，调入相应工程 CAD 矢量图，建立了开采矿区开拓系统三维模型，立体展现了井下工程位置关系（见图 4）。

4.4　地表建模

在软件中调入勘查区 CAD 矢量地形线，给矢量

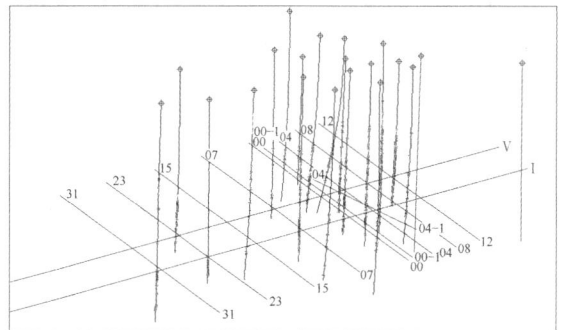

图 3　康杖子矿区钻探工程轨迹形态

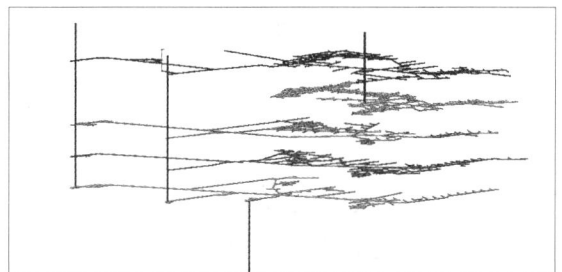

图 4　新华钼业开拓系统三维立体示意图

地形线赋高程。利用软件自动生成 DTM 面（见图 5）。结合卫片、钻孔数据库、主矿山开拓系统、磁法、电法等探矿资料，系统展示了地形地貌与探矿、开拓工程、综合物探成果的相对关系。

4.5　矿带及主矿体形态展示

康杖子区全部矿体、岩体形态位置如图 6 所示。

1 号钼矿带（见图 7）：由 12 条钼矿化（体）和 1 条铁矿化体组成。呈层状、似层状产出，赋存标高

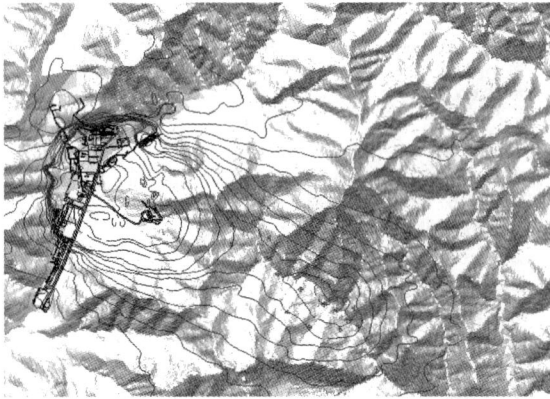

图5　肖一康矿区地表全貌（DTM）与异常套合图

492 m～132m，位于Ⅰ线以北，07～08 线 400m 范围内，自上而下矿化体产状由南西逐渐过渡为北东倾向，倾角较缓。1 号成矿带是现有工程控制钼品位最高、金属量最多的区域，钼平均品位 0.191%，约占钼金属总量的一半以上。

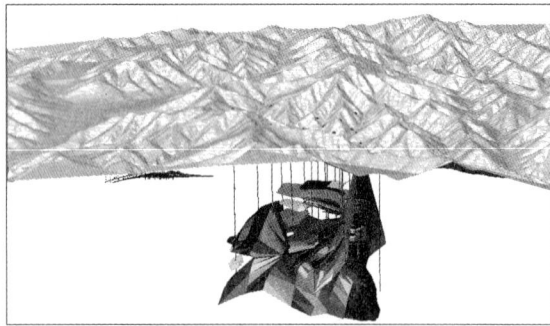

图6　康杖子区全部矿体、岩体形态位置图

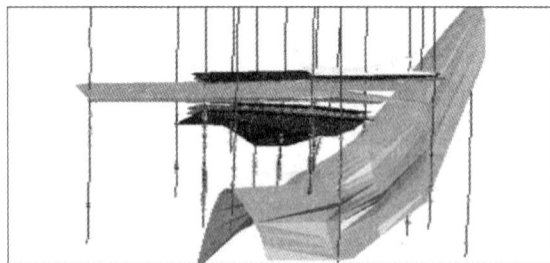

图7　1 号钼矿带

2 号钼矿带（见图 8）：据不完全统计，由 10 余条钼矿化体组成。呈层状、似层状、囊状产出在 1 号钼矿带和 3 号铁矿带之间。Ⅰ线以北矿化体倾向北东，倾角较缓；Ⅰ线以南矿化体倾向南西，倾角较陡。

3 号铁矿带（见图 9）：主要由 3－1 铁主矿和 4 条铁体矿化体及部分钼矿化体组成。3－1 主矿体呈厚

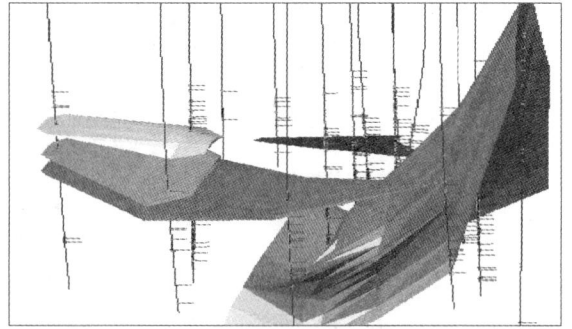

图8　2 号钼矿带

层状、囊状在花岗斑岩和灰岩接触带中产出，贯穿全区。

其他 4 条铁体矿化体呈层状在主矿体上下盘产出。

钼矿化体在铁主矿体南西一侧呈层状、似层状在围岩中产出。

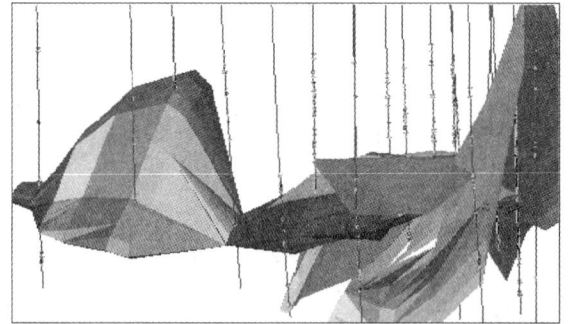

图9　3 号铁矿带

（3－1 铁矿体是勘查区规模最大矿体，目前控制总延长已超过 1000m，最大控制宽度近 400m，以 15 线为界暂分为两个主要赋矿空间。该矿体估算铁资源矿石量约占全区控制铁资源总量的 80%，平均品位 26.09%）

图10　4 号钼矿带

4 号钼矿带(见图10)：以不规则囊状集中在康杖子闪长岩体中产出，受岩体产出形态控制，品位较低，矿化规模大。

该矿带是目前控制的矿石量最多的钼矿带，估算矿石量约占全区控制钼资源矿石量的40%，平均品位0.08%左右。

5 号铁、钼矿带(见图11)：位于花岗斑岩、康杖子岩体的交汇部位，3-1铁矿体之下，矿化体数目繁多，大部分矿体以铁钼共伴生、单工程控制为特点。其中：5~6铁矿体规模最大，产出在围岩捕虏体中，铁平均品位为36.25%。I线纵剖面如图12所示。

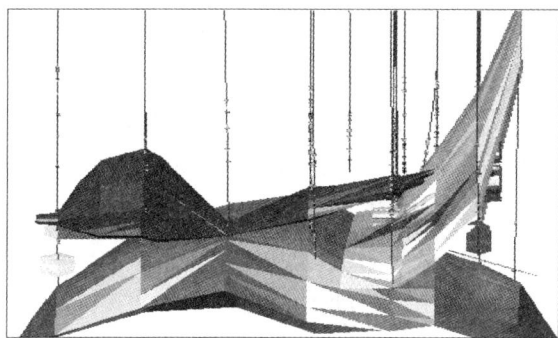

图11　5号铁、钼矿带

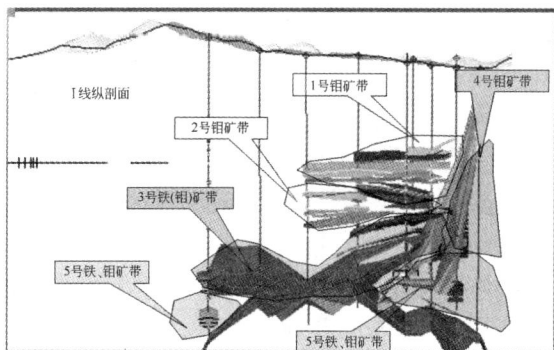

图12　I线纵剖面图

5　软件试用的几点体会

(1)在传统工作模式下，二维平面的方式普遍为矿山工程技术人员所接受。

二维平面图包含信息量虽大，但可视性差，只有极少数专业人员能够解读。

三维矿业工程软件的推广使用，推动了矿业企业技术和管理方式的改变，将企业从二维带入了三维时代。

(2)康杖子区通过远程试用 3DMine 软件，建立钻探数据库、矿区地表及主要矿体立体模型，真实地描绘出隐伏矿床全貌。

使人们对勘查工程、矿体、围岩、岩体等矿床要素的空间关系有了更加清晰的认识，有效避免了传统二维联绘横纵剖面矿体交叉错误，极大提高了勘查资料整理效率和精度。

(3)模型的更新和完善，使矿区的资源信息数据得到良好的管理，并具有很好的继承性。

许多复杂和重复性的工作由计算机来完成，提高了技术人员的工作效率，管理人员的决策更加科学和高效。

6　结语

3DMine 软件在辽西康杖子区地质勘查中的试用已经推动了企业勘查技术的进步。康杖子区的接续勘查工作正在进行，借助于现代信息技术进行地质资源信息管理，是矿山企业科学制定开采规划、合理安排生产、实现可持续性发展的前提和基础。

参考文献(略)

三维块段储量计算法的研究与应用

胡建明

（北京三地曼矿业软件科技有限公司, 北京, 100043）

摘　要：通过对三维矿业软件的运用与国际流行的地质统计学储量计算方法结合提出了一套既传承我国行业标准又与世界接轨，同时也符合当今科技发展主流的储量计算方法——三维块段储量计算法（3DKD 法）。

关键词：3DKD 法；储量计算；研究与应用

0　引言

矿产储量计算是地质勘探和矿山地质主要任务之一，也是国家矿产资源管理部门进行矿产管理、战略决策的重要依据。随着社会的进步和技术的发展，储量计算方法也应该与之相适应。在传统的储量计算方法中，不论在地质勘探阶段还是矿山生产过程中，我国的储量计算方法一直沿用苏联的模式，这种方法有其适用范围和特点，但是在计算机技术广泛使用和快速发展的今天，这种储量计算方法日益显示出它的局限性和落后性。但是传统储量计算的方式对我国的矿产勘查事业影响较深，在短时间内仍占主导地位，从目前现状来看，很难对此进行革命性的变化。

1　三维块段法（3DKD）的提出

在过去的 30 年中，地质统计学不仅在理论上得到发展与完善，而且在实践中得到日益广泛的应用。由于它具有传统地质学方法所无可比拟的优越性，国外地质学和矿业界一直大力开展地质统计学的研究和应用，并广泛运用于地质研究和储量计算过程中。目前在国外，地质统计学已形成了一套完整的理论和方法体系，先后涌现出一批较为成熟的地质统计学储量计算应用系统，如英国 MICL 的 Datamine，美国 MINTEC 公司开发的 Minesight 软件，原澳大利亚的 Surpac 软件等。我国在 1988 年就在国家行业规范中提倡应用先进的地质统计学方法进行储量计算，但是，这些由国际矿业发达国家应用的储量计算和分级标准，在我国还是很难得到推广和应用，究其原因主要是根深蒂固行业标准、计算机应用普及程度和对地质统计学方法的掌握成为不可逾越的障碍。

笔者通过多年来对矿业软件的应用和国际矿业界通行的储量计算方法的研究分析，结合我国的实际现状和国家有关储量计算标准，提出了一套既传承我国行业标准，又可以实现与世界接轨，同时也符合当今科技发展主流方向的储量计算方法——三维块段法（3DKD 法）。这是将三维矿体模型作为基础，以按照地质统计学方法进行估值的块体模型为依据，结合我国储量级别标准圈定块段多边形，从而实现在投影方向上进行三维块段的划分与计算，形成了一套中西结合，符合我国行业标准的储量计算方法。

2　储量计算的基础数据

2.1　地质数据库的建立

建立地质数据库时所获取的地质资料的完整性、代表性和准确性直接关系到矿区模型研究的效果。在建模之前，首先要对基础地质信息数据进行分析和整理，在整理的基础上进行数据录入、检查，建立相应的数据库。对于矿山来说，最基础的地质信息就是探矿工程信息。因此一般所谓建立地质数据库就是建立探矿工程信息数据库，数据主要包括工程测量数据、样品分析化验数据、岩性数据等，并把这些信息组织整理后录入到相应的数据库中。3DMine 软件使用 Microsoft Access 数据库，将数字形式的勘探资料用三维图形的形态来管理和利用（见图 1）。

2.2　地质剖面 - 矿体解译

在图形系统中可以显示出样品所代表的工程位置和品位分布，实际工作中通常把绘制工程平面或剖面图的工作也交给计算机来完成。

首先是通过数据库切制平/剖面，在确定品位级别和工程网度的前提下，在剖面上对矿岩界线进行圈定，形成一系列闭合的多边形矿岩界线。这里矿体圈定法则同样是严格地按照矿产工业指标，根据工程的界线在平面上或剖面上确定矿体的边界，联结平面剖面的矿体边界线而得到在三维空间的边界线（见图 2）。

其次是矿体边界线的种类、确定方法都遵照相关

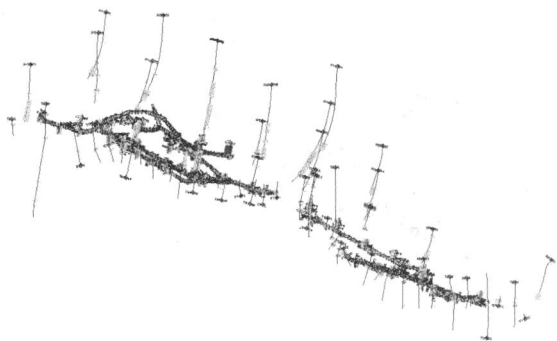

图1 勘探工程的三维显示

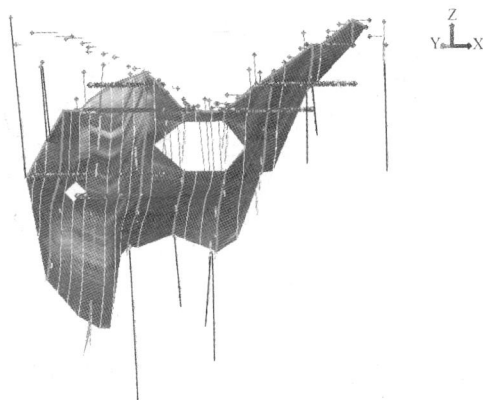

图3 矿体三维模型

的规则进行。如果是手工绘制，往往比较费时费力，但在 3DMine 软件中就非常方便和容易，这也是与其他二维软件的最大区别。

2.3 三维矿体模型创建

实体模型(也叫线框模型)是一个三维的数据三角网，是用来描述三维空间的物体，是 3DMine 三维模型的基础。实体是一个封闭的面，不同于 DTM，它有内外之分。建立实体模型时，采用的数据大部分来自地质勘探平面图、剖面图及地形图，这些界线点与样品的空间位置和剖面解译以及按照有关外推规则密切相关。

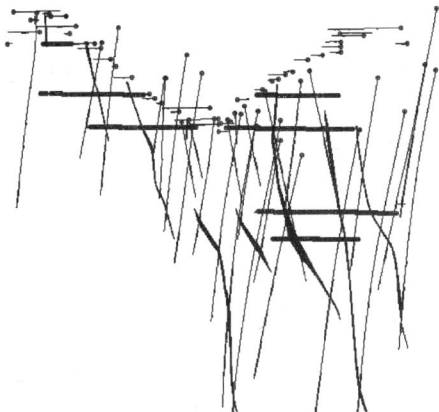

图2 矿体界线解译

在矿体模型创建过程中，矿体的形态迥异，复杂程度不一，特别是矿体具有分支复合现象，同时，软件中相关功能操作方式直接影响建模的效果。在 3DMine 软件中矿体建模功能集成了当今先进的三角网建模手段，运用控制线和分区线联合方法，选择对象方便，对任意形态的物体，通过一系列的散点或剖面创建地质模型(见图3)。步骤少、易于操作和简单直观完成建模是 3DMine 软件的重要特点。

三维矿体模型的建立，不仅仅是对于矿体空间的理解和查看，在进行储量计算时的应用还有对于通过实体验证的矿体模型，程序可以快速报告出相关体积或面积，这也是计算机软件的最大优势。3DMine 软件使用选择集的概念，可以求出任意指定矿体模型的体积，从而可以对比求出矿体的矿石量。通过实体范围，对块体进行约束，可以计算出任意实体内的资源量品位，这是矿体模型中的重要应用之一。3DMine 软件运用了最新的实体填充理论，解决了长期以来只有密闭的实体才能充填块体的问题。通过实体边界投影求出矿体外边线即是块段投影线，同时与工程见矿点(软件中可以自动得到每个工程见矿点)连接的块段线相结合，形成闭合块段线。

2.4 块体模型的创建与估值

三维块体模型也称品位模型，是根据一定的矿体形态，按照一定的规格尺寸，把空间区域划分为许多小块(见图4)，通过给每个小块属性赋值或内插估值，将空间点离散化，然后用单元块去填充矿体模型，从而，保证矿体区域内所有块体都有相关的属性。基于次级分块技术使得块体模型在实体边界处的单元块的大小自动进行细分，以确保块体模型能够真实地反映矿体或其他实体的几何形态。这是国际主流三维矿业软件中采用的方法。虽然规则块体在矿体边部的计算会有一定的误差，但从微积分的角度来讲，总量是相近的，误差也在允许范围内。3DMine 也是采用这种套合的方法，运用块体模型八叉树有效地解决了这一难题。

地质数据库中的数据是块段模型内所有单元块中元素估值的依据，也是矿床储量计算的依据。根据地质统计学原理，为确保得到参数的无偏估计量，所有的样品数据应该落在相同的承载上，即同一类参数的

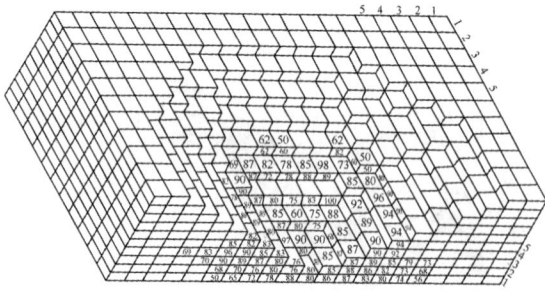

图 4　块体模型

图 5　估值后的块体模型

地质样品段的长度应该一致即是等长样品组合样的提取。通过组合样品点的空间位置和相应的品位值，利用统计学方法进行内插值估计（见图 5）。其中估值的方法有直接赋值法（给块模型分配一个精确的值，即单一赋值）、最近距离法（将距离最近的样品点的值分配到待估块质心）、距离反比法（指定的有效范围内的样品的权重是根据距块质心的距离反比）、普通克里格法（使用克里格法以地质统计研究中的方差参数来修改块模型中的值）和简单克里格法。这些方法在 3DMine 软件中有具体的操作步骤和参数说明，估值过程都是自动完成的，关键是对方法和参数含义的理解。其实，这些方法的核心还是平均法的延伸应用，只不过加入了不同数据类型和数据结构的分析。

3　三维块段储量计算参数

（1）矿体边界线的圈定。按照矿体圈定指标、外推原则以及矿体地质信息创建的剖面/平面界线，再通过三维建模方法，创建矿体的实体模型。在水平投影或纵投影方向，可以快速生成矿体的外边线，即矿体外界线。

（2）储量级别边界线的圈定。根据金属矿产储量级别划分标准、结合见矿工程点的位置，可以快速在计算机的帮助下，生成不同块段界线，并可通过图元计算的方法，赋予不同块段编号。

（3）块段面积的测定。通过水平投影或纵投影圈定块段后，可以直接在图形中读出块段的面积。

（4）块段体积的确定。将块体模型调入图形中，通过剖面状态的投影，用闭合的块段线进行块体约束，从而得到块段内的三维块体模型，这样可快速得到块段的体积。

（5）块段品位的确定。通过块体模型的内插值，使得每个块体都有相应的品位值。这样可将块段内的块体，运用体积或重量加权累计求出该块段内的平均品位。

（6）块段级别报告。通过块体模型的报告（见表1），快速求出所有块段的面积、体积、品位、矿石量、金属量，并通过体积/面积的计算求出块段的平均厚度。

表 1　3DMine 块体模型报告

块段	面积/m²	体积/m³	平均厚度/m	矿石量/t	Au 品位/(g·t⁻¹)	Au 金属/t
331 – 1	20492	40779.08	1.99	111925	9.29	1.04
331 – 2	2676	2863.32	1.07	7854.69	3.62	0.03
331 – 3	17828	35834.28	2.01	98673.44	4.59	0.45
331 – 4	67738	279757.94	4.13	768650.78	11.83	9.09
332 – 1	15394	42641.38	2.77	117416.41	3.01	0.35
332 – 2	20464	46248.64	2.26	127118.75	6.07	0.77
332 – 3	26569	44901.61	1.69	119246.88	4.45	0.53
333 – 1	3236	5565.92	1.72	15279.69	2.98	0.05
333 – 2	97521	462249.54	4.74	1270087.5	7.02	8.91
合计		960841.71		960841.71	8.04	21.33

4 三维块段储量计算法的应用分析

4.1 应用范围

首先三维块段法继承了传统的几何法，同时选用三维实际矿体模型作为基础，对于不同形态的矿体，都可以按照不同的方向形成剖面投影，因此，使用的矿体类型比传统的块段法还要广泛。其次是借鉴应用了国际通用的块体模型方法以及地质统计学估值理论，符合所有固体矿产的储量计算要求。其三是对于煤矿等储量计算同样适用。

4.2 结果分析

与传统储量计算相比，由于比重值、块段面积是一致的，块段品位是按照内插值的方法，与加权平均值误差很小，一般在1%以内。块段体积则是误差主要的因素，因为传统储量计算中是按照板状（平均厚度）进行计算的，而三维块段法则是直接通过剪切块段线而求出三维块段模型，这样求出的体积更加精确。因此，在使用地质统计学方法进行储量计算还不能完全适应我国标准的情形下，三维块段法是具有普及推广价值的。

4.3 存在问题

一种方法的提出，需要经过许多实际案例进行验证对比，还要结合实际应用，才能总结出该方法的优劣或适用性。鉴于目前的理解，有几个问题还亟待解决：一是对于三维块段法的应用，证明其具有一定的可行性，但是是否经得住各种状况下的考验，是否适合各类型矿床的储量估算，还要经过大量实践的支持，还需要从理论上进行深入研究，并得到专家的认可。二是对于三维软件的应用，虽然很多单位对三维软件不陌生，但真正用于储量计算，还有很长的路。三是地质统计学方法的应用还是缺乏统一的认识和标准。另外，不同的估值方法有不同的适用条件，各种方法在不同矿床的实际应用经验是选择估值方法的重要依据。

以传统方法为基础，能够适应复杂矿山及市场动态变化的全自动、智能化矿产储量估算软件是未来发展的主要趋势，它将对矿产资源的动态管理与评价、矿产储量快速估算、矿产储量估算工作的非专业化及充分发挥矿产储量估算专业软件的优势等方面产生重要影响。三维块段储量计算法综合了传统块段法与地质统计估值方法两种算法的优点，既解决了传统算法精确度不够高和效率低的缺点，又克服了纯地质统计学算法还不符合我国标准的弊端。通过本方法进行的矿床储量的估算过程延续了传统方法的基本步骤，其结果具有可比性，而且计算速度快，在克服了由人为因素带来误差的同时大大提高了生产效率。

参考文献（略）

基于 3DMine 软件的盐湖固液态可视化模型的建立

朱银萍[1]　　胡建明[2]　　焦鹏程[2]　　王石军[3]

(1. 中国地质大学，北京，100083；2. 北京三地曼矿业软件科技有限公司，北京，100043；

3. 中国地质科学院青海盐湖工业集团股份有限公司，西宁，810000)

摘要： 运用 3DMine 软件的层位建模方法，建立了钾盐矿床的实体模型；又基于距离幂次反比法的理论对块体模型进行了品位估值，从而建立了整套盐湖固液态可视化模型，为推广该软件在盐湖固液态三维地质建模这一领域的应用起到抛砖引玉的作用。

关键词： 3DMine；盐湖固态模型；盐湖液态模型；距离幂次反比法

盐湖地区三维建模在国内还未普遍，尤其是盐湖液矿的三维建模，国内至今还没人提供相关的资料。当今世界矿产资源日益紧缺、行业竞争越来越激烈，研究和尝试新的、自动化程度更高的矿产储量计算模型是加快我国矿业产业发展步伐的必由之路。本文借助 3DMine 软件，利用层位模型建模的方法，通过块体模型估值结果的约束显示来实现对盐湖固液矿模型的展示。

3DMine 软件主要包括表面、钻孔数据库、实体模型、块体模型、露天采场设计以及地下采场设计等功能。本文以察尔汗钾盐盐湖为例对 3DMine 软件建立钾盐固液模型的过程进行介绍，以促进 3DMine 软件在盐湖建模方面的有效运用。此篇文章中主要运用了 3DMine 软件中的钻孔数据库、层位建模以及块体模型等功能。

1　基于 3DMine 软件的三维地质建模方法

3DMine 软件通过对原始勘探数据编辑，建立地质数据库，依据样品数据进行三维可视化建模。建模过程如下。

1.1　整理资料，建立地质数据库

建立地质数据库时所获取的地质资料的完整性、代表性和准确性直接关系到矿区模型研究的效果。在建模之前，首先是对基础地质信息数据的分析和整理，在整理的基础上进行数据录入、检查，建立相应的数据库。

1.2　组合样品点

样品组合处理就是将几个相邻样品组合成为一个组合样品，并求出组合样品的品位，在 3DMine 软件中有 4 种组合类型：

(1) 根据地质带组合。将空间不等长的样长，按照指定的长度进行组合量化到一些离散点上，并且通过长度加权得到每个等长样品的品位。

(2) 单品位组合。根据边界品位，将矿带（岩性）连续的样品通过品位与样长的加权计算出平均品位。

(3) 按圈矿指标组合。根据矿山实际情况，通过设置不同圈矿条件对样品组合。

(4) 实体内提取化验样。提取实体内的样品点。

1.3　建立层位实体模型

1.3.1　层位建模生成顶底板面

指定矿区边界范围，建立层状模型的过程。

1.3.2　调整顶底板面

由于有些钻孔深度控制不足，因此，建模结果中出现相邻层或隔层相交情况，因此要对此进行手工调整，使其符合实际情况。如果钻孔资料理想的话此步骤就可以省略。

1.3.3　生成层位实体模型

用调整好的顶底板面生成层位实体模型。

1.4　建立块体模型及估值

依据矿体的范围，构建块体模型，对块体模型进行赋值，基于距离幂次反比法的方法，对选取的变量进行估值。

2　实例分析块体模型的建立

2.1　矿区地质概况

本盐湖矿区东西长达 168 km，南北宽 20～40 km，面积 5856 km²。本文以其中的某个区段为例。其成盐建造可以分为：浅部构造层（Q2－Q4）、中部构造层（R－Q1）、深部构造层（K 以前）。成盐作用可分为：泛湖阶段（Q1）、盐渍阶段（Q2）、盐沼阶段（Q3）、干盐湖阶段（Q4）。矿体主要是以固液相钾镁盐矿并存。固体矿有钾镁和石盐矿，液相矿(晶间卤水矿)以钾为主，伴生有镁、钠等 9 种有益矿。

本盐湖盐类沉积自上更新世至今的盐类沉积物总的表现出岩性相近似，为有明显韵律的三次重复，即三个旋回，沉积旋回与地层的关系如表 1 所示。

本文选取察尔汗盐湖固液矿部分区段的数据进行实例分析。

表 1 第四系盐类沉积旋回与地层关系

地层 旋回	统	组	层	代号
第三旋回	全新统(Q_4)	上含盐组	上部盐层	Q_4S_3 (Qh_4S_3)
			上部湖积层	Q_4I (Qh_4I)
第二旋回	上更新统(Q_3)	中含盐组	中部盐层(上部)	Q_3S_{22}
			中部湖积层(上部)	Q_3I_{22}
			中部盐层(下部)	Q_3S_{21}
			中部湖积层(下部)	Q_3S_{21}
第一旋回		下含盐组	下部盐层	Q_3S
			下部湖积层	Q_3L
中、下更新统(Q_{1+2})			湖积层	$Q_{1+2}L$

2.2 盐湖固矿模型的建立

2.2.1 地质数据库的建立

地质数据库是矿床建模系统中管理地质数据信息的数据库，是矿床三维建模的基础，矿体模型和品位块体模型的构建、钻孔样品数据的组合、数据的统计分析、块体模型的估值及储量计算都离不开地质数据库。本文中把原始的数据整理为 3DMine 软件可接收的数据格式(EXCEL 格式)，整理过程中样品的起始段坐标不能交叉和重复，样品的化验数据单位要统一，输入工程号时大小写要统一，每个钻孔的"从⋯至⋯"字段不能超出钻孔的孔深。建立钻孔定位表、测斜表(由于本例比较特殊，盐层比较稳定，所以测斜表在这里可以不用)、岩性表、含水层表、固样化验表、水样化验表以及孔隙度表，各数据表的结构如表 2 所示。

整理好数据后，在 3DMine 软件中新建一个钻孔数据库，并导入各个表数据，得到钻孔三维立体图(见图 1)。

表 2 地质数据库数据表结构

表名	基本字段
定位表	工程号 开孔坐标 E 开孔坐标 N 开孔坐标 R 最大孔深
岩性表	工程号 从 至 地层 细分层 岩性描述 层内小层
含水层表	工程号 从 至 含水层号 地层编号
固样化验表	工程号 从 至 KCl 密度
水样化验表	工程号 从 至 KCl 密度
孔隙度表	工程号 从 至 孔隙度 给水度

2.2.2 建立层位实体模型

实体模型的建立以数据库为基础，它不仅能够将抽象的数字信息转化为直观的、易于理解的三维图形信息传达给地质人员，而且能准确掌握矿体的几何空

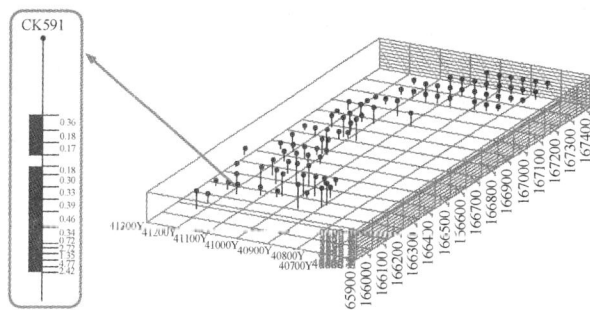

图 1 盐湖数据库三维展示图

间形态，并且为块体模型估值奠定基础。按地层年代，我们对此矿区划分了 9 个矿层：

全新统 q4s3、q4l
上更新统 q3s22、q3122、q3s21、q3l21、q3s、q3l
中下更新统 q1+21

3DMine 软件可以对各个盐矿层赋予不同的颜色，同时可以插入相应颜色的图例。

层位建模是一种利用钻孔数据库及指定的边界范围建立层状模型的过程。它适用于成层性比较好、钻孔数据比较齐全、钻孔方向垂直向下的地层建模。盐湖地区基本满足以上的条件，因此，选取层位建模的方法进行建模。导入已建好的钻孔数据库到 3DMine 工作区中，再运用层位建模的功能得到初步模型效果图(见图 2)。

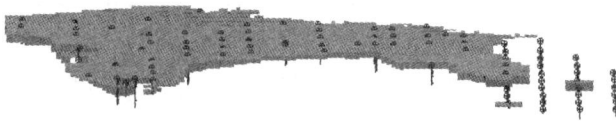

图 2　盐湖全煤层建模结果图

由于钻孔深度控制不足，因此，建模结果中出现上下层相交情况，因此要对此进行手工处理，再将处理后的上下表面生成实体模型。图 3 所示即为处理后创建的盐湖实体模型。

图 3　盐湖实体模型（边界是自己圈定的）

2.2.3　提取组合样品点

该地质数据库中共 90 个钻孔。样品组合就是将空间不等长的样长和品位，量化到一些离散的点上，在这里我们选用的是实体内提取化验样的方法。

对每套时代的地层都分别进行组合样的提取，包括提取 KCl（固）组合样、KCl（液）组合样、孔隙度、给水度、密度等信息。共计 45 个样品点文件。

2.2.4　建立块体模型及估值

块体模型只有在进行属性赋值后才能用于品位估值和储量计算。对块体模型赋值的方法有最小距离法、距离幂次反比法、直接赋值法、普通克里格法等。矿业软件广泛采用的品位估值方法都是根据单元块周围一定范围（搜索半径）内的已知样品，对该单元块进行估值。因此，如果在品位估值阶段不把矿床成矿规律、规模等因素考虑进来，在品位估值时由于搜索半径的影响，不可避免地就会在矿化区域之外推估出品位来。因此，对单元块进行属性赋值时，首先要利用矿体实体模型建立约束文件对块体模型进行约束。约束文件通常分为矿体约束和夹石约束。

块体模型（见图 4）包含了固相模型和液相模型两大部分。盐湖区长度跨越约 1300 m，宽度约 700 m。块体尺寸为（20 m × 20 m × 0.5 m），共计块体数目为203928 个。在块体模型中创建了层号（Q4S3 - Q1 +2L9 层作为约束实体）、KCl（固）、KCl（液）、密度（固）、密度（液）、孔隙度、给水度等共计 10 个属性。通过实体约束，对实体下的属性进行相应的距离幂次反比法赋值或者单一法赋值，赋值文件为组合样品点文件。由于钾盐矿的走向稳定、形态单一，因此选用二次幂。

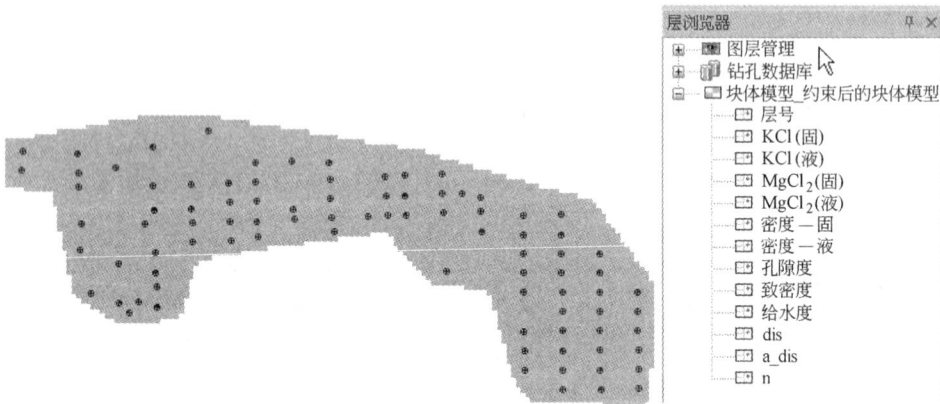

图 4　块体模型整体三维效果图（XY 平面图）和属性信息

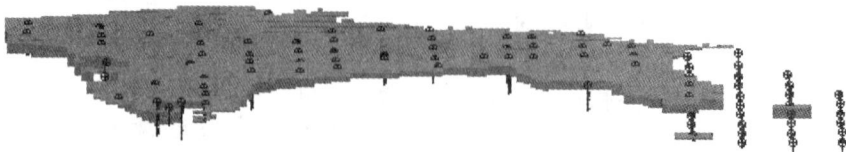

图 5　为固矿块值 KCl（固）大于 0.5 的部分。

2.3　盐湖液态模型的建立

盐湖液态模型与固态模型用的是同一套钻孔数据库和层位实体模型,二者最大的区别体现在块体模型部分,通过对块体模型进行块值约束和着色的方式,来分别展示固矿模型和液矿模型,以及各个模型的贫矿部分和富矿部分。

以液矿为例按品位分段(0.5,1)对块体模型进行颜色渲染,结果如图 7 所示。在图中红色区域为盐湖液矿的相对富矿区;黄色区为过渡区;蓝色区域为盐湖液矿的相对贫矿区。如果在富矿区边部位置再追加部分钻孔,那么就可以更好地预测找矿。

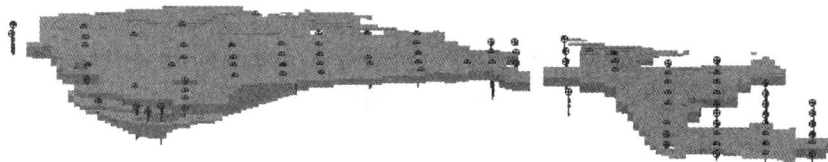

图 6　为液矿块值 KCl(液)大于 1 的部分。

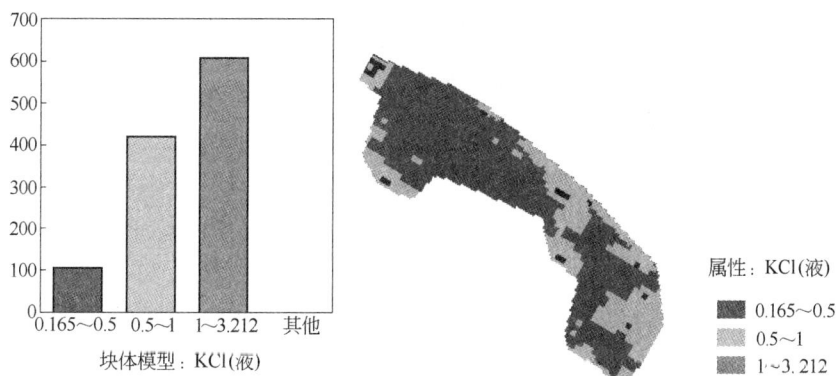

属性:KCl(液)

- 0.165~0.5
- 0.5~1
- 1~3.212

图 7　KCl(液)按值范围灰度图

3DMine 软件不仅可以对 KCl 品位进行级别划分并赋予不同的颜色,同时也可以对各个层号进行不同的颜色渲染,视觉效果更好。

3　距离幂次反比法的原理

在多边形法和最近样品法中,只有一个样品参与单元块品位的估值,如果落入影响范围的样品都参与单元块的品位估值,估值结果会更为精确。然而,由于各样品距单元块中心的距离不同,其品位对单元体的影响程度也不同。显然,距离单元块越近的样品,其品位对单元体品位的影响也就越大。因而在计算中,离单元体近的样品的权值应比离单元体远的样品的权值大。距离 N 次方反比法就是基于这一思想产生的。在此法中,一个样品的权值等于样品到单元块中心距离的 N 次方的倒数($1/d^N$)。

参见图 8,距离 N 次方反比法的一般步骤如下:第一步:以被估单元块中心为圆心、以影响半径 R 为半径做圆,确定影响范围(在三维状态下,圆变为球)。

第二步:计算落入影响范围内每一样品与被估单

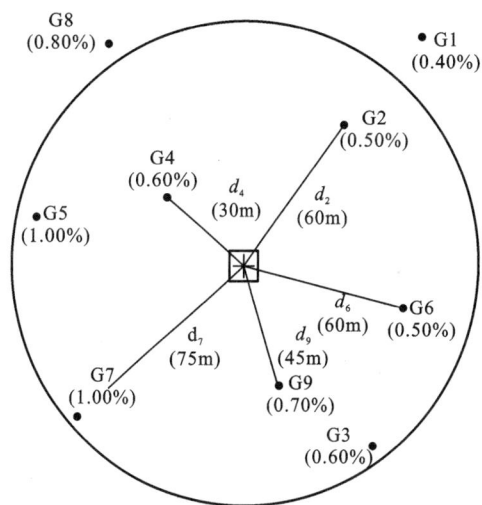

图 8　距离 N 次方反比法示意图

元块中心的距离。第三步:利用下式计算单元块的品位 x_b:

$$x_b = \sum_{i=1}^{n} \frac{x_i}{d_i^N} \Big/ \sum_{i=1}^{n} \frac{1}{d_i^N}$$

式中：x_i——落入影响范围的第 i 个样品的品位；

　　　　d_i——第 i 个样品到单元块中心的距离。

　　在实际应用中，有时采用所谓的角度排除法，即当一个样品与被估单元块中心的连线与另一个样品与被估单元块中心的连线之间的夹角小于某一给定值 α 时，距单元块较远的样品将不参与单元块的估值运算（见图 8 中的 G3 与 G5）。α 值一般在 15°左右。如果没有样品落入影响范围之内，单元块的品位为零。公式中的指数 N 对于不同的矿床取值不同。假设有两个矿床，第一个矿床的品位变化程度较第二个矿床的品位变化程度大，即第二个矿床的品位较第一个矿床连续性好。那么在离单元体同等距离的条件下，第一个矿床中样品对单元块品位的影响应比第二个矿床小。因此，在估算某一单元块的品位时第一个矿床中样品的权值在同等距离条件下应比第二个矿床中样品的权值小。也就是说在品位变化小的矿床中，N 取值较小；在品位变化大的矿床中，N 取值较大。在铁、镁等品位变化较小的矿床中，N 一般取 2；在贵重金属（如黄金）矿床中，N 的取值一般大于 2，有时高达 4 或 5。如果有区域异性存在，不同区域中品位的变化不同，则需要在不同区域取不同的 N 值。同时，一个区域的样品一般不参与另一区域的单元块品位的估值运算。

4　结论与讨论

　　利用 3DMine 矿业软件建立盐湖固液态模型的层位建模方法，适用于大范围的、成层性好的、钻孔数据齐全的工区，比如煤矿、钾盐矿等。

　　在此模型建立过程中由于个别钻孔孔深控制不够，造成了好像盐层缺失的问题，因此如果钻孔数据再全面一些，比如孔深足够，钻孔数量再增多一些，则模型建模的结果更能符合实际情况。

　　此方法只是在现有数据的基础上做出来的结果，由于数据、时间以及本人的能力有限，因此做出来的实体模型效果不是很理想，通过与矿上沟通交流，我们还将继续完善此项目，在解决上述问题的基础上换种思路和方法，争取做出更为理想的模型。

参考文献

[1] 董青松. Surpac 在大西沟金矿勘探中的应用[D]. 北京：中国地质大学，2008.

[2] 罗周全，鹿浩，刘晓明，等. 矿山三维实体建模[J]. 南华大学学报（自然科学版），2007，21（4）：9 – 15.

基于 3DMine 的露天矿开采境界的优化

柳波　陈广平

（北京科技大学土木与环境工程学院，北京 100083）

摘要：在建立矿山地质数据库、实体模型及块体模型的基础上，运用 3DMine 矿业软件对露天开采境界进行优化；并讨论了不同矿石价格及不同边坡角对露天境界的影响，同时分析了不同条件下剥采比的变化情况。在此基础上对露天开采进行初步设计，为矿山开采提供了技术方案及决策依据。

关键词：露天开采；境界优化；初步设计；开采方案；3DMine

0　引言

在露天矿山开采设计中，境界优化设计是一个重要的环节，露天矿开采境界对露天矿的生产、经营决策至关重要，在境界优化时应综合考虑地质条件、开采成本、处理成本、矿石价格等多种因素。20 世纪 80、90 年代出现了多种境界优化方法，其中浮动圆锥法、L－G 图论法最为常见，本文运用 3DMine 矿业软件最大流最小割方法，以贾家堡铁矿为例对露天开采境界进行优化。

1　露天境界优化原则

露天矿优化设计的基础取决于矿坑内所有矿石价值的总和。即露天矿优化设计的目的就是确定能够产生最大经济效益的露天开采境界，也就是说，不论是扩大、还是缩小境界，其开采境界内的所有矿石都应随着矿坑的下降而产出价值[1]。

圈定的露天开采境界应确保矿山生产的利润为正值，即采用的境界剥采比不大于经济合理剥采比；为充分利用矿床资源，在确保矿山企业盈利的基础上应尽可能多的回收矿石；所圈定的露天坑的边坡角应小于露天边坡稳定所允许的角度，以保证露天采场安全。在圈定露天开采境界时还要充分考虑矿区水文地质条件的影响，避开严重影响边坡稳定的各种因素。

2　露天境界优化

2.1　3DMine 境界优化简介

3DMine 采用最大流最小割原理，优化露天开采境界，该方法经过严格的数学推导，具有数学严谨性。其本质与 L－G 图论法和线性规划法一致，但算法时间复杂度简单，效率更优[2]。

3DMine 境界优化模块有五个选项，分别为经济模型、采矿成本、露天境界坡度、开采约束及输出选项。可以通过品位、矿石类型、块体属性三种方式计算矿石价值。

2.2　优化参数的选择

本文以本贾家堡铁矿为例，选取各参数。在本例中根据市场情况，品位为 60% 的精矿价格为 600 元/t；采矿成本、选矿成本及剥岩成本根据贾家堡铁矿实际情况确定；边坡角初步选定为 45°，不考虑分区，之后边坡角将从 44°~55° 每增加 1° 进行境界优化；每米附加运输费为，每下降一个台阶增加 2 元，具体参数如表 1 所示。

2.3　3DMine 境界优化过程

贾家堡铁矿有 3 条矿体，其中 8# 矿体从 180 m 延伸到 －300 m，垂深大于 500 m，－300 m 以下矿体厚度无明显变化，未尖灭，远景储量应很大。故贾家馒铁矿 0 m 以上采用露天开采，0 m 以下采用地下开采[3]。

表 1　露天境界优化参数

参数	矿石价格/元	矿石体积质量/(t·m⁻³)	岩石体积质量/(t·m⁻³)	贫化率/%
取值	600	3.25	2.8	3
参数	采矿回收/%	选矿回收率/%	采矿成本/(元·t⁻¹)	剥岩成本/(元·t⁻¹)
取值	97	80	24	15
参数	边坡角/(°)	选矿成本/(元·t⁻¹)	每米附加运输费/元	精矿品位/%
取值	45	135	0.167	60%

运行 3DMine，选取露天开采境界优化模块，采用以矿石类型方式计算价值，填入上述技术经济参数。如图 1 所示。

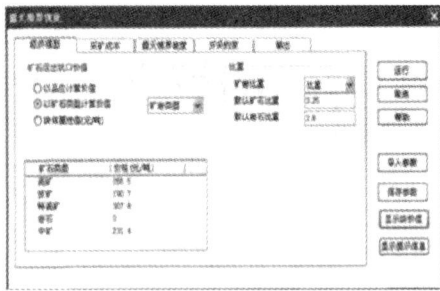

图 1　露天境界优化参数图

同时在采矿成本、露天境界坡度、开采约束及输出选项卡中输入相应参数。保存参数后运行，开始境界优化，得到最优境界如图 2 所示，境界内块体分布如图 3 所示。

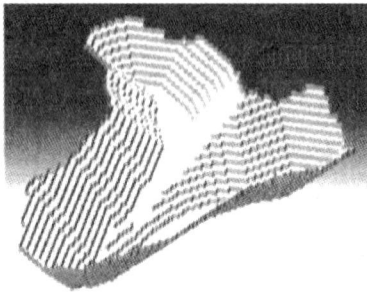

图 2　露天境界优化坑

图 3　境界内块体分布图

之后，按矿石价格调整 −70%、−60%、−50%、−40%、−30%、−20%、−10%、10%、20%、30%、40% 输出嵌套坑，按每个回采台阶递增输出台阶坑及按边坡角 44°~45° 每增加 1° 输出露天坑。

3　境界优化结果分析

3.1　边坡角对露天境界的影响

边坡角是影响露天境界优化的重要因素，从剥采比角度考虑，边坡角越陡越好，从安全生产方面考虑。则越缓越安全。一般边坡角通过岩石稳定性分析

或参照岩体稳定性类似的矿山选取[4]。3DMine 中可以通过分区在不同方向上有不同的边坡角，也可以不分区有不同的边坡角。本研究采用在不同的方向有相同的边坡角，通过对边坡角从 44°~55° 度每增加一度进行境界优化得到统计结果，如表 2 所示：

表 2　不同边坡角境界优化结果

边坡角/(°)	矿石量/t	剥采比	总价值/元
44	54156171.88	1.92	3667971174
45	54487671.88	1.88	3709512412
46	54870359.38	1.84	3770859153
47	54870359.38	1.84	3770859153
48	54930890.63	1.73	3872126410
49	55068812.5	1.71	3897525304
50	55828703.13	1.67	3972119605
51	55697281.25	1.73	4000008145
52	56085656.25	1.6	4044581428
53	55911375	1.52	4111008091
54	56212812.5	1.44	4195945564
55	56214234.38	1.43	4198070660

从表 2 可以看出，随着边坡角的增加，矿石量、岩石量及总价值逐渐增大，平均剥采比逐渐减小。结合该矿山的实际情况，考虑台阶要素及运输道路，边坡角定为 48°。

3.2　矿石价格对露天境界的影响

矿石价格在 600 元/t 的基础上，从 −50% 至 40% 每增加 10% 进行境界优化，得到不同市场价格下的露天境界嵌套坑。如表 3 所示：

表 3　不同矿石价格境界优化结果

价格/元	矿石量/t	剥采比	总价值/元
300	0	0	0
360	1485859.38	0.41	8009547.34
420	21854421.88	−.88	286524358.7
480	40691828.13	1.32	11426 − 4517
540	51211671.88	1.69	2353782026
600	54487671.88	1.88	3709512412
660	56125265.63	2.03	5121904629
720	56635109.38	2.08	6562357273
780	57413484.38	2.19	8017770371
840	57645656.25	2.23	9485314279

从表 3 可以看出,随着矿石价格的提高,矿石量、岩石量、总价值及剥采比逐渐增大。当矿石价格在 480~840 元/t 时,底部台阶位于 0 m 位置;当矿石价格在 360~420 元/t 时,底部台阶位置变化较大;当矿石价格小于 300 元/t 时,该矿床不值得开采。

3.3 不同条件下剥采比变化分析

通过上述境界优化结果,分析不同边坡角、矿石价格及不同台阶下的剥采比变化情况,如图 4、图 5、图 6 所示。

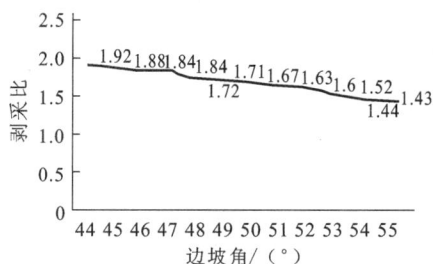

图 4 不同边坡角的剥采比变化曲线

从图 4 可以看出,剥采比随着边坡角的增大而减小,当边坡角为 48°~50°时变化缓慢,考虑到矿山的实际情况,结合台阶及道路要素,边坡角最终定为 48°。

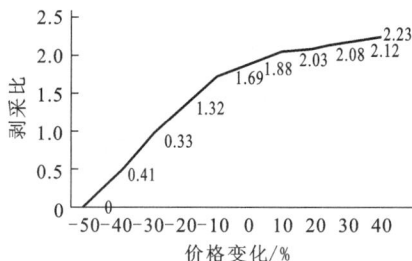

图 5 不同矿石价格的剥采比变化曲线

从图 5 可以看出剥采比随着矿石价格的上升而急剧增大,增速先快后慢,当矿石价格大于 540 元/t 时,增速减慢。

从图 6 可以看出,剥采比从 170 m 台阶到 155 m 台阶急剧下降,从 155 m 台阶到 125 m 台阶变化平稳,之后呈线性增长趋势。

4 露天开采方案设计

4.1 参数选择确定

根据矿山实际情况及类似矿山经验,选取合适的露天开采设计参数,如表 4 所示。

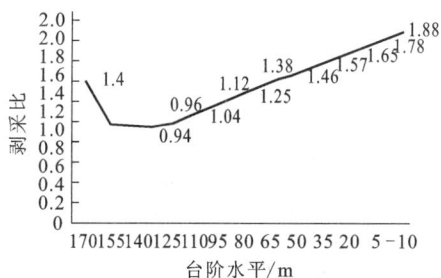

图 6 不同台阶下剥采比变化曲线

表 4 露天开采设计参数

参数	公路宽度/m	公路坡度/%	公路方向	坡度方式
取值	13	8	先顺时针后逆时针	中线
参数	坡面角/(°)	平台宽度/m	公路缓冲距离/m	台阶高度/m
取值	70	5	50	12

4.2 露天开采设计

在 3DMine 中根据优化境界,选定道路、平台、台阶坡面角等参数,设计最终开采境界[5]。底部周界根据优化境界内的底部 0 m 台阶的块体模型形态绘制,底部最小宽度为 20 m。绘制结果如图 7 所示:

图 7 露天开采底部周界

在底部周界的基础上。先确定公路起点,再运用 3DMine 矿业软件带公路扩展台阶及平台。每扩展一个平台,调整平台线使其包含由切割境界内块体模型形成的台阶参考线。在 72 m 台阶位置,改变公路方向为逆时针,继续带公路扩展台阶及平台,直至地表,结果如图 8 所示:

将露天境界线文件生成表面模型,如图 9 所示。境界内的岩石量 5510 万 t,矿石量 9533 万 t,总价值 38840 万元。

图 8　露天开采境界线文件

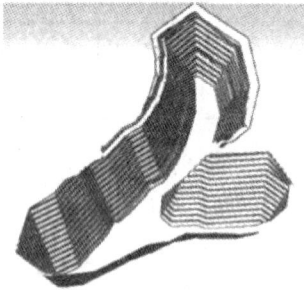

图 9　露天开采境界 DTM 模型

5　结语

1. 3DMine 矿业软件可以通过品位、矿石类型、块体属性等不同方式计算矿石价值，进行境界优化。

嵌套坑的功能可以快速形成不同矿石价格下的优化境界，并报告境界内的底部台阶位置、岩石量、矿石量、剥采比、总价值等信息，台阶坑的功能可以报告不同台阶的岩石量、矿石量、剥采比、品位、总价值等信息。

2. 在不同矿石价格及边坡角条件下。运用 3DMine 矿业软件对贾家堡铁矿进行境界优化。得出不同条件下的最优境界，为矿山的开采设计提供依据。

3. 运用 3DMine 矿业软件，方便快捷地进行露天开采设计，弥补了传统方式的一些缺点，结果形象直观并可以根据需要在不同位置切割剖面以及报告品位及矿石量等信息。

参考文献

[1] 龚元翔.铜厂铜矿三维可视化建模及露天境界优化技术研究[D].长沙：中南大学.2008.

[2] 3DMine 矿业工程软件帮助文档[M].北京：北京三地曼矿业软件科技有限公司，2010.

[3] 顿晓薇，葛舒，范立军等.贾家售铁矿露天开采境界优化实践[J].金属矿山，2010(3)：16-117.

[4] 卢晋敏.大黑山钼矿露天境界及分期开采方案[D2.北京：北京科技大学，2007：41.

[5] 高祥，骆贞江，蔡序淦.浅淡特大型露天矿境界优化及分期开采[J].有色冶金设计与研究，2010，31(1)：2.

利用 3DMine 建模、FLAC^{3D} 数值模拟对山东金岭铁矿铁山矿地下空区稳定性分析

高远　徐坤明　徐涛　宁革

（山东金岭矿业股份有限公司, 山东淄博, 255000）

摘要：运用 3DMine 进行复杂地质体的三维可视化建模, 将三维地质块体模型导出为 FLAC^{3D} 模型, 模拟山东金岭铁矿开挖空区的地下应力状态及变化, 可对围岩稳定性进行监控, 对复杂工程的数值建模具有参考价值。

关键词：3DMine 建模；FLAC^{3D} 数值模拟；地下空区稳定性分析；山东金岭 铁矿

1 引言

FLAC^{3D} 数值计算的重要步骤是前期建模和网格剖分, 现在有许多方法和软件来完成这两个步骤。例如利用 SURPAC 建模再导入 FLAC^{3D}, 或者 CAD 建模在 ANSYS 中剖分网格再导入 FLAC^{3D} 中等。每种方法都各有优缺点, 但是这些方法建模难度较大、步骤较繁琐复杂, 耗费了工程分析人员许多工作量。大型国产三维矿山设计软件 3DMine 具有强大的三维地质建模能力, 能够进行复杂地质体的二维可视化建模。3DMine 可以将三维地质块体模型直接导出为 FLAC^{3D} 模型, 为我们提供了一个简便的方法来完成建模和网格剖分的过程。我们把 3DMine 软件在三维建模方面的优势和 FLAC^{3D} 软件在数值计算方面的优势结合起来, 使数值模拟更符合实际情况, 提高了其模拟的可靠性。

山东金岭铁矿位于山东省淄博市, 隶属于山东钢铁集团。山东金岭铁矿铁山矿辛庄矿体下盘为中生代燕山晚期侵入的闪长岩体, 上盘围岩为中奥陶统马家沟组的石灰岩、豹皮灰岩。矿床类型为经过热液交代作用形成的矽卡岩型磁铁矿床。辛庄矿体走向北 25°东, 倾向南东, 倾角 30°～80°, 矿体 TFe 品位 45.79% ～58.51%。本次进行空区稳定性分析监测的是开采 501 矿房、501 临时矿柱、502 矿房、601 房所形成的大片空区。空区对周边包括盲副井 -340 m 副斜井、-420 m 车场、-460 大巷、-486 大巷和 -570 斜井等井巷系统的运行安全, 存在一定威胁。从空区形成至 2013 年 3 月, 空区内部发生过多次岩石垮落情况, 而且空区周边各水平巷道出现岩石开裂现象。因此, 尽早及时的对空区围岩稳定性进行监测和研究, 显得非常必要。

1.1 空区开采现状

辛庄矿床 -340 m 水平至 -486 m 水平的厚大矿体集中在 25 线以北 30 线以南, 设计有 501 矿房、501 临时矿柱、502 矿房和 601 矿房四部分。矿体倾角约 80°, 局部有倒倾现象, 最大厚度达到 55 m, 501 矿房矿体从 -360 m 水平一直延伸到 -480 m 水平, 共有九个水平, 502 矿房设有 -372 m、-384 m、-396 m、-408 m 和 -420 m 五个水平, 601 房设有 -446 m、-450 m、-472 m、-486 m 四个水平。矿体上、下盘围岩分别为灰岩和闪长岩, 501 矿房、501 临时矿柱、502 矿房和 601 矿房均已开采完毕并连通形成空区。利用 3DMine 软件来模拟矿体三维模型, 并对 501 区、501 临时矿柱、502 区、502 矿柱做出区分。三维矿体模型如图 1.1 所示。

1.2 大型空区形成过程回顾和垮落情况

2009 年 12 月 1 日, 铁山矿区 501 临时矿柱曾发生局部垮塌事件。垮塌发生在 501 矿柱北侧, 矿石落入 501 空区内。其中 -396 m 水平和 -408 m 水平的垮塌较为严重, 垮塌量约为 5 万 t, 无人员受伤。采掘工作和岩石破碎带可能是诱发 501 矿柱发生垮落的原因。

501 矿柱垮落情况如图 1.2 ～图 1.3 所示。图中明显垮落的一侧即为 501 空区。

501 矿柱部分垮落后, 结合 501 矿柱两侧采矿和充填状况, 按计划实施了 501 空区、502 空区不充填, 抢采 501 矿柱方案, 即在最短时间内高强度中深孔落矿、出矿, 在空区围岩大面积变化前完成出矿作业。此方案的优点是按照这种生产方式, 不需要改变劳动组织既可完成回采作业, 回采时利用空区做自由面, 矿石崩落到 501 和 502 两个矿房内, 实现在 -486 m 和 -420 m 两个地点出矿, 两条斜井提升, 采矿强度高, 回

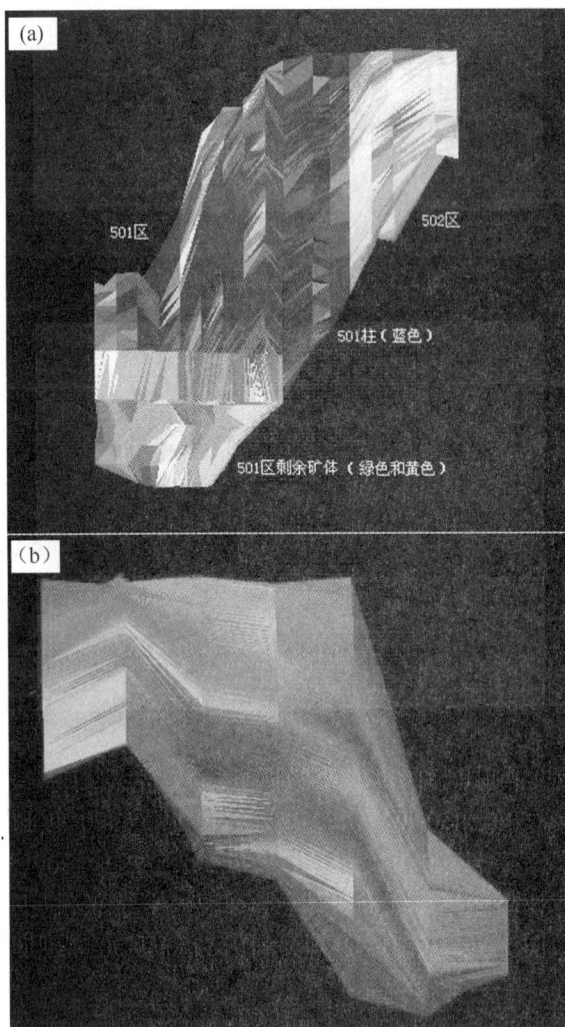

图 1.1 矿体（采空区）模型各部分组合

（a）下盘视角；（b）上盘视角

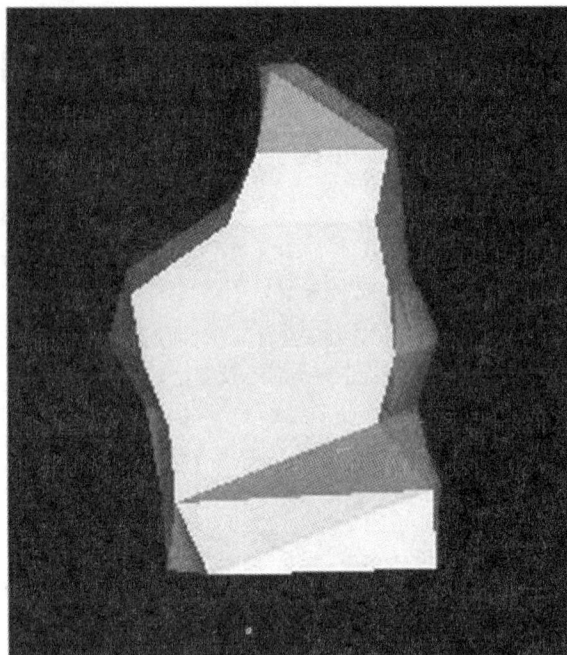

图 1.2 501 柱垮落前

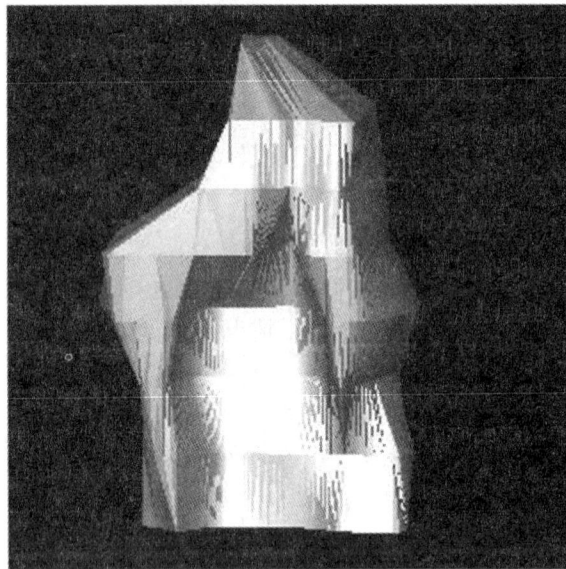

图 1.3 501 柱垮落后

采时间短（平均每月 3 万 t 的采矿强度，回采时间持续 6.4 个月）。但此方案缺点随之暴露出来，即回采结束后，501 房空区、502 矿房空区、501 临时矿柱空区和 601 房空区连成一片，空区上下盘和顶板暴露面积非常大（-408 m 水平为例计算面积，501 区投影面积 900 m²，临时矿柱为 1000 m²，502 区 -396 m 水平投影面积为 1030 m²，501 区 -446 m 和 -460 m 水平的暴露面积达到 1300 m²）。3DMine 报告空区体积为 279110 m³。

1.3 研究问题的提出、研究内容及技术方案

1.3.1 研究问题的提出

2012 年 3 月份结合矿上提出的 -486 m 以下开采计划，即暂时不充填 -360 m 至 -486 m 空区，在开采完 -486 m 至 -570 m 水平 701 区后，一次性充填全部空区。所以提出了空区充填前要保障空区周边巷道安全的要求，以下三个问题需要研究解决：

（1）工程地质条件、工程布置合理性（如 -340 m 副斜井、下盘盲副井 -420 m 车场、-460 m 车场大巷、-486 m 大巷和 -570 m 斜坡道）。

（2）现有条件下（501 矿柱已采）整个空区稳定性状态。如通过研究或通过现场监测空区顶板不稳定，有可能产生一定程度的冒落，如何提前预防处理？预防性治理后能否保证空区顶板稳定？空区充填前周边巷道是否会发生严重垮塌。是否会产生大面积冒落，

冒落及产生的冲击波是否会造成人员伤害和设备损坏事故等。

（3）充填后空区对下盘盲副井 - 340 m 副斜井、- 420 m 车场，- 460 m 车场、- 486 m 大巷、- 570 m 斜坡道的影响程度还有多大？空区充填后能否保障井巷系统的运行安全。

因此空区胶结充填前空区稳定性分析的意义是超前了解空区的动态稳定性，并根据空区围岩稳定性的变化，有预见性地提前采取预防性措施（如提前撤离人员、设备，提前进行下盘岩体加固等）。由于问题的复杂性，岩石力学参数的不确定性，尤其是岩体结构分布的不确定性，研究首先需要掌握整个现场的开采现状，在此基础上采用数值模拟与现场监测及经验相结合的综合研究方法。

1.3.2　研究内容及技术路线

总体目标：

通过对矿山多年开采的技术、生产资料分析，结合矿山地质条件，对开采前后的空区分布调查，探讨研究使用 3DMine 建模进行 FLAC^{3D}数值模拟计算的空区稳定状况分析方法。同时通过监测及分析，为采矿安全提供超前指导，对回采中的人身及设备安全提供预警，并在监测范围内对空区顶板稳定状态及周边巷道安全做出评定。

主要研究内容：

（1）基于 3DMine 的复杂空区、围岩岩体的 FLAC^{3D}三维建模的方法；

（2）基于 3DMine 三维建模的 FLAC^{3D}数值模拟预测及监测信息基础上的空区稳定状态及发展趋势分析；

（3）利用 3DMine 对 FLAC^{3D}模拟分析结果进行处理分析，观察分析巷道与空区应力集中区域、塑形形变区域的相对位置关系，提出预警安全信息。

技术方法和路线：

（1）利用 3DMine 进行矿体、矿体上盘围岩灰岩、下盘围岩闪长岩、空区周边巷道的建模。利用实体模型约束出矿体块体模型。将块体模型输出为 FLAC^{3D}模型。

（2）在 FLAC^{3D}软件中对矿体、灰岩、闪长岩赋矿岩石参数进行计算模拟分析；利用 FLAC^{3D}软件模拟分析胶结充填后对空区稳定性的影响。

（3）将 FLAC^{3D}模拟分析结果以图片形式导入 3DMine，观察分析不同应力集中区域、塑形变形区域和各水平巷道的相对位置关系。结合应力监测仪器对空区周边围岩稳定性进行分析，提出预警信息。

2　基于 3DMine 的空区及围岩的三维建模

2.1　空区、上盘灰岩、下盘闪长岩的 3DMine 三维实体模型构建

根据 CAD 中 25 至 30 勘探线剖面图及各水平平面图，采用 3DMine 矿山工程软件，建立了上盘结晶灰岩、下盘闪长岩、矿房柱及空区、周边巷道的三维模型。组合模型长 700 m、宽 700 m、埋深 850 m，空区矿体埋深 - 360 ~ - 486 m。为了后期做不同大小的围岩块体，将上盘灰岩、下盘闪长岩实体模型都分为三层，并用接近实际的岩石界面（倾角为 58°的 DTM 表面模型）将灰岩和闪长岩实体模型分开。

2.1.1　矿体（开挖后为空区）、上盘灰岩和下盘闪长岩、巷道模型

图 2.3 ~ 图 2.12 分别为利用 24 线至 30 线剖面图的矿体轮廓线建立的矿体（采空区）、上盘灰岩、下盘闪长岩、- 360 m、- 372 m、- 384 m、- 396 m、- 408 m、- 420 m、- 433 m、- 446 m、- 460 m 和 - 486 m 巷道的 3DMine 三维地质模型。

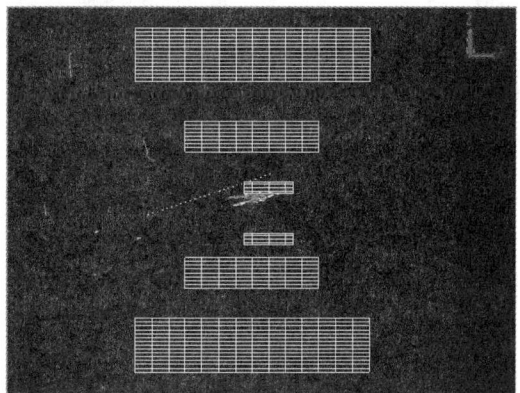
图 2.1　制作围岩模型的线文件

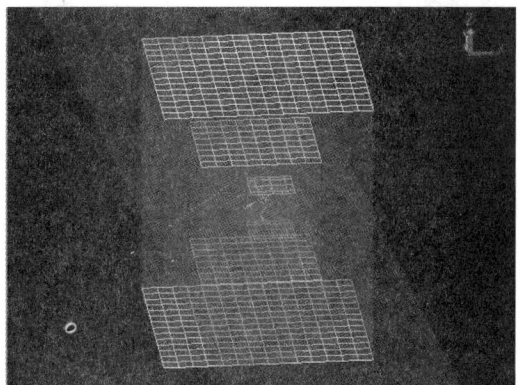
图 2.2　灰岩闪长岩分界面

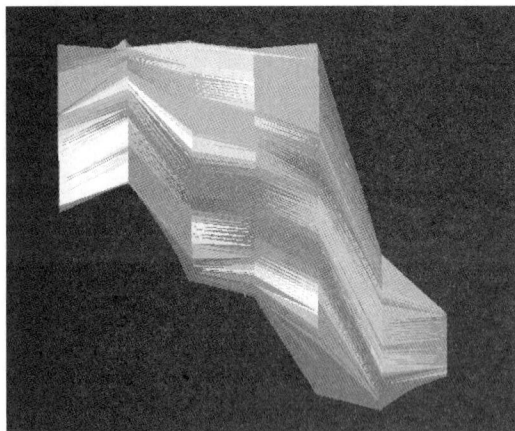

图 2.3　24～30 线矿体模型(角度 1)

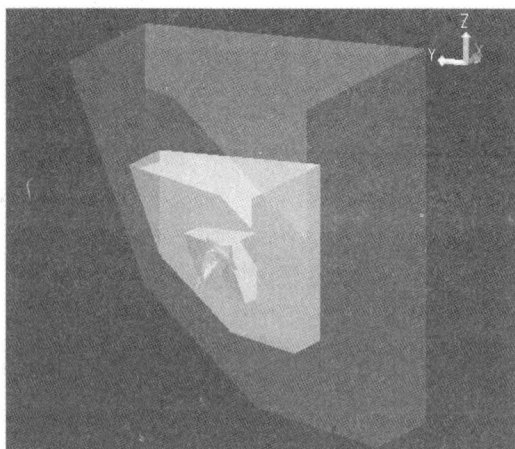

图 2.6　501 上盘灰岩模型(角度 2)

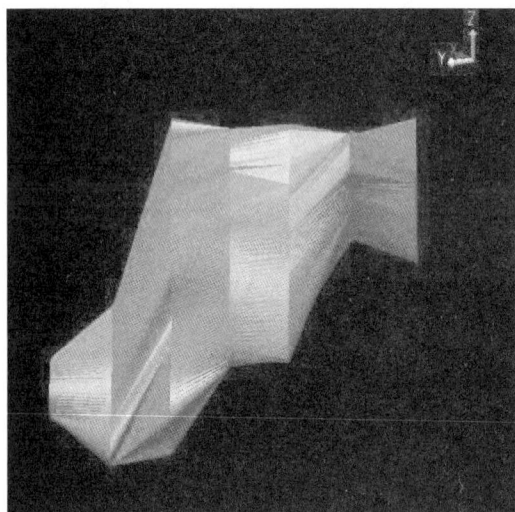

图 2.4　24～30 线矿体模型(角度 2)

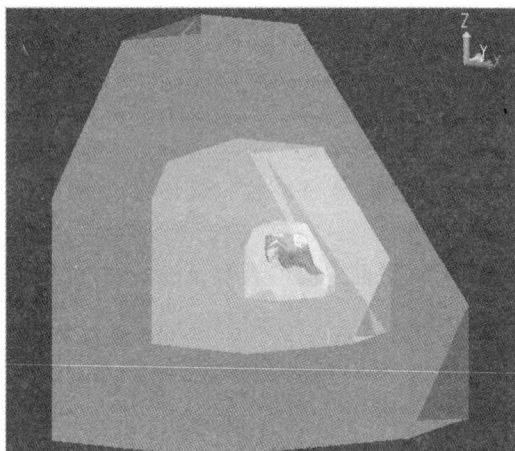

图 2.7　下盘闪长岩模型(角度 1)

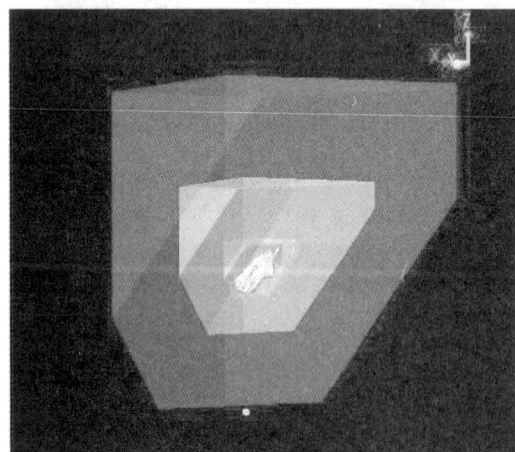

图 2.5　501 上盘灰岩模型(角度 1)

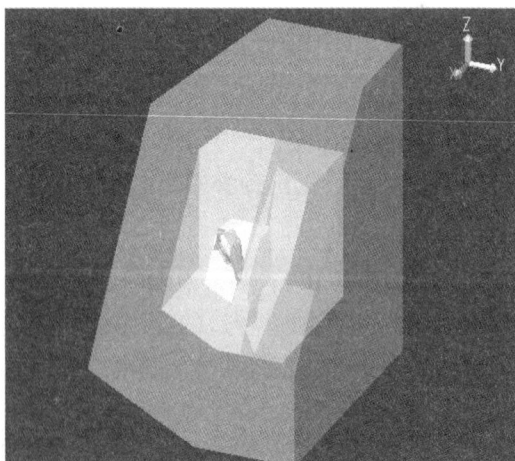

图 2.8　下盘闪长岩模型(角度 2)

2.2　空区、围岩的 3DMine 块体模型建模

　　建立了空区及围岩的 3DMine 三维实体模型之后，再利用实体模型约束出块体模型，然后对各区域块体模型定义岩石属性。

　　利用 3DMine 中"保存为 FLAC³ᴰ 模型"功能可将块体模型直接输出为 FLAC³ᴰ 模型。为了减少后期在

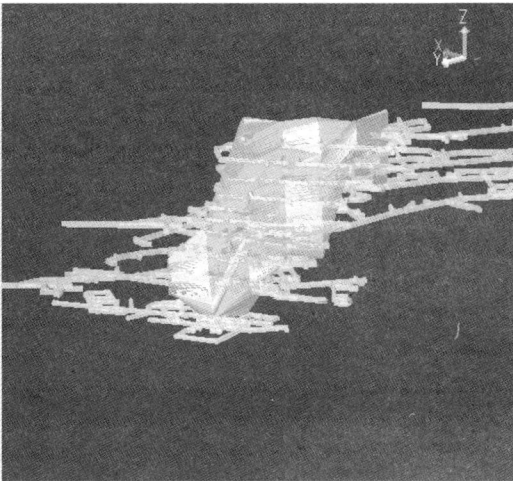

图 2.9　502 下盘巷道模型(角度 1)

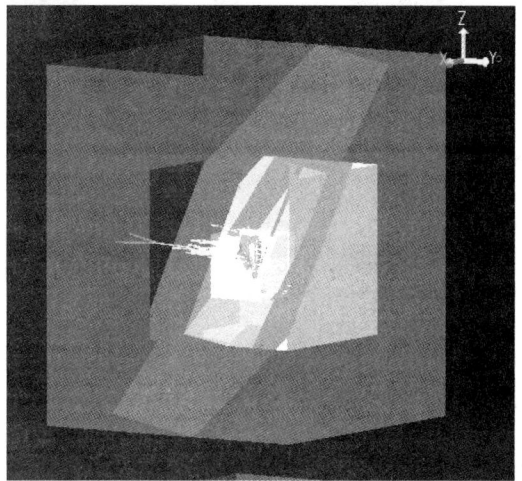

图 2.10　下盘巷道模型(角度 2)

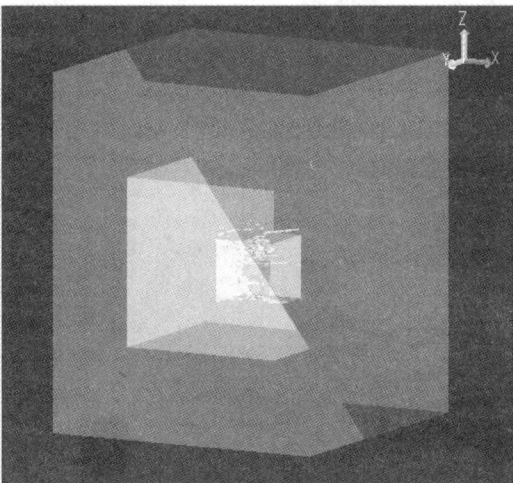

图 2.11　灰岩、矿体、闪长岩、巷道模型(角度 1)

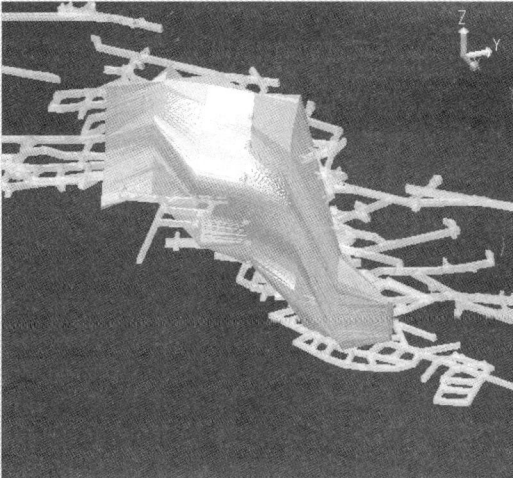

图 2.12　灰岩、矿体、闪长岩、巷道模型(角度 2)

FLAC³ᴰ中的计算量,需要减少块体模型的数量。这里在 3DMine 中将围岩分成块体大小不等的三层块体模型。由外到里分别是 50 m × 50 m × 50 m、25 m × 25 m × 25 m、5 m × 5 m × 5 m 大小的三层块体模型,每层都分上盘灰岩和下盘闪长岩。这样做出 7 个不同区域块体模型从 3DMine 中分别输出,将 7 个不同区域的块体模型在 FLAC³ᴰ中组装到一起。为保证 7 个块体模型在 FLAC³ᴰ中能够耦合在一起,不仅要在 3DMine 约束生成块体模型的时候需要 7 个块体模型的原点一致,而且要保证不同层块体大小成整数倍。

图 2.13 ~ 图 2.20 分别为上盘灰岩、下盘闪长岩、采空区(矿体)的 3DMine 块体模型。

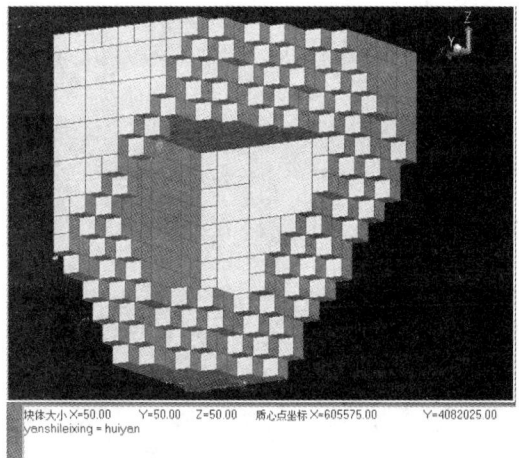

块体大小 X = 50.00　　Y = 50.00　　Z = 50.00　　顺心点坐标 X = 605575.00　　Y = 4082025.00
yanshileixing = huiyan

图 2.13　上盘 50 m × 50 m × 50 m 外层灰岩块体模型

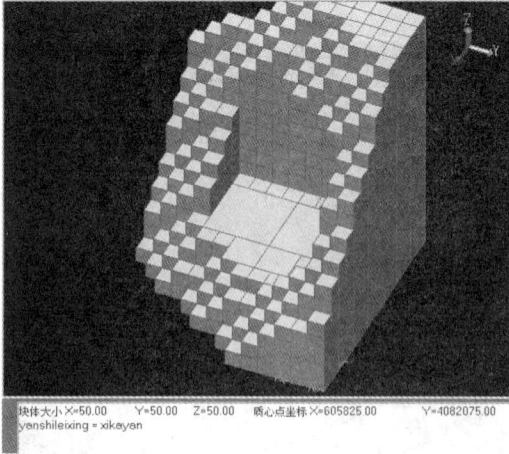

图 2.14 下盘 50 m×50 m×50 m 外层闪长岩块体模型

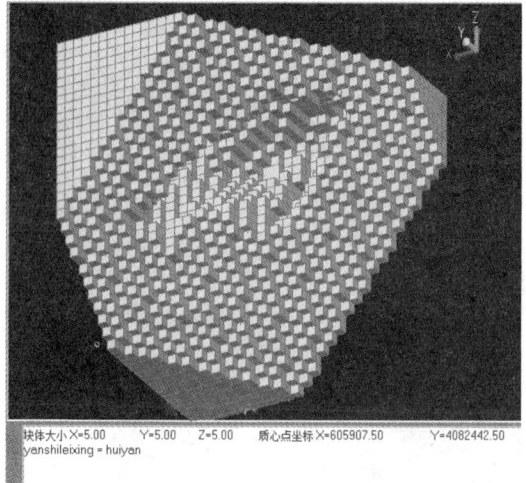

图 2.17 上盘 5 m×5 m×5 m 内层灰岩块体模型

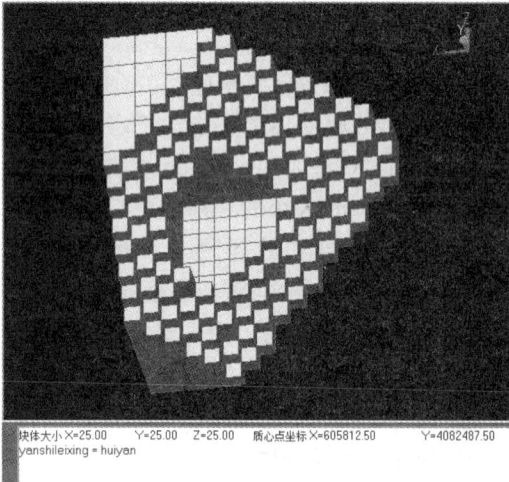

图 2.15 上盘 25 m×25 m×25 m 中层灰岩块体模型

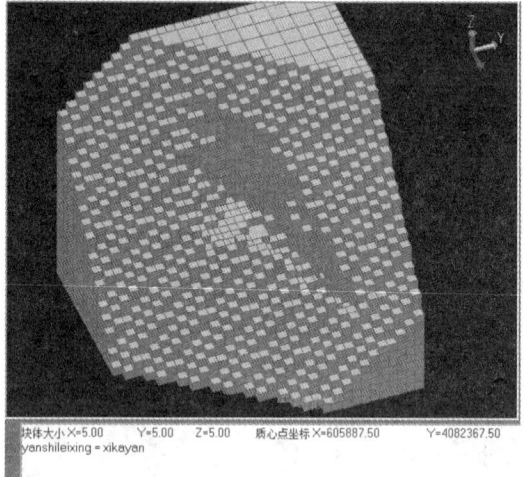

图 2.18 下盘 5 m×5 m×5 m 内层闪长岩块体模型

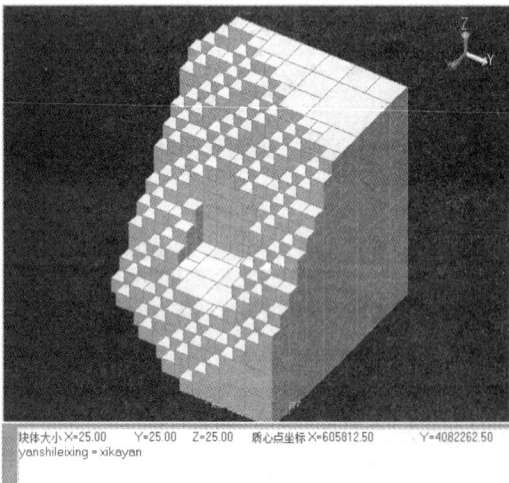

图 2.16 下盘 25 m×25 m×25 m 中层闪长岩块体模型

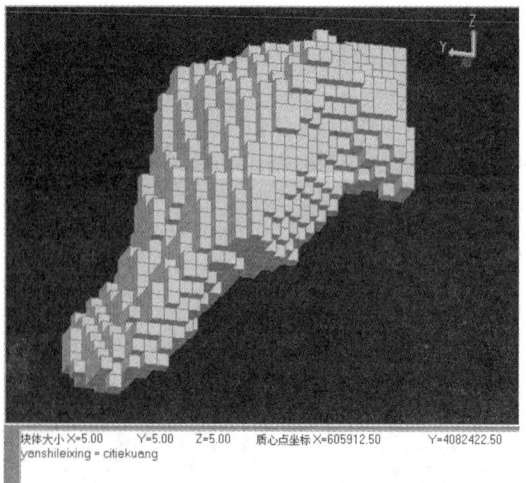

图 2.19 5 m×5 m×5 m 空区块体模型(角度 1)

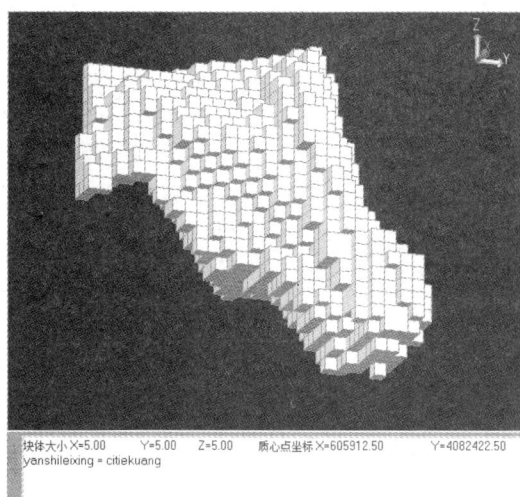

块体大小 X=5.00　　Y=5.00　　Z=5.00　　质心点坐标 X=605912.50　　Y=4082422.50
yanshileixing = citiekuang

图 2.20　5 m×5 m×5 m 空区块体模型（角度 2）

3　空区稳定状态及发展趋势的三维数值模拟预测

3.1　3DMine 块体模型转成 FLAC³ᴰ 模型

3.1.1　3DMine 块体模型导入 FLAC³ᴰ 软件

3DMine 的块体模型数据库包含了每个块体的质心坐标、尺寸和矿岩类型，而 FLAC³ᴰ 的数据库文是记录每个长方体网格的 8 个节点和尺寸，因此要完成 FLAC³ᴰ 的仿真计算，首先要完成数据库的转换。利用 3DMine 自带的"输出 FLAC³ᴰ 模型"功能可直接快速完成数据库的转换工作。这个功能极大的减少了建模的工作量和难度，3DMine 这一快捷的功能是国内外同类软件所没有的。

块体模型转入 FLAC³ᴰ 以后的模型如图 3.1 所示。

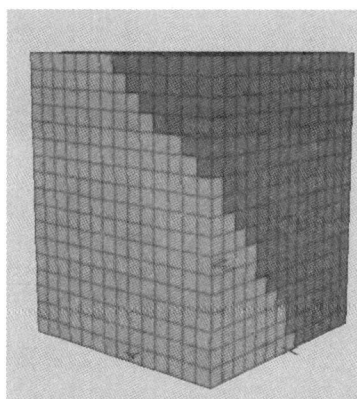

图3.1（a）FLAC3D3.0中组装成块体模型

图3.1（b）FLAC3D4.0版本中块体模型组装效果

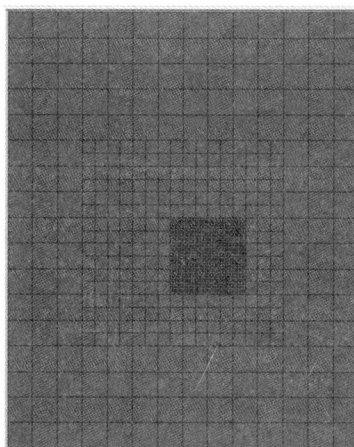

图3.1（c）FLAC3D中模型的Y剖面图

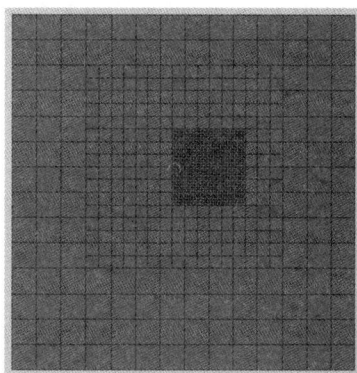

图3.1（d）FLAC3D中模型的Z平面图

图 3.1　块体模型导入 FLAC 网格划分

图 3.1（a）中右侧深灰色为上盘结晶灰岩，左侧浅灰色为下盘闪长岩，矿体大致在模型的中间位置；图 3.1（b）为 FLAC^{3D}4.0 版本中组装好的块体的效果图，浅灰色为外层围岩，深灰色为内层围岩。图 3.1（c）图 Y 方向剖面图与图 3.1（d）图 Z 方向平面图中可以看出网格的划分情况，网格从内部较小的尺寸 5 m×5 m×5 m，到中间较大尺寸 25 m×25 m×25 m，再到外围最大网格尺寸 50 m×50 m×50 m。

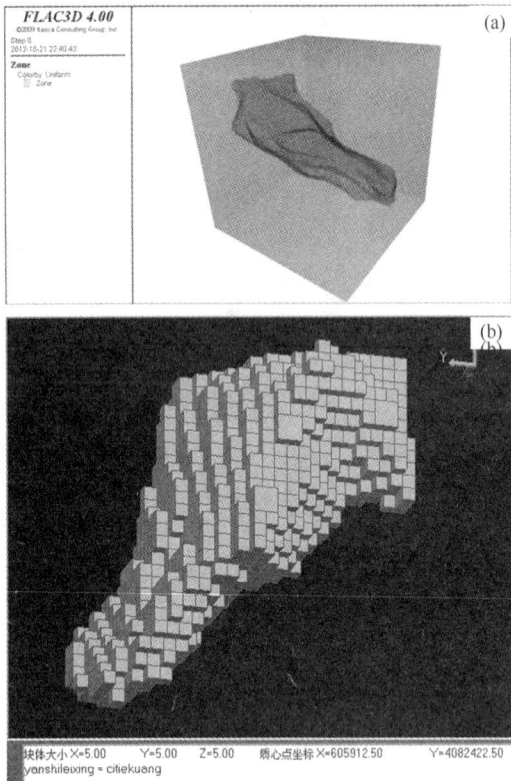

图 3.2　FLAC 中矿体网格与 3DMine 矿体块体模型比较

图 3.2 为空区的 FLAC^{3D} 网格模型，反映了 3DMine 块体模型的特征。FLAC^{3D} 中坐标系与 3DMine 中坐标系一致，采用的是笛卡尔正交坐标系：沿水平方向指向东为 X 正方向；沿水平方向指向北为 Y 正方向；竖直向上为 Z 正方向。模型长度大小为真实地质尺寸。3DMine 中模型的坐标原点坐标（X，Y，Z）为（605500，4082000，−800），相对应的 FLAC^{3D} 中模型的坐标原点为（0，0，0）。

3.1.2　空区开挖充填模拟步骤

利用 FLAC^{3D} 进行仿真计算工作包括以下三个步骤：

（1）给模型内不同矿岩赋予力学参数，进行自重作用下初始应力计算；

（2）模拟开挖矿体（包括 501 房、502 矿房、501

柱、601 房）为采空区；

（3）模拟空区胶结充填；

模拟的目的是将开挖充填结果与真实空区现状相比较，并可与正在实施的空区围岩稳定性监测数据进行科学比较，以得出合理解释。并预测空区顶板和底板变化情况，为工程实际做出合理指导和建议，以期达到保证施工安全和创造较大经济效益的实际要求。数值计算的岩石力学参数如表 3.1 所示。（灰岩抗拉强度一般为 5~20 MPa；闪长岩抗拉强度一般为 5~35 MPa；磁铁矿抗拉强度一般为 10~30 MPa）

以下给出的图片内如无特别说明均为俯视视角，左上侧为下盘闪长岩，右下侧为上盘结晶灰岩，灰色部分为采空区。

表 3.1　岩体物理力学参数

名称	弹性模量 E /GPa	泊松比 ν	抗剪强度/MPa	重度γ /(kN·m^{-3})	内摩擦角φ	粘聚力 c /MPa
结晶灰岩	42	0.27	16.5	27	36.55	3.65
闪长岩	16	0.28	6.3	28	34.00	2.86
矿体	35	0.27	13.8	41	35.00	3.16
充填料	0.11	0.28	37	21	35.00	0.10

3.2　开挖步、充填步主应力、位移及塑性区分布与分析

3.2.1　开挖矿体形成空区后围岩应力、塑性区及位移分析

（1）各水平应力分析

图 3.3~图 3.11 分别为 −372 m 水平、−384 m 水平、−396 m 水平、−408 m 水平、−420 m 水平、−433 m 水平、−446 m 水平、−450 m 水平、−486 m 水平的最大压应力云图。从图中可以看出，开挖矿体形成空区后，空区同水平上盘、下盘均出现应力集中现象。−372 m 水平最大压应力在下盘区域大约为 35 MPa；−384 m 水平最大压应力在下盘区域约为 30 MPa；−396 m 水平最大压应力在下盘区域约为 30 MPa；−408 m 水平最大压应力在下盘区域约为 32 MPa；−420 m 水平上下盘最大压应力均为 33 MPa；−433 m 下盘最大压应力约为 30 MPa，但区域面积减小；−446 m 上下盘最大压应力均为 27 MPa；−450 m 上下盘最大压应力均为 27 MPa；−486 m 上下盘最大压应力均为 18 MPa，空区底部中心最大压应力仅为 6 MPa。各水平应力位移及塑性区分析如表 3.2 所示。

表 3.2　各水平应力、塑性区及位移

各水平/m	−372	−384	−396	−408	−420	−433
最大应力/MPa	48	44	39	33	33	30
空区周边最大压应力/MPa	35	30	30	32	25	25
最大位移/mm	−14	−15	−12	−13	−10	−14
塑性区分布范围	上盘	上盘下盘	上盘下盘	上盘下盘	上盘下盘	上盘下盘
各水平/m	−446	−450	−486			
最大应力/MPa	27	27	23			
空区周边最大压应力/MPa	12.7	22.5	17			
最大位移/mm	−12.7	−14	14			
塑性区分布范围	上盘下盘	上盘下盘	无			

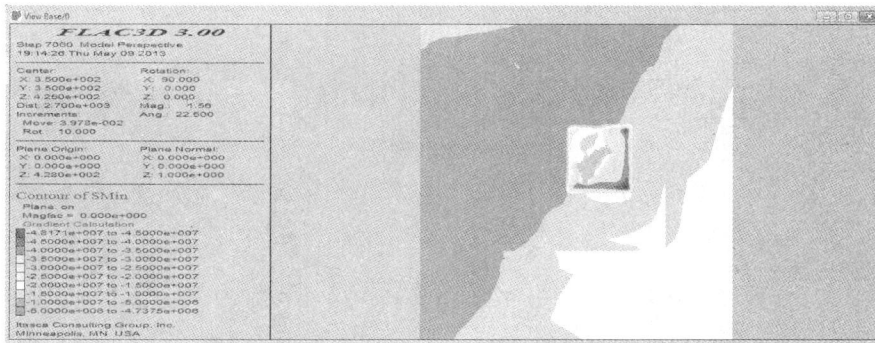

图 3.3　−372 m 水平最大压应力云图

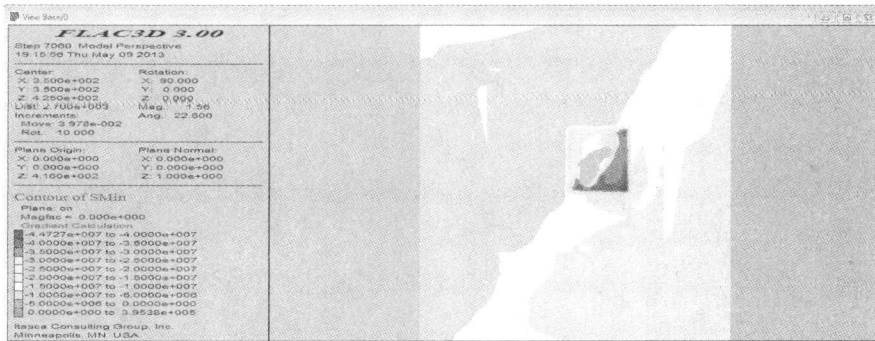

图 3.4　−384 m 水平最大压应力云图

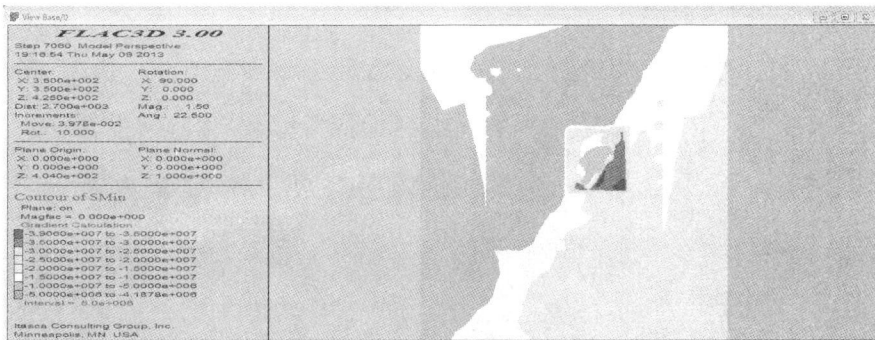

图 3.5　−396 m 水平最大压应力云图

图 3.6　　－408 m 水平最大压应力云图

图 3.7　　－420 m 水平最大压应力云图

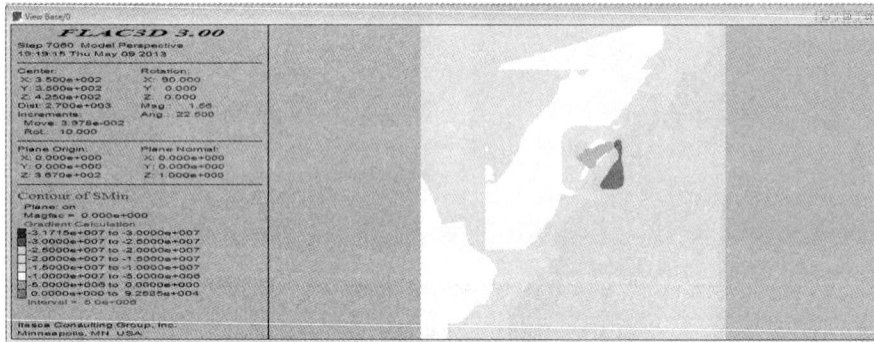

图 3.8　　－433 m 水平最大压应力云图

图 3.9　　－446 m 水平最大压应力云图

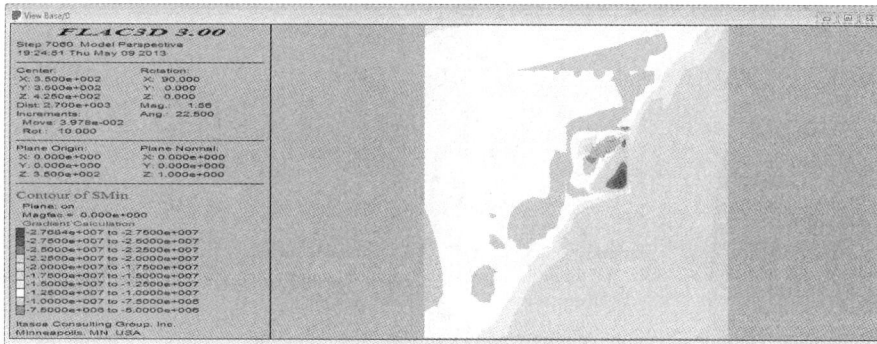

图 3.10　－450 m 水平最大压应力云图

图 3.11　－486 m 水平最大压应力云图

（2）各水平塑性区分析

图 3.12～图 3.19 分别为 －372 m 水平、－384 m 水平、－396 m 水平、－408 m 水平、－420 m 水平、－433 m 水平、－446 m 水平、－450 m 水平、－486 m 水平的塑性区分布图。从塑性区分布看，－372 m 水平的空区下盘围岩出现少量塑性区且集中在上盘；－384 m 水平上下盘均出现塑性区域，主要在空区边缘并且已经连接在一起；在 －396 m 水平的空区上下盘围岩开始出现较大的塑性区；－408 m 水平上下盘出现较大面积的剪切塑性区；－420 m 水平上下盘剪切塑性区不连续，主要位于下盘位置；－433 m 水平至 －446 m 水平上下盘剪切塑性区不连续但面积仍然较大；－450 m 水平上盘剪切塑形区开始变小；－486 m 没有剪切塑形区域出现。

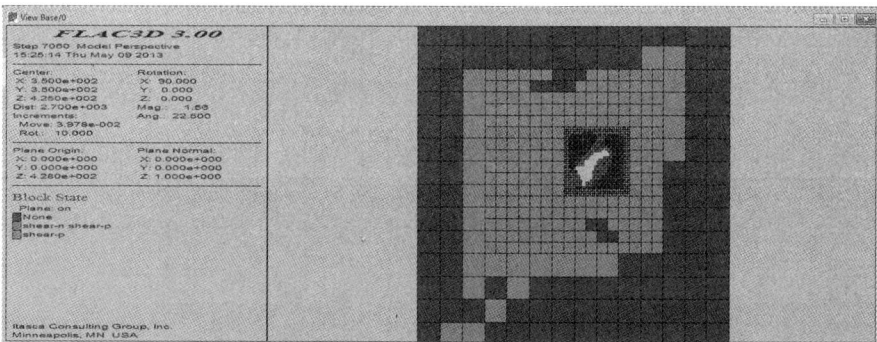

图 3.12　－372 m 水平塑性区分布图

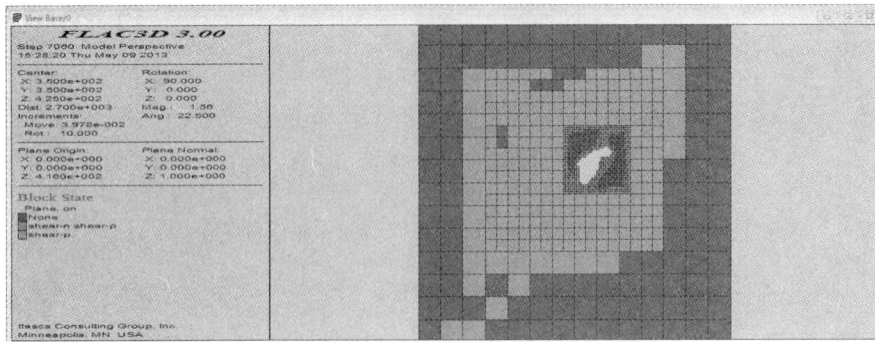

图 3.13　−384 m 水平塑性区分布图

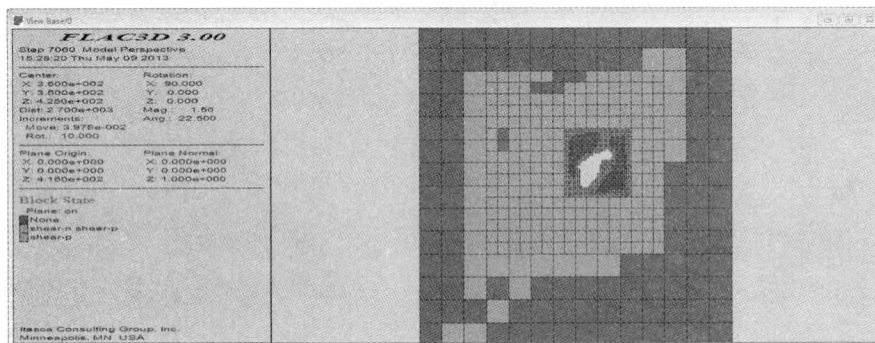

图 3.14　−396 m 水平塑性区分布图

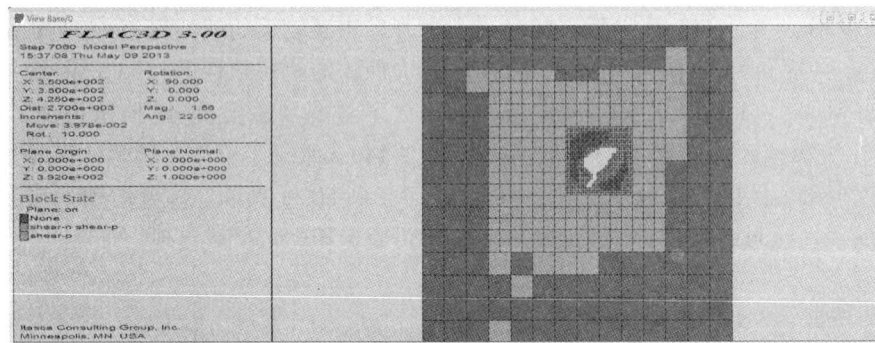

图 3.15　−408 m 水平塑性区分布图

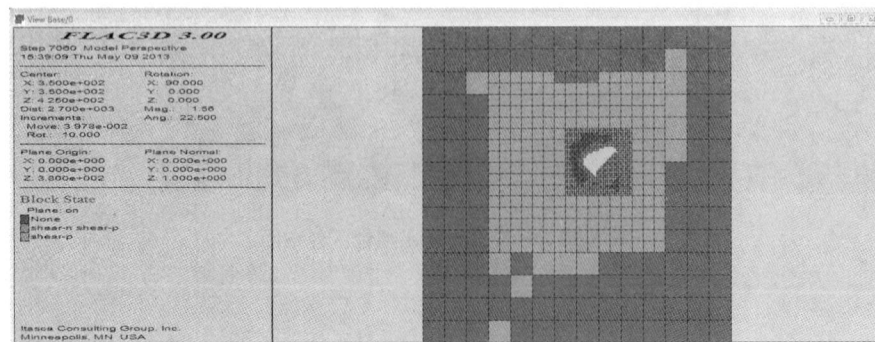

图 3.16　−420 m 水平塑性区分布图

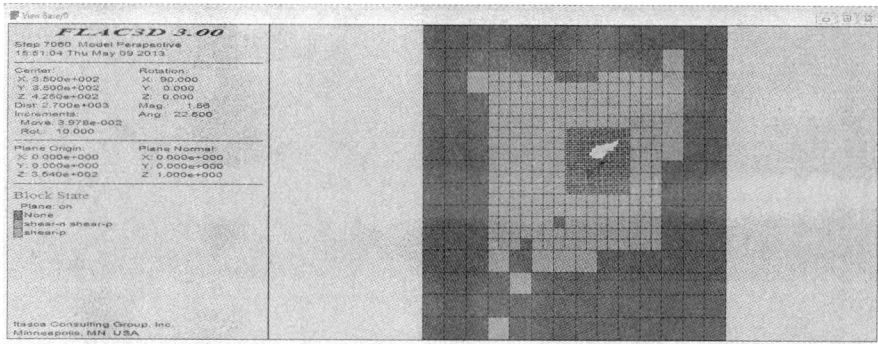

图 3.17　　−446 m 水平塑性区分布图

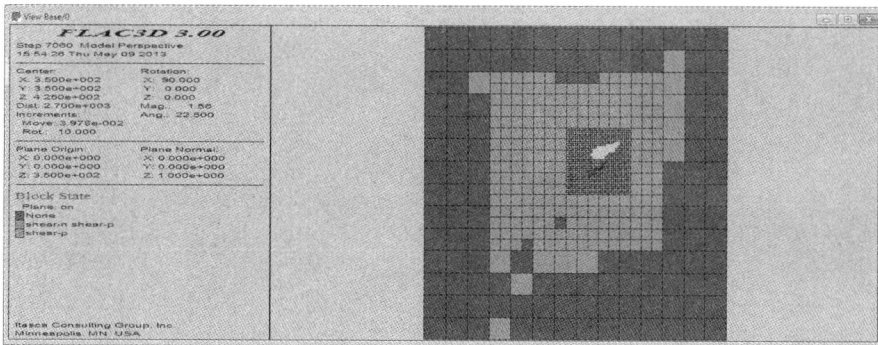

图 3.18　　−450 m 水平塑性区分布图

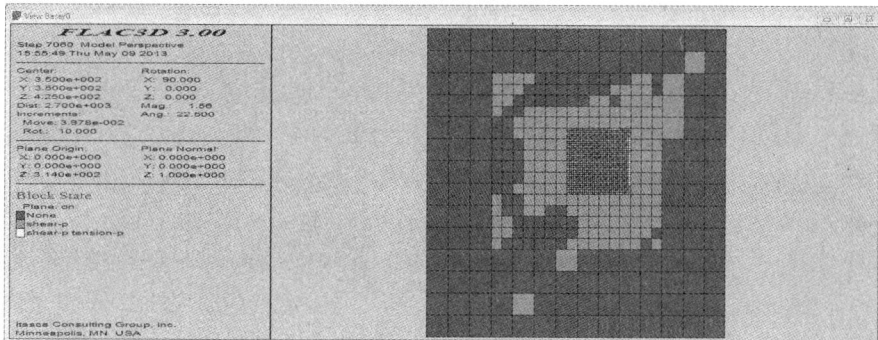

图 3.19　　−486 m 水平塑性区分布图

（3）各水平竖向位移分析

图 3.20～图 3.29 分别为 −372 m 水平、−384 m 水平、−396 m 水平、−408 m 水平、−420 m 水平、−433 m水平、−446 m 水平、−450 m 水平、−486 m 水平的竖向位移云图。−372 m 水平的空区上盘灰岩边缘位置出现最大位移变化区，最大沉降量为 15.7 mm；−372 m 下盘闪长岩边缘位置也有 14 mm 沉降量；−384 m水平附近上盘下盘同时出现最大位移变化区，沉降量为 15.0 ~10.0 mm；−396 m 水平主要在下盘出现较大沉降量为 12.4 mm；−408 m 水平下盘出现最大沉降量为 13.2 mm；−420 m 水平主要沉降区域也在空区下盘边缘沉降量约为 5.0 − 10 mm；−433 m 水平沉降区域在空区下盘达到 14 mm；−446 m 水平最大沉降区域在下盘边缘，约为 12.7 mm；−450 m 水平最大沉降区域在下盘达到14.4 mm。

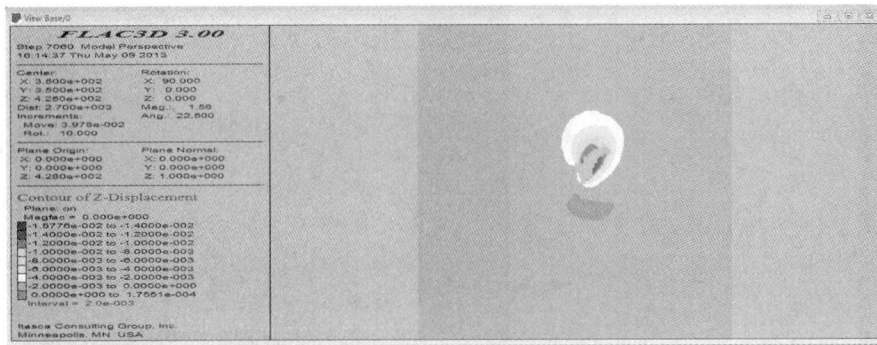

图 3.20　　−372 m 水平竖向位移云图

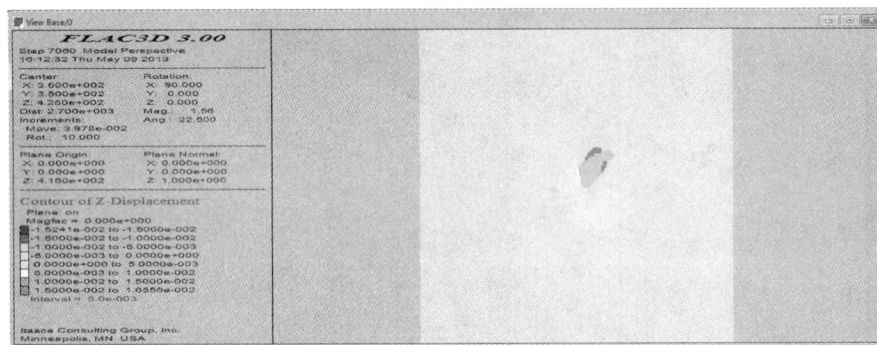

图 3.21　　−384 m 水平竖向位移云图

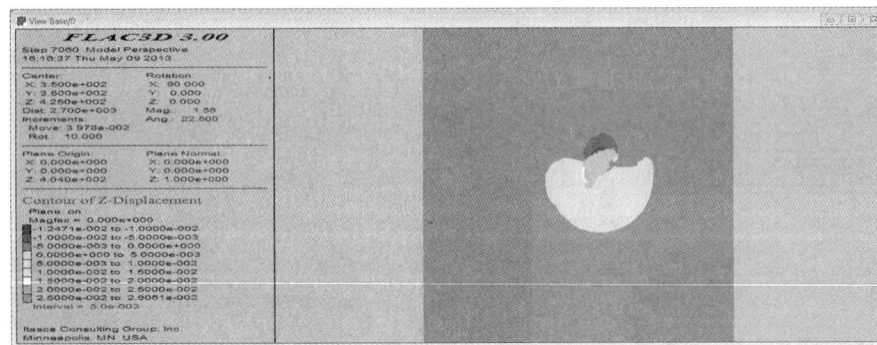

图 3.22　　−396 m 水平竖向位移云图

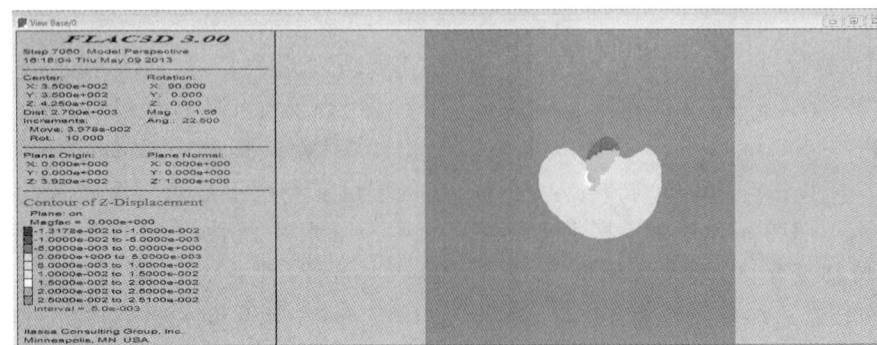

图 3.23　　−408 m 水平竖向位移云图

图 3.24　−420 m 水平竖向位移云图

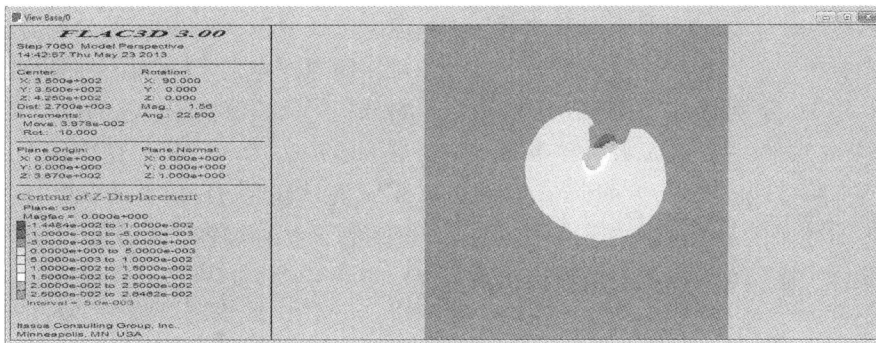

图 3.25　−433 m 水平竖向位移云图

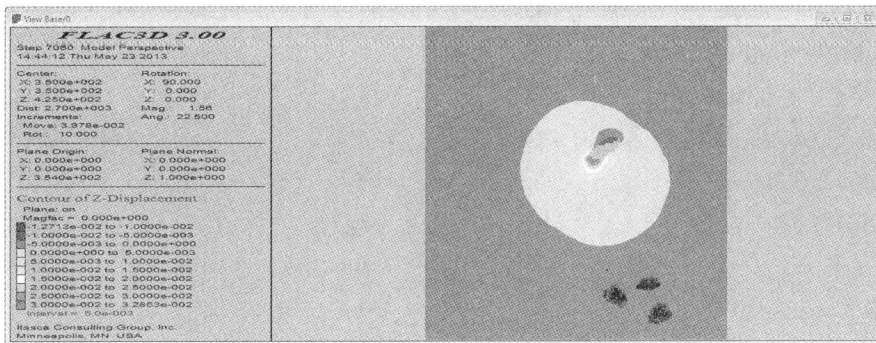

图 3.26　−446 m 水平竖向位移云图

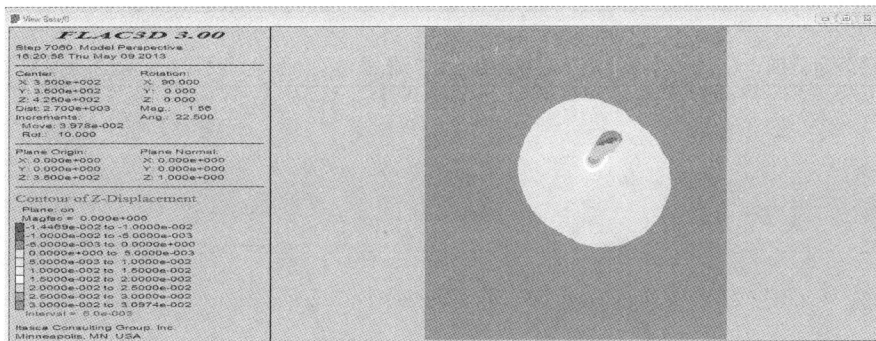

图 3.27　−450 m 水平竖向位移变化图

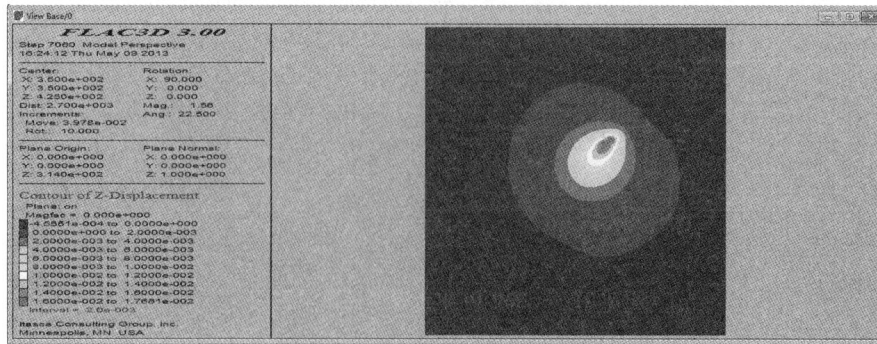

图 3.28　　−486 m 水平竖向位移变化图

3.2.2　空区胶结充填后的应力、塑性区及位移分析

（1）各水平应力分析

图 3. 29 ~ 图 3. 37 分别为空区胶结充填后 −372 m水平、−384 m 水平、−396 m 水平、−408 m 水平、−420 m 水平、−433 m 水平、−446 m 水平、−450 m水平、−486 m 水平的最大压应力分布图。与空区充填前的应力比较，整个空区以及空区周边出现

应力重新分布，空区边缘部分应力变小，充填区中心区域压应力因为充填料的存在而出现。这说明空区充填料分担了充填前空区边缘的应力集中。−372 m 水平最大压应力为 35 MPa，充填区中心最大压应力为 5 MPa，充填区周边压应力减小为 15 MPa。各水平应力、塑性区及位移如表 3.3 所示。

表 3.3　各水平应力、塑性区及位移

各水平/m	−372	−384	−396	−408	−420
整个水平最大压应力/MPa	35	40	35	43	41.8
充填区最大压应力/MPa	5	5	5	5	5
充填区周边最大压应力/MPa	15	15	20	20	15
充填区最大位移/mm	−39.1	−36.4	−46	−50.5	−33
充填区周边围岩位移/mm	−5	−5	−10	−10	−10
塑性区分布范围	上盘	上盘	上盘	上盘	上盘
各水平/m	−433	−446	−450	−486	
整个水平最大压应力/MPa	30	30	27	23	
充填区最大压应力/MPa	5	5	7.5	7.5	
充填区周边最大压应力/MPa	15	15	10	10	
充填区最大位移/mm	−33	−19	−14	3.7	
充填区周边围岩位移/mm	−5	−6	−6	1	
塑性区分布范围	较小	非常小	没有	没有	

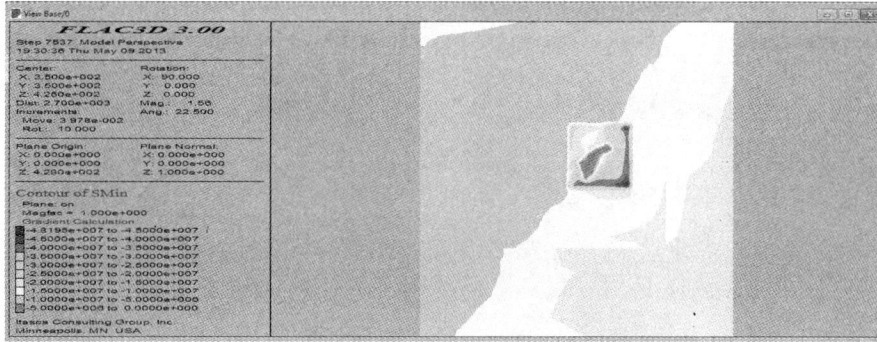

图 3.29　　-372 m 水平最大压应力云图

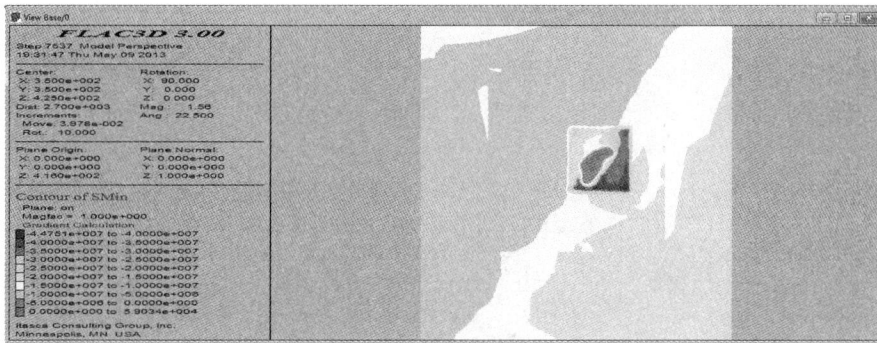

图 3.30　　-384 m 水平最大压应力云图

图 3.31　　-396 m 水平最大压应力云图

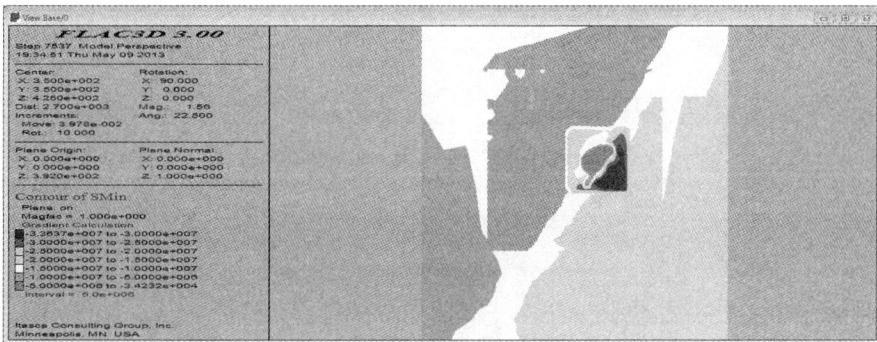

图 3.32　　-408 m 水平最大压应力云图

图 3.33　　-420 m 水平最大压应力云图

图 3.34　　-433 m 水平最大压应力云图

图 3.35　　-446 m 水平最大压应力云图

图 3.36　　-450 m 水平最大压应力云图

图3.37　-486 m水平最大压应力云图

（2）各水平面塑性区云图及分析

图3.38～图3.46分别为空区胶结充填后-372 m水平、-384 m水平、-396 m水平、-408 m水平、-420 m水平、-433 m水平、-446 m水平、-450 m水平、-486 m水平的塑性区分布图。-372 m水平、-372 m水平、-384 m水平、-396 m

水平、-408 m水平、-420 m水平充填区上盘围岩仍有剪切塑性区，下盘未出现塑形区；-433 m水平下盘塑性区开始变小；-446 m水平、-450 m水平、-486 m水平的充填区上下盘未出现明显塑性区；这说明胶结充填使得塑性区范围显著缩小。

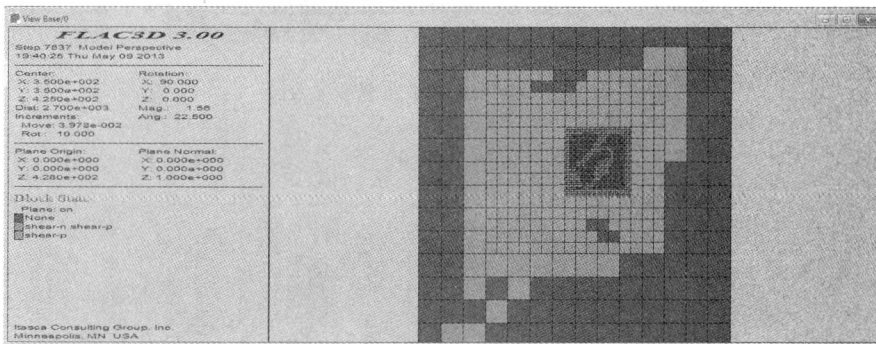

图3.38　-372 m水平面塑性区云图

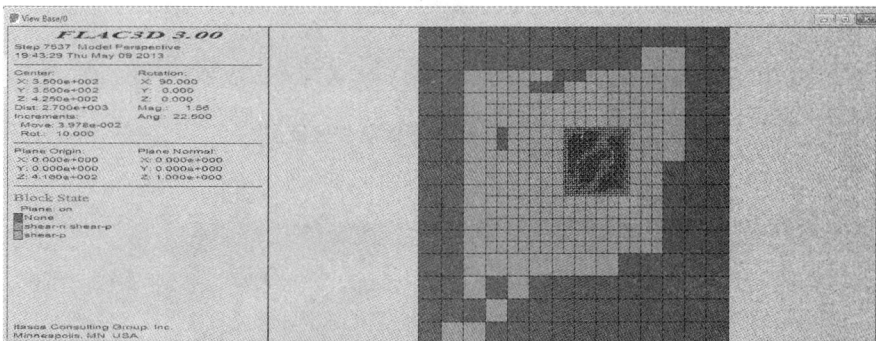

图3.39　-384 m水平面塑性区云图

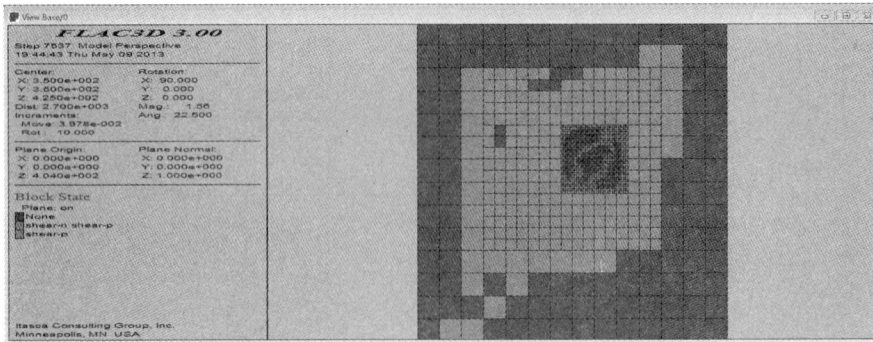

图 3.40　　−396 m 水平面塑性区云图

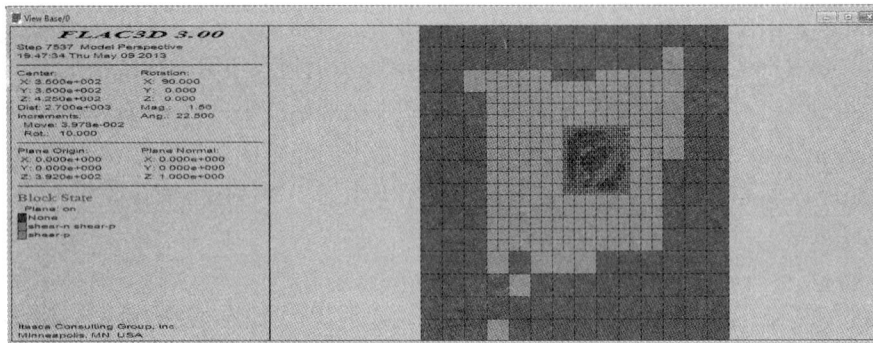

图 3.41　　−408 m 水平面塑性区云图

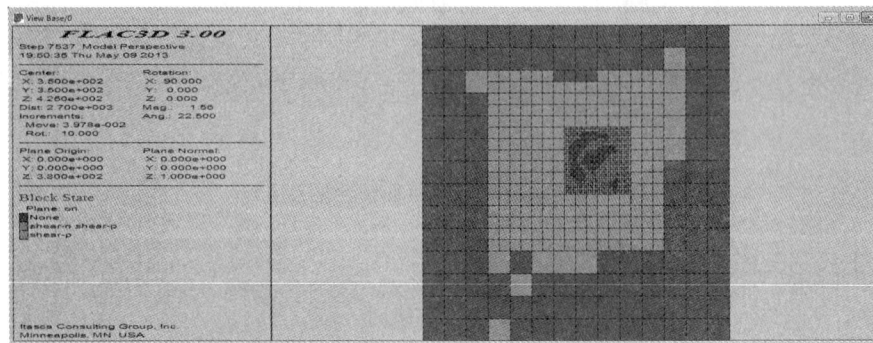

图 3.42　　−420 m 水平面塑性区云图

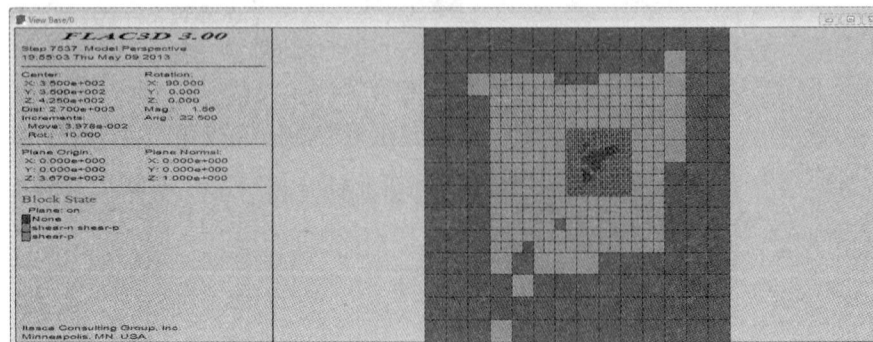

图 3.43　　−433 m 水平面塑性区云图

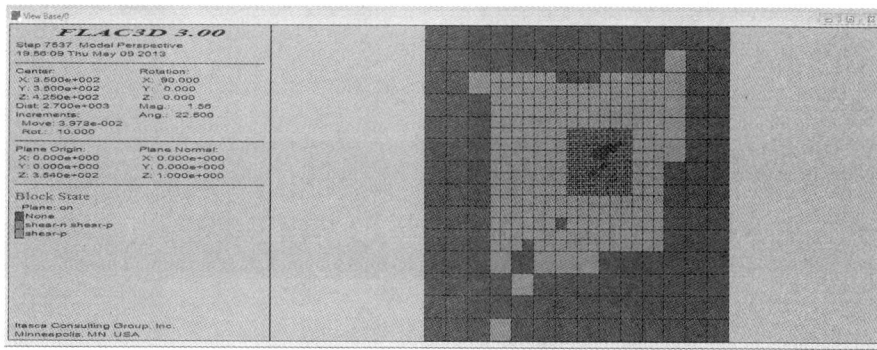

图3.44　−446 m水平面塑性区云图

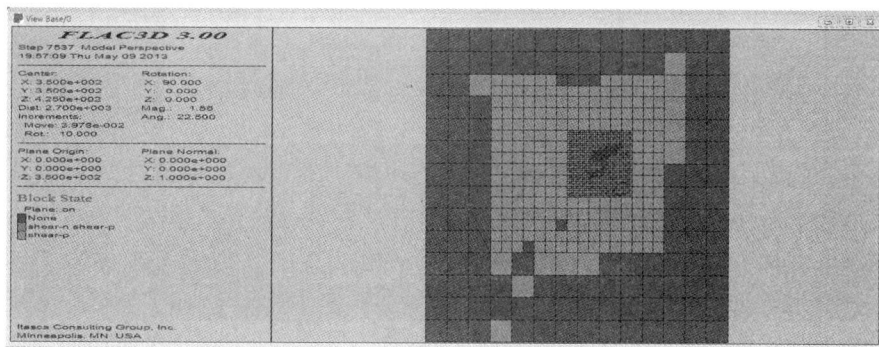

图3.45　−450 m水平面塑性区云图

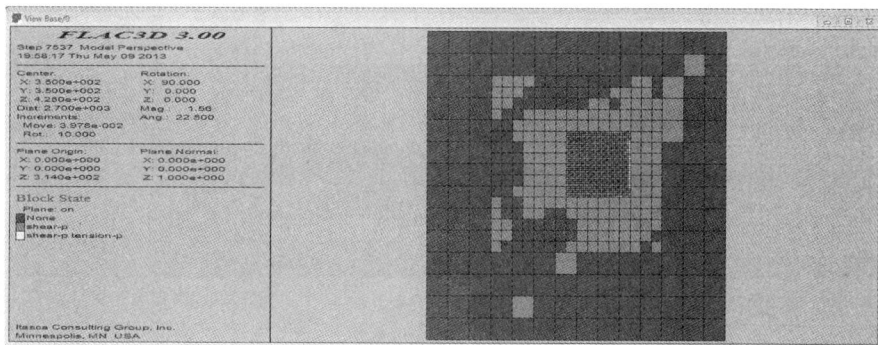

图3.46　−486 m水平面塑性区云图

（3）各水平竖向位移分布图及分析

图3.47～图3.55分别为−372 m水平、−384 m水平、−396 m水平、−408 m水平、−420 m水平、−433 m水平、−446 m水平、−450 m水平、−486 m水平的竖向位移分布图。充填区周边围岩沉降明显变小，−372 m水平充填区中心沉降量为39 mm，周边围岩沉降量为5 mm；从表3.5数据可看出，胶结充填后，由于围岩稳固性增加，充填区周边围岩沉降量明显减小，从充填前10～20 mm减小为充填后5～10 mm。

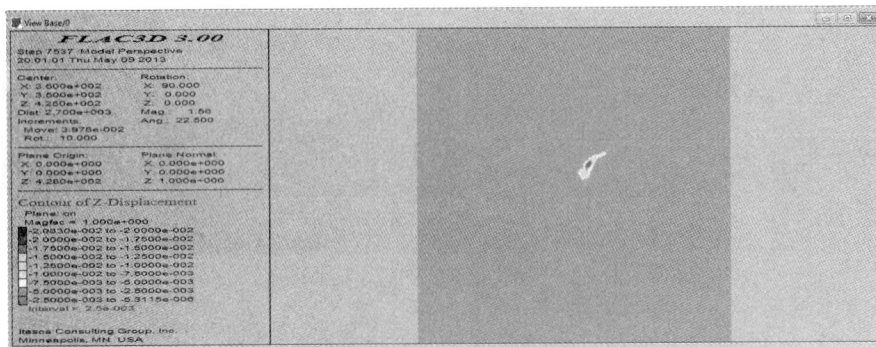

图 3.47　　−372 m 水平竖向位移云图

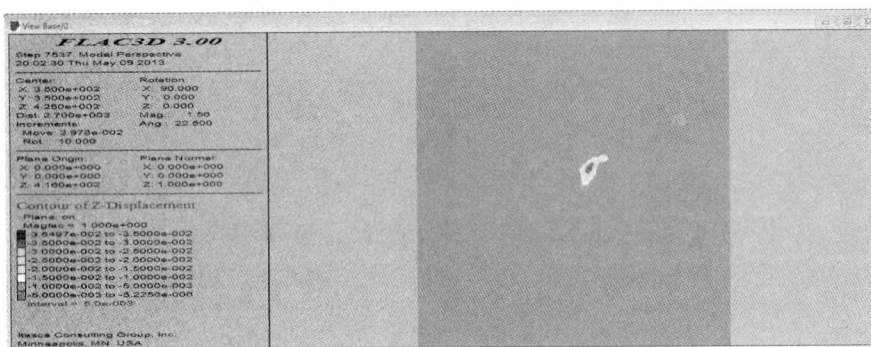

图 3.48　　−384 m 水平竖向位移云图

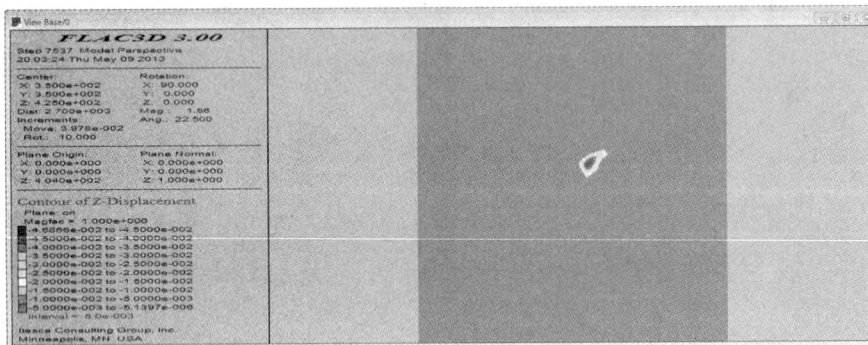

图 3.49　　−396 m 水平竖向位移云图

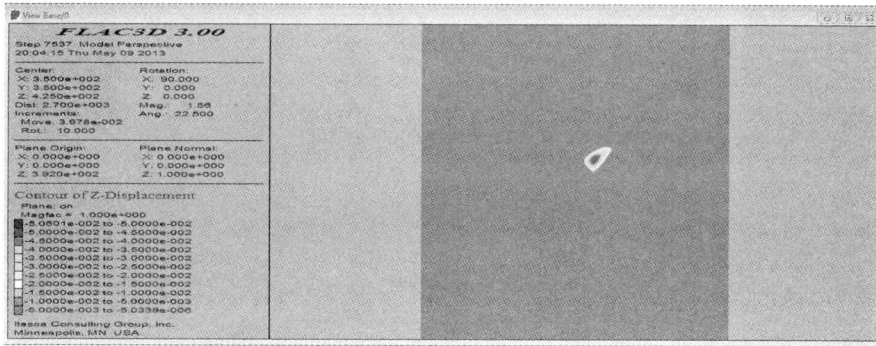

图 3.50　　－408 m 水平竖向位移云图

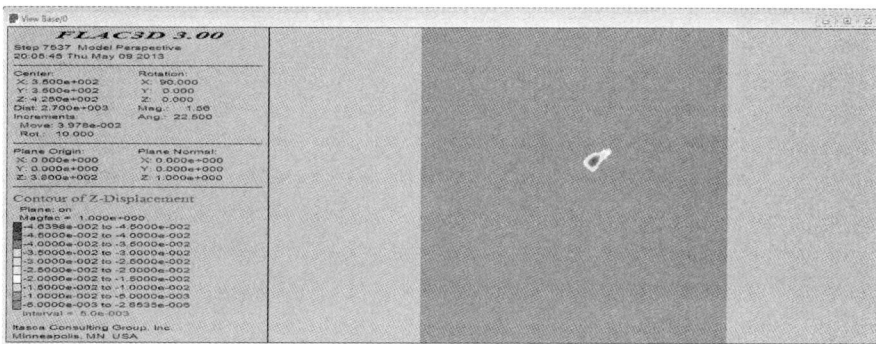

图 3.51　　－420 m 水平竖向位移云图

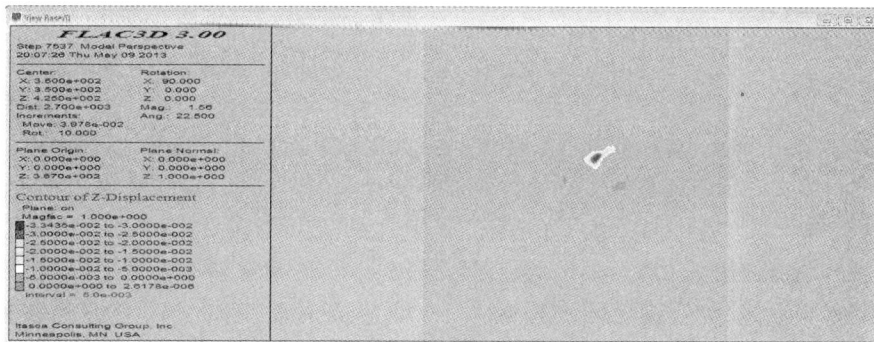

图 3.52　　－433 m 水平竖向位移云图

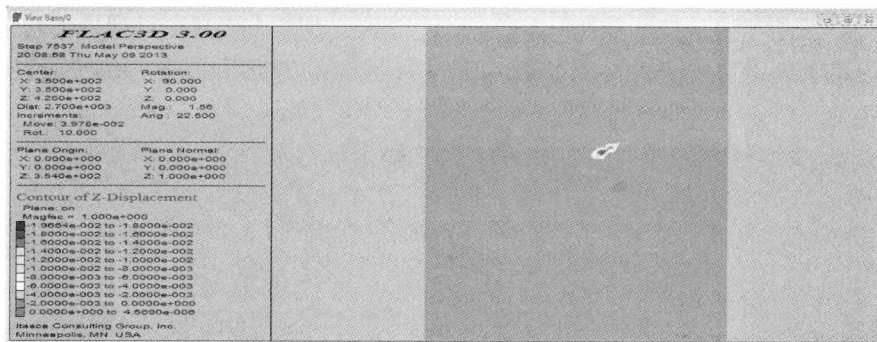

图 3.53　　－446 m 水平竖向位移云图

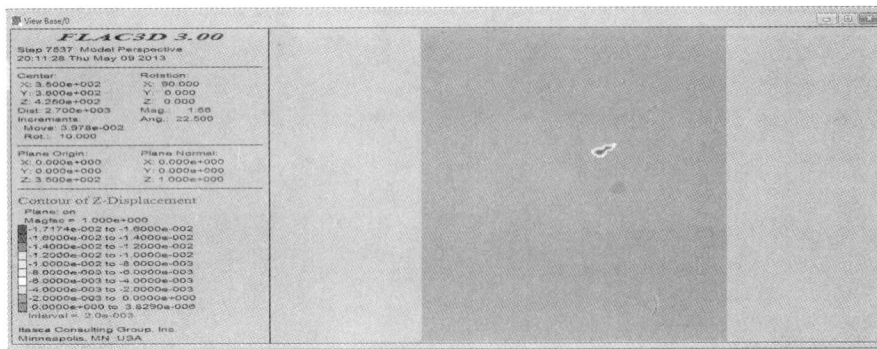

图 3.54　　−450 m 水平竖向位移云图

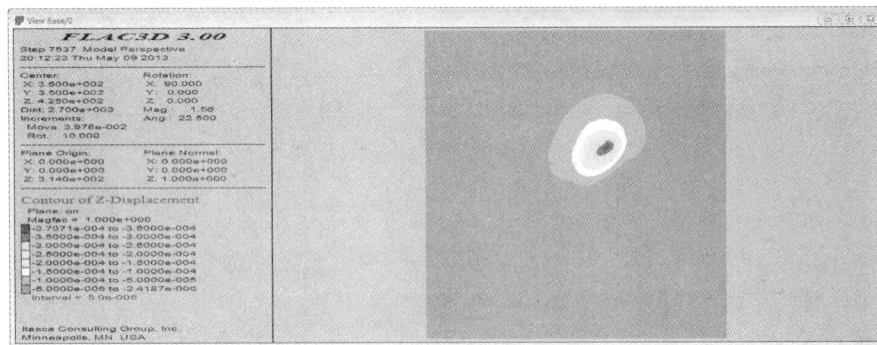

图 3.55　　−486 m 水平竖向位移云图

4　FLAC³ᴰ计算结果在 3DMine 中后处理综合分析

将 FLAC³ᴰ中数值模拟的云图截取出后，导入 3DMine 软件中，以贴图形式将截图调整到实际坐标位置，从 Z 轴俯视角度查看。以下各图为各水平在空区充填前后的位移区域和巷道的相对位置。处于灰色空区区域的巷道已经随矿体开采，处于彩色区域的巷道仍然存在。

4.1　空区充填前空区周边巷道水平竖向位移分析

图 4.1 ~ 图 4.9 分别为 −372 m 水平、−384 m 水平、−396 m 水平、−408 m 水平、−420 m 水平、−433 m 水平、−446 m 水平、−450 m 水平、−486 m 水平的水平竖向位移和巷道相对位置比较图。−372 m 水平

现存部分巷道在下盘处于 12 mm 沉降区域，此区域巷道较为危险，实际监测发现此区域巷道已经出现多处宽约 5 ~ 20 mm 的裂缝，与模拟结果非常吻合。因此此区域巷道仅允许在空区检查时行人，平时禁止通行。同样情况，−384 m 水平、−396 m 水平、−408 m 水平、−433 m 水平、−446 m 水平部分巷道也处于较大沉降区域，巷道基本弃用平时禁止通行。−450 m 水平巷道下盘一段运输巷道仍在使用中，但此处于 15 mm沉降区域，而且巷道靠近空区一侧出现 10 mm左右裂缝，处于危险状态，需要采取必要措施，例如改用其他运输巷道，封闭此区域。−420 m 水平大巷与 −486 m 水平大巷，仍然处于正常使用中，从模拟结果和现场观察判断，此区域运输大巷最大压应力较小，沉降量不大，接近但未处于剪切塑性区，所以相对安全。

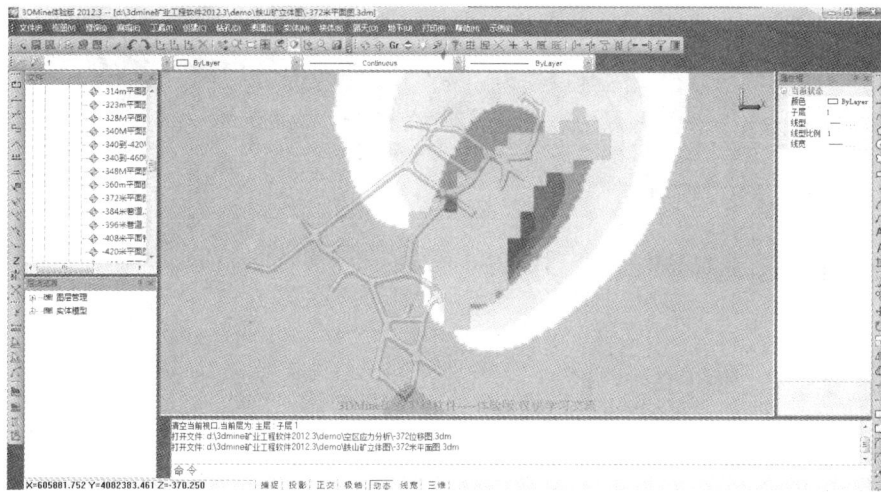

图 4.1   −372 m 水平竖向位移与巷道图

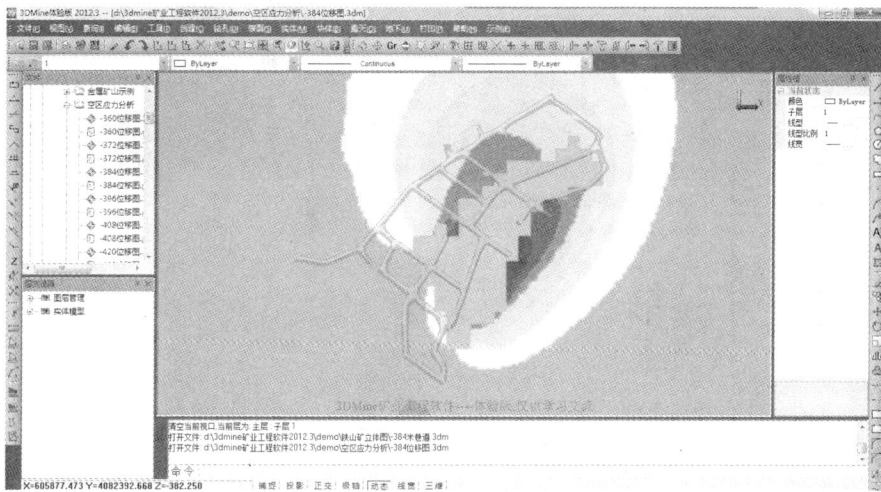

图 4.2   −384 m 水平竖向位移与巷道图

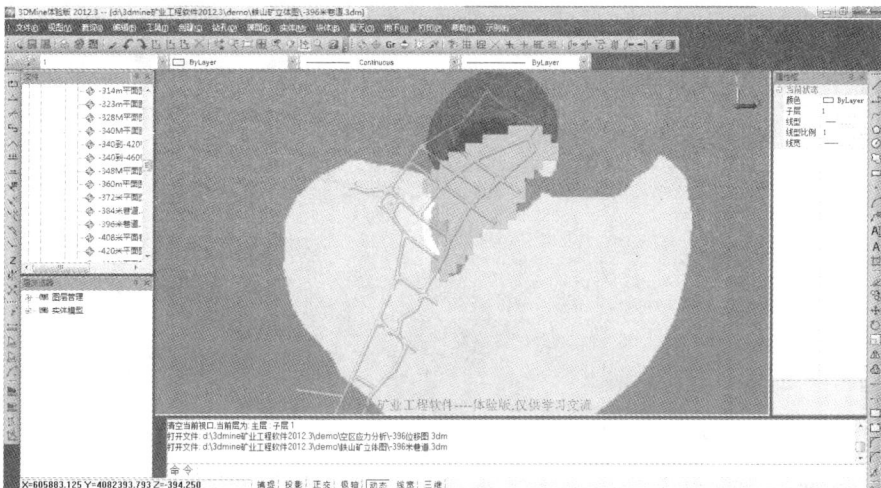

图 4.3   −396 m 水平竖向位移与巷道图

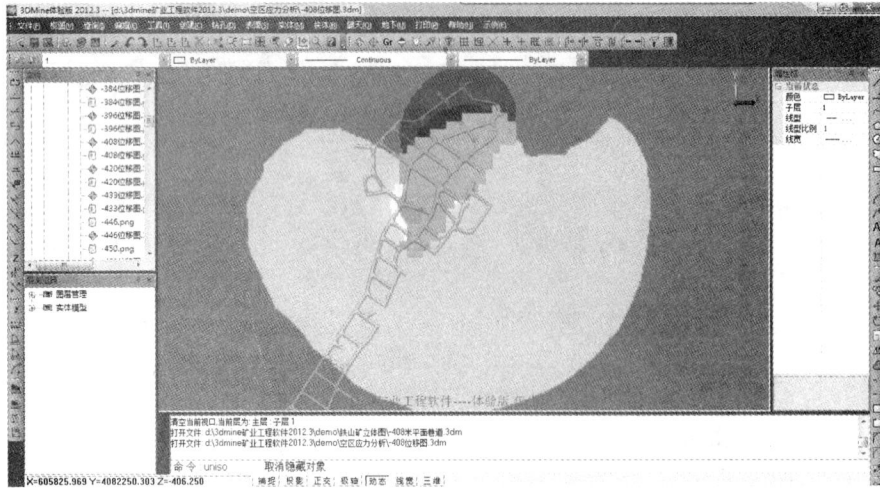

图 4.4　−408 m 水平竖向位移与巷道图

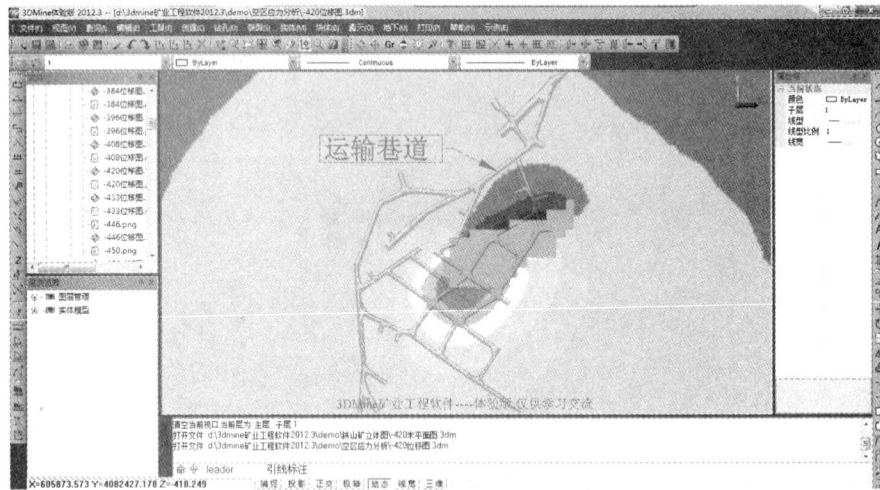

图 4.5　−420 m 水平竖向位移与巷道图

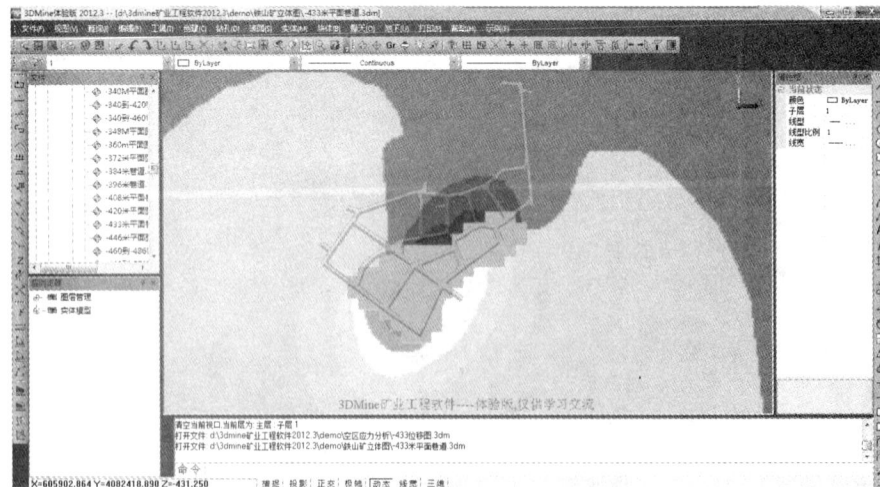

图 4.6　−433 m 水平竖向位移与巷道图

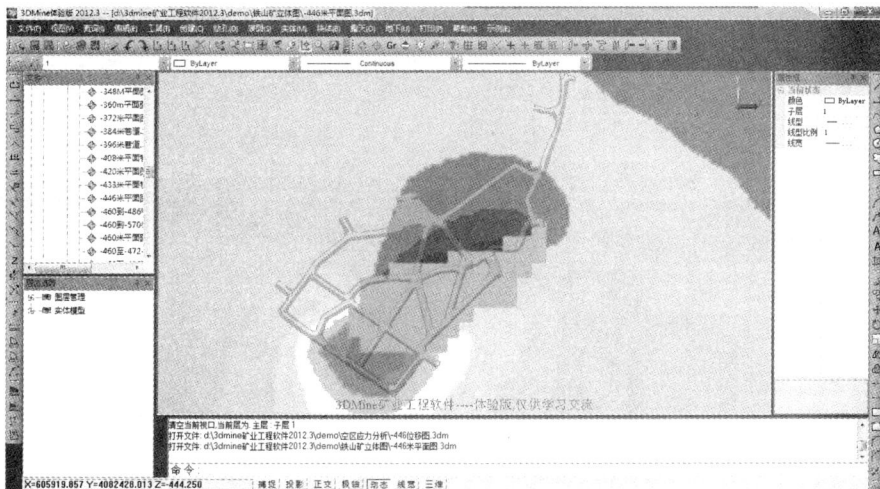

图 4.7　−446 m 水平竖向位移与巷道图

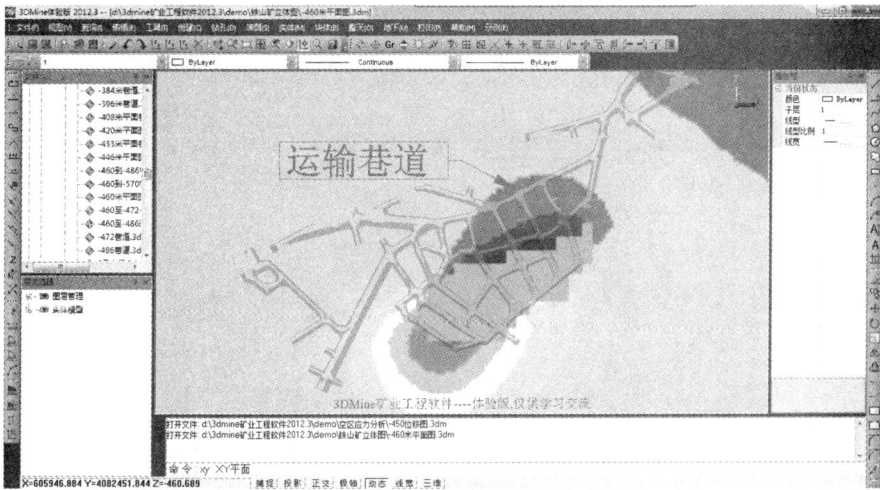

图 4.8　−460 m 水平竖向位移与巷道图

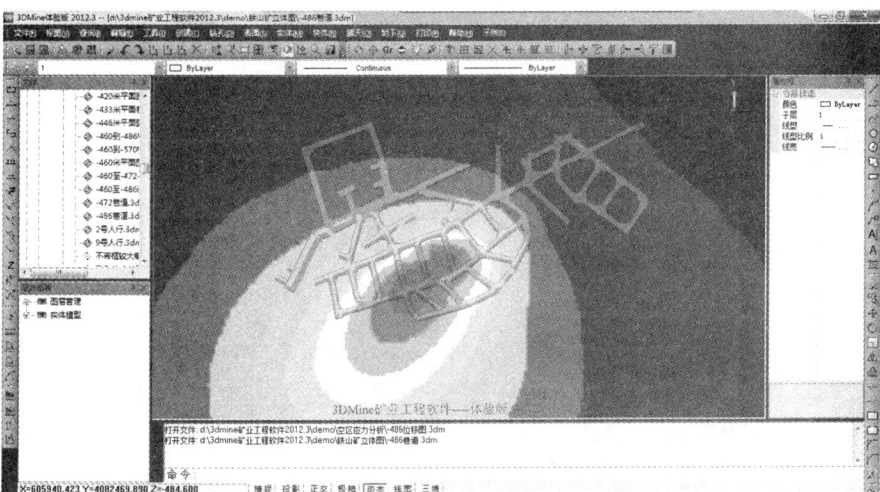

图 4.9　−486 m 水平竖向位移与巷道图

4.2 空区充填后周边巷道水平位移分析

图 4.10～图 4.18 分别为空区充填后竖向位移与巷道图。空区充填后，围岩曾存在较大沉降的区域面积减小，沉降量变小。从 −420 m 水平、−450 m 水平、

−486 m 水平看，威胁到运输巷道的沉降区域沉降量变小，发生垮落的危险性大大减小。其余各水平现存巷道的围岩也处于较安全的状态。

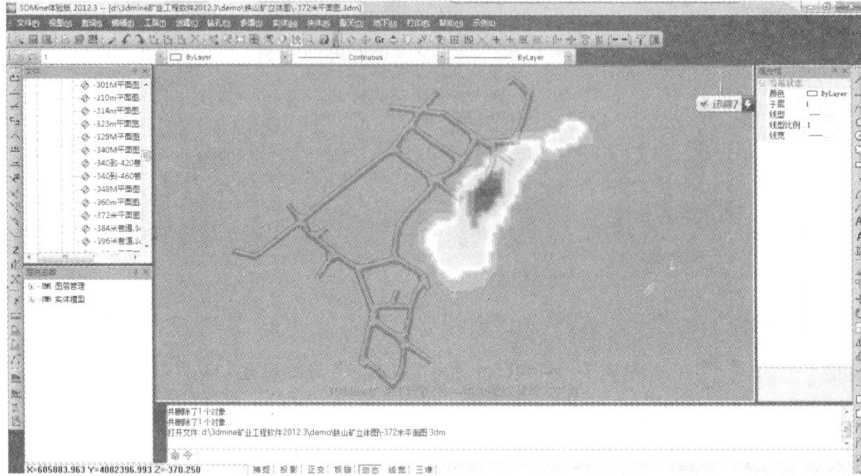

图 4.10 −372 m 水平竖向位移与巷道图

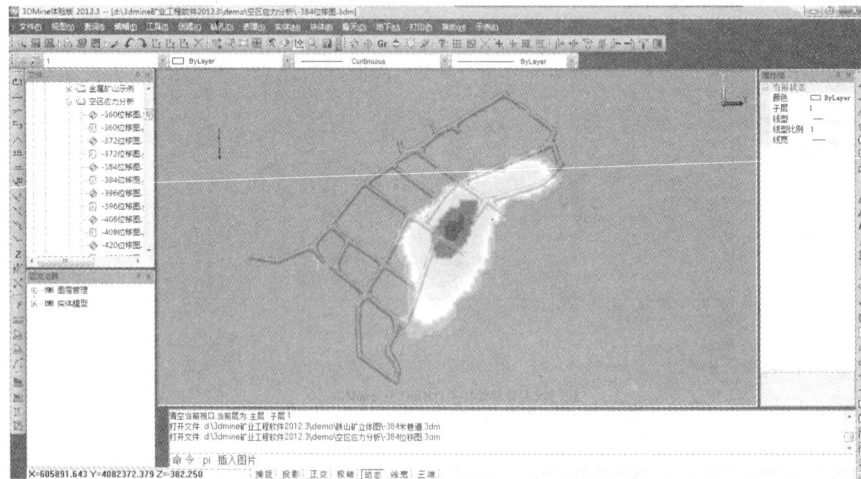

图 4.11 −384 m 水平竖向位移与巷道图

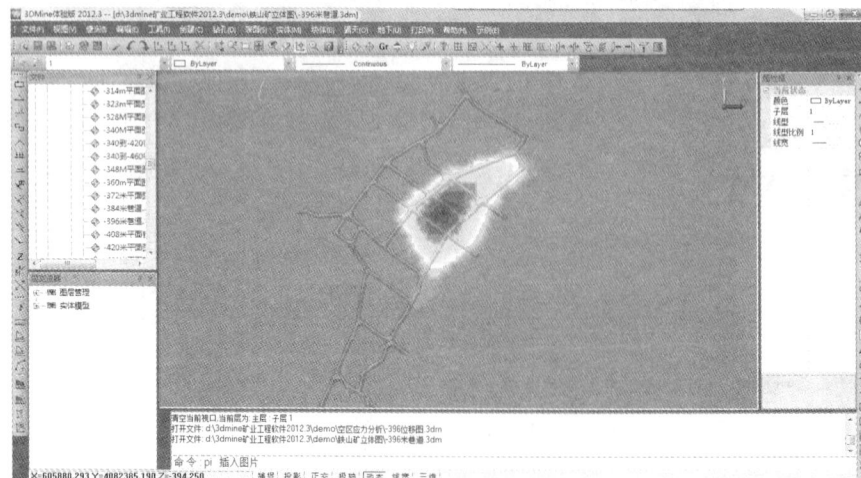

图 4.12 −396 m 水平竖向位移与巷道图

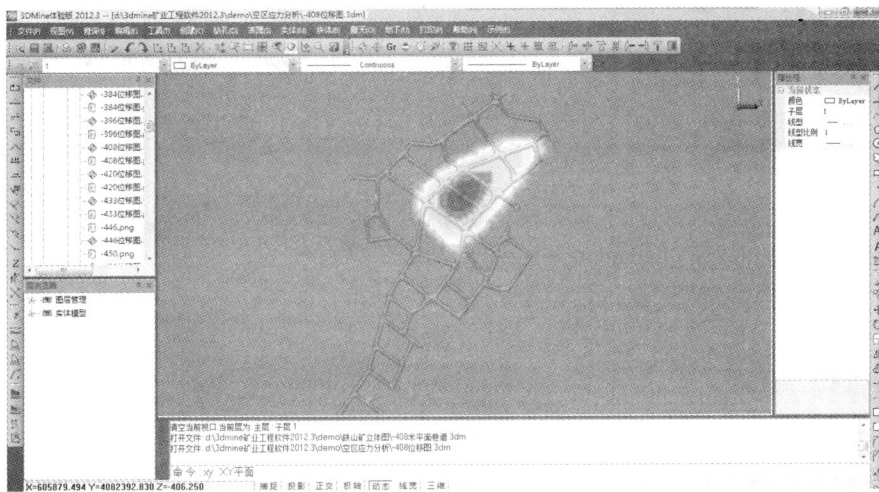

图 4.13   −408 m 水平竖向位移与巷道图

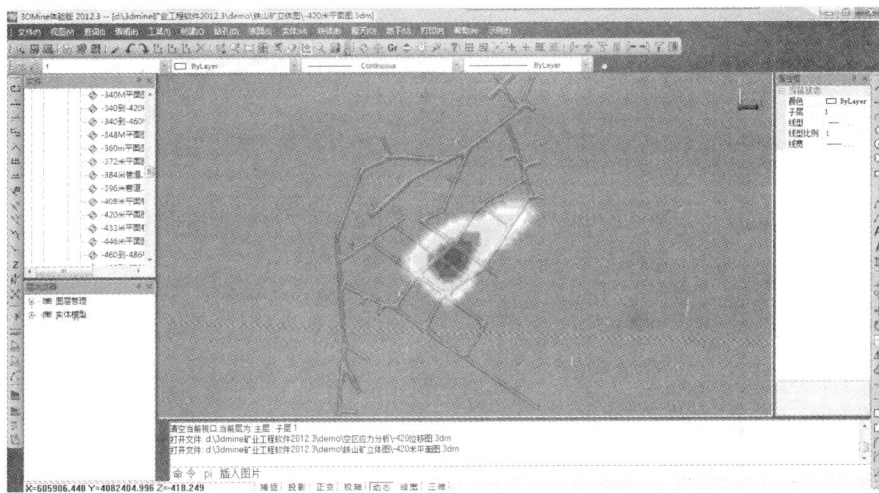

图 4.14   −420 m 水平竖向位移与巷道图

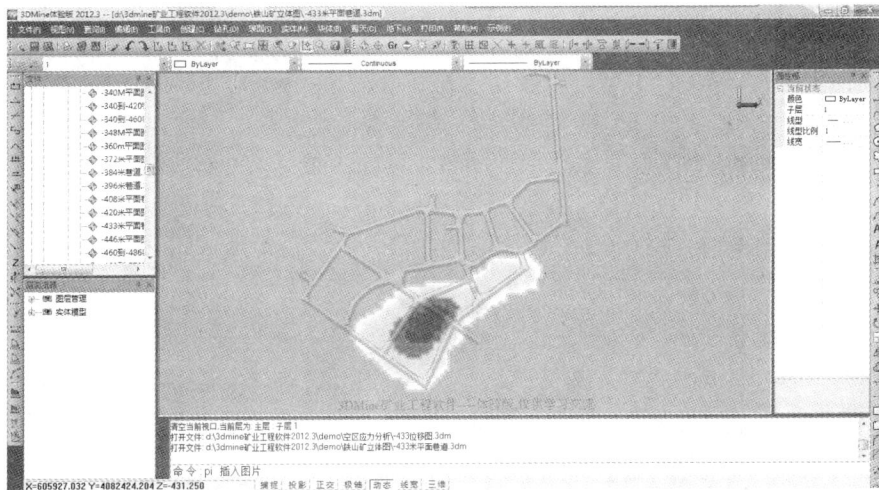

图 4.15   −433 m 水平竖向位移与巷道图

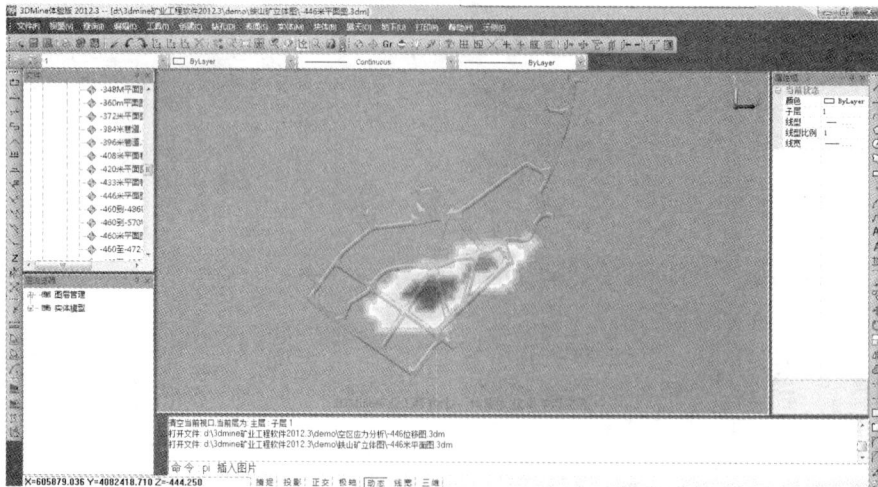

图 4.16　　－446 m 水平竖向位移与巷道图

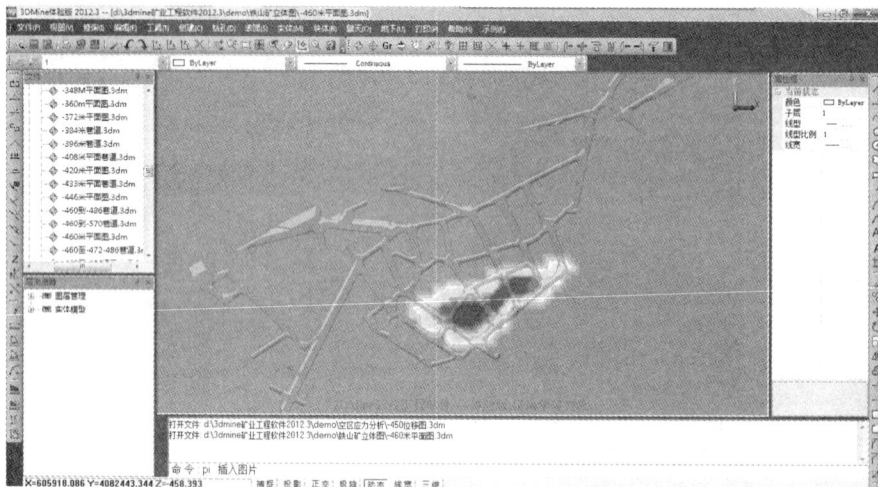

图 4.17　　－450 m 水平竖向位移与巷道图

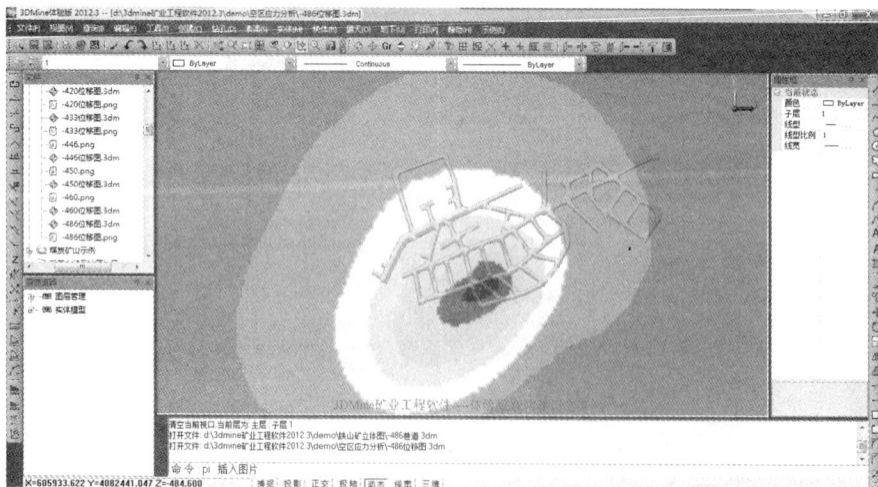

图 4.18　　－486 m 水平竖向位移与巷道图

5　空区周边围岩受力监测及分析

空区受力监测报告为青岛理工大学为铁山矿出具（产权为青岛理工大学所有），这里仅引用监测数据对照 FLAC^{3D}计算模拟结果进行分析。

5.1　空区围岩受力监测目的

采空区监测的主要目的是：

（1）使铁山矿残矿开采过程中能够真实地把握工程质量，掌握工程各部分的关键性指标，确保工程安全；

（2）回采过程中通过实测数据检验工程设计所采取的各种参数的正确性，及时改进施工技术或调整设计参数以取得良好的工程效果；

（3）对可能发生危险的隐患进行及时、准确的预报，确保围岩和采空区的安全；

（4）积累工程经验，为类似矿柱回采的设计和施工提供基础数据支持。

5.2　监测点布置

监测点位置如图 5.1～图 5.2 所示。

图 5.2 中从上至下分别表示为 -372 m 水平、-384 m 水平、-396 m 水平、-408 m 水平、-420 m 水平、-433 m 水平、-446 m 水平、-460 m 水平监测点位置。

本次 501 空区围岩监测共选取 18 个点做特征监测，其具体分布情况为：-384 m 水平 2 个监测点，-396 m 水平 2 个监测点，-408 m 水平 2 个监测点，-420 m 水平 3 个监测点，-433 m 水平 2 个监测点，-446 m 水平 2 个监测点，-460 m 水平 2 个监测点。空区监测点安装位置如图 5.3、图 5.4 所示。

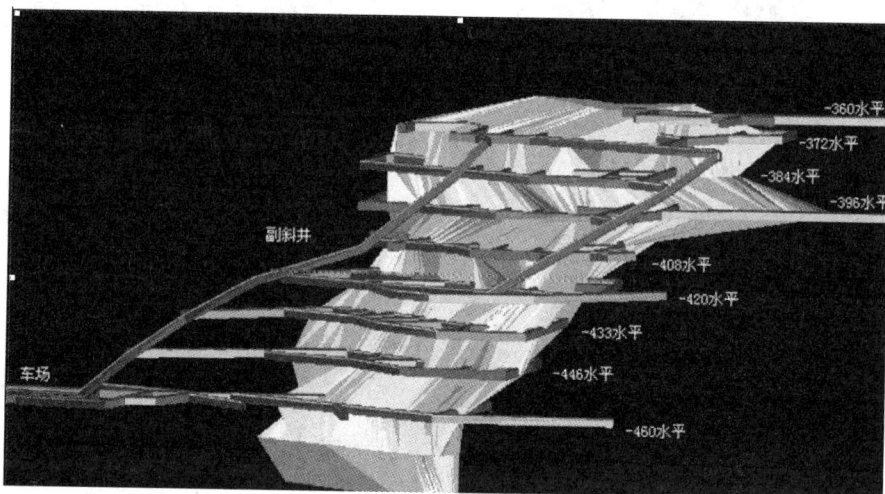

图 5.1　各水平监测点布置图

5.3　监测系统简介

监测仪器使用的是青岛理工大学提供的 KD-2 型，无线有线巡测系统，并采用其配套的振弦传感器，用于微机自动监测多点多种物理量，使用有线模式传输模块，是新一代多点巡测系统。所使用的钻孔应力计为 ZLGH—20 型钻孔测力计，主要用来测量煤矿或金属矿预留柱应力的变化，或用来测量基坑岩体、隧道岩体、土基础，在开挖前后应力的变化情况。对本次 501 空区监测比较适用。

振弦式传感器使用的数学模型为 $F = A(f^2 - f_0^2) - B(f - f_0)$，其中 A、B 为传感器自身已测定的出厂参数，f 为实际安装后测得的频率值，f_0 为初频，F 为经公式计算得出的应力值。

钻孔测力计即钻孔测应力传感器，它是用来放入较深的岩石钻孔中，测量岩石应力的一种传感器。此钻孔应力计的工作原理是：采用液压膨胀机械，当把钻孔测力计首先放入钻孔后，用手工使其膨胀，使内部的振弦式液体压力传感器受较小的初压力，即为安装完毕。当岩石有应力变化时，钻孔测力计就会有信号传出，仪表上就会显示出岩石压力的大小。

有线传输原理框图如图 5.5 所示。

多点巡测系统的操作界面如图 5.6 所示：

目前监测装置已安装到位，监测工作正在进行当中。

5.4　监测结果分析

铁山分矿采空区在 2011 年 8 月完成了 -420 m 水平监测系统的安装调试工作，设备运转正常，传感器的性能稳定，随着现场施工等影响，有部分应力计

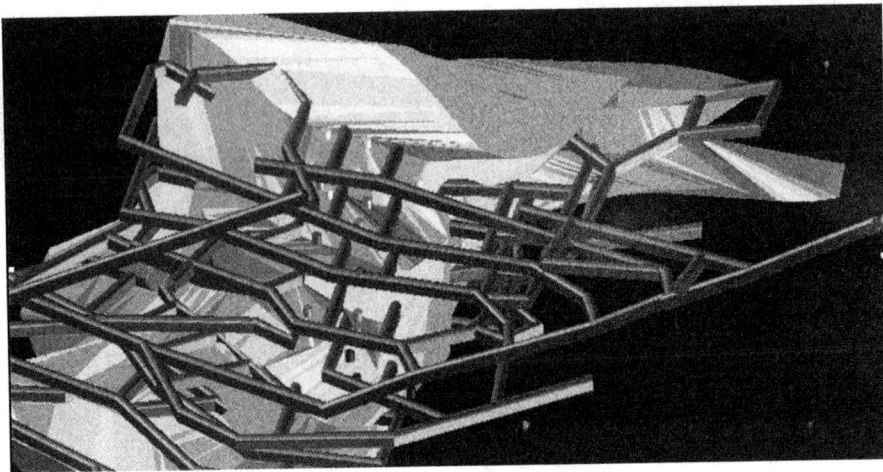

图 5.2　各水平监测点布置空间分布图

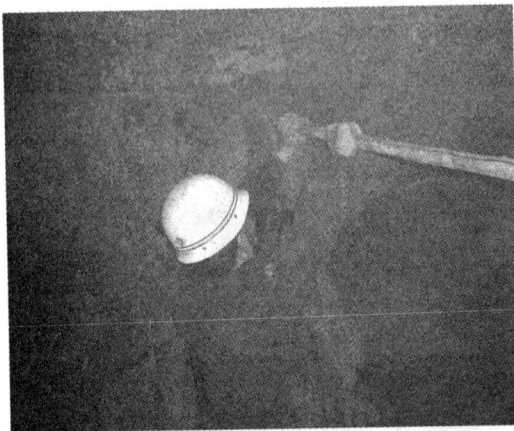

图 5.3　现场应力计安装照片（安装杆头部）

图 5.4　现场应力计安装照片（安装杆尾部）

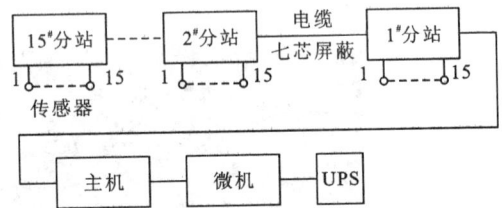

图 5.5　监测系统原理图

图 5.6　系统设置与测频调零界面

损坏。

　　监测系统 20# 至 36# 测点则以正向增加为压力增大。各水平测点具体分布及从 2011 年 8 月安装完成至今的垂直应力值变化曲线如图 5.7～图 5.13 所示。

　　（1）-384 m 水平

　　-384 m 水平共有 2 个测点，20#、21# 为最新安装监测点，应力变化曲线如图 5.7 所示。目前 20# 点正常工作，21# 点可能发生损坏。

　　20# 测点在安装初期数据跳动很大，在整个检测过程中，应力状态基本是逐渐增大，在 2012 年 2 月与 7 月监测压力数据出现明显变化，从 7 月至今，压力总体在稳步增加，但增加速率很小。在 4 月中旬、7 月中旬、11 月等时间，压力都出现明显的突增，表明压力计

(a) 20测点应力变化曲线

(b) 21测点应力变化曲线

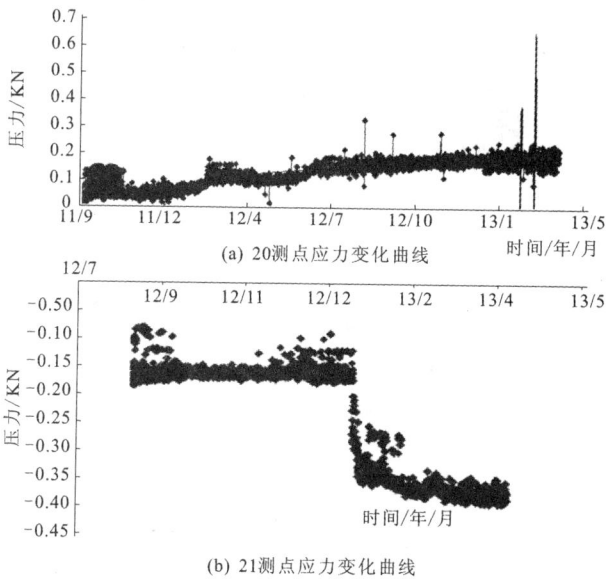

图 5.7　−384 m 水平测点应力变化曲线

附近出现明显的围岩应力变化,或者有爆破影响等外界条件的变化。

从 20#测点来看,应力计附近围岩压力会逐渐增大,虽时有波动,但没有出现所谓的破坏前剧烈变化,短时间内应该不会出现大的围岩破坏。

（2）−396 m 水平

(a) 22测点应力变化曲线

(b) 23测点应力变化曲线

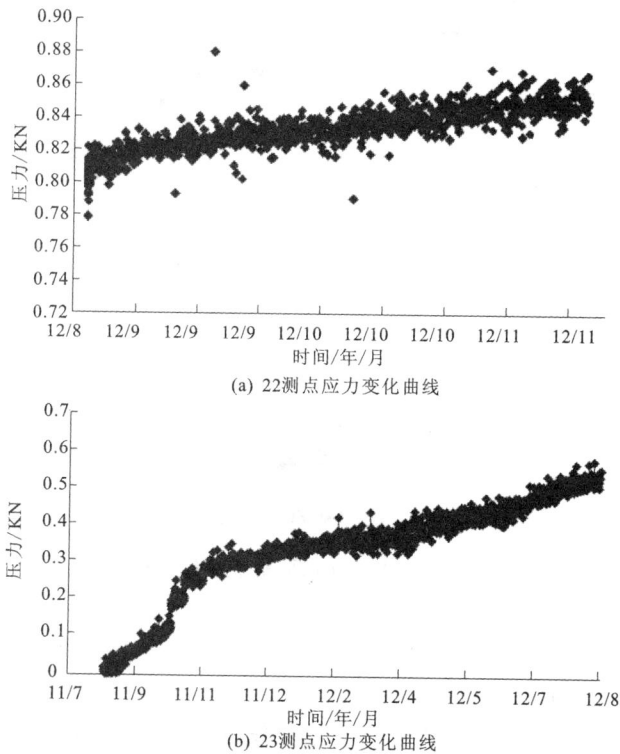

图 5.8　−396 m 水平测点应力变化曲线

−396 m 水平有测点 22#、23#测点。目前监测点 22#工作正常。22#、23#监测点在监测初期都迅速变化。

22#监测点,在 2012 年 1 月至 4 月,由于施工原因停止监测,完成后恢复监测。监测点 22# 的压力在 2012 年 11 月左右稳定,呈一种稳定的增加趋势。监测压力出现一定程度的跳动,不排除爆破及围岩局部应力转移造成的影响。

23#监测点压力一直处于增长趋势,2012 年 8 月份仍处于增长速率攀升期,增长速率高于 −384 m 水平,表明 −396 m 水平比 −384 m 水平更危险。

总体来看,−396 m 比较危险,围岩压力一直在攀升,且时有明显的波动。23#监测点的工作不正常极有可能是围岩影楼里变化引起的,可进行现场观察。

（3）−408 m 水平

(b) 25测点应力变化曲线

(b) 25测点应力变化曲线

(c) 26测点应力变化曲线

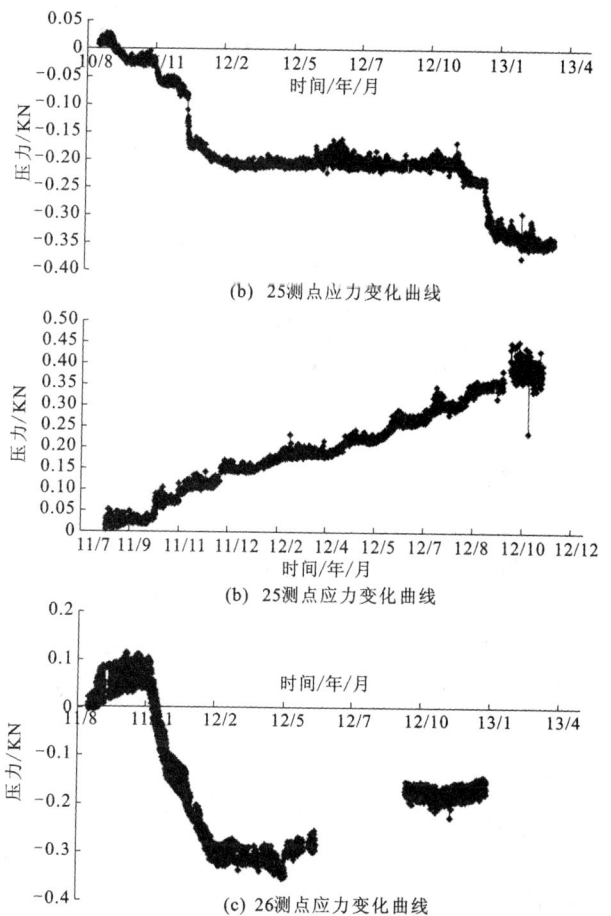

图 5.9　−408 m 水平测点应力变化曲线

−408 m 水平有测点 24#、25#、26#。目前监测点 24#、25#、26#均正常工作。

24#监测点处于压力减小状态,围岩的变化让设备安装时的预压力出现减小趋势,围岩卸荷出现应力转移现象,但在 1 月份附近出现突变现象。但 4 月份基本保持稳定。

26# 监测点,减小一段时间后,2012 年 8 月份左右压力开始逐渐增大,中间空白段压力监测无有效值,但增大表明围岩处于加载状态,至 1 月份压力稳定,表明围岩处于相对稳定状态,至 4 月份,出现大量的无监测值,有可能出现损坏。

25# 监测点整体呈现起伏增加状态。10 月份以后,压力出现明显的起伏。

结合 24#、25# 监测点,−408 m 水平围岩现在处于明显变化期,各处压力变化明显,应重点观察。

（4）−420 m 水平

(a) 28测点应力变化曲线

(b) 29测点应力变化曲线

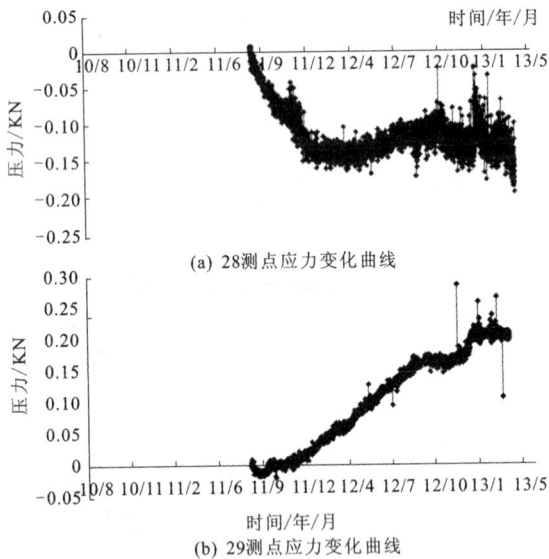

图 5.10   −420 m 水平测点应力变化曲线

−420 m 水平作为重点观察区域,有 27#、28#、29#、30# 四个测点。目前测点 28#、29# 正常工作。

28# 测点从 2012 年 10 月开始出现剧烈波动,在 10 月、12 月都出现突然性的压力增加,应该是爆破或者围岩局部变化引起的。

29# 测点在 2012 年 10 月份左右出现一段时间的稳定阶段,但在 12 月左右压力出现短时增加后,又呈整体增加趋势。目前处于增加趋势的开始,但是增速很快,该点附近的围岩应注意观察。

总体来看,−420 m 水平进入了围岩不稳定阶段,监测点变化复杂,并且呈迅速增加趋势。建议重点观察。

（5）−433 m 水平

−433 m 水平测点 31#、32#。目前 31# 正常工作。

从 31# 监测数据来看,在 2012 年 10 月份左右,31# 监测点压力出现一定程度的回复,但又迅速增加,并在

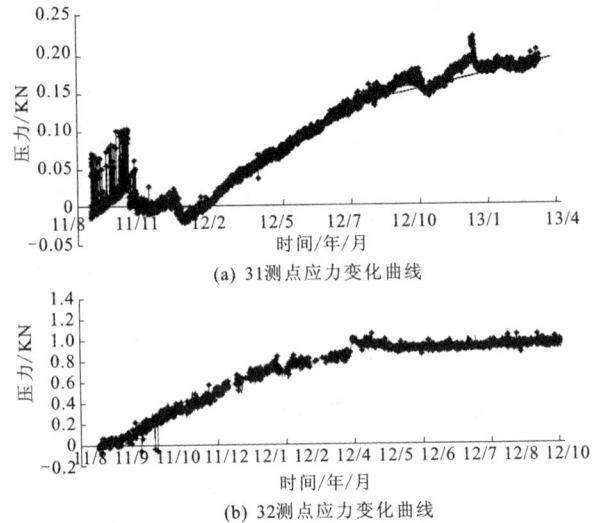

(a) 31测点应力变化曲线

(b) 32测点应力变化曲线

图 5.11   −433 m 水平测点应力变化曲线

12 月至 1 月期间出现明显上升趋势。从趋势来看,增速很快,围岩有可能发生冒落。

32# 监测点在 4 月份至 5 月份期间,基本稳定。但在 11 月份之后工作不正常。有可能是围岩变化引起,可现场查看是否有恢复的可能。

从监测压力变化来看,−433 m 水平压力也处于迅速增加趋势的初始阶段,有必要进一步观察。

（6）−446 m 水平

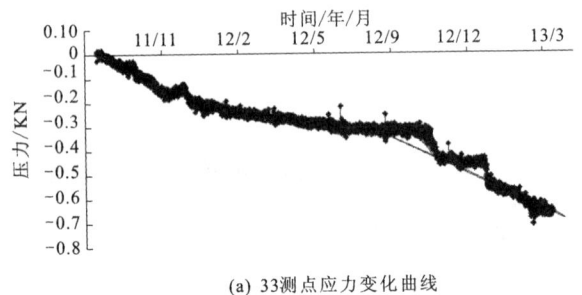

(a) 33测点应力变化曲线

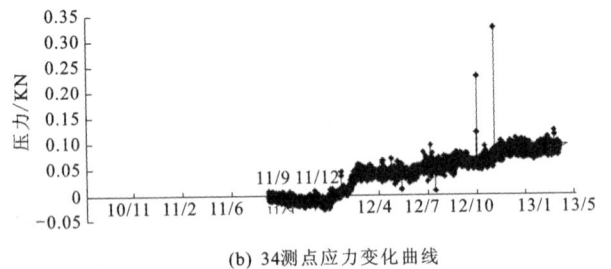

(b) 34测点应力变化曲线

图 5.12   −446 m 水平测点应力变化曲线

−446 m 水平有监测点 33#、34#。目前两点均正常工作。

33# 和 34# 监测点在 2012 年 10 月后开始出现迅速变化,34# 监测点监测过程中,波动比较大,但整体还是以比较缓慢的速率在增加。

总体来看，-446 m 水平虽然有增加的趋势，但与其上水平相比，速率要小的多，但总体来看，应力的加速变化，围岩处于不稳定初期。

（7）-460 m 水平

-460 m 水平有测点 35#、36#。目前 35# 正常工作。

35#、36# 监测点在监测过程中，压力波动比较明显，2012 年 10 月后应力增长速率略有增加。这也说明，-460 m 水平的外部环境如施工环境、围岩条件对监测过程中的影响比较大，但也表明 -460 m 水平围岩的不稳定。

各水平应力监测相对变化见表5.1。

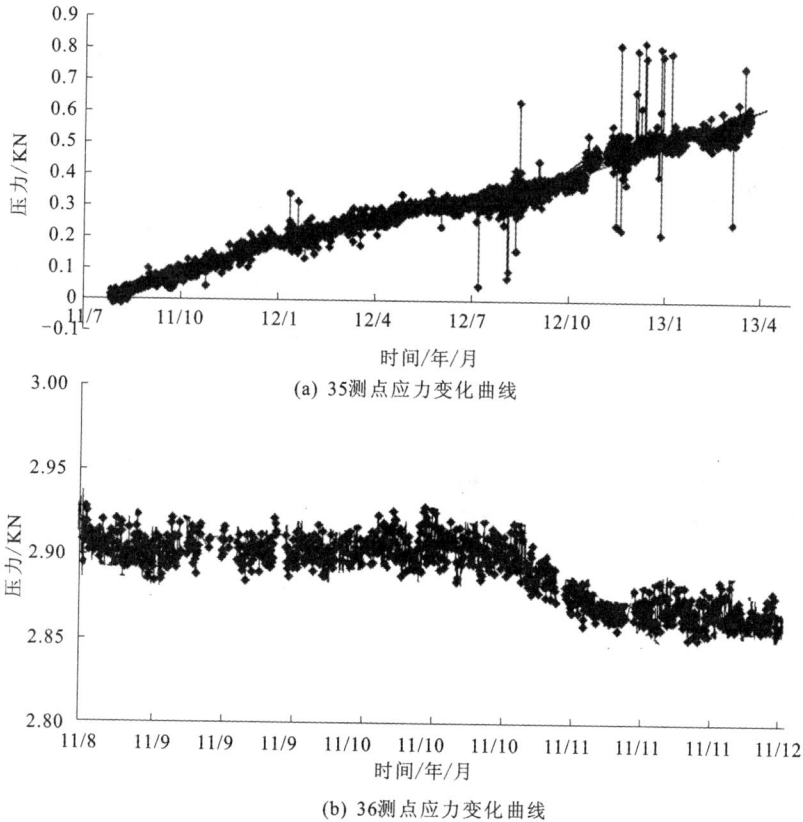

(a) 35测点应力变化曲线

(b) 36测点应力变化曲线

图5.13　　-460 m 水平测点应力变化曲线

表5.1　各水平应力监测相对值

时间		应力相对变化值/kN										
年份	季度	-384 m	-396 m	-408 m			-420 m		-433 m	-446 m		-460 m
		20#	22#	24#	25#	26#	28#	29#	31#	33#	34#	35#
11	三	0.13	0.06	0.05	0.05	0.1	0.05	0.02	0.1	0.06	0.02	0.1
	四	0.13	0.18	0.17	0.13	0.32	0.1	0.04	0.1	0.2	0.02	0.18
12	一	0.14	-	0.06	0.09	0.15	0.05	0.04	0.08	0.13	0.07	0.2
	二	0.17	-	0.05	0.11	0.09	0.07	0.06	0.06	0.09	0.09	0.16
	三	0.24	0.24	0.05	0.1	-	0.1	0.07	0.04	0.16	0.1	0.58
	四	0.16	0.14	0.07	0.22	0.07	0.14	0.15	0.04	0.1	0.07	0.6
13	一	0.09	0.1	0.04	0.2	0.03	0.14	0.04	0.03	0.02	0.02	0.1
趋势分析	相对稳定	应力增速变快,重点观察										

6　结论

（1）FLAC^{3D}模拟开挖空区后，周边各水平出现应力集中现象，围岩出现较大面积剪切塑性变形区，围岩沉降量较大。模拟结果与现场巷道出现岩石开裂现象非常符合。建议尽早充填避免危险发生。

（2）从现有监测数据趋势来看，2012 年 10 月以后，−408 m、−420 m、−433 m、−446 m、−460 m 水平应力增加速度都变快，但都处于应力增速变快的初期，应力的迅速增加也就是围岩应力状态恶化的初期和征兆，下一步围岩应力会进一步增加，有可能发生围岩顶板的冒落和局部坍塌。因此应结合现场实际情况，对可能发生冒落的区域进行观察，并抓紧对采空区进行回填，确保空区的稳定性。

（3）在 3DMine 中对 FLAC^{3D}计算结果进行后处理分析，能精确直观查看巷道与不同危险区域的相对位置关系，不仅可以辅助安全管理还可以验证前期巷道设计的合理性。

（4）使用 3DMine 建模，进行 FLAC^{3D}计算模拟分析是可行的，而且建模比较简单快捷，为 FLAC^{3D}中构建复杂计算模型提供了一个新的选择。对于复杂工程地质的数值建模，具有参考价值。

参考文献

［1］贺桂成，刘永，等. 废石胶结充填体强度特性及其应用研究［J］. 采矿与安全工程学报，2013.01（1）：74 – 79.

［2］刘克伟，李夕兵. 基于 CALS 及 Surpac – FLAC^{3D}耦合技术的复杂空区稳定性分析［J］. 岩石力学与工程学报，2008.09（9）：1924 – 1931.

［3］杨昌才，肖拥军等. 基于放样和切割的 FLAC^{3D}复杂滑坡建模［J］. 湖南科技大学学报，2012.12（4）：49 – 54.

［4］廖秋林，曾钱帮. 基于 ANSYS 平台复杂地质体 FLAC^{3D}模型的自动生成［J］. 岩石力学与工程学报，2005（6）：1010 – 1013.

［5］闫长斌，徐国元等. 爆破震动对采空区稳定性影响的 FLAC^{3D}分析［J］. 岩石力学与工程学报，2005（16）：2894 – 2899.

［6］史秀志，黄刚海，等. 基于 FLAC^{3D}的复杂复杂条件下露天转地下开采空区围岩变形及破坏特征［J］. 中南大学学报，2011（6）：1710 – 1718.

［7］王卫华，李夕兵等. Surpac 建模与 FLAC^{3D}数值计算模型耦合研究. 中国科技论文在线.

图书在版编目(CIP)数据

矿山地质选集第六卷:3DMine 在矿山地质领域的研究和应用/汪贻水,彭觥,肖垂斌主编.—长沙:中南大学出版社,2015.8

ISBN 978-7-5487-1858-1

Ⅰ.矿... Ⅱ.①汪... ②彭... ③肖... Ⅲ.矿山地质-文集
Ⅳ.TD1-53

中国版本图书馆 CIP 数据核字(2015)第 178790 号

矿山地质选集第六卷:3DMine 在矿山地质领域的研究和应用

主编 汪贻水 彭 觥 肖垂斌

□责任编辑 刘石年 胡业民
□责任印制 易红卫
□出版发行 中南大学出版社
社址:长沙市麓山南路 邮编:410083
发行科电话:0731-88876770 传真:0731-88710482
□印 装 湖南地图制印有限责任公司

□开 本 880×1230 1/16 □印张 15.5 □ 字数 529 千字
□版 次 2015 年 8 月第 1 版 □印次 2015 年 8 月第 1 次印刷
□书 号 ISBN 978-7-5487-1858-1
□定 价 130.00 元

图书出现印装问题,请与经销商调换